天然河流急流–深潭–河滩系统形态结构和生态功能

王震洪 严 婷等 著

科学出版社
北 京

内 容 简 介

急流–深潭–河滩系统是天然河流的基本形态结构单元，是退化河流生态修复的模板。在天然河流的上游到下游，该系统不断重复出现，在水平和垂直空间结构上形成比较固定的模式，其河道形态结构参数在上下游间具有某种相关性。然而，国内外对天然河流急流–深潭–河滩系统的形态结构发育特征和生态功能缺乏研究。作者在对我国西部泾河、灞河等9条天然较高的河流野外勘察、实验室分析和数学推导研究的基础上，对这一科学问题进行分析总结。具体内容包括：天然河流急流–深潭–河滩系统形态结构发育特征、发育过程，天然河流急流–深潭–河滩系统水力几何关系，天然河流急流–深潭–河滩系统水质净化功能、底质污染物特征、底质微生物和酶活性，天然河流急流–深潭–河滩系统河岸带类型和氮流失。具体揭示了天然河流急流–深潭–河滩系统是如何在水流的作用下演变形成的，天然河流急流–深潭–河滩系统水力几何关系是什么，在天然河流急流–深潭–河滩系统中主要水质指标、底质污染物、微生物和酶活性如何相应性变化，天然河流急流–深潭–河滩系统与河岸带的关系等。

本书可以供水生态、水利工程、环境科学、水文学科研工作者和管理者参考。

审图号：GS 京 (2025) 0818 号

图书在版编目 (CIP) 数据

天然河流急流–深潭–河滩系统形态结构和生态功能 / 王震洪等著.
北京：科学出版社，2025. 6. —— ISBN 978-7-03-082696-1

Ⅰ．X321

中国国家版本馆 CIP 数据核字第 2025SG5389 号

责任编辑：刘　超 / 责任校对：樊雅琼
责任印制：徐晓晨 / 封面设计：无极书装

科学出版社 出版
北京东黄城根北街 16 号
邮政编码：100717
http://www.sciencep.com

北京九州迅驰传媒文化有限公司印刷
科学出版社发行　各地新华书店经销

*

2025 年 6 月第 一 版　开本：787×1092　1/16
2025 年 6 月第一次印刷　印张：21 1/4
字数：500 000
定价：235.00 元
（如有印装质量问题，我社负责调换）

前　言

在整个人类文明的演进历程中，河流始终占据着至关重要的地位。远古时期，人类由分散逐步走向聚集，而在上古时期之后，绝大多数的古代文明皆发祥于河流之畔，不论是黄河文明、恒河文明，还是两河文明、古埃及文明，无一不是凭借河流的滋养，缔造出了璀璨夺目的文化。直至今日，世界上的主要城市以及城市群带也大多依河而建。可以断言，河流孕育并推动了人类文明的发展。

河流于人类文明发展而言如此重要，主要归因于其具备诸多自然功能，如为各类生态系统供给水源、为水生及两栖动植物营造生存环境，输送泥沙，排泄洪水等（邵学军和王兴奎，2013）。伴随人类社会的形成与发展，在自然功能基础之上，持续衍生出如水力发电、航运、灌溉、污染物净化等社会经济功能。河流的功能与河流的形态结构紧密相连，是在河流形态结构不断演进的过程中，基于物质流、能量流以及信息流得以实现的（赵银军等，2013）。伴随时代的更迭以及人类文明的持续发展，河流的作用得到了极大的拓展。河流的功能，已不再仅仅局限于灌溉、航运以及排涝等此类传统功能，而是更多地聚焦于景观、生态、休闲和人居这类新型生态功能与服务。当下，一个愈发显著的河流功能利用及发展趋向在于，人们将河流的自然功能与当下人们对自然生态环境的需求相互结合，令河流能够更优地服务于人类。

人类与河流的关系依照人类文明的发展进程来划分，共历经了"依赖—改造—修复"这三大阶段，在这三个阶段里，河流与人类的关系始终在不断变化。早期，人类对河流的依赖是基于河流的初始形态，其形态结构与功能特性决定了人们的生存环境质量。其后，演变为人们依据自身需求来改变河流的形态结构和功能，尤其是在洪涝灾害的威胁以及经济利益的驱动下，人类踏上了大规模改造河流的征程。然而，随着人类改造河流能力的持续提升，对河流资源的过度开发，致使河道的空间环境产生畸变，部分河流的生态功能遭受损害，对人类的生存和发展构成了威胁（赵鹏程等，2011）。在此种大环境之下，人们对河流重新加以认识，并展开河流生态修复工作。人们已然认识到，人类从一个健康且能够自我维持的河流生态系统中获取重要的社会生态功能产品的数量与质量，已成为社会可持续发展的关键支撑（Palmer et al.，2005）。

人类对河流的改造几乎与人类文明的发展进程同步开启，尤其是自工业革命以来，人类在数百年间对河流进行改造所引发的变化，远远超出了河流本身在数万年自然作用下所产生的变化。人类对河流改造的主要方式为水利工程的兴建，以及依照人们的意愿去改变河流的形态结构，如截流开发、改河造田、裁弯取直、光面渠化等。往昔，人们在建设大坝、渠化河道以及进行跨域调水时，仅仅着重于满足人类自身的需求，忽略了维护稳定健康生态系统的关键意义（董哲仁，2003）。水利工程对河流生态系统的胁迫主要呈现在以下两个层面：其一，河流上的大坝和人工改造的河道致使河流形态结构发生改变（图1）；

其二，跨区域调水工程所导致的相关流域水系的结构和功能产生变化（董哲仁等，2009）。

由图 1 能够明晰，水利工程会致使河水连续性中断以及河流沟渠化。此外，水利工程的修建以及河流形态结构的改变，不仅局限于河道本身的影响，更为关键的是河道变化所引发的周边生态系统的变化，此类变化往往具有连锁性、不可逆性，且恢复难度极大（范小黎等，2010）。水利工程从建成至运行是一个长期的过程，其中，水坝给河流带来的影响主要在于河道的自然连续性遭到破坏，致使河水流量受到人为的限制和影响，导致河流变窄、变浅乃至断流，进而对水生生物，尤其是洄游类水生生物产生不利影响。而人工护岸会破坏河岸原有的结构，损害河边植物以及两栖类生物的栖息地，以硬质材料将河水与河岸严格地区分开来，阻碍了河流与陆地之间的物质循环和能量流动。除水利工程外，人类对河流的污染同样会对河道的形态结构造成破坏性影响，例如，向河流中倾倒垃圾、杂物、砂石等，会影响河水正常的流速与流量；向河中排放的油性污染物会增加河水的浑浊度和黏稠度，从而对河床以及河岸产生不利作用。随着人类对河流形态结构的改变以及对河流环境的污染，人们不得不高度重视河流的生态修复和污染治理工作。自 20 世纪 70 年代起，欧洲各个国家开展了大量的河道近自然修复实践，重点在于恢复河道的原始形态结

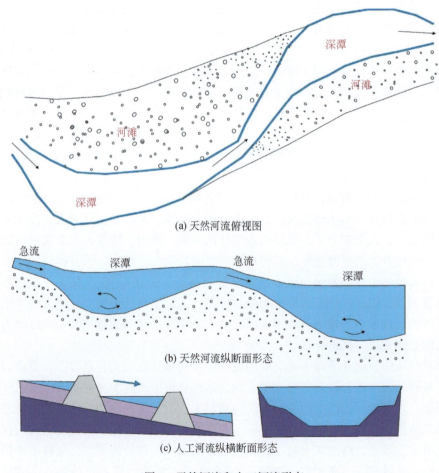

(a) 天然河流俯视图

(b) 天然河流纵断面形态

(c) 人工河流纵横断面形态

图 1　天然河流和人工河流形态

构以及河道与水生、两栖生物之间的关系（朱国平等，2006）。例如，20世纪80年代丹麦针对斯凯恩河实施了规模最大的原有弯曲河道形态恢复以及湿地复原工程（丁则平，2002）；90年代初，日本开展使用天然材料而非人工材料修筑河堤的研究，并将其命名为"生态河堤"（刘晓涛，2001）；美国则有针对性地拆除旧水坝以达成恢复河道生态的目的；英国国家河流管理局制定了一系列的河流行动计划，涵盖恢复河道特征和行洪滩地，保护城市、道路和农田附近的天然河岸，建设径流影响的缓冲区等（侯起秀，2002；Clarke et al.，2006）。

我国河流近自然修复和污染治理始于2000年，结合水利工程建设、小流域及富营养化治理，提出以河流退化的原因分析为切入点，针对修复目标设计修复方案，建设生态河道，使河道自然化得到一定程度的重视（董哲仁，2003；王成志，2008；董哲仁等，2009；宗威，2014；周慧锋，2014）。对大中型河流，修复要考虑行洪和航运，因此主要聚焦河岸带修复，河床通过流水自然塑造，而小型河流则对河流形态结构进行整体调整。一般来说，河岸修复采取三种模式：立式驳岸、斜式驳岸以及阶式驳岸，按材质可分为植物型护岸、木材护岸、石材护岸以及石笼护岸等（刘文军和韩寂，1999）。在一些河流修复实践中对生态河岸评价指标体系、功能分区、修复技术和植被缓冲带进行了有益探索（王府京，2011；左俊杰和蔡永立，2013；段亮等，2014）。另外，一些学者对河流修复的微观技术进行了研究，如何江华（2006）提出保护河岸的生态格网工艺；韩玉玲等（2006）、陈小华和李小平（2007）聚焦生态河道植物护坡技术，认为良好的适应能力和亲和力，有多种生态功能以及赏心悦目的外观是护坡植物的特征。刘晓丽等（2012）、陆一奇等（2014）和滕盛锋（2012）对广东、杭州和广西的退化河道，提出了河水、河岸、景观以及道路之间有机结合的设计和配置模式。在武夷山麓崇阳溪治理中，疏正宏等（2023）提出"近自然工法"设计理念、总体布局和修复工程，采用碎石滩壅水、生态防护，提升了河道行洪能力，实现风貌保护；建设生态堰坝过流、过鱼设施，解决了丰枯季水位波动问题，并改善了生态景观；维护河流形态多样性，滩岛、岸边植被以本地植物为主，景观设计倾向于简洁，体现了"近自然工法"的核心价值。

对河流创新性生态修复，必定要对河流修复的功能效益进行评价，验证技术的有效性。例如，Anna等（2009）开展了希腊达迪亚国家公园大型底栖无脊椎动物群落与公园7条间歇性河流、4条季节性河流的生态质量间关系研究。Vinagre等（2011）研究了葡萄牙的Tagus河与Sorraia河，探索河口产卵地食物网结构与栖息地水流影响间的关联性。Turak和Koop（2008）对多属性生态河流进行了生态条件调查评价及保护规划研究。Elosegi等（2010）在西班牙研究了水流形态多样性对河流生态系统多样性的影响及功能机制。Petkovska和Urbanic（2010）在斯洛文尼亚研究了河流中存在的大型无脊椎动物对河流环境质量的影响。除欧洲以外，其他国家也开展了一些相关研究，如Thomas等（2010）在兴都库什-喜马拉雅地区（包括巴基斯坦、印度、尼泊尔、不丹和孟加拉国）的198条河流中搜集大型无脊椎动物的样本，以此对这些河流的生态质量进行评估。Resh（2007）对西非、东非以及东南亚湄公河下游四国（包括老挝、越南、柬埔寨和泰国）进行了不同针对性的生物监测，包括对西非和东非杀虫剂对河流的影响和水质进行评估，对东南亚湄公河下游的整体生态健康进行评价等。Boltovskoy等（2006）研究了南美沼蛤经巴西、巴拉圭和阿根廷传播导致生物入侵后，所产生的生态影响以及对河流交通的影响。Lukacs 和 Finlayson（2010）对澳大利亚北部的热带河流与湿地系统进行了河流湿地物种多样性、生态系统演变过程的生态信息评估。高雯琪等（2021）采用综合评价法，从河床、河道和河岸带三个方面选取 10 个生境指标，构建了深圳市河流生境评价指标体系和评价方法，为河流修复前后环境质量变化提供了量化手段。

然而，在这个领域，虽然河流修复的理论和工程实践已经有很大的进展，特别是山水林田湖草沙生命共同体理论的建立，以及"中国山水工程"的大规模实施，使河流修复理论和技术的整体水平跃升了一个新台阶，但是目前对天然河流的形态结构特征、形成机制和生态功能仍然缺乏深入的了解。天然河流的形态结构是指未受到人类干扰，包括没有在河流中进行大坝修建、河床清淤采砂、河岸整治和植被破坏，并保持天然水流塑造出的河流水平和垂直空间格局，具有原始河床、河岸断面形态和物质特征的河流。由于全球变化的影响，纯天然河流已经很少，大量的河流是不同程度人类影响下的半天然状态河流。研究天然河流的形态结构和生态功能对指导河流近自然修复具有重要意义。河流生态系统的结构影响着生态功能，生态功能对河流的形态结构又具有反馈调节作用。一定的河流形态结构常常为人类提供特定的河流生态功能，很大程度上二者是一一对应关系。对天然河流的形态结构和生态功能的模式研究，以及河流形态结构和生态功能的数据收集可以作为干扰和退化河流近自然修复的参照系或模板。

天然河流是水流–土壤–岩石–植被长期作用和演化的产物，形态各异，并具有纵向（上游–下游）、横向（河床–河岸–高地）、垂向（水流–沙砾–淤泥–岩石）和时间变化的四维结构（叶碎高等，2008）。由于河水是不停流动的，以整个河道及河水为中心在四维结构上就形成了一个动态的系统。王震洪（2013）发现，天然河流是由急流–深潭–河滩系统构成的，急流–深潭–河滩系统是河流形态结构的基本单元。急流部分是河流中一段坡度相对比较大的河段，水流流速和势能也比较大，基质是卵石、沙砾、块石、基岩，常常位于河流的中间位置；在急流部分的下游常常是一个水深较大的区域，类似碗状、椭圆形或香蕉形，水流缓慢，势能很小，底部有比较多的淤泥、细沙或植物残体，一般位于河流的两侧；在深潭和急流的一侧常常分布着河滩部分，高程向岸边缓慢上升，形状各异，基质主要是卵石、沙、块石等，洪水发生时常常被淹没，在枯水季和平水季是裸露的。天然河流中的急流–深潭–河滩系统从上游到下游不断重复出现，其水力几何形态参数从上游到下游具有明显的相关性。在典型的急流–深潭–河滩系统中，急流流向指向下游的右岸，则深潭位于右岸，河滩位于左岸，急流流向指向下游的左岸，则深潭位于左岸，河滩位于右岸；从上游到下游，在上一个急流–深潭–河滩系统中，深潭和河滩分别在左岸和右岸，下一个系统中，深潭和河滩则分别在右岸和左岸，其位置是不断左右交替的。这个系统在山区中小型天然河流中十分普遍，在山区溪流中，简化成阶梯–深潭系统（王兆印等，2006）；在大型河流中，这个系统延续很长，范围可达几千米。

自 2015 年以来，王震洪教授课题组在黄河流域集成专项"黄河流域生态屏障研究（300102292902）"、中央高校基本科研业务费"天然河流急流–深潭–河滩系统结构和功能研究（300102299303）"、两湖一库重点专项"两湖一库汇水区农业面源污染技术及新农村建设示范（2009–筑科农工字 3–042 号）"等项目的支持下，在泾河、浐河、灞河、渭河、嘉陵江、都柳江、赤水河、清水江、涟江开展了天然河流急流–深潭–河滩系统的形态结构特征、发育机制和生态功能研究，得到了一些有价值的成果和数据。本书对这些成果进行总结，希望对河流生态系统结构、功能研究和生态修复具有指导作用。参与研究和编写本书的作者还有何晓乐、任维、马振、陈晨、吴庆、程成、王庆鹤、郭春祥、姚单君，在此对他们的工作表示感谢。因水平有限，书中内容难免有所纰漏，请读者批评指正。

王震洪

2024 年 10 月 18 日

目　　录

第1章 天然河流急流–深潭–河滩系统形态结构发育特征

急流–深潭–河滩系统（riffle-pool-benchland system）是天然河流的基本形态结构单元。本章对河流形态结构和天然河流急流–深潭–河滩系统进行评述，建立了急流–深潭–河滩系统平面发育和纵向发育程度理论公式，选择天然性较高的河流，包括泾河、嘉陵江、丹江和都柳江，进行河道参数测定，量化不同河流急流–深潭–河滩系统的发育程度，分析发育程度与河道宽深比、纵比降、耗能率之间的关系，揭示了急流–深潭–河滩系统发育特征。

1.1 引　　言

人类对水资源的长期开发利用，导致地球上大部分河流已经形成了不同于天然状况下的自然河流形态结构。受到干扰的河流其形态结构和功能都发生了显著变化，但在河流生态系统恢复中，河流自然化是一种重要的途径。河流自然化是在被人类干扰或改造的河流系统上，将其恢复到人类干扰或改造前的原始或近原始状态，使得河流系统具有地貌多样性和生物群落多样性，能够保持河流健康和稳定。河流自然化在保证人类对水资源利用的同时，强调要保护自然环境质量，通过河流形态结构调整及生物多样性恢复达到建设一个具有地貌特征多样、生物种类复杂、形态结构稳定、自我调节顺畅和功能健全的河流生态系统的目的（张联凯和王立清，2012）。然而，完全将河流系统恢复到干扰前的状态需要长期性地重复工作，是现有技术无法达到的水平，且恢复到原有的状态可能不一定适应人类对河流的利用和现代经济社会发展。因此，为了实现更好的河流自然化，有必要对天然河流的形态结构发育进行深入研究。

河流的形态结构和功能是密切联系的，河流功能通过形态结构来调控。河流功能包括自然功能、生态功能和社会功能，人类需要河流充分发挥生态和社会功能就必须保证河流自然功能的完整，因为河流的自然功能是一切功能的基础（图1.1）。河流生态功能和社会功能既有利于河流自然功能，也会有害于河流自然功能，它们相互联系、相互影响、相互依存又对立统一（Gumprecht，2001；Clarke et al.，2003；赵银军等，2013）。河流自然功能、生态功能和社会功能的实现，前提是河流系统能够通过自我调整达到形态结构和功能的动态平衡，这种动态平衡本质上是物质平衡、能量平衡、动量平衡。在天然河流中，有完整的急流–深潭–河滩系统，这些平衡处于最佳状态，河流的三大功能相互协调，形成良性循环。人类对河流的干扰、破坏、排污会对河流形态结构和功能构成胁迫，造成急流–深潭–河滩系统消失，打破河流物质、能量和动量平衡。河流近自然恢复就是要通过恢复措施的实施，在被干扰或改造的河流上重建自然河流形态结构，实现河流的物质、能量和动量平衡，恢复河流功能，重现河流的自我组织、自我发展和自我调节能力，使河流系统能维持持续的形态结构和功能的稳定性，永葆生机和活力。因此，天然河流急流–深潭–河滩系统形态结构发育研究对于理解系统平衡，发挥河流功能具有重要意义（图 1.2）。

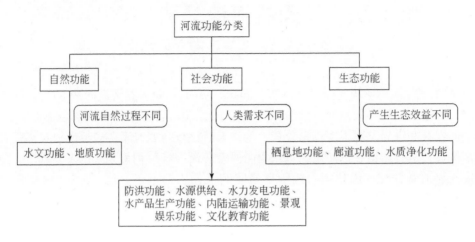

图 1.1　河流功能分类

1.2　急流–深潭–河滩系统

急流–深潭–河滩系统是天然河流中一种常见的河道形态结构，它由急流、深潭和河滩三个部分组成。不论是形态上表现为顺直的、弯曲的、辫状的和游荡的河流，还是河床物质组成上表现为砾石、卵石、沙质和淤泥的河流，只要人类没有大规模地对河流进行干扰或改造，在河流的上、中、下游都发育出重复出现的急流–深潭–河滩系统。王震洪等（2013）、陈晨等（2015）、何晓乐等（2020）通过大量的实地调查研究发现，急流–深潭–河滩系统总是首尾相接重复出现在天然或半天然的河流中，它由一段水流流速比较快的急流，一段水流流速比较慢、水深较大、形状似碗状或香蕉形的深潭，以及在河道中几何形态上与急流、深潭互补的河滩组合而成，是一个能通过各组分间的协同演化发育而成的稳定河道，是自然河流沿纵向从上游到下游的基本形态结构单元（图 1.2）。除了辫状河流外，由于河道展宽，河滩一般发育在河道弯曲的位置。一般在河床物质粒径和坡度较大的河流，急流–深潭–河滩系统可简化为阶梯–深潭系统。阶梯–深潭系统则由一段陡坡和一段下凹的区域连接而成，具有坡度大、流速快的特点。将河滩视为河道的一部分是非常重要的，因为它由沉积物组成，且在洪水期或丰水期内均有水流，枯水期或平水期因水位下降而干涸，对洪水期行洪具有重要意义，对稳定河道，防止侵蚀，实现河流系统物质、能量和动量守恒具有重要作用（Fenton，2015）。

急流–深潭–河滩系统通过各组分间的协同作用、能量交换等构成了一个完整的河流生态系统［图 1.2（a）］。系统各单元在平面几何形状上表现出高度的自相关性，这种规律是冲积河流横向展宽的结果，它可能与河道宽度、流量、宽深比、弯曲度等指标有关。急流–深潭–河滩系统是一种稳定河道，横断面可以看出一般情况下河滩发育在河道弯曲的位

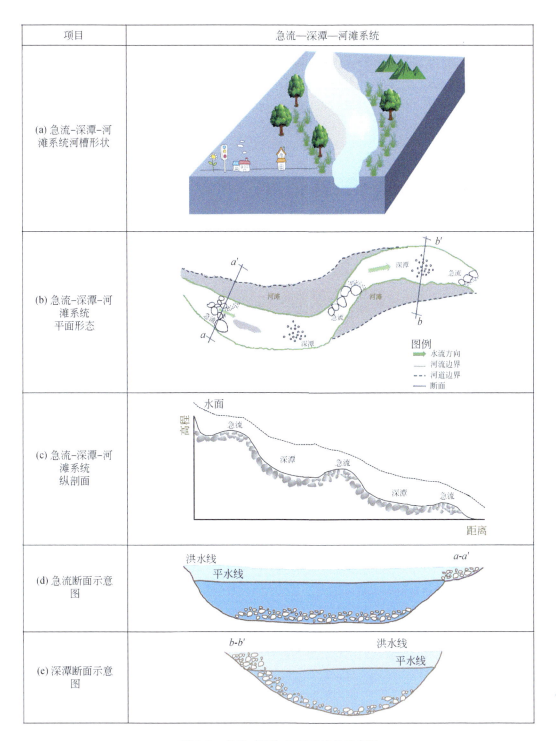

项目	急流—深潭—河滩系统
(a) 急流-深潭-河滩系统河槽形状	
(b) 急流-深潭-河滩系统平面形态	
(c) 急流-深潭-河滩系统纵剖面	
(d) 急流断面示意图	
(e) 深潭断面示意图	

图 1.2　急流–深潭–河滩系统的示意图

置，且具有深潭的平面面积大于急流和河滩的面积的特点［图 1.2（b）］。形成急流–深潭–河滩系统的沉积物类型与河道的类型有关，在急流–深潭–河滩系统的纵剖面上，随着水流的方向和高程的下降，形成阶梯状延伸［图 1.2（c）］（Church，2006，2015；Chartrand et al.，2018；Keller and Melhorn，1978；Surian，2015；McQueen et al.，2021；Hassan et al.，2021）。急流单元是河流坡降下降快的河段，单元内存在快速流动的水流和较浅的水深，阻力较小，河床沉积物分选性较好，能量耗散较大，一般是长条形；深潭的上游段坡降较小，中间段常常是水平或深度不同的区域，下游段常常是负坡度，单元内存在缓慢流动的水流，水深较深，河床沉积物分选性较差，一般是碗状或香蕉形；河滩发育于河道两侧，为边滩，发育于河道中，为心滩，它具有不同的形状，与急流和深潭形成镶嵌状，河滩大部分时间没有水流过。在从急流到深潭的过程中，急流和深潭交界处的河床坡度突然下降，水流带动泥沙向下流动，一些大颗粒随水流可到达潭的中央（Keller，1972）［图 1.2（d）和（e）］。

急流−深潭−河滩系统作为是天然河流基本形态结构单元开展研究之前，学界最早关注的是急流−深潭系统。1971 年，有学者研究溪流时，提出急流−深潭系统（pool-riffle system）在砾石床河流是非常普遍的（Keller，1972；Hassan et al.，2022）。Hey 和 Thorne（1986）指出，由于急流段河床沉积物更粗大且水深更浅，坡度更陡，能量耗散比深潭段大；Keller 和 Thomaidis（1971）通过对不同流量下近床速度的测量分析表明，随着流量的增加，近床速度的增长，深潭段会大于急流段，但存在一个阈值流量，超过该流量，深潭段的近床流速才大于急流段，这种速度变化的规律导致了较粗的沉积物堆积在急流段，而深潭段沉积物较细。河滩段在淹水时的过流特征和沉积物类似于急流段。Wohl 等（1993）通过对急流−深潭序列的基岩构造的分析，发现坡降大的河道具有较粗糙的沉积物，流量较小，水流在克服边界阻力和内部阻力时消耗了更大比例的能量，而可用于河床冲刷和形成深潭的能量则较小，坡降小的河道边界对水流的阻力较小，流量和总流功率较大。Wilkinson 等（2004）对急流−深潭系统中的水流剪切应力进行了详细的计算分析，发现剪切应力的最大值和最小值是随着系统的床面形态发生变化的，最大剪切应力在大流量的冲刷下出现在急流的上游段，而在小流量的冲刷下则出现在急流的下游段。Thompson（2005）为了探索漩涡脱落对深潭形成的影响，进行了 42 组水槽实验，当有相关漩涡脱落存在时，深潭的发育会更深更短，且此时深潭中水流的阻力较小。

国内学者王兆印等（2006，2012）称急流−深潭系统为阶梯−深潭系统，发现阶梯−深潭系统能增大水流阻力和河床抗冲刷力，稳定河床和岸坡，大卵石堆积成阶梯，细颗粒泥沙在深潭河段的缓流滞流区沉积下来形成淤泥层，形成适宜多种生物的栖息地，具有显著的生态意义。Sawyer 等（2010）通过现场测量、横断面分析和力学数值模拟三种方法研究了 7.7 年一遇的洪水前后急流−深潭系统的地形变化，得出该系统能适应水流变化而持续维持，并形成动态的形态结构。Huang 和 Chui（2022）与 Luo 等（2022）的一项研究中表明，深潭−急流系统的总体积、最大侧向和垂直延伸通常随流量增加而增加，同时也随着床面坡度和蜿蜒度的增加而增加，但到一个特定的阈值后，它们几乎保持不变或略有下降。

然而，对于天然河流中，特别是山区天然河流重复出现的急流−深潭系统，王震洪等认为，应该增加另外一个组成，即河滩部分，构成完整的急流−深潭−河滩系统（王震洪等，2013；马振等，2014；陈晨等，2015；何晓乐等，2020；Patil et al.，2013）。河滩在该系统中能发挥稳定河道的作用，同时还有重要的生态功能。河滩常常位于急流的两侧和深潭的一侧，是水陆交错带，丰水期大部分被淹没，平水期小部分被淹没，枯水期完整地存在，它是行洪的通道，是河床质堆积区，对巨大的洪水具有减速作用和消能作用，也是动物喜欢栖息的生境，生物多样性高。尽管随着河流水位变化，急流–深潭–河滩系统中的每个组成的一部分会变成其他组成的一部分，但急流、深潭和河滩在形态、结构和功能上都有很大区别。如果没有河滩，急流和深潭将会被洪水的下切力严重冲刷和侵蚀，例如，坡度陡峭的山区溪流的阶梯–深潭系统，河滩仅仅看到一点痕迹，或者根本看不到。随着坡度变缓，山区溪流或河道就出现了急流–深潭–河滩系统，或者具有急流–深潭–河滩系统的河道；随着坡度增加，该系统就逐渐简化成了阶梯–深潭系统。急流–深潭–河滩系统的尺度是变化的，对于小的河流，急流–深潭–河滩系统可能只有几十米长，对于大江大河，如长江没被干扰的河段，急流–深潭–河滩系统可达几千米到十几千米长。*Rivers-Physical，Fluvial and Environmental Processes* 一书对河流的流动过程和环境演变机理进行了系统的讨论，该书第 12 章的作者 Church 教授也认为，发育于河道水流边上无植物生长的河滩应作为河道的一部分（Rowiński and Radecki-Pawlik，2015）。然而，尽管有这样的观点提出，但是很长时间学术界并没有把河滩和急流–深潭系统整合在一起。急流–深潭–河滩系统作为天然河道的基本结构单元在河流中重复出现，是值得研究的。

程成等（2014）、吴庆等（2014）对急流–深潭–河滩系统底质微生物丰度、酶活性的详细研究表明，该系统在微生物丰度、酶活性、营养物质和重金属含量方面存在明显差异和有规律变化。在急流–深潭–河滩系统的深潭沉积物中，细菌、氨化细菌、放线菌、真菌和反硝化细菌的丰度最高。河滩中的过氧化物酶和深潭中的磷酸酶、尿素酶和脱氢酶显示出很高的活性。急流–深潭–河滩系统的生境异质性不断调节着系统中的微生物丰度和酶活性。马振等（2014）分析了急流–深潭–河滩系统的河道参数，在此基础上还定量分析了系统中三部分之间的关系，结果显示，急流、深潭、河滩三部分的弯曲系数没有明显差异，而它们的面积和周长却呈正相关关系。王庆鹤（2016）研究了贵州省赤水河上中游不同时期的急流–深潭–河滩系统，结果显示，河流水质指标、底质污染物释放受河道系统形态结构的显著影响，河流形态结构的多样性和复杂性能显著提高河流水体的自净能力，急流–深潭–河滩系统在空间结构上不断重复出现，对水质指标和底质污染物释放有明显影响。吴庆等（2014）通过现场采样和实验室分析，评价了贵州省都柳江急流–深潭–河滩系统底质重金属含量，该系统的深潭和急流中重金属含量高于河滩，原因是急流–深潭接受水流挟带的重金属应该多于没有水流只有空气沉降的河滩部分，而在河流上空，空气污染物沉降比较弱。何晓乐（2020）的研究也表明，由于溶解氧和氧化还原电位等环境因素的显著差异，沣河、渭河、浐河和灞河四条河流上、中、下游急流–深潭–河滩系统三种生境底质细菌和真核微生物的多样性存在明显差异。陈晨等（2015）对都柳江的研究表明，不断重复出现的急流–深潭–河滩系统的水质会得到明显改善。这些研究结果反映出急流–深潭–河滩系统对外部环境影响具有一定的自我调节和修复能力，急流–深潭–河滩系统形态结构有规律变化能改变河流系统生境和生态功能。

1.3 河流形态结构研究概述

河流形态结构通常指河流的平面形态和横断面形态。从平面形态来看，河流可分为顺直型、弯曲型、辫状型，甚至多种形态组合的游荡型等（图 1.3）。顺直型河流的河谷平直，水流顺畅；弯曲型河流则具有明显的弯曲河道；辫状型河流在平面上呈现出多个分支交叉；游荡型河流的河道摆动频繁，河势不稳定。河流的横断面形态则受到河床、河岸和水流等因素的影响。常见的横断面形态包括 V 形、U 形和 W 形等。V 形横断面通常出现在山区河流或河流的上游，河床陡峭，水流湍急；U 形横断面常见于平原河流，河床较为宽阔，水流相对平稳；W 形横断面则多见于一些特殊的地质条件或河流发育阶段。此外，河流形态结构还可以根据河流的水系特征进行分类，如扇状水系、羽状水系、放射状水系、向心状水系、格子状水系和梳状水系等。不同的水系形态反映了河流流域的地形、地质和气候等条件，也对河流的水动力、泥沙输运和生态环境等产生影响。这些不同的河流形态结构特征对于水利工程、航道设计、防洪减灾以及生态环境保护等都具有重要的意义。在实际应用中，需要根据具体的河流情况和工程需求，对河流形态结构进行详细地分析和评估。

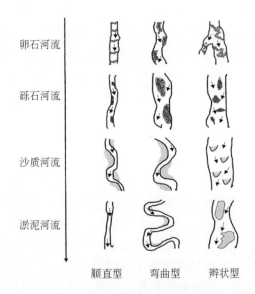

图 1.3　不同河型发育的河流形态

学术界对河流形态结构的关注起源于河流地貌的研究。大致从 20 世纪五六十年代开始，地貌学家、河流动力学家和水文学家先后对河床、河型及演变规律进行了研究，加深了河流地貌研究的深度（莱恩与龚国元，1984）。河床地貌的研究在我国虽然开展较晚，但发展很快，如钱宁等关于黄河下游游荡河型的研究，从黄河下游河床的平面形态、纵横剖面、河湾形态和微地貌等特点，以及水沙和边界条件等因素的时空变化，研究了冲淤规律与河床演变的关系（钱宁和万兆惠，1965；沈玉昌，1980；钱宁，1985）。关于弯曲型河流的成因，唐日长认为有三个条件：来水条件，全年流量变幅不大，汛期较大；来沙条件，造床输沙基本平衡，非造床泥沙占多数；边界条件，二元结构的冲积层（裴善文等，1979）。关于河型的稳定性指标和河型的转化问题，20世纪60年代以来也有一些研究，方宗岱（1964）提出以C_{V_1}（洪峰流量变差系数）和ρ_0/ρ_p（ρ_0为河道上游含沙量；ρ_p为河道水流实际挟沙能力）为判别河道稳定的两个指标。关于三门峡水库以下黄河河床演变问题，有学者认为不应以下切或者展宽为主，而要根据具体情况具体研究（叶青超，1995）。20世纪60年代以后，我国关于河型成因和演变的模型试验也取得了一定进展，例如，尹学良（1965）通过在大水中加入黏土颗粒的方法将边滩固定下来，从而在室内模拟得到真正的弯曲型河道。到70年代，我国学者对河流地貌的研究拓展到对河源地貌研究上。针对长江、黄河发源地资料空白的状况，研究人员组织实地考察，明确了长江发源于唐古拉山脉主峰各拉丹冬雪山，黄河发源地的正源为卡日曲（青海省人民政府，2009）；70年代末，中国科学院地理研究所对分汊型河道进行了室内模拟试验，得知江心洲河型是分汊河型在一定边界条件和水沙条件下形成的（许炯心等，2016）。20世纪八九十年代，河流地貌研究又在当时的研究基础上拓展到河床演变规律研究，提出了新河型分类方案及其形成条件；进入21世纪，对河流地貌的研究拓展到河床结构与河流地貌演变机理，河道系统与流域侵蚀产沙相互关系及河道平衡机理的研究上，对河口水文动力与泥沙堆积的研究也在长江口开展，为探索河口演变规律积累了丰富的资料（王计平等，2013；程维明等，2017）。

在国外，关于河流塑造地貌，意大利学者Vinci指出，三角洲的沉积物是由河流流动提供并与河流和海洋水动力条件相互作用下形成的（Davis，1899）；到了16世纪时，Agricola指出，深谷是由河流流水切割而成的，并且随着时间的推移，深谷会增宽，搬运的泥沙最后在下游发育成肥沃的冲积平原；18世纪中叶，Ломоносов提出了地貌形成的内外营力相互作用概念，并且沿用至今（沈玉昌和蔡强国，1985）；1795年Huddon明确提出地表被剥蚀最活跃的营力就是河流，并指出，在一个流域内，随着河流宽度和流量向下游不断增大，河流的支流趋向于减少（Playfair，2011）；美国学者Playgair在Huddon的基础上进行了深入的探讨，他指出，随着河水流动，河水中泥沙逐渐减少和河床不断受到侵蚀的原因均是水流与河床、河岸之间的摩擦作用（Playfair，2011）；Gikbert等关于河流泥沙运动的论文是经典河流泥沙学中的经典著作，他首次提出河流系统是一个整体，每部分之间的变化都互相影响，河流系统能通过自动调整以保持"均衡"，他还认为一条河流的光滑纵剖面表明了该河已达到均衡（Chitale，1973）；关于河谷地貌的研究，俄罗斯、波兰、罗马尼亚和英国等国家的研究者则侧重研究河谷的形成与新构造运动的关系；美国关于河谷地貌的研究较少，他们多偏重地质与河流状况的研究（Gupta，2008；Brierley and Fryirs，2013）。

近年来，国外关于河流地貌研究的重点是河型，Chorley（1969）在1969年的研究中，将河型分为八种，即曲流型、游荡型、直线型、准直线型、双汊型、交织型、三角洲式分汊型和不规则型。Chitale则根据形态和成因进行分类，在单汊和多汊的基础上再分为直线型、曲流型、过渡型、分汊型和多汊型（Chitale，1973）。关于河型成因一直是水利学家和地质学家研究的重点，由此提出各种假说，如能量均衡假说、最大熵假说、最小耗能率假说等，但这些假说的研究对象主要集中于弯曲型和游荡型河流（Matsuda，2004；Mangelsdorf et al.，2013；Rinaldi et al.，2016）。

国内外关于河型分类目前已形成共识；关于河流地貌、河源地貌和河床演变等也取得了一些成果（莱恩和龚国元，1984；Surian，2015；Fenton，2015）；但针对不同河型都共有的河流形态结构研究较少，急流–深潭–河滩系统是一个自然河流系统，它可发育于河流的上、中、下游阶段，也可发育于不同类型的河流（沙质河流、卵石河流和砾石河流）和各种河型中。因此，对于该系统形态结构发育特征的研究可以参考前人对各种河型的动力地貌的研究成果，同时又需聚焦其特殊性，综合分析。

急流–深潭–河滩系统形态结构是各种河流形态结构中的一种基本结构单元，由于其普适性，揭示它的发育特征有着重要的生态、工程应用价值和科学意义。河流形态结构发育的研究涉及多种时间和空间尺度，以及多个学科交叉研究。虽然水文学家和地貌学家已经逐渐意识到，河滩是河道必不可少的一部分，但对于将急流–深潭–河滩视为一个系统的具体研究还远远不够，现阶段关于该系统的生境差异、稳定性以及横向展宽和相关剪切应力的计算分析已经取得了一定的研究进展，但关于系统的形态结构发育特征仍需要深入挖掘。本书对天然和半天然的泾河、丹江、嘉陵江和都柳江四条河流进行了实地测量，研究分析急流–深潭–河滩系统的形态结构发育特征，研究都柳江急流–深潭–河滩系统的河道参数变化，进一步加深对急流–深潭–河滩系统形态结构发育状态的认识。具体关注的科学问题主要是：在天然半天然条件下，是否可量化急流–深潭–河滩系统发育程度？若有，发育特征是什么？其与河道断面形态的关系如何？

1.4　急流–深潭–河滩系统的野外勘测方法

1.4.1　河段选择

从西安出发，实地考察中国西部的中大型河流，选取人类活动较少，有连续急流–深潭–河滩系统发育的河流上、中、下游段。最终选择泾河、丹江、嘉陵江和都柳江作为研究对象（图1.4）。泾河上游段位于106°43′32″E～106°43′57″E，35°32′03″N～35°32′20″N，属甘肃省平凉市泾川县，境内地貌属陇东黄土高原（图1.5）。研究段为黄土丘陵沟壑区，河谷切入基岩数米至数十米，为下白垩统志丹群碎屑岩地层，零星分布有丹霞地貌，但覆盖层多为黄土，河道长宽比 $L/W=109.19$，具体设置了勘测断面67条。泾河中游定点河段位于陕西省长武县，该段滩涂占地较多，河流浑浊，无法用无人遥控船作业，因此缺乏泾河中游段数据。下游研究段位于108°40′48″E～108°41′11″E，34°33′07″N～34°33′57″N，属陕西省咸阳市礼泉县，境内地势西北高、东南低，属北部丘陵沟壑区，有山、塬、川三种地貌，河道长宽比 $L/W=59.24$，具体设置勘测断面38条（郭文儒，1999；李勋贵，2008）。

丹江上游研究河段位于109°50′50″E～109°51′48″E，33°56′01″N～33°56′20″N，属陕西省东南部的商洛市商州区，境内多为河谷川塬地貌，河道比降为0.03‰。河段周围无大型工厂，人烟稀少，植被茂盛，河流发育环境天然性好，河道长宽比 $L/W=45.39$，上游段共设置勘测断面42条。中游研究段位于110°26′57″E～110°28′04″E，33°28′15″N～33°28′38″N，属陕西省商洛市丹凤县，县境内山岭连绵，植被覆盖好，地貌为中山峡谷，人类干扰较轻，河道形态结构完整，河道长宽比 $L/W=60.88$，中游段共设置勘测断面19

条。下游研究河段位于110°55′47″E ~ 110°56′44″E，33°16′59″N ~ 33°17′40″N，属陕西省商洛市商南县，县境内植覆盖较好，地貌属低山丘陵，人类活动较强烈，对河道形态结构有一定干扰，但河道形态结构仍然完整，河道长宽比 $L/W = 36.24$，下游段共设置勘测断面67条（李秀清，2021；廉高林等，2014）。

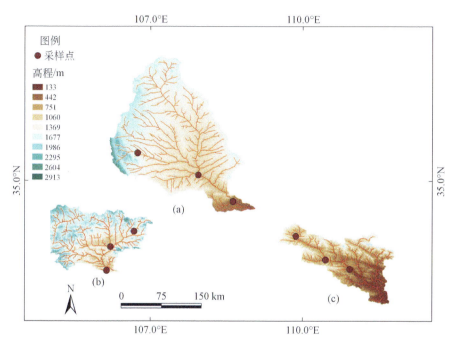

图1.4　研究区位置

图中（a）为丹江，（b）为泾河，（c）为嘉陵江上游

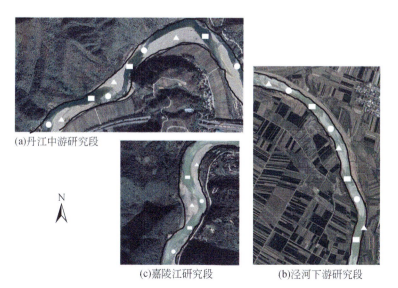

图1.5　野外测定的系统示意图

图中圆形代表急流，长方形代表深潭，三角形代表河滩

四川省广元市昭化区以上为嘉陵江上游，昭化—重庆合川为嘉陵江中游，合川—重庆朝天门为嘉陵江下游。由于中下游属四川盆地，河流上大坝多，天然的急流–深潭–河滩系统少，因此在嘉陵江上游选取三段天然河段作为研究对象。上游研究段位于 106°39′49″E ~ 106°40′14″E，34°01′42″N ~ 34°01′59″N，属陕西省宝鸡市凤县，境内主要山脉呈东西走向，嘉陵江自东北向西南穿境而过，发育有小型断陷盆地与宽谷坝子，山地林木茂密，河道长宽比 L/W = 53.71，该河段共设置勘测断面 32 条。中游研究段位于 106°11′33″E ~ 106°12′06″E，33°42′05″N ~ 33°43′12″N，属甘肃省陇南市徽县，境内南北两端为高山峡谷区，中部为河谷丘陵盆地，整个地形由北向南呈"凹"字形，境内山脉为秦岭的西延部分，河道长宽比 L/W = 30.06，该河段共设置勘测断面 31 条。下游研究段位于 106°06′56″E ~ 106°08′20″E，33°16′11″N ~ 33°16′38″N，属陕西省汉中市略阳县，河道长宽比 L/W = 25.63，该河段共设置勘测断面 95 条（马宏轩等，1991；王建乐等，1992；刘孝盈，2008；唐昌平等，2021）。

1.4.2 野外测定方法

野外工作开始，每条河的上游段采用实时动态定位（real-time kinematic positioning, RTK）技术获取河道中急流–深潭–河滩系统过水断面经纬度、河床高程、水面高程等信息，运用 HORIBA U-53 型水质分析仪测量流速和水深。由于河流水深变大，在中下游段用华测 4 号智能遥控船测量河流过水断面的经纬度、高程、水深、流速以及流向，为内业计算急流–深潭–河滩系统个数、平面形态变化，量化急流–深潭–河滩系统的发育程度，并分析其发育程度与其他指标（宽深比、耗能率、坡降和阻力）之间的关系，探索急流–深潭–河滩系统发育特征提供基础数据。在测量时，根据发育的急流–深潭–河滩系统大小，每条断面测量 5 ~ 10 个点不等，每个系统测量 10 ~ 30 个断面不等。

RTK 选择中国华测导航专业基站 B5 和口袋 RTK（I70Ⅱ）惯导组合。将 B5 上的 GPS 接收机所观测到的卫星数据，通过无线电台发送出去，而 I70Ⅱ不仅可接收卫星观测信号，也会对来自 B5 电台信号进行处理，最后给出一个移动站的三维坐标 [图 1.6（a）]。其中，B5 集成 5W 全功率收发一体的电台，内置电台可作业距离 8km，很好解决了野外外挂电台繁重的问题。I70Ⅱ整机集成惯导传感器（IMU），融合全球导航卫星系统（GNSS）算法，在卫星信号较好的地段，可实现自接收功能。两个联用的平面精度为 ± （8+1×10⁻⁶×D）① mm，高程精度为 ± （15+1×10⁻⁶×D） mm。I70Ⅱ在 60°内测量免对准，且 30°内精度小于 2.5cm，尤其适合河流这样有流动特征的作业 [图 1.6（d）]。在野外作业中，同时利用多参数水质分析仪（HORIBA U-53）测量各个断面的水深和流速，精度为 ±0.3m 和 0.1m/s。本次 RTK 实测为三条河流的上游段，地理位置在山谷，电台信号接收有时不稳定，多数情况采用 I70Ⅱ搭载 eSIM 卡流量接收卫星信号测定 [图 1.6（b）和（c）]。

三条河的中下游，用华测 4 号智能遥控船测量河流横断面的经纬度、高程、水深、流速以及流向等因子（图 1.7）。华测 4 号是一款适合中小型河流，内陆江、河、湖泊测流

---

① D 为流动站（I70Ⅱ）与基准站（B5）之间的基线距离，单位为千米（km）。

图 1.6 仪器工作原理和人工实地测量示意图

（a）、（b）和（c）为 I70 Ⅱ 工作原理图，（d）为人工实地测量图

(a) 无人船工作示意图　　　　(b) 无人船测量水深范围、搭载仪器和水下测量范围示意图

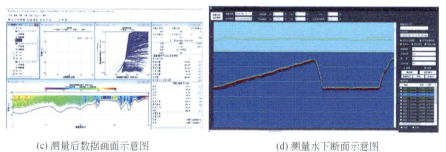

(c) 测量后数据画面示意图　　　　(d) 测量水下断面示意图

图 1.7 无人船测量示意图

和测绘的超轻便型水文智能遥控测验无人船,可根据不同工作环境选择合适的操作方式。华测4号无人船是采集水位、流速、流量数据为一体的便携式测量河流的先进仪器,具有直线、自适应流速技术、自动悬停技术和无安全隐患等优点,可自动设置航线,也可手动控制航线。该设备具有流量感知全自动、一键悬停和测流全直线等特点,拥有全自动水文测验逻辑,符合水文多普勒测验标准,并且弥补了一般测量船人员、机械维护成本高,效率低下,船体姿态不稳,精度差,大船在浅滩受限、岸边测不到等不足。

华测4号无人船内置厘米级精度定位接收机,搭载ADCP(声学多普勒流速剖面仪)流速测验设备和测深仪,断面流量由所测的流速和水深计算。ADCP的工作原理是向水中发射声波,水中的散射体使声波产生散射;ADCP接收散射体返还信号,通过分析其多普勒效应频移以计算流速。作业时首先打开导航测图软件 [图1.7(c)和(d)],建立工程项目,设置船体吃水深度,将RTK坐标系参数输入,查看坐标数据与手簿坐标是否一致。将测区航线规划完毕,上传到无人船中控,将测量完的数据按照成果要求,进行采样。采样前,将数据做平滑处理或者参考波形图文件做参考处理。最后根据项目需求,选择合适的采样间隔。搭载的测深仪为超声波测深仪,所使用的声波频率在2万Hz以上,测深时将超声波换能器放置于水面之下或一定位置,利用超声波在水中的固定声速 V_c 和超声波发射到接收的时间 T,仪器按公式 $H=T \cdot V_c/2$ 自动换算出水深 H。超声波测深仪以单片机为测控中心,控制仪器的发射、接收,并对接收数据进行分析处理。超声波收发转换电路采用专门设计的低功耗收发电路,并以16位高亮度液晶显示测深过程和结果。超声波测深仪可以在静水中测深,也可在具有一定速度的水中测深,水流速度最大可达5m/s左右(流速越大,测深距离越小)。

1.5 急流–深潭–河滩系统的发育数量

通过人工RTK和无人船实测河流断面高程参数后,刻画出河床形态,基于河床形态变化,就可以直接识别出已发育的急流–深潭–河滩系统。具体地,在流量较小的上游河段,发育的系统较小,数量相对较多,而在中游和下游,由于流量较大,发育的系统较大,系统数量较少。上、中、下游三个河段,测得丹江急流–深潭–河滩系统11个,泾河急流–深潭–河滩系统10个,嘉陵江急流–深潭–河滩系统9个(表1.1)。泾河中游由于泥沙含量较大,仪器在河里无法准确获得数据,所以没有识别出急流–深潭–河滩系统。

表1.1 野外勘查数据汇总

位置	丹江		嘉陵江		泾河	
	坡降/%	系统个数	坡降/%	系统个数	坡降/%	系统个数
上游	0.28	4	0.26	3	0.65	7
中游	0.15	4	0.20	3	—	—
下游	0.05	3	0.06	3	0.20	3

丹江上、中、下游4个连续的急流–深潭–河滩系统长度为1400~2000m,嘉陵江上、

中、下游 3 个连续急流–深潭–河滩系统长度分别为 1200m、1500m、2000m，泾河上游 7 个连续的急流–深潭–河滩系统和下游 3 个连续的急流–深潭–河滩系统长度为 1200 ~ 3000m。从表 1.1 可以看出，发育出急流–深潭–河滩系统的坡降范围在 0.05% ~ 0.65%，坡降越大，发育的急流–深潭–河滩系统个数越多。坡降越大，水流流速快，动能比越大，在短距离内越容易冲刷出深潭，在冲刷形成深潭过程中，形成起伏的河床形态，急流和河滩也容易形成，所以在上游坡降较大的河段，相同距离比下游河段识别的系统多。

根据河床高程和横断面参数刻画出的急流–深潭–河滩系统平面和纵断面图表明，急流长度一般小于深潭（图 1.8 ~ 图 1.15）。对比急流和深潭的纵断面，可以明显看出，深潭断面形态较急流平缓，这也是急流处流速较快的原因。另外，深潭段河宽较急流段大，而

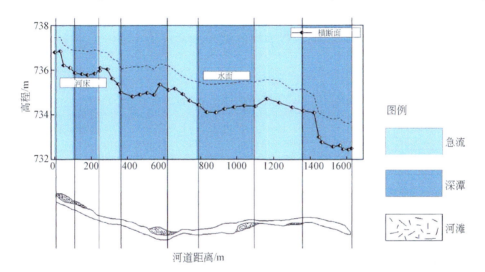

图 1.8   丹江上游急流–深潭–河滩系统纵剖面和平面示意图

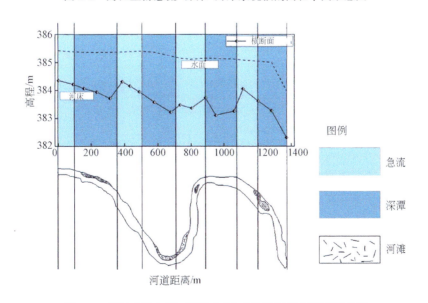

图 1.9   丹江中游急流–深潭–河滩系统纵剖面和平面示意图

且比较长，因此，急流面积小于深潭面积。由图 1.8 ~ 图 1.15 还可以看出，河滩发育位置可在急流段，也可发育于深潭段，也可能发育在急流段和深潭段的交界处，但一般而言河滩发育于河道弯曲的位置。从实测的纵断面可以看出，系统的纵剖面以一定纵比降起伏下降的，深潭段显示下凹，然后河床升高形成急流，然后又下凹，周而复始。深潭的下凹部分和急流的尺寸大小，从上游到下游是不断增大的。

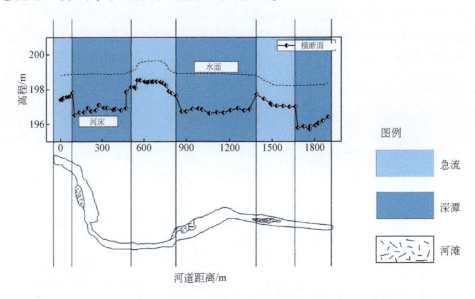

图 1.10 丹江下游急流–深潭–河滩系统纵剖面和平面示意图

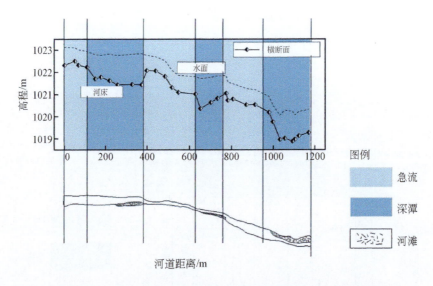

图 1.11 嘉陵江上游急流–深潭–河滩系统纵剖面和平面示意图

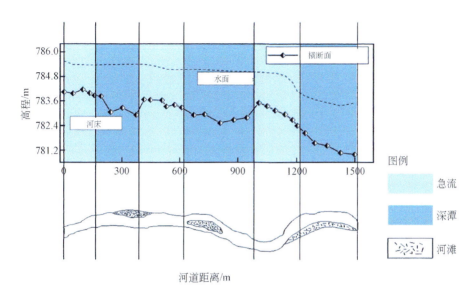

图1.12 嘉陵江中游急流–深潭–河滩系统纵剖面和平面示意图

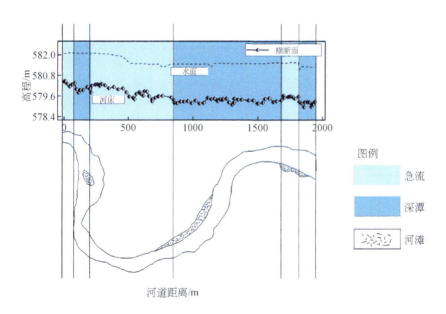

图1.13 嘉陵江下游急流–深潭–河滩系统纵剖面和平面示意图

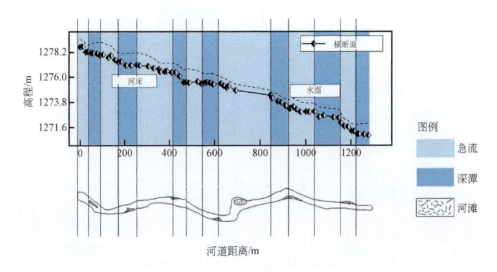

图 1.14　泾河上游急流–深潭–河滩系统纵剖面和平面示意图

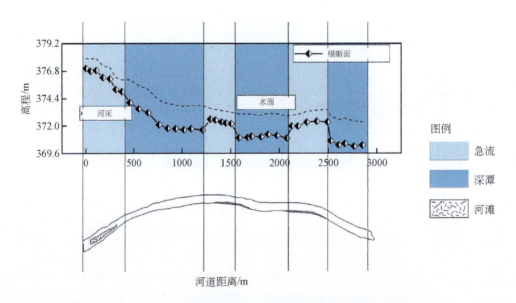

图 1.15　泾河下游急流–深潭–河滩系统纵剖面和平面示意图

1.6　急流–深潭–河滩系统的发育程度

1.6.1　平面发育程度

急流–深潭–河滩系统发育程度利用下列指标计算（表1.2）。由于急流–深潭–河滩系统在平面上的自相关性和平面的不规则性，引入平面不规则几何图形的概念，利用 ImageJ

获取急流-深潭-河滩系统的几何特征参数，然后计算平面发育程度。平面不规则图形的形态通常用圆形率、紧凑度、延伸率、形状率和平均曲率等指标表征（毕利东等，2009），计算方法如表 1.2 所示。表中所有指标按一个系统为单位计算，如图 1.16 所示。

表1.2　常用平面不规则图形形态指标的计算公式

指标	计算公式	含义	物理意义
K_1	$4A/P^2$	圆形率	两个面积相等的不规则图形，周长越小，整体越趋圆形
K_2	A/A'	紧凑度	两个面积相等的不规则图形，最小外接圆面积越小，图形越紧凑
K_3	L'/L''	延伸率	两个不规则图形最长轴长度相等时，最短轴越短图形延伸越明显
K_4	A_1/L^2	形状率	两个不规则图形面积相等时，最长轴越长，图形形状越明显
K_5	$2\pi/P$	平均曲率	相等面积不规则图形的周长越长，图形弯曲率越大

注：A 为图形面积；L 为图形轴长度；A_1 为图形面积，m^2；P 为图形周长，m；A' 为该图形最小外接圆面积，m^2；L'' 为图形最长轴长度，m；L' 为图形最短轴长度，m。

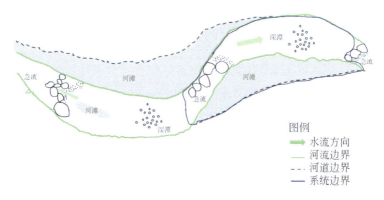

图 1.16　系统水流边界示意图

具体每个急流-深潭-河滩系统平面发育程度计算公式中的所需参数获取（表 1.2），首先将野外实测的急流-深潭-河滩系统平面轮廓控制点的经纬度导入 Google Earth，通过 Google Earth 获取各系统平面信息。将系统的平面信息导入 Image 后，先进行比例尺校准，然后勾选出系统的平面轮廓，测量每个系统的面积、周长以及外接圆的长短轴，接着勾选平行于坐标轴的系统外接矩形，测量外接矩形的长、宽。通过长宽可计算外接圆的直径，从而计算出外接圆的面积。处理步骤如图 1.17 所示。

对于平面发育程度的量化，过去的研究鲜见将河滩（或边滩）和河道看作一个相互联系的系统研究，大多单独研究河型成因及其演变规律或边滩形态（Ward et al.，2000）。20 世纪 70 年代伊紫涵等（Mandelbrot，1975）对中小型河流滩地形态演变的研究，在圆形率、紧凑度、延伸率、形状率和平均曲率等基本形态指数的基础上，应用主成分分析法，获得描述滩地形态的两个主成分，并将这两个主成分概化为形状和边界，基于两个主成分构建平面直角坐标系，根据平面几何形态指数所在象限，对滩地的几何形态进行定量分类，分为窄长型和短宽型，边界则用来区分该滩地是属于规则型还是不规则型（图 1.18）。该项研究利用多维信息，较综合地刻画了河流亚单元的形状和边界，但对于

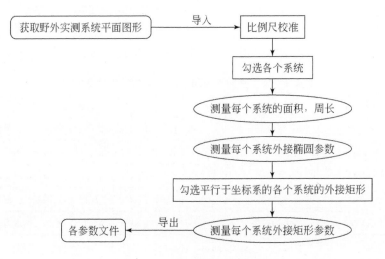

图 1.17　Image 图形分析流程

急流–深潭–河滩系统的刻画，形状常常是规则型的，所以本书考虑第一个主成分的信息，建立急流–深潭–河滩系统平面形态发育程度模型，用于计算系统的平面发育程度 [式(1.1)]。式 (1.1) 整合了表 1.2 中紧凑度、形状率、延伸率等指标，得到了一个发育程度综合指数 RPB。RPB 越大，系统越趋于藕节状；RPB 越小，形状越窄长，如图 1.18所示。

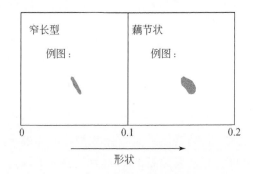

图 1.18　急流–深潭–河滩系统类型划分

$$RPB = 0.447Z_{K_1} + 0.485Z_{K_2} + 0.448Z_{K_3} + 0.485Z_{K_4} + 0.360Z_{K_5} \qquad (1.1)$$

式中，K_1，K_2，K_3，K_4，K_5 含义如表 1.2 所示；Z_{K_1}，Z_{K_2}，Z_{K_3}，Z_{K_4}，Z_{K_5} 为由 K_1，K_2，K_3，K_4，K_5 标准化后的数据。

　　基于三条河收集的资料，由式 (1.1) 计算，得到图 1.19 急流–深潭–河滩系统平面发育程度 RPB。由图可知，从河流的上游到下游，RPB 值增大，其中，丹江上游的 RPB平均值为 0.021，而中下游为 0.028 和 0.040；泾河上游的 RPB 平均值为 0.014，而下游的值为 0.043；嘉陵江上游的 RPB 平均值为 0.017，而中下游的 RPB 平均值分别为 0.029 和0.049。对比三条河流，泾河上游的平面发育程度比丹江、嘉陵江低，说明泾河上游发育的急流–深潭–河滩系统较窄长。平面发育程度系数最大的为嘉陵江下游，该段发育的急流-深潭-河滩系统形状更"趋于藕节状"。总体来说，上游河道坡度较大，流量较小的河段，系统平面发育程度在 0.015~0.020，下游流量较大，坡度较小的河段系统平面发育程度一般会大于 0.040。这说明，河道的平面发育与流量和河道坡降的关系较大，流量较小且坡降较大，系统偏窄长型。这主要是坡降大，水流快，能量耗散较大，河道需要展宽的水量和能量不足，所以发育出的急流-深潭-河滩系统整体偏窄长，河道的平面展宽比较小。

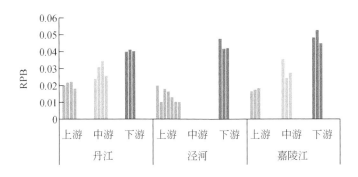

图 1.19 急流-深潭-河滩系统平面发育程度 RPB

1.6.2 纵面发育程度

纵向发育程度是急流-深潭-河滩系统河床形状稳定后，沿河床中心高程曲线长度与急流-深潭-河滩系统中首尾的直线长度之比的对数 [式 (1.2)]:

$$RP = \log\left(\frac{AB+BC+CD+DE+EF}{AF}\right) \qquad (1.2)$$

式中，AB、BC、CD、DE 和 EF 为图 1.20 中各曲线的长度；AF 为图 1.20 所示的直线的长度。

式 (1.2) 的物理意义为：平床的系统，RP 接近于 0，如梯形三面光的人工河道；当 $RP < 0.05$ 时，床面有沙脊或有发育的急流-深潭-河滩系统雏形；如果系统发育良好，$RP > 0.05$，并可能达到或超过 0.2。

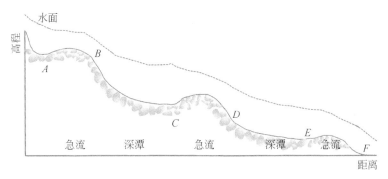

图 1.20 急流-深潭-河滩系统纵断面边界定义示意图

基于三条河收集的数据，利用式（1.2），得到急流–深潭–河滩系统的纵向发育程度结果（图 1.21）。与三条河的平面发育程度不同，纵向发育程度并没有从上游到下游，在空间上显示规律性，且三条河流表现出不同的特征。丹江中游纵向发育程度最差，平均值为 0.058；然后是上游，RP 平均值为 0.072；发育程度最好的是下游，RP 平均值为 0.086。泾河上游较下游纵向发育程度都较差，RP 平均值分别为 0.075 和 0.116。在嘉陵江，纵向发育程度 RP 在空间上从上游到下游呈现不断减小的趋势，平均值分别为 0.106、0.048 和 0.036。对比三条河流，嘉陵江整体而言纵向发育程度较泾河和丹江差。根据现场调查，各河流急流–深潭–河滩系统发育程度高，这与自然河道保护较好有关。当自然河道保护好，受到各种人类干扰少，急流–深潭–河滩系统河床高程起伏大，结构比较完整，RP 值就大，如丹江，在人类干扰较多时，河床起伏受扰动而下降，RP 值就小。另外，纵向发育程度与流量大小也有关系，流量大，河流坡降小，河床比较平缓，河床高程起伏较小，RP 值就小，如嘉陵江下游。总的来说，自然环境较好的河段系统纵向发育程度系数大于 0.05，而在自然性低的河段，急流–深潭–河滩系统的纵向发育程度系数一般在 0.01 ~ 0.05。

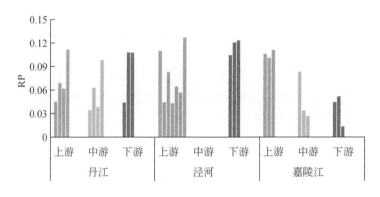

图 1.21　急流–深潭–浅滩系统的纵向发育程度系数 RP

1.6.3　急流–深潭–河滩系统的平面发育程度与宽深比的关系

以往的研究常常将河道宽深比 B/H 作为河道形态表征的重要因子，当河道宽深比值较大时，称河道为宽浅河流；B/H 值较小时，称河道为窄深河道（White et al., 2010；Chartrand et al., 2018；Hassan et al., 2019）。本书将平面发育程度 RPB 作为衡量河道平面形态的指标，该值越大，急流–深潭–河滩系统发育越趋于藕节状；该值越小，河道系统发育越窄长。通过分析急流–深潭–河滩系统 B/H 和 RPB 的关系（图 1.22），可以清晰地看出，系统 RPB 与 B/H 呈正相关关系。但每条河流，它们之间的相关程度有一定差异。根据实地调查，泾河上游部分属于窄深河道，系统平均宽深比较小，系统 B/H 随 RPB 增大而增大的趋势较平缓；相反，嘉陵江下游属于宽浅河道，系统 B/H 随 RPB 增大的趋势较陡。对于丹江，平均 B/H 随 RPB 增大的趋势上下游变化不大。河流从上游到下游不仅流量不断增加，河道会越来越宽，发育的急流–深潭–河滩系统随着流量的增加，河道宽度增大，平面发育的系统也越"趋于藕节状"。

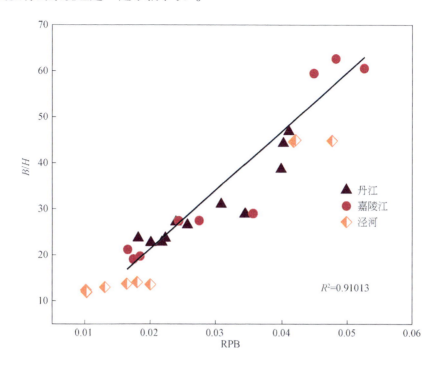

图 1.22　急流–深潭–河滩系统的平面发育程度系数 RPB 与宽深比 *B/H* 关系

1.6.4　急流–深潭–河滩系统纵向发育程度与耗能率关系

急流–深潭–河滩系统微地貌为常见的稳定河道，其对水流的消能作用主要是通过河床变形，使得水流在急流和深潭间交替消耗大量能量，同时部分能量将泥沙推动到岸边形成河滩。水流从急流到深潭，经过坡度的骤降消能和深潭消能，势能、动能、紊动能逐级转化，能量逐级消耗。水流从急流到河滩以及急流到深潭这两个过程中水流紊动强烈，水流内部产生的摩擦掺混消耗了大量的能量。急流–深潭–河滩系统能量消耗方式按部位分为坡降消能、河滩堆积消能和深潭消能。水流通过急流–深潭–河滩系统时，存在复杂的能量转化过程，势能、动能、紊动能、热能逐级转化。水流跌下急流段，势能剧烈转化为动能，同时由于河道坡降骤降，水舌破碎过程掺混大量空气，水流紊动强烈消耗能量；一部分水流推动河道中推移质到岸边，形成河滩，河滩堆积时水流能量耗散；另一部分水流进入深潭，势能完全释放转化，动能达到最大，发生水跃。水跃的发生以及水跃主流与周围水体巨大的流速梯度使动能大量转化为紊动能，深潭单位断面中水体紊动能达到最大。为了探究急流–深潭–河滩系统的稳定性，根据水力学公式式（1.3）和式（1.4），计算了每个急流–深潭–河滩系统的耗能率（Song et al., 2015；Liu et al., 2020）。

$$断面水头差：\Delta H = \Delta h + \frac{Q^2}{2gB^2}\left(\frac{1}{h_1^2} - \frac{1}{h_2^2}\right) \tag{1.3}$$

$$单个单元耗能率：k = \frac{\Delta H}{\Delta h + \dfrac{Q^2}{2gB^2}\dfrac{1}{h_1^2}} \qquad (1.4)$$

式中，ΔH 为总水头差；Δh 为急流–深潭处顶部水面高度差；Q 为流量；B 为槽宽度；h_1 和 h_2 分别为急流和深潭处的水深。

通过分析急流–深潭–河滩系统的耗能率和 RP（图 1.23），发现无论是丹江、嘉陵江，还是泾河，也无论是在上游、中游还是下游发育的急流–深潭–河滩系统，单个系统的耗能率几乎大于 80%，表明急流–深潭–河滩系统能量能够自我消耗，说明野外实测的这些急流–深潭–河滩系统均为稳定河道。系统纵向发育程度系数 RP 和单个系统耗能率之间呈正相关关系，说明在自然状态下纵向发育程度越高的系统，耗能率越高，河道越稳定。

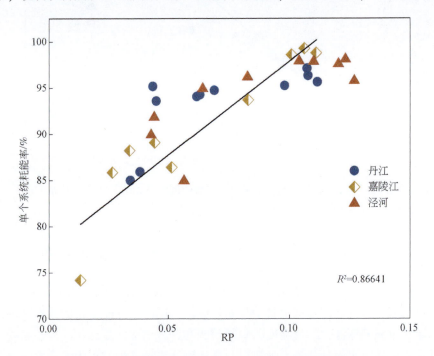

图 1.23　急流–深潭–河滩系统的纵向发育程度 RP 与耗能率之间关系

1.6.5　急流–深潭–河滩系统纵向发育程度与坡降的关系

河道发育最重要的因素为坡降，河流中的水流随着坡降产生的重力向下游流动，塑造了不同形态的河流。急流–深潭–河滩系统的纵向发育程度是对河道系统纵向几何的描述，本节进一步分析了河道坡降与纵向发育程度 RP 之间的关系（图 1.24）。从图中看出，不管是丹江、嘉陵江，还是泾河，河道坡降 S 与 RP 之间呈正相关关系。其中，泾河的 RP 和 S 之间决定系数达 0.9101。就泾河而言，坡降在 0.002~0.005 时，纵向发育程度 RP 介于 0.03~0.06；当坡降在 0.006~0.012 时，RP 介于 0.06~0.12。对于丹江，当坡降在 0~0.04 时，RP 介于 0.03~0.08；当坡降 S 在 0.007~0.01 时，RP 介于 0.09~0.12。对于嘉陵江，上、中、下游的坡降范围分别为 0.001~0.0025、0.0025~0.0035、0.0035~0.005，对应 RP 范围分别为 0~0.04、0.04~0.08、0.09~0.12。分析得出总体规律是：在坡降大的上游，系统的纵向发育程度更高，而坡降较小的下游，纵向发育程度较低，在坡降较大的河段更易发育出急流-深潭-河滩系统。河流动力学理论表明，坡降越大，能量耗散越快，能在短距离内形成自消耗稳定系统，急流-深潭-河滩系统就是这种自消耗的稳定系统。

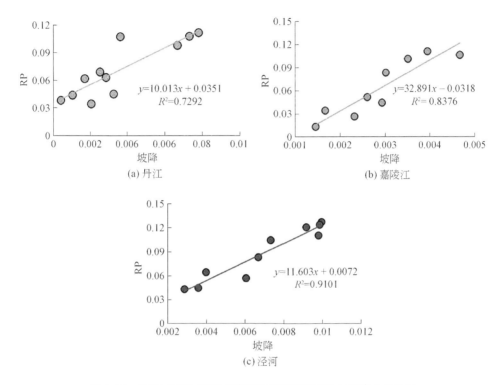

图 1.24 急流-深潭-河滩系统纵向发育程度 RP 与坡降 S 的关系

1.7 都柳江急流-深潭-河滩系统河道参数

在都柳江上游的普安河段、中游的三都河段以及下游榕江河段，分别选择三个急流-深潭-河滩系统进行宏观测勘测和调查。勘测定位用全球定位系统（GPS），长度和海拔利用 Google Earth 软件自带的测量功能测量相应参数，获得急流-深潭-河滩系统所在河段两个端点间的直线距离、河道中心线的长度和河道中心线的海拔。利用河段的长度以及河道中心线的海拔值可以得出河道的纵比降。河道纵比降是指河流（或某一河段）水面沿河流方向的高程差与相应的河流长度之比，它在一定程度上反映了河流的陡峭程度和蕴含的势能。根据河段两端点的直线距离和河道中心线总长度可以计算出河道的弯曲系数。弯曲系数是描述一条河流在某一河段的河道弯曲程度的指标。除了研究急流-深潭-河滩系统的河道弯曲系数外，还在上、中、下游分别选择 3 条大小比较接近的典型"几"字形河湾，使用 Google Earth 软件，测量河段两个端点间的直线距离以及河道中心线的总长度，计算弯曲系数。

实地调查包括对急流–深潭–河滩系统中各个部分的形态测量以及砾石的大小测量。使用工具为皮尺、胸径尺和 Google Earth 测量。在天然河流急流–深潭–河滩系统中，各个部分之间的界限是比较明显的，各部分的空间长度用 Google Earth 已经满足要求。河岸砾石的测量，在上中下游的勘测代表性河段，确定 5 个 1m² 样方，共 15 个，每个样方之间距离为 7m，测量每个样方内的所有表层砾石的大小。砾石个体的测量主要采用胸径尺，每一个砾石测量两个周长，分别是砾石最宽处切面的周长以及砾石最长处切面的周长，测量精度为 1cm。根据测量的两个周长的比值可以判断出砾石的大致形状，称为纵横比。

1.7.1　河道弯曲系数

河道弯曲系数代表了河道的弯曲程度。河道的弯曲程度与该河段的位置并无明显的联系，而是由该河段所处的地质环境、地形地貌、沉积物特征与水流的长期作用形成的。三个河段急流–深潭–河滩系统的河道弯曲系数如表 1.3 所示。由表可以看出，都柳江上、中、下游急流–深潭–河滩系统弯曲系数差异很小，这主要是因为天然河流急流–深潭–河滩系统是稳定形态结构的河道，这个系统中水流对形态结构的调整已经稳定，能量消耗在特定的环境条件下已经达到最高，所以具有相似的河道弯曲系数。

表 1.3　三个河段的河道弯曲系数

河段	统计量	河道中心线长度/m	河道端点直线距离/m	弯曲系数
普安	平均值	315.132	270.886	1.163
	标准偏差	0.756	0.095	0.003
三都	平均值	582.854	554.318	1.052
	标准偏差	0.418	0.246	0.001
榕江	平均值	496.506	412.612	1.205
	标准偏差	0.589	0.072	0.001

图 1.25～图 1.27 分别为都柳江上、中、下游 3 条"几"字形河段的卫星图片。从卫星图像上来看，"几"字形河段凸出的部分，其地形基本上是隆起的山丘，由于山丘地质的抗冲性强，河道呈"几"字绕过凸起部分。上、中、下游的"几"字形河段在弯曲度以及弯曲形态上可能存在一定的关联性。

由表 1.4～表 1.7 可以看出，都柳江中游的"几"字形河道平均弯曲系数最大，下游平均弯曲系数略大于上游，上游的平均弯曲系数最小。"几"字形河段出现的首要条件是需要存在一处中心地层非常坚硬且周围地层容易被水流冲刷成沟道的地区，这能够改变河流冲刷侵蚀的方向，且这样的区域往往面积较大或者凸出很明显，这样就使得"几"字形河道弯曲系数往往比一般的"C"形河道要大。

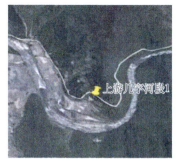

图 1.25　都柳江上游"几"字形河段的卫星影像

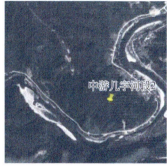

图 1.26　都柳江中游"几"字形河段的卫星影像

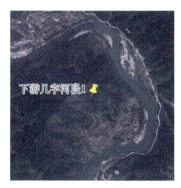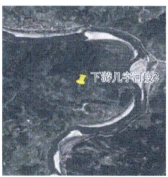

图 1.27　都柳江下游"几"字形河段的卫星影像

表 1.4　都柳江上游 3 处"几"字形河道的弯曲系数

河道序号	统计量	河道中心线长度/m	河道端点直线距离/m	弯曲系数
1	平均值	1557.894	778.742	2.000
	标准偏差	0.807	0.090	0.001

河道序号	统计量	河道中心线长度/m	河道端点直线距离/m	弯曲系数
2	平均值	1590.588	989.892	1.607
	标准偏差	0.779	0.329	0.001
3	平均值	1550.594	575.366	2.695
	标准偏差	0.655	0.747	0.004

表 1.5　都柳江中游 3 处"几"字形河道的弯曲系数

河道序号	统计量	河道中心线长度/m	河道端点直线距离/m	弯曲系数
1	平均值	2892.086	1076.506	2.687
	标准偏差	0.296	0.358	0.001
2	平均值	2812.360	1178.442	2.387
	标准偏差	0.406	0.536	0.001
3	平均值	2656.72	729.040	3.644
	标准偏差	0.754	0.340	0.001

表 1.6　都柳江下游 3 处"几"字形河道的弯曲系数

河道序号	统计量	河道中心线长度/m	河道端点直线距离/m	弯曲系数
1	平均值	4196.598	2085.996	2.001
	标准偏差	0.518	0.592	0.004
2	平均值	4129.712	1831.362	2.255
	标准偏差	0.578	0.575	0.001
3	平均值	4255.188	1856.618	2.292
	标准偏差	0.698	0.722	0.001

表 1.7　特殊"几"字形河道的弯曲系数

河道序号	统计量	河道中心线长度/m	河道端点直线距离/m	弯曲系数
1	平均值	3477.308	356.832	9.745
	标准偏差	0.485	0.500	0.014
2	平均值	2649.16	943.33	2.808
	标准偏差	0.520	0.539	0.001

一般来说,一条天然的蜿蜒曲折的河流,直线型段很少,而"S"形和"几"字形比较多。对于像都柳江这样的天然蜿蜒冲积型河流来说,直线形的河段仅占很小的比例,大部分河段所呈现的则是不同的弯曲形态。其中,"S"形河道实际上是两个弯曲河道圆弧的反向连接,而"几"字形河道则是两个弯曲河道圆弧的同向连接。实际上,"几"字形河道与"S"形河道在形成机制上是相同的,不同之处在于,由于河道所处地理位置的特殊

性，所造就的河道会出现"几"字形这样特殊形态。"几"字形河道可以看作弯曲河道中比较极端的例子。从宏观上来看，"几"字形河道同样是都柳江整个河道中不可分割的组成部分，因此，对"几"字形河道进行一些宏观对比是必要的。

"几"字形河段受特殊地形地貌特征的影响，很少会连续出现。但是在调查都柳江卫星图像的过程中，却发现了一处很特别的河段，如图1.28所示。这处特殊的"几"字形河段位于贵州省与广西壮族自治区交界处的广西一侧，实际为都柳江在广西境内的融江段。这条特殊"几"字形河段有两个连续的"几"字形，图中左侧的"几"字形处在右侧"几"字形的上游，左侧河道的河道序号标记为1，右侧河道的河道序号标记为2。根据Google Earth软件的测量及公式计算，特殊"几"字形河道弯曲系数是比较大的，1号达到了9.745，2号达到2.808。

图1.28　广西境内特殊的"几"字形河段的卫星影像

1.7.2　河滩砾石

河滩砾石是在河滩上出现的由岩石碎块组成的颗粒物，是在河水选择性搬动砾石情况下，被搬动的砾石发生不断破碎和磨蚀过程中位移和形态一直在变化的结果。由于河滩砾石通常是由河流上、中、下游各支流搬运而来，并在特定的河段沉积下来的，其形状和大小分布与山地上的砾石相比已经显著不同。河滩砾石的大小、形状、成分等特征会因河流流经的地区、地质条件以及水流的作用等因素而有所不同，它们是河流作用和流域环境的一种直观体现，对研究河流的演变历史、水动力特征以及流域地质等都具有一定的指示意义。例如，比较圆的砾石意味着它们在河流中经历了较长时间和较远距离的搬运，在搬运过程中不断受到水流的冲刷和磨蚀而变得更圆。

河滩砾石测定具体可以指示河流和流域的一些性质：①水流能量。较大且较粗糙的砾石通常表明河流在过去某个时期具有较高的水流能量，能够搬运和沉积这些砾石。②搬运能力。反映了河流搬运颗粒物的能力，砾石的存在显示出河流有一定的搬运较大颗粒物质的力量。③流域侵蚀程度。如果砾石较多且大小混杂，可能暗示着流域或附近支流的侵蚀作用较强，有较多的物质被带入河流。④历史变化。不同粒径和特征的砾石分布有助于了解河流在不同时间的水动力条件和流域特征的变化。

砾石纵横比能较好反映砾石大小和形状。纵横比是砾石最长处与最宽处切面周长的比值。根据纵横比可确定砾石的形状,比值为1或接近1是球形,比值在1~1.5是椭球形,比值在1.5~2.0是长椭球形,比值大于2为长椭球。由于砾石在河流中不断磨损,表面一般是光滑的,而且是不规则的。为了统计方便,使用砾石最长处与最宽处切面周长的平均值作为判断砾石大小的指标。

1. 河滩砾石的纵横比

在都柳江上游普安、中游三都和下游榕江三地共设置了15个砾石样方。纵横比按比值1.00、1.01~1.50、1.51~2.00、2.01~2.50以及≥2.51,分为5个组,其结果如图1.29~图1.31所示。由图可以看出,砾石的形状绝大多数为椭球形和长椭球形(其纵横比值为1.01~1.50和1.51~2.00),少数为扁椭球形(其纵横比值为2.01~2.50和≥2.51)和近似球形(其纵横比值为1.00)。说明这些砾石搬运距离较长,破碎度较好,磨圆度较高,大部分砾石不是采样河道附近的产物。

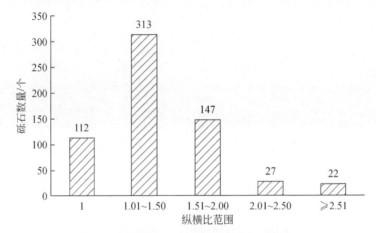

图1.29 普安地区(上游)砾石样方纵横比

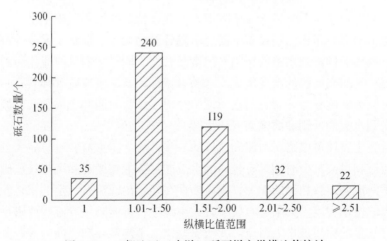

图1.30 三都地区(中游)砾石样方纵横比值统计

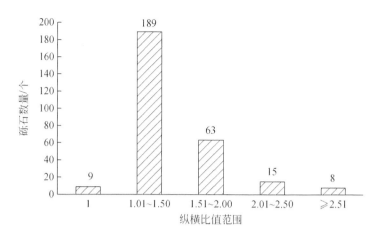

图 1.31 榕江地区（下游）砾石样方纵横比

2. 河岸砾石的大小比较

天然河流的河岸砾石受河水搬运、冲刷和磨蚀等过程的影响，在上、中、下游的平均大小会有所不同。上游普安、中游三都以及下游榕江三个河段河滩砾石的最长处切面和最宽处切面的平均周长如表 1.8 所示。普安河段砾石的最长最宽处切面周长以及相应的标准偏差均最小，榕江河段砾石的最长最宽切面周长最大，三都河段砾石的标准偏差最大。普安河段是上游，坡降比较大，但砾石最长最宽处切面周长最小，砾石离散程度也小，表明上游地区地表比较稳定，产生大砾石的地质活动较少。中游三都和下游榕江河段砾石主要来源于中下游交汇的支流，地表相对不稳定，因此，产生了尺寸较大和不均匀的砾石。

表 1.8 三个考察河段样方内河岸砾石大小比较 （单位：cm）

数值	普安		三都		榕江	
	最长处	最宽处	最长处	最宽处	最长处	最宽处
平均值	5.892	4.098	12.140	7.968	13.402	9.838
标准偏差	0.352	0.291	1.128	0.686	0.607	0.620

普安、三都、榕江三个河段砾石的整体平均周长分布如图 1.32 ~ 图 1.34 所示。由图可以看出，都柳江的河滩砾石分布越往下游，其砾石颗粒越大。普安河段河滩砾石大部分集中于平均周长为 2 ~ 6cm；三都河段河滩砾石大部分集中于平均周长为 3 ~ 9cm，且在 9 ~ 18cm 中也有相当数量；榕江河段河滩砾石大部分集中于 6.5 ~ 14.0cm。在设置同样大小和数量的样方情况下，普安河段的河滩砾石小而多，榕江河段砾石则是大而少。但总体看，河流上、中、下游都是以小粒径砾石为主，表明河道系统冲刷不严重，河道已经比较稳定。

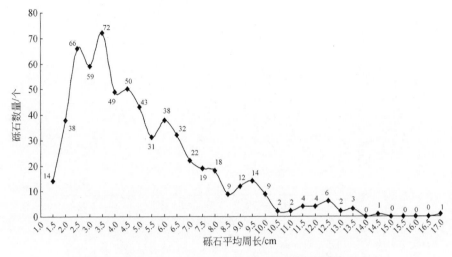

图1.32 普安地区（上游）样方内河岸砾石平均周长的分布

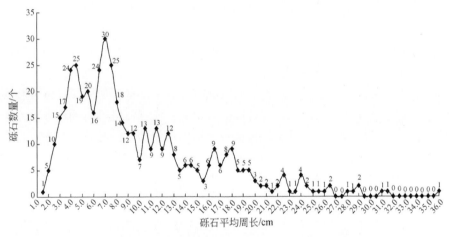

图1.33 三都地区（中游）样方内河岸砾石平均周长的分布

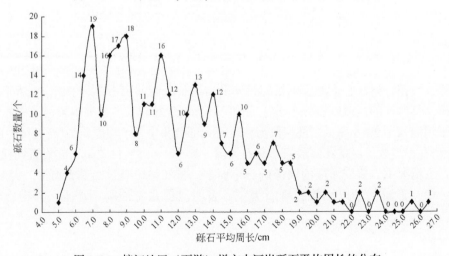

图1.34 榕江地区（下游）样方内河岸砾石平均周长的分布

1.8 讨　　论

1.8.1　急流–深潭–河滩系统的发育特征

　　河流形态结构特征一直是河流地貌学家和流域生态学家的研究重点，因为任何与河流有关的过程都必须以河流的形态结构特征为基础（Palmer et al.，2014）。一个多世纪的实证研究表明，在全球范围内，河流受到不同气候、地形、地质、岩性和生物群落的影响，冲积河道表现出不同形态结构的同时，其基本特征是一致的（Chen et al.，2011；Corkum，1989；Messager et al.，2021；Pero et al.，2020）。急流–深潭–河滩系统是自稳河道的典型形态结构，在不同的坡度和流量条件下呈现出一致的形态结构特征。稳定河道达到动态平衡作为发育的理想状态，主要受上游来水量、沉积物量、河床质粒径、河岸材料以及河流地貌发育历史的影响（Caissie，2006）。稳定河道在一定程度上就是健康河道，因为稳定河道不仅使得河道来水来沙的沉积和运输维持平衡，而且在这种稳定环境下，系统中水生生物和河岸植被也构成了完整的和稳定的生态链（Parker，1994；Schmutz et al.，2000；McClain et al.，2014；Forbes，1983）。对于河流系统发育的形态结构特征研究，学者们大多侧重于河流形态结构的多种类型和成因，河道中急流、深潭、河岸带在稳定河道中的结构、功能和演化，山区河道在坡降大的条件下形成的阶梯–深潭系统等。不过近50年来学者们也逐渐注意到，随着河道水位不同，河滩是河道形态结构的一部分，但和急流、深潭、河岸在形态和结构上不同，在河流地貌研究中是不可或缺的（Hassan et al.，2019）。

　　本书将急流–深潭–河滩系统看作一个整体，在中国三条河流上、中、下游，采用RTK技术和智能无人船测量技术，收集刻画河道空间结构的地理参数，如河床高程、河宽、河道纵比降等，阐明系统发育特征。研究发现，急流–深潭–河滩系统为一种普遍的稳定河道形态结构。在上游流量较小坡度较大的位置，更易发育出更多连续的急流–深潭–河滩系统。坡降越大，水流流速越快，动能就越大，在短距离内越容易冲刷出深潭，在冲刷形成深潭过程中，形成起伏的河床形态，急流和河滩也越容易形成，所以在上游坡降较大的河段，在相同距离条件下比较下游坡降小的河段，通过实测识别出的系统更多。在整条河流中，急流长度小于深潭，急流面积也小于深潭；深潭断面形态较急流平缓，这也是急流流速比深潭水流快的原因。河滩发育位置可能在急流段旁，也可能在深潭段旁，也有可能发育在急流和深潭的交界处，但一般而言河滩发育于河道弯曲的位置较多。整条河道在以一定纵比降下降过程中是不断起伏下降的，在深潭段显示下凹，然后河床升高形成急流，然后又下凹，周而复始。深潭的下凹部分和急流的尺寸大小，随着河道从上游到下游是不断增大的。

1.8.2　急流–深潭–河滩系统的发育程度

　　河流是在各种因素作用下的一个动态平衡系统，研究者们认识到河流形态结构随时间的变化趋向于稳定的状态，并受到多种控制变量的影响，因此，可以把这种河流形态结构的变化表示为发育。本领域已经建立了很多理论模型来分析河流形态结构的变化，并分析河流形态结构变化指标与这些控制变量之间的关系。这些理论模型研究表明，坡度、宽度、流速、流量、河床物质组成是影响河流形态结构的主导变量，宽深比可以作为河流形态结构变化表征的重要指标（Tooth，2000；McClain et al.，2014；Reisenbüchler et al.，2019；Messager et al.，2021）。宽深比可以反映河流展宽和冲刷下切变化，因此，对河流形态结构变化的表征具有理论清晰、简单明了的优点。但是，宽深比只能反映河流一个横断面的情况或者多个横断面的平均值。针对河道从不稳定到稳定并能刻画河流形态结构变化过程的发育程度指标或模型，受到很少关注（Lindley，1919；Leopold and Wolman，1957）。Wang 等（2009）在2009 年用一个模型来表征阶梯−深潭系统的发育程度，其计算结果基本上量化了河床在发育过程中的粗糙程度和复杂性。急流−深潭−河滩系统在纵断面上与阶梯−深潭系统相似，即一个急流段和一个缓流段反复发育。然而，与阶梯−深潭系统相比，急流−深潭−河滩系多了一个河滩，以前的研究中并没有将其列为河道系统的一部分。在最近的研究中，有学者关注洪泛区河道演变和分类，对自然河道的边滩形态通过主成分模型进行了分析研究（伊紫函等，2016）。该研究将河道的一些测量参数通过分析，概化成两个主成分，并表征形状和边界特征变化，将河道分为窄长型和短宽型。

急流−深潭−河滩系统是从河流上游大坡降的阶梯−深潭系统中发育起来的。由于河道的几何特征是自相关的，本书引入不规则几何图形中描述几何的知识对系统的平面形态和纵断面形态进行量化，建立刻画急流−深潭−河滩系统发育程度的模型，对量化后的发育程度与河流动力学参数进行相关分析，认识发育的河流动力学机制。发现从河流的上游到下游，平面发育程度有规律地增大。上游坡度较大，流量较小，系统平面发育程度低，呈现窄长型；下游流量较大，坡度较小，系统平面发育程度较高，形状趋于藕节状。河道平面发育程度主要受流量和坡降影响。系统平面发育程度与河道宽深比也成正比。

系统的纵向发育程度从河流的上游到下游并没有呈现显著的规律性，但纵向发育程度与耗能率和河道纵比降之间存在显著的正相关关系。在大流量条件下，纵向发育程度的值比较大。由于急流−深潭−河滩系统中的河滩存在，急流−深潭−河滩系统发育程度的定量值与阶梯−深潭系统的定量值略有不同。所调查的几条河流中急流−深潭−河滩系统的单个系统耗能率都大于80%，因此，急流−深潭−河滩系统是一个良好的动态平衡耗散系统。系统能量主要由湍流动能和势能耗散。水的势能是形成急流−深潭−河滩系统的根本原因。急流和深潭中的能量随着水流的运动而交替消耗，而另一部分能量则将泥沙推向岸边形成河滩做功，造成自然条件下的河床变形和边滩堆积。以往的研究仅仅对河型做划分，这种划分方式显示了河流水平面上的特征，不适合对河流形态结构做进一步的微观分析。本书将几何学知识用于建立刻画河流形态结构变化的发育程度模型，并与河流动力学参数结合起来，分析了河流水平面和横断面变化较微观的层面变化，这是一种新的尝试。

1.8.3　急流−深潭−河滩系统河道弯曲和砾石大小

河道弯曲程度和河滩砾石大小是河道形态结构的特征之一。河道弯曲与河道形成之初的沟道形态以及河水水流的长期作用有很大的关系。天然冲积型河流的河道形态从产生到成型，取决于构造运动的初始形态、水流侵蚀力大小和河道物质的沉积。在水流的长期侵蚀冲刷下，初始沟道会加深和加宽，成为形态多样的河道，但在峡谷型河道冲积填埋比较弱的情况下，初始河道的形态基本上决定了河道形态的基本格局，河道弯曲度也在这个总体格局下随水流冲刷而发生一定变化。然而，在冲积平原上的河道形态，构造运动形成的初始河道对河道形态基本没有影响，河道形态取决于冲刷和沉积的相互作用，河道弯曲度也取决于水流冲刷和沉积的强弱变化和平衡。

自然条件下，在河道弯曲处，沉积物堆积会加大河道的弯曲程度。从都柳江可以看出，河滩多出现在河道弯曲段，并且大部分的河滩都在河流两岸错开分布，很少在一条河道中出现两岸河滩并列的情况。河水对河流两岸的冲刷除了会使河道变宽变深之外，河滩也会在河水的作用下向河道中心方向扩大面积，河水的流向就会沿着河滩与急流–深潭的边缘发生改变，这样就会加大河道的弯曲程度。河滩面积扩大占用了原先河道区域，水流会冲刷侵蚀河道对岸，此段河道就会在较短时间内越来越弯曲。但如果对岸地层比较坚硬，冲刷就比较缓慢，河道弯曲度变化就不大。

基于调查，都柳江大部分的河道呈弧形，少部分呈现"几"字形，并分为三类：第一类"几"字形河段的两处转折比较圆润，整体看更像是被拉长的"C"字形河道，此类河道发现 5 处。第二类"几"字形河段与第一类"几"字形河段比较有明显的"棱角"，此类河道发现 5 处。第三类"几"字形河段形态给人以"头大身小"的感觉，而且这类河段的河道弯曲系数在 11 个"几"字形河段中是最大的，此类河道发现 1 处。与圆弧形河道相比，"几"字形河道要么在河段两端点内拥有长的河道中心线，要么拥有更短的河段端点直线距离。"几"字形河段的形成需要流经地区有特定的构造并且有足够的水流下切侵蚀来形成。但是从宏观上看，"几"字形河段与圆弧形河段并没有本质区别，都是受到地形地貌和水流侵蚀力作用的结果。

砾石纵横比的变化说明了砾石经河水磨蚀之后的大致形态。椭球形是都柳江河滩砾石数量最多的形态。河滩砾石在河水的搬运作用下，会出现两个现象：一是在碰撞过程中产生碎屑或者更小的碎块；二是砾石的棱角会在河水的冲刷以及相互碰撞摩擦中逐渐被消磨掉。河滩砾石不论形态大小，外形都比较圆润，表面比较光滑或者只有一面比较粗糙，基本不会出现棱角。一面粗糙主要是因为砾石有一半沉陷于沙砾中，出露的部分被水流挟带的砾石摩擦而变光滑，这种情况主要是粒径比较大的砾石，粒径小的砾石在水流作用下会随着河水流动而翻动，使得砾石的整个表面受到水流冲刷和其他砾石磨蚀而光滑（图 1.35）。

根据对普安、三都和榕江考察河段的测量结果，发现越往下游，砾石越大。根据实地调查以及通过 Google Earth 软件卫星影像的观察，都柳江河道弯曲会使砾石沉积，而砾石累积区域面积的扩大反过来也会加剧河道弯曲程度，使得原先河水的覆盖区域逐渐显露形成河滩，河道变得更加弯曲。对于河水来说，在其流量不变而河道变窄的情况下，河水的下切侵蚀力以及对对向河岸的冲刷能力会相应增强，从而使河道加深或河道变宽，并在下游河段处形成新的河滩。

图 1.35　考察河段中的砾石河滩景观（榕江段）

1.9　本章小结

本章建立了急流–深潭–河滩系统的平面和纵向发育程度公式，利用丹江、嘉陵江和泾河的实测数据，计算了 3 条河流中急流–深潭–河滩系统平面发育程度和纵向发育程度，分析了 3 条河流的系统平面发育程度 RPB 和宽深比 B/H 之间的关系，纵向发育程度 RP 与单个系统耗能率、坡降的关系，主要结论如下。

（1）3 条河流中共测得 30 个急流–深潭–河滩系统微地貌，通过分析可以得出，流量较小、坡度较大的河流，更容易发育出连续的急流–深潭–河滩系统。

（2）从河流的上游到下游，平面发育程度有规律地增大。坡度大，流量小，系统平面发育程度不高，呈现窄长型；流量大，坡度小，系统平面发育程度高，趋于藕节状。河道平面发育程度主要受流量和坡降影响。急流–深潭–河滩系统平面发育程度与宽深比之间呈线性关系。

（3）急流–深潭–河滩系统的纵向发育程度从河流的上游到下游并没有呈现显著的规律性，但纵向发育程度与耗能率和河道纵比降之间存在显著的正相关关系。在大流量条件下，纵向发育程度的值比较大。3 条河流中急流–深潭–河滩系统的单个系统耗能率都大于80%，急流–深潭–河滩系统是一个良好的动态平衡耗散系统。系统能量主要由湍流动能和势能耗散。急流和深潭中的能量随着水流的运动而交替消耗，而另一部分能量则将泥沙推向岸边形成边滩，造成自然条件下的河床变形和边滩物质堆积。

（4）都柳江上、中、下游急流–深潭–河滩系统河道弯曲系数比较相似，而比急流–深潭–河滩系统尺度更大的"几"字形河段河道弯曲系数差异比较大。"几"字形河段的形成取决于地质构造、水流冲刷和河道物质沉积，而急流–深潭–河滩系统的形成主要取决于水流冲刷和河道物质沉积作用的影响。河滩砾石大多数为椭球形，少部分为扁椭球形和近球形。从都柳江上游到下游，砾石个体逐渐增大，整条河流以小型砾石为主，深潭中主要分布砂砾和淤泥，砾石比较少，大部分砾石分布在河滩和急流部分。

参 考 文 献

毕利东，张斌，潘继花．2009．运用 Image J 软件分析土壤结构特征．土壤，41（4）：654-658.

陈晨，王震洪，马振．2015．都柳江河道急流-深潭-沙（砾）滩系统水质差异研究．环境科学与技术，38（3）：182-188，199.

陈小华，李小平．2007．河道生态护坡关键技术及其生态功能．生态学报，27（3）：1168-1176.

程成，王震洪，吴庆．2014．都柳江不同河段急流-深潭-沙（砾）滩系统底质酶活性研究．山地农业生物学报，33（5）：52-58.

程维明，周成虎，申元村，等．2017．中国近 40 年来地貌学研究的回顾与展望．地理学报，72（5）：755-775.

丁则平．2002．国际生态环境保护和恢复的发展动态．海河水利，（3）：64-66.

董哲仁，孙东亚，彭静．2009．河流生态修复理论技术及其应用．水利水电技术，40（1）：4-9，28.

董哲仁．2003．保护和恢复河流形态多样性．中国水利，6A 刊：53-56.

段亮，宋永会，张临绒，等．2014．辽河保护区河岸带生态恢复技术研究．环境工程技术学报，（1）：8-13.

范小黎，王随继，冉立山．2010．黄河宁夏河段河道演变及其影响因素分析．水资源与水工程学报，21（1）：5-11.

方宗岱．1964．河型分析及其在河道整治上的应用．水利学报，8（1）：1-12.

高雯琪，陆颖，屈霄，等．2021．城镇化背景下河流生境评价——以深圳市为例．生态学报，41（22）：8783-8793.

郭文儒．1999．水利志．兰州：甘肃文化出版社.

韩其为，胡春宏．2008.50 年来泥沙研究所主要研究进展．中国水利水电科学研究院学报，6（3）：170-182.

韩玉玲，严齐斌，应聪慧，等．2006．应用植物措施建设生态河道的认识和思考．中国水利，（20）：9-12.

何江华．2006．河道生态治理工程——生态格网工艺．中国农村水利水电，（9）：110-111.

何晓乐．2020．西安四条河流急流-深潭-河滩系统底泥微生物多样性及退化河流恢复策略．西安：长安大学.

侯起秀．2002.21 世纪泰晤士河流域水资源规划和可持续开发战略简介（二）．海河水利，（2）：61-64.

莱恩 E W，龚国元．1984．河流地貌学在水利工程中的重要性．地理译报，3（1）：1-6.

李秀清．2021．基于 VIC 模型的丹江流域水文模拟及水资源管理对策．西安：西北大学.

李勋贵．2008．水资源系统耦合理论及其在泾河水文水资源研究中的应用．西安：长安大学.

廉高林，阮华，杨高明，等．2014．商州市志．西安：陕西人民出版社出版.

刘文军，韩寂．1999．建筑小环境设计．上海：同济大学出版社.

刘晓丽，仇占一，黎豪毅．2012．乐昌峡水利枢纽下游左岸道路景观规划设计．广东水利水电，（8）：68-73.

刘晓涛．2001．城市河流治理若干问题的探讨．规划师，17（6）：66-69.

刘孝盈．2008．嘉陵江流域不同尺度水土保持减沙效果研究．北京：北京林业大学.

陆一奇，何晴，屠征波．2014．杭州市成就河道生态护岸型式初探．14（1）：173-174，305.

马宏轩，吕焕章，严志成，等．1991．永寿县志．西安：陕西人民出版社出版.

马振，王震洪，陈晨．2014．都柳江上中下游急流-深潭-沙（砂）滩系统河道参数调查研究．山地农业生物学报，33（1）：49-52，75.

钱宁，万兆惠．1965．近底高含沙量流层对水流及泥沙运动影响的初步探讨．水利学报，8（4）：1-20．

钱宁．1985．关于河流分类及成因问题的讨论．地理学报，40（1）：1-10．

裴善文，孙广友，李卫东，等．1979．三江平原松花江古水文网遗迹的发现．地理学报，34（3）：265-274．

邵学军，王兴奎．2013．河流动力学概论．2 版．北京：清华大学出版社．

沈玉昌，蔡强国．1985．试论国外河流地貌学的进展．地理研究，4（2）：79-88．

沈玉昌．1980．三十年来我国地貌学研究的进展．地理学报，35：1-11．

疏正宏，季永兴，邱小杰．2023．基于近自然工法的武夷山"水美城市"修复工程湿地科学与管理，（2）：66-70．

唐昌平，曾平生，杨培衡，等．2021．宁强县志．西安：陕西人民出版社出版．

滕盛锋．2012．广西天等县城区河道整治护岸工程设计探讨．红水河，（5）：9-13．

王成志．2008．现代河道的生态建设与治理．中国水利，（22）：16-17．

王府京．2011．生态河岸的功能与运用．吉林农业，（3）：226-228．

王计平，黄志霖，刘洋，等．2013．地貌格局与流域侵蚀产沙过程关系定量分析——以黄河中游河龙区间为例．地理研究，32（2）：275-284．

王建乐，田孟礼，冯贤才，等．1992．略阳县志．西安：陕西人民出版社出版．

王庆鹤．2016．典型自然河道形态结构差异对水体自学作用的关系，贵阳：贵州大学．

王兆印，程东升，何易平，等．2006．西南山区河流阶梯-深潭系统的生态学作用．地球科学进展，20：409-416．

王兆印，漆力健，王旭昭．2012．消能结构防治泥石流研究——以文家沟为例．水利学报，43：253-263．

王震洪．2013．云贵高原典型陆地生态系统研究（二）：典型流域生态系统、水生态过程与面源污染控制．北京：科学出版社．

吴庆，王震洪，程成．2014．都柳江急流-深潭-河滩系统底质重金属分布与污染评价．山地农业生物学报，33（6）：66-71．

许炯心，蔡强国，李炳元，等．2016．中国河流地貌研究进展——纪念沈玉昌先生 100 年诞辰．地理学报，71（11）：2020-2036．

叶青超．1995．黄河流域环境演变和水沙运动规律研究．济南：山东科学技术出版社．

叶碎高，王帅，韩玉玲．2008．近自然河道植物群落构件及其对生物多样性的影响．水土保持通报，28（5）：108-111，147．

伊紫函，夏继红，汪颖俊，等．2016．基于形态指数的山丘区中小河流滩地分类方法及演变分析．中国水土保持科学，14（4）：128-133．

尹学良．1965．弯曲性河流形成原因及造床试验初步研究．地理学报，31（4）：287-303．

张联凯，王立清．2012．论河流生态修复．建筑与预算，1（2）：71-72．

赵鹏程，陈东田，刘雪，等．2011．河道生态建设的技术研究．中国农学通报，27（8）：291-295．

赵银军，丁爱中，李原园．2013．论河流功能．科技导，31（33）：19-24．

赵银军，魏开湄，丁爱中．2013．河流功能及其与河流生态系统服务功能对比研究．水电能源科学，31（1）：72-75．

周慧锋．2014．浅议中小河流治理与生态护坡设计．资源与环境，（12）：109．

周永贞，彭家民，张宝藏，等．1992．丹凤县志．西安：陕西人民出版社．

朱国平，王秀茹，王敏，等．2006．城市河流的近自然综合治理研究进展．中国水土保持科学，4（2）：92-98．

宗威．2014．河道整治对河流生态环境的影响探讨．资源节约与环保，（2）：151．

左俊杰, 蔡永立. 2013. 河岸植被缓冲带定量规划的理论、方法与实证研究. 中国科技信息, (23): 174-177.

Anna A, Yorgos C, Konstantinos P, et al. 2009. Do intermittent and ephemeral Mediterranean rivers belong to the same river type? . Aquat Ecol, 43: 465-476.

Boltovskoy D, Correa N, Cataldo D, et al. 2006. Dispersion and Ecological Impact of the Invasive Freshwater Bivalve Limnoperna fortunei in the Río de la Plata Watershed and Beyond. Biological Invasions, 8: 947-963.

Brierley G J, Fryirs K A. 2013. Geomorphology and River Management: Applications of the River Styles Framework. Hoboken: John Wiley & Sons.

Caissie D. 2006. The thermal regime of rivers: A review. Freshwater Biology, 51 (8): 1389-1406.

Chartrand S M, Jellinek A M, Hassan M A, et al. 2018. Morphodynamics of a width-variable gravel bed stream: New insights on pool-riffle formation from physical experiments. Journal of Geophysical Research: Earth Surface, 123 (11): 2735-2766.

Chartrand S M, Jellinek A M, Hassan M A, et al. 2018. Morphodynamics of a width-variable gravel bed stream: New insights on pool-riffle formation from physical experiments. Journal of Geophysical Research: Earth Surface, 123 (11): 2735-2766.

Chen Y, Li X, Zheng Y, et al. 2011. Estimating the relationship between urban forms and energy consumption: A case study in the Pearl River Delta, 2005-2008. Landscape and urban planning, 102 (1): 33-42.

Chitale S V. 1973. Theories and relationships of river channel patterns. Journal of Hydrology, 19 (4): 285-308.

Chorley R J. 1969. The drainage basin as the fundamental geomorphic unit. Water, earth and man. London: Methuen and Co. Ltd.

Church M. 2006. Bed material transport and the morphology of alluvial river channels. Annual Review of Earth and Planetary Science, 34: 325-354.

Church M. 2015. Channel Stability: Morphodynamics and the Morphology of Rivers. //Rowiński P, Radecki-Pawlik A. Rivers-Physical, Fluvial and Environmental Processes. Cham: Springer International Publishing.

Clarke R T, Davy-Bowker J, Sandin L. 2006. Estimates and comparisons of the effects of sampling variation using 'national' macroinvertebrate sampling protocols on the precision of metrics used to assess ecological status. Hydrobiologia, 188: 477-503.

Clarke S J, Bruce-Burgess L, Wharton G. 2003. Linking form and function: towards an eco-hydromorphic approach to sustainable river restoration. Aquatic Conservation: Marine and Freshwater Ecosystems, 13 (5): 439-450.

Corkum L D. 1989. Patterns of benthic invertebrate assemblages in rivers of northwestern North America. Freshwater Biology, 21 (2): 191-205.

Davis W M. 1899. The geology cycle. Geographical Journal, 14: 41-58.

Elosegi A, Diez J, Mutz M. 2010. Effects of hydromorphological integrity on biodiversity and functioning of river ecosystems. Hydrobiologia, 215: 199-215.

Fenton J D. 2015. Basic Physical Processes in Rivers. In Rowiński P, Radecki-Pawlik A. Rivers-Physical, Fluvial and Environmental Processes. Cham: Springer International Publishing.

Forbes D L. 1983. Morphology and sedimentology of a sinuous gravel-bed channel system: lower Babbage River, Yukon coastal plain, Canada. Modern and ancient fluvial systems, 195-206.

Gumprecht B. 2001. The Los Angeles River: Its life, death, and possible rebirth. Baltimore: JHU Press.

Gupta A. 2008. Large rivers: geomorphology and management. Hoboken: John Wiley & Sons.

Hassan M A, Bird S, Reid D, et al. 2019. Variable hillslope-channel coupling and channel characteristics of forested mountain streams in glaciated landscapes. Earth Surface Processes and Landforms, 44 (3): 736-751.

Hassan M A, McDowell C, Saletti M, et al. 2022. Geomorphic Controls on Sediment Mobility and Channel Stability of a Riffle-Pool Gravel Bed Channel//Recent Trends in River Corridor Management: Select Proceedings of RCRM 2021. Singapore: Springer Nature Singapore.

Hassan M A, Radić V, Buckrell E, et al. 2021. Pool-riffle adjustment due to changes in flow and sediment supply. Water Resources Research, 57 (2): e2020WR028048.

Hey R D, Thorne C R. 1986. Stable Channels with Mobile Gravel Beds. Journal of Hydraulic Engineering, 112 (8): 671-689.

Huang P, Chui T F M. 2022. Hyporheic Exchange in a Meandering Pool-Riffle Stream. Water Resources Research, 58 (9): e2021WR031418.

Keller E A, Melhorn W N. 1978. Rhythmic spacing and origin of pools and riffles. Geological Society of America Bulletin, Geological Society of America, 89 (5): 723-730.

Keller E A. 1972. Development of alluvial stream channels: a five-stage model. Geological Society of America Bulletin, 83 (5): 1531-1536.

Keller E R, Thomaidis N D. 1971. Petroleum Potential of Southwestern Wyoming and Adjacent Areas: Region 4. AAPG Special Volumes, 128: 656-672.

Leopold L B, Wolman M G. 1957. River channel patterns: braided, meandering, and straight. Washington, D C: US Government Printing Office.

Lindley E S. 1919. Regime channels. Proceedings of Punjab Engineering Congress, 7: 63-74.

Liu X, Wang Z, Sun X, et al. 2020. Clarifying the relationship among clean energy consumption, haze pollution and economic growth-based on the empirical analysis of China's Yangtze River Delta Region. Ecological Complexity, 44: 100871.

Lukacs G P, Finlayson C M. 2010. An evaluation of ecological information on Australia's northern tropical rivers and wetlands. Wetlands Ecology and Management, 18: 597-625.

Luo M, Yan X, Huang E. 2022. Flow resistance evaluation based on three morphological patterns in step-pool streams. Acta Geophysica, 71: 359-372.

Mandelbrot B. 1975. Definition des fractals. Paris: Flammarion.

Mangelsdorf J, Scheurmann K, Weiss F-H. 2013. River morphology: a guide for geoscientists and engineers. Berlin: Springer Science & Business Media.

Matsuda I. 2004. River morphology and channel processes. Fresh surface water, 1: 299-309.

McClain M E, Subalusky A L, Anderson E P, et al. 2014. Comparing flow regime, channel hydraulics, and biological communities to infer flow-ecology relationships in the Mara River of Kenya and Tanzania. Hydrological Sciences Journal, 59 (3-4): 801-819.

McQueen R, Ashmore P, Millard T, et al. 2021. Bed particle displacements and morphological development in a wandering gravel-bed river. Water Resources Research, 57 (2): e2020WR027850.

Messager M L, Lehner B, Cockburn C, et al. 2021. Global prevalence of non-perennial rivers and streams. Nature, 594: 391-397.

Palmer M A, Bernhardt E S, Allan J D, et al. 2005. Standards for ecologically successful river restoration. J Appl Ecol, 2005 (42): 208-217.

Palmer M A, Hondula K L, Koch B J. 2014. Ecological restoration of streams and rivers: shifting strategies and shifting goals. Annual Review of Ecology, Evolution, and Systematics, 45: 247-269.

Parker R L. 1994. Geophysical inverse theory. Princeton: Princeton University Press.

Patil A J, Wang Z H, He X L, et al. 2023. Understanding the effect of environment on macrobenthic invertebrate community structure in naturally occurring repeated mesohabitats from the warm- temperate zone river. Ecohydrology & Hydrobiology, 23（2023）, 66-78.

Pero E J I, Georgieff S M, de Lourdes Gultemirian M, et al. 2020. Ecoregions, climate, topography, physico-chemical, or a combination of all：Which criteria are the best to define river types based on abiotic variables and macroinvertebrates in neotropical rivers?. Science of the Total Environment, 738：140303.

Petkovska V, Urbanic G. 2010. Effect of fixed-fraction subsampling on macroinvertebrate bioassessment of rivers. Environ Monit Assess, 169：179-201.

Playfair J. 2011. Illustrations of the Huttonian Theory of the Earth. Cambridge：Cambridge University Press.

Reisenbüchler M, Bui M D, Skublics D, et al. 2019. An integrated approach for investigating the correlation between floods and river morphology：A case study of the Saalach River, Germany. Science of the Total Environment, 647：814-826.

Resh V H. 2007. Multinational, Freshwater Biomonitoring Programs in the Developing World：Lessons Learned from African and Southeast Asian River Surveys. Environmental Management, 39：737-748.

Rinaldi M, Gurnell A M, Del Tánago M G, et al. 2016. Classification of river morphology and hydrology to support management and restoration. Aquatic sciences, 78：17-33.

Rowiński P, Radecki-Pawlik A. 2015. Rivers-Physical, fluvial and environmental processes. cham：Springer.

Sawyer A M, Pasternack G B, Moir H J, et al. 2010. Riffle- pool maintenance and flow convergence routing observed on a large gravel-bed river. Geomorphology, 114（3）：143-160.

Schmutz S, Kaufmann M, Vogel B, et al. 2000. A multi- level concept for fish- based, river- type- specific assessment of ecological integrity. Hydrobiologia, 422, 279-289.

Song M, Guo X, Wu K, et al. 2015. Driving effect analysis of energy- consumption carbon emissions in the Yangtze River Delta region. Journal of Cleaner Production, 103：620-628.

Surian N. 2015. Fluvial Processes in Braided Rivers. //Rowiński P, Radecki- Pawlik A. Rivers- Physical, Fluvial and Environmental Processes. Cham：Springer International Publishing.

Thomas K, Abul B, Thomas O, et al. 2010. Assessing river ecological quality using benthic macroinvertebrates in the Hindu Kush-Himalayan region. Hydrobiologia, 651：59-76.

Thompson L. 2005. Managing mobilisation? participatory processes and dam building in South Africa, the Berg River Project. Brighton：the Institute of Development Studies at the University of Sussex.

Tooth S. 2000. Process, form and change in dryland rivers：A review of recent research. Earth-Science Reviews, 51（1-4）：67-107.

Turak E, Koop K. 2008. Multi-attribute ecological river typology for assessing ecological condition and conservation planning. Hydrobiologia, 603：83-104.

Vinagre C, Salgado J, Cabral H N, et al. 2011. Food Wed Structure and Habitat Connectivity in Fish Estuarine Nurseries—Impact of River Flow. Estuaries and Coasts, 34：663-674.

Wang Z H, Chen C, Wu Q, et al. 2019. Microbial abundance and enzyme activity in sediments of the rapid-pool-benchland system. Journal of Earth Science and Environmental Studies, 4：749-762.

Wang Z, Melching C S, Duan X, et al. 2009. Ecological and hydraulic studies of step- pool systems. Journal of Hydraulic Engineering, 135（9）：705-717.

Ward P D, Montgomery D R, Smith R. 2000. Altered river morphology in South Africa related to the Permian-Triassic extinction. Science, 289：1740-1743.

White J Q, Pasternack G B, Moir H J. 2010. Valley width variation influences riffle-pool location and persistence on a rapidly incising gravel-bed river. Geomorphology, 121 (3-4): 206-221.

Wilkinson S N, Keller R J, Rutherfurd I D. 2004. Phase-shifts in shear stress as an explanation for the maintenance of pool-riffle sequences. Earth Surface Processes and Landforms, 29 (6): 737-753.

Williams G P. 1978. Bank-full discharge of rivers. Water Resources Research, 14 (6): 1141-1154.

Wohl E E, Vincent K R, Merritts D J. 1993. Pool and riffle characteristics in relation to channel gradient. Geomorphology, 6 (2): 99-110.

第 2 章 | 天然河流急流–深潭–河滩系统发育过程

本章通过在实验室设计和安装按比例缩小的河道系统，模拟预先有河道和没有河道条件下，定流量和变流量对河道的冲刷，观测急流–深潭–河滩系统的发育过程和河道参数，计算了模拟河流急流–深潭–河滩系统的发育程度，发现急流–深潭–河滩系统的发育过程会经历两个阶段，第一个阶段是粗化层形成阶段，第二个阶段是系统发育稳定阶段；平面发育程度系数与宽深比之间、纵向发育程度系数与单个系统耗能率之间呈线性关系，两个发育程度系数与综合阻力系数关系可用二元一次方程拟合，急流–深潭–河滩系统发育越好，水流阻力越大，水流剪切力和泥沙起拽力越小。

2.1 引　　言

对于河流发育过程的研究已经有百年的历史，总的说来是为了解决两个问题：一个是河流为什么会形成具有某种平面形态的河型？另一个是在什么条件下，某种河型才能得以产生、存在并维持或向其他河型转化（Hauer and Pulg，2018；Hohensinner et al.，2018；Sanchis-Ibor et al.，2019）。前者说明的是水沙内部潜在的使河流朝某一种河型发展的原因和可能性，即内因；后者说明的是某种河型得以产生和维持所需的外部条件和必要条件。以上两点即是河型成因研究的核心问题。由此学者们试图从各种角度出发去解决这两个问题，从而提出许多理论来解释河型成因，如地貌界限假说、能量耗散率假说、稳定性理论等（Sanchis-Ibor et al.，2019；Darby and Thorne，1995；Fredsøe，1978；Váuez-Tarrío et al.，2022；Wheaton et al.，2004；Métivier et al.，2017）。这几种理论都试图对河型形成的原因做出一个数学和物理上的解释，虽然各有优点，但都说明了河型形成是由水流在一定边界条件下力图达到某种稳定状态或极值状态的结果。无论是从动力学或运动学角度，学术界比较统一的观点是：任一河流总是表现为一定的周期性和在一定时期内维持某一稳定状态（或极值状态）的发展趋势。宏观上看，长期的构造运动到流域水沙条件的变化都具有周期性；微观上看，水流运动也具有周期性（Chitale，1970；Hickin，1983）。这些内、外部都具有周期性的因素的作用最后表现在河流的平面形态上。河型成因及转化对河流其他方面的研究有着极为重要的理论意义和实用价值，因为所有的能量转换，河岸植被以及河底的微生物、动物的活动都是沿不同河型发生的。

由于河型研究的实用价值和发展基础理论的重要性，前人通过野外观测、数值模拟和物理模拟等对河型成因和转化方面做了大量的研究（Habersack and Nachtnebel，1995；Bocchiola et al.，2008；Mahdi，2009；Tuhtan et al.，2012）。但由于影响河型转化的复杂性和多样性，以及对河型的定义也没有统一，大量研究集中在蜿蜒河道和辫状河道上

（Fredsøe，1978；Sun et al.，1996；Schumm，1967；Bristow and Best，1993；Holbrook and Allen，2021）。而急流–深潭–河滩系统作为自然河道重复出现的一种基本结构单元，其形成过程及机理的研究还缺乏，而且该系统也发生在大尺度的辫状河道和蜿蜒河道等各种河型中，也就是说急流–深潭–河滩系统作为一种河流形态，和其他河流形态是一种相容或叠加的关系。水槽实验是一种能直观观察到河流系统的发育过程的物理模拟手段。因此本研究通过水槽实验观察急流–深潭–河滩系统的发育过程，首先展示试验过程中，每组试验发育形成的急流–深潭–河滩系统个数，分析其原因，再通过图片的形式展示试验中发育出的急流–深潭–河滩系统的位置和平面形态。在此基础上，利用发育程度系数公式，量化水槽实验中急流–深潭–河滩系统发育程度，分析发育程度系数与动力学参数之间的关系，使第1章野外急流–深潭–河滩系统调查研究结果在实验室模拟重现，达到研究结果的相互支撑的目的。

2.2 河流发育过程概述

在各种内外因素的作用下，河流按照自身规律，竭力修正河道的形态，发育出一种属于"自己"的河道称之为稳定河道（regime channel）（Church，2015；Blench，1952；Hey and Thorne，1986；Eaton et al.，2004）。这种自身规律主要受到4个条件的影响：①上游来水量和时间分布；②沉积物的体积和粒径；③河床质和河岸材料；④河流地形发育历史。一定程度上说，稳定河道意味着健康河流，因为它不仅表示上游来水来沙的沉积和运输维持平衡，还代表了水生生物和河岸植被间构成了完整的生态链（Blench，1952；Mosley，1982；Hobbs，2004；Nanson and Huang，2008；Hauer et al.，2013）。

河槽中的水流通过推动河床沉积物的运动来塑造河槽形态，根据洪水的持续时间和发生季节的不同，河道形态也会有所不同，且植被和不同时期的水位之间存在着显著的相关性。当河道处于平水期时，此时河道水位称为洲滩水位（Chamberlin，2018），边滩上有少量杂草生长，无其他植被；当水位继续上涨，达到平滩水位时，边滩刚好被淹没，边滩上的杂草可能被破坏，河床处于侵蚀和沉积的动态变化过程中（Harman et al.，2008；Wu et al.，2008）；当水位再继续上涨，水位达到洪水位，此时挟带着各种物质的水流对河道的冲刷和沉积塑造作用可能更强，甚至影响到两边河岸上生长的陆生植被（Parker，1979）。

沉积物的运输、推移、沉积等是河流形态和河道形态动力学的主要驱动因子（Dade and Friend，1998；Blench，1952；Collins，1987）。粒径较小的沉积物一般是悬浮在水流中，洪水期间很多悬浮物沉积到河道中水流慢的河滩和河岸；而较粗的沉积物（如粗砂、砾石、卵石等）则沉积到河底，这些沉积物通过阻力作用使得水流发生偏转形成宽浅河道，这种不规则流动状态也称为河道的横向展宽。沉积物供应和水动力条件的不同，河道形态的不规则蜿蜒性发育明显。水流不断地冲刷在之前已经有一定沉积物的河道，然后又沉积到河道中，这种河流称冲积河流，在水流切应力大于泥沙起曳力条件下，河道将会被重塑。不管沉积物的粒径大小，河道在重塑过程中，水流流速、河道宽度、深度之间存在一定的幂函数关系，这种关系称为水力几何关系，水力几何关系不断变化就是河道发育

（Leopold and Maddock，1953；Andrews，1984）。沉积物粒径大小和水流对沉积物表面的剪切应力决定了沉积物运输的幅度（Vanoni and Nomicos，1960；Moore and Masch，1962）。

除了冲积型河流外，还有山地非冲积型河流和半冲积型河流（Coulombe- Pontbriand and Lapointe，2004；Papangelakis et al.，2019；Papangelakis et al.，2021）。山地非冲积型河流由岩石构成河岸及河床，具有非常稳定的抗冲蚀性，岩石不仅可以影响河道的稳定性还能影响河道的走向，非冲积型河流通常不包括岩石以外的其他河床沉积物（冰川沉积物、溪边胶结物、黄土和淤泥）（Carling et al.，2014）。对于半冲积型河流，Papangelakis的研究表明，在黏性洼地上有一个冲积层，具有砾石床河流的典型幕式传输机制，半冲积河床覆盖层不会对截留阈值产生可检测的影响，但颗粒相对于其尺寸的行进长度比冲积砾石床河流中的更长。当河岸植被的根系深度不超过河道的深度，其对河岸强度有重大的影响，可以种植特定的植被加强河岸强度（McClain et al.，2014）。

除了水流、沉积物和河床河岸材料外，河道的发育条件还受地形条件的影响。地形是地表形态的总体描述和概括，涉及表面的起伏形态和坡度，河道中水流和沉积物的负荷会顺应地形和坡度转移，在相同流量和沉积物负荷条件下，地形和坡度变化会导致不同的河道发育特征。地形和坡度是协同作用的，坡度大不一定导致河流能够快速转移沉积物，大坡度河道如果表面起伏大，对沉积物的阻碍也大，再由于河道的蜿蜒性，使得河道坡度反过来比山谷坡度小，局部河段则比河谷坡度大（Korup，2006）。对于冲积扇和洪泛区等流经沉积表面的河流，会因为水流长期的侵蚀而形成自己的地形和坡度，地形和坡度又反过来影响水流的冲刷和沉积过程，形成互馈的演进模式（Durand et al.，2009）。

上述四个影响因素随着河道发育会产生系统性的变化，处于稳定状态的河流不是通常所认为的绝对稳定，是一种"动态平衡"的状态，也就是河道的几何形状、平面形态和沉积物的运输都保持着相对的稳定特征，河流通过不断地调整自身的形状和坡度来实现稳定状态。从能量守恒来说，一部分能量被用于运输水和泥沙，其余能量均消耗在克服流动阻力上。稳定河道从某种程度上来说也叫作"健康河流"，不仅能够实现能量自消耗，还能保证生态系统的稳定，形成完整的生态系统（Cairns，1991）。

急流–深潭–河滩系统是一种稳定的自然河道系统，通常所说的河滩是处于平水期时候的河道形态，一般而言，当流量为平滩流量时，河道水位会淹没河滩。对急流–深潭–河滩系统的发育过程的研究，需对野外发育的河流系统的上游来水量、河床质、沉积物粒径和体积以及河道坡降进行详细的调查，在此基础上建立室内水槽实验观察而得，或者对河流进行定期定位研究，形成时间过程的系列数据，对河道参数进行过程分析。

2.3 河流形态发育动力学

河流形态学可填补河流地貌学和河床演变学之间的研究空白，而河流形态动力学是在河流形态学的基础上将河道的几何形态和动力因子联系起来的一门学科（Langbein，1964）。20世纪中叶以前，地貌学家侧重于关注河流地貌历史，而水利工程师和水文学家侧重于对河流进行定量分析（Langbein，1964；Brierley and Fryirs，2013），20世纪中叶以后，才逐渐将二者结合起来，其中最为著名的当属霍顿应用数学和统计学分析其属性，研究成果既有定量描述也有定性描述（Mandelbrot and Mandelbort，1982）。河流形态动力学研究流量、沉积物负荷和初始河道形态之间相互作用，小到沉积物粒径，大到河道系统的几何形状（McQueen et al.，2021；钱宁和万兆惠，1965；Mosley，1982）。近年来，对于河流形态动力学的研究主要集中在河道的粗糙度、河道坡度、河道的平面形态上（Mosley，1982；Mosselman，1995；Madej，2001）。

对于河道粗糙度的研究，一般将其分为高粗糙度、中粗糙度以及低粗糙度河床（Guerrero and Lamberti，2013）。高粗糙度河床的水流常常流淌于巨石、鹅卵石或粗砾石上，主要发育于坡度大于3°的河道，包括坡度较大的河流发育源头和一些河道内有巨石的河流（Dade and Friend，1998）；坡度为3°是河流形态动力的一个临界值（临界 Shields 数）；当坡度大于8°时，水流形态类似小瀑布；当坡度在3°～8°，河道中的石头形成台阶，从而发育出特有的"阶梯–深潭"系统，阶梯一般由河道中的岩石构成，深潭常常沉积较细的砾石，所谓高粗糙度河床一般指坡度在3°～8°的河道（Canovaro and Solari，2007；Boothroyd et al.，2021）。

当坡度介于1°～3°时，为中粗糙度河道（Madej，2001；Hassan et al.，2021；Coulombe-Pontbriand and Lapointe，2004），其中，当坡度介于2°～3°时，河床从阶梯–深潭结构转换为急流–深潭结构；而当坡度介于1°～2°，河道发育出急流–深潭–河滩结构（Wilkinson et al.，2004）。许多砾石床河流发育急流–深潭结构，该类型河流沉积物一般可分为两层，河床沉积物来自山地或高原地区的岩石风化物，由于其大小分布不均构成缝隙，整体由风化后的岩石组成，但一些较细的沉积物沉积在下层石块之间的缝隙里，上层由大小不一的石块固定，水流流经冲刷，此时 $0.1<D/h$（河床相对粗糙度）≤ 1；一旦相对粗糙度降到0.1以下，颗粒就会堆积在一起，形成滩心或者河滩，从而发育急流–深潭–河滩这种重复性的自然结构（Keller and Melhorn，1978；Robert，1990；Wilkinson et al.，2004）。这种横向展宽的稳定结构的发育是河床物质在下游运移的一个固有模式，因此也将急流–深潭–河滩系统称为自然河流的基本结构单元。中等粗糙度的河道很常见，因为相较于高粗糙度河道，其发育条件失去了地形的限制（Stølum，1996；Chang，2008）。在一个没有其他人为干扰的河道中，经过长时间的冲刷和沉积物的运移等，必然会发育出一段急流一段深潭的自然现象。

低粗糙度河道通常发育在卵石河道和沙质河道中，由于其坡度较小，流量较大，通常河道宽度较宽，但不管在卵石河流还是在砂质河流中均会发育急流–深潭–河滩系统（Schwartz and Herricks，2005；Jerolmack，2006）。虽然卵石含量占低粗糙度砾石河流总沉积物的1%～2%，但它们仍然在河道形态塑造上占据主导地位，并常常从一个河滩运移到另一个河滩（Mosley，1982）。一般来说砂质河流更易通过侵蚀河岸的方式使得河道在单蜿蜒和辫状河道形态间交替变化（Jia，1990；Mutz，2000；Jerolmack，2006）。在运输细砂和淤泥的低坡度河道中，砂子在河床上运移、沉积或间歇性的悬浮，常常形成规律性蜿蜒河道，河滩发育在弯道处，且河沙越细，河道蜿蜒度越大，在这个过程中，由于外岸的侵蚀河道局部展宽，从而在对面的凸岸上出现一个松弛的集水区，沉积物又得以在此处沉积再蜿蜒弯曲或延伸（Ruska et al.，1929）。由于较细的沉积物可以悬浮在水流中，在淹没的河滩部位，水流势能较小，细沙的沉积使河滩在河道中处于较高的位置。

2.4 河道发育研究方法

2.4.1 试验设备

图2.1为研究河流发育的循环水槽系统。系统由入水系统、河流模拟段、沉淀池、出水系统以及回水系统五个部分组成。水槽长3.5m、宽0.8m、深0.6m,长宽尺寸是基于野外实测急流–深潭–河滩系统的矩形长宽比值确定,深度根据坡降范围确定,坡降固定为1‰。由于水槽冲刷出的河道部分宽在0.1~0.6m,水槽宽度0.8m不是真实河道宽度。本次试验中采用天然河砂作为河床质,因此为砂质河道发育。水槽底部和壁面均为透明有机玻璃,肉眼可以观察不同流量条件下急流–深潭–河滩发育过程。

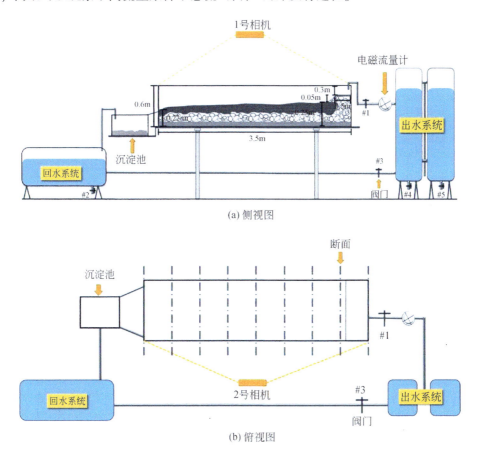

图2.1 试验水槽示意图

为尽量满足天然急流–深潭–河滩系统发育均匀的入流条件,水流从出水系统进入水槽河流模拟段前,先流过一段小石子堆成的长0.5m的调水区,调水区到槽顶为0.3m,其存在的目的是抬高试验段水头的同时,使出管水流得到调整,均匀流向河流模拟段。河流模拟段底部铺垫厚度为8cm的海绵材料和厚度为5cm的石子,海绵材料使石子不直接接触试验段底部,达到保护玻璃水槽的目的。天然砂堆积在石子之上,模拟天然河床。天然砂河床一端与上游石子斜坡连接,另一端与河流模拟段下游沉淀池连接。沉淀池积存来自上游泥沙,防止堵塞回水系统。回水系统通过水泵把水泵到出水系统,实现循环利用(图2.1)。

河道流量通过阀门#1控制。流量大小与阀门#1的打开圈数有关,在试验开始前进行了率定(图2.2)。试验开始时,由电磁流量计控制流量,由阀门#1控制试验开始与结束。首先,电磁流量计设置好出水流量,打开阀门#1,水流从出水系统流入调水区,调水区水分饱和后,水流进入试验段,水流对河床进行冲刷,随后水流从试验段流入沉淀池,挟带的泥沙在沉淀池中沉淀,清水从沉淀池通过回水系统循环利用。试验中,阀门#2、#4和#5一直关闭,这三个阀门的作用是在清理沉淀的泥沙时打开。阀门#1和阀门#3在试验过程中一直处于打开状态。

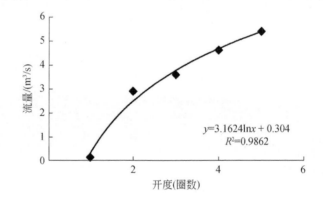

图2.2　电磁流量计开度率定

试验系统安装了两台萤石C6摄像机,分别位于水槽侧面和顶部,用于拍摄急流–深潭–河滩系统的顶面和侧面流场。两台摄像机均使用实时摄影模式,F1.6大光圈镜头进光倍增,4MP极清像素,25帧全帧频。顶部摄像机吊装在左侧上壁,距水槽上方2m左右,通过水平和垂直旋转,确保记录完整的急流–深潭–河滩系统冲刷过程。侧面摄像机安装于距水槽1m的位置,镜头与水槽中泥沙堆积体积基本平行。这两台摄像机用于记录试验中急流–深潭–河滩系统形成的时间和过程。此外,在水槽侧面每30cm设置一个标尺,以这个标尺位置作为测量断面,待河流冲刷稳定后,记录每个断面的水深、河宽和流速等水力参数,流速由浮标法测得,水深和河宽由标尺测得(图2.1)。

2.4.2　试验设计

为了更好地观测急流–深潭–河滩系统发育的微河床地貌变化、流场变化以及发育时的具体形态。本次试验设计为两轮,第一轮试验是在预先设置的固定河道条件下进行,第二轮试验是在无固定河道条件下进行。两轮试验分别执行恒定流和非恒定流冲刷条件,其中,恒定流执行15组,流量范围为0.1~1.5L/s,每增加0.1L/s流量为1组冲刷,每组执行两次重复；由于自然界中河流的水流无法呈现恒定流状态，执行非恒定流的目的是为更好地模拟天然条件下急流-深潭-河滩系统的发育过程，每轮试验执行非恒定流6组，试验具体步骤为：①从恒定流中选出3组冲刷出急流-深潭-河滩系统较好的流量条件，分两次试验；②第一次先设置大流量冲刷10分钟，再调至小流量冲刷至泥沙稳定；③第二次先设置小流量冲刷1小时，再调节大流量冲刷10分钟，最后调回小流量冲刷至河床泥沙稳定。每组试验水流冲刷至泥沙运动稳定，急流-深潭-河滩系统发育成型后停止。

第一轮试验中的固定河道条件是在水流冲刷之前在水槽中随机给出一条河道，目的是探讨河宽对稳定河道形成的影响，以及避免小流量条件下可能无法冲刷出自然河流的情形。随机给出河道的操作步骤为：在每组试验开始之前，用铲子给出一条宽度5~20cm不等，深度1~2cm的河道形态，冲刷前后的图片如图2.3所示。

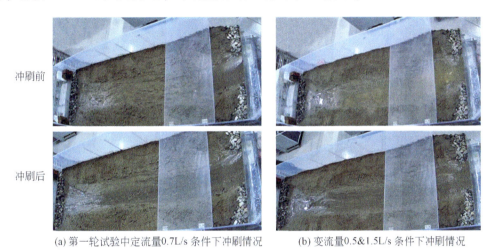

(a) 第一轮试验中定流量0.7L/s条件下冲刷情况　　(b) 变流量0.5&1.5L/s条件下冲刷情况

图2.3　冲刷前后对比图

第二轮试验中无固定河道条件为水槽内泥沙全部被平整为均匀状态，以模拟河流自冲刷出河道现象。同样，试验执行恒定流和非恒定流冲刷条件试验，恒定流执行15组试验，流量范围为0.1~1.5L/s，每增加0.1L/s冲刷为一组，每组重复两次，试验冲刷至泥沙运动稳定为止。在此基础上，增加6组非恒定流试验。为了能够更好地观测到急流-深潭-河滩系统的形成过程，每次试验前均会重新填平上次试验形成的河道或者恢复和上次试验相同的状态，确保初始河床条件一致。

两轮试验合计进行42次冲刷，其中恒定流条件下进行30次，非恒定流条件下进行12次。一次试验用时4~6个小时不等，正式试验共计用时大约252小时，整个试验包括准备和预试验持续时间3个月。

2.5　急流-深潭-河滩系统的发育数量

由试验过程中实测的水深、流速以及河床形态判定，两轮试验共发育急流-深潭-河滩系统65个，其中，第一轮试验发育31个，第二轮试验发育34个（表2.1）。在小流量条件下，若预先给定一条河道，更易发育出急流–深潭–河滩系统。根据观察，在定流量为1.2L/s和1.3L/s时（属于平滩流量），第二轮试验预先无固定河道条件下发育的急流–深潭–河滩系统均多于第一轮试验，这说明如果流量达到平滩流量，水流会在填平的河床上开拓和发育出更多新的急流–深潭–河滩系统微地貌。

表2.1 水槽实验数据汇总

条件	第一轮			第二轮		
	组#	流量（Q）/(L/s)	系统个数	组#	流量（Q）/(L/s)	系统个数
定流量	1	0.1	0	1	0.1	0
	2	0.2	2	2	0.2	2
	3	0.3	2	3	0.3	2
	4	0.4	2	4	0.4	1
	5	0.5	2	5	0.5	1
	6	0.6	2	6	0.6	2
	7	0.7	2	7	0.7	2
	8	0.8	1	8	0.8	2
	9	0.9	2	9	0.9	1
	10	1.0	2	10	1.0	2
	11	1.1	2	11	1.1	2
	12	1.2	1	12	1.2	2
	13	1.3	1	13	1.3	2
	14	1.4	1	14	1.4	1
	15	1.5	1	15	1.5	1
变流量	16	0.3&1.5	0	16	0.3&1.5	1
	17	0.5&1.5	2	17	0.5&1.5	2
	18	0.6&1.5	2	18	0.6&1.5	2
	19	1.5&0.3	2	19	1.5&0.3	2
	20	1.5&0.5	1	20	1.5&0.5	2
	21	1.5&0.6	1	21	1.5&0.6	2

分析上述结果，在变流量条件下，虽然第一轮试验与第二轮试验选取的流量相差不大，但由于第一轮试验在有固定河道的条件下冲刷，生成系统少于第二轮试验，分析其原因，水流冲刷时需要额外能量适应已有河道，冲刷过程受到一定限制，水流自由度下降，而且冲刷是在已有河道上进行，冲刷拓展发生在较低的河床上，受到的阻力较大。预先无固定河道的自然冲刷，随着流量的增加，水流冲刷时不仅会纵向拓展还会横向展宽，因此发育的系统更多更完整。分别选取第一轮试验中0.6L/s、1.0L/s以及1.5L/s&0.5L/s流量条件以及第二轮试验0.4L/s、0.9L/s、1.5L/s&0.6L/s流量条件下发育的系统进行分析（图2.4~图2.9），具体展示了定流量和变流量条件下急流–深潭–河滩系统平面发育特征。

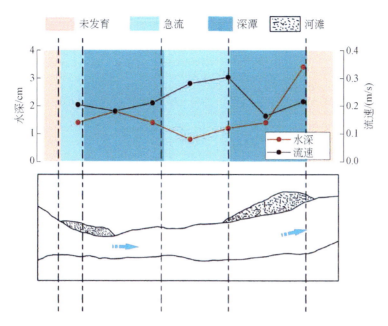

图 2.4 第一轮试验中 0.6L/s 定流量条件下发育系统平面图

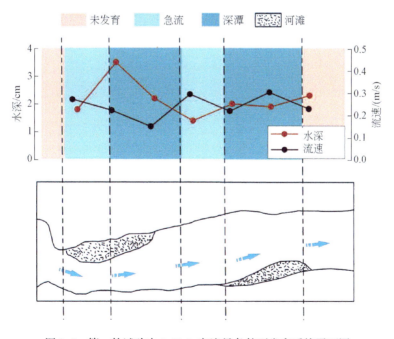

图 2.5 第一轮试验中 1.0L/s 定流量条件下发育系统平面图

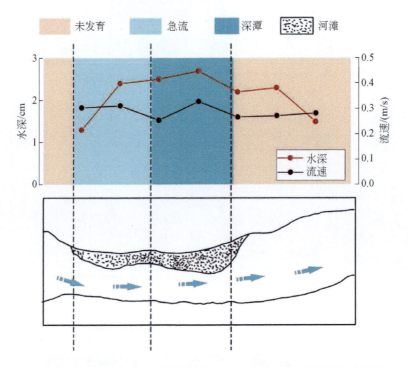

图 2.6　第一轮试验 1.5L/s 定流量和 0.5L/s 变流量条件下发育系统平面图

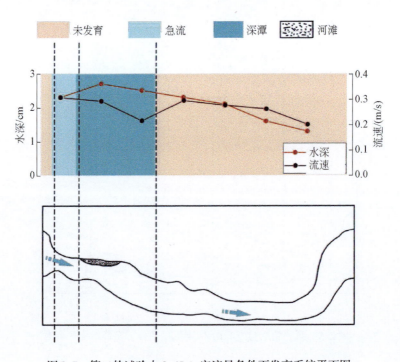

图 2.7　第二轮试验中 0.4L/s 定流量条件下发育系统平面图

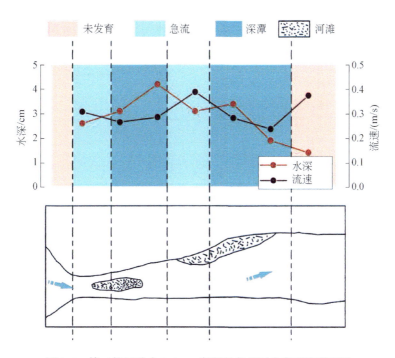

图 2.8　第二轮试验中 0.9L/s 定流量条件下发育系统平面图

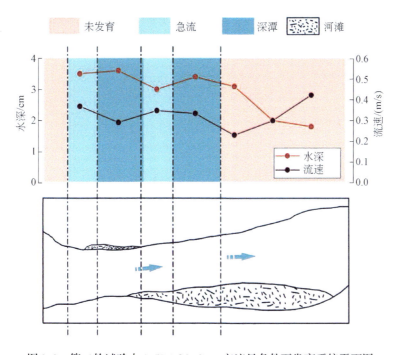

图 2.9　第二轮试验中 1.5L/s&0.6L/s 变流量条件下发育系统平面图

图 2.4~图 2.9 表明,急流长度、宽度和面积一般小于深潭,深潭水流速度明显比急

流缓慢，而且深潭水较深。从水深曲线可以进一步分析得到，深潭断面形态较急流平缓，这也是急流处流速较快的原因。由图还可看出，河（浅）滩发育位置可能在急流段，也可能发育于深潭段，还有可能发育在急流段和深潭段的交界处，但一般而言发育于河道弯曲和开阔的位置。基于试验观测，模拟河道以一定纵比降下降过程中是不断起伏下降的，深潭段显示下凹，然后河床升高形成急流，然后又下凹。这些特征和野外勘查的结果一致，因此，模拟冲刷试验解释了野外 3 条河流的发育特征。

2.6　急流–深潭–河滩系统的发育程度

2.6.1　平面发育程度

利用摄像机记录的室内试验发育的急流–深潭–河滩系统的平面信息，导入 Image 后，先进行比例尺校准，然后勾选出系统的平面轮廓（第 1 章图 1.16 所示），测量每个系统的面积、周长以及外界椭圆的长短轴，再勾选平行于坐标轴的系统外接矩形，测量外接矩形的长、宽，通过长宽可计算外接圆的直径，从而计算出外接圆的面积（图 2.10）。基于上述数据处理结果，进行平面发育程度计算（按第 1 章式（1.1）计算）。式（1.1）中涉及的不规则图形的形态，通常用圆形率、紧凑度、延伸率、形状率和平均曲率等指标进行表征（计算方法如第 1 章中的表 1.2 所示）。表中所有指标以一个急流–深潭–河滩系统为单位计算，一个系统单位如第 1 章图 1.16 所示。

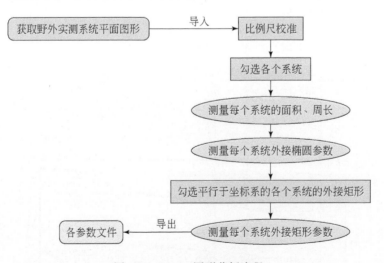

图 2.10　Image 图形分析流程

式（1.1）描述了急流–深潭–河滩系统基于圆形率、紧凑度、延伸率、形状率和平均曲率等平面形态的发育。RPB 值越大，形状趋于藕节状，值越小，形状呈长条形。通过计算水槽实验中发育的急流–深潭–河滩系统的平面发育程度 RPB，结果如图 2.11 所示。比较两轮水槽实验的 RPB 值，第一轮系统的 RPB 值大于第二轮试验，这与第一轮试验预先

"固定通道宽度"条件有关。比较第一轮中 0.5L/s 和 0.5L/s&1.5L/s、0.6L/s 和 0.6L/s &1.5L/s 条件下的 RPB 值，发现在非恒定流条件下发育的系统比恒定流条件下的系统更类似藕节状。在第二轮试验中，1.5L/s 条件下 RPB 最大，表明在较高流量下发育的系统更趋于藕节状。这一结果与 3 条河流现场调查的结果一致。

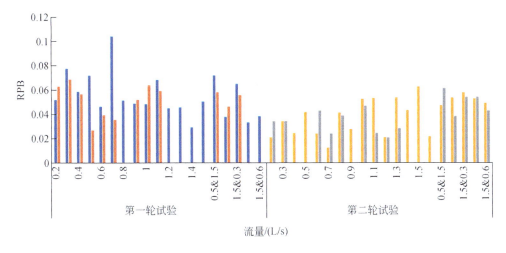

图 2.11　模拟发育的急流−深潭−河滩系统平面发育程度 RPB

2.6.2　纵向发育程度

试验发育的急流−深潭−河滩系统同样按照第 1 章式（1.2）计算纵向发育程度，结果如图 2.12 所示。由图表明，在第二轮试验中系统的 RP 平均值（0.291）小于在第一轮试验条件下发育的 RP 平均值（0.313），这表明在相同的流量和坡度下，自然冲刷下切的河道深度会比预先固定河道条件下冲刷的河道小。在两轮试验中，不同条件下发育的系统

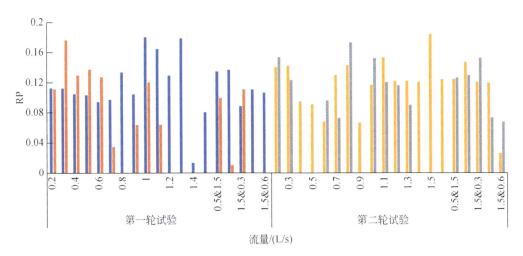

图 2.12　模拟发育的急流−深潭−河滩系统纵向发育程度系数 RP

RP 值差异比较大，例如，第一轮试验中在 0.6L/s&1.5L/S 的试验条件下发育得到一个最小的 RP 值，但在 1.2L/s 下，得到一个大的 RP 值；在第二轮试验中，1.5L/s&0.6L/s 条件下发育得到一个小的 RP 值，但是在 1.5L/s 下则得到一个大的值。这是由于水流在冲刷中的随机过程作用影响了系统发育。总体看，第二轮试验中各个急流–深潭–河滩系统发育的 RB 值相似性要比第一轮试验高。

2.7 急流–深潭–河滩系统平面发育程度与宽深比关系

本节进一步分析了模拟发育的急流–深潭–河滩系统河道宽深比 B/H 和平面发育程度之间的关系。河道宽深比为模拟发育出的急流–深潭–河滩系统所有断面的平均宽深比。因为试验尺度较小，断面设置为每隔 30cm 一条，沿整个水槽记录了系统发育位置的宽深比并平均。结果表明，急流–深潭–河滩系统的平面发育程度 RBP 越大，河道宽深比越大。其中，第一轮试验在预先设定河宽条件下进行，冲刷出的系统受人为影响，宽深比会有一定误差，所以 B/H 与 RBP 之间的相关性不高，但是也反映了二者正相关的趋势（图 2.13）。第二轮试验，没有人为预先设定河宽条件，由水流自由开拓出急流–深潭–河滩系统，宽深比与发育程度 RBP 相关性非常显著（图 2.14）。RBP 值越大，说明发育的系统越短宽。试验冲刷出的河道宽深比介于 5 ~ 15，水深较浅，仅在 1 ~ 5cm 范围内。试验中固定了坡降，水流较缓，河宽相对于河深较大，因此 B/H 较大。也就是说，河流在固定的较小坡降条件下，系统的 RBP 值大，B/H 也大，系统越趋藕节状。

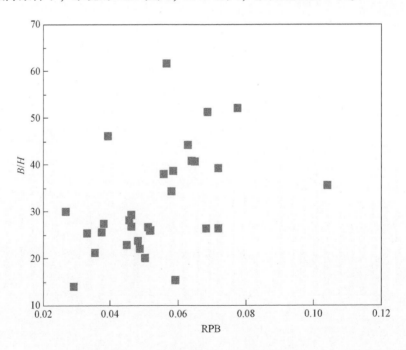

图 2.13 第一轮试验急流–深潭–河滩系统平面发育程度 RPB 与宽深比 B/H 间关系

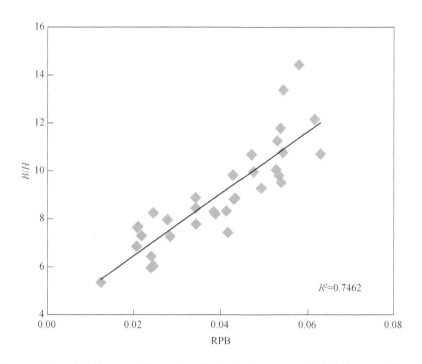

图 2.14　第二轮试验急流–深潭–河滩系统平面发育程度 RPB 与宽深比 *B*/*H* 间的关系

2.8　急流–深潭–河滩系统的纵向发育程度与耗能率的关系

以单个急流–深潭–河滩系统为研究对象，待每次冲刷系统稳定后，测定相关参数，用第 1 章式（1.4）计算单个系统的耗能率，分析系统纵向发育程度 RP 和耗能率间关系（图 2.15）。从图中可以看出急流–深潭–河滩系统 RP 和耗能率的关系，随着 RP 增加，系统耗能率呈直线上升趋势，它们之间呈显著正相关。对于模拟发育的系统的耗能率，两轮试验的跨度都比较大，从 10% 到 100% 不等。第一轮试验发育的急流–深潭–河滩系统耗能率普遍比第二轮试验的大，究其原因是第一轮试验的条件为人为预先设定了一定宽度的河道，相当于人为提供了能量使河道预先得到冲刷，开始试验后，水流进一步冲刷形成急流–深潭–河滩系统，有较多的能量导致河床和水流起伏较大，急流–深潭水流的表面线高差和 RP 值也较大，因此耗能率高；而第二轮试验发育的系统全部由水流冲刷而得，有一部分能量必须耗散在河道的开拓中，然后再消耗能量发育形成急流–深潭–河滩系统，因此水流的能量使河床和水流起伏相对较小，急流–深潭水流的表面线高差和 RP 值也较小，耗能率较低。

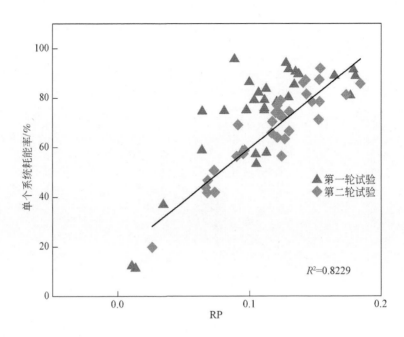

图 2.15 模拟试验发育的急流–深潭–河滩系统纵向发育程度 RP 与耗能率间关系

2.9 急流–深潭–河滩系统纵向发育程度与坡降关系

河道发育最重要的因素为坡降 S，地表径流汇流从山间流出，在一定坡降形成的重力作用下向下游流动，塑造出各种河道形态。急流–深潭–河滩系统的纵向发育程度是对河道系统纵向变化的几何描述。通过模拟发育的急流–深潭–河滩系统坡降 S 和纵向发育程度系数 RP 间关系分析表明，无论是第一轮试验还是第二轮试验，无论是定流量冲刷还是变流量冲刷，坡降 S 与河道纵向发育程度之间呈显著的正相关关系，但是模拟发育的系统纵向发育程度 RP 和坡降 S 之间的决定系数仅有 0.6168 和 0.6347，与本书第 1 章野外实测的丹江、嘉陵江和泾河的决定系数 0.7292、0.8376 和 0.9101 相比较小，分析其原因可能是模拟试验冲刷的系统没有野外长期冲刷形成的系统规律性强（图 2.16）。由图 2.16 可看出，第一轮试验河床的坡降介于 0 ~ 0.03，而第二轮试验系统坡降介于 0 ~ 0.035，究其原因是第一轮试验预先给出了一条固定河道，上游高差相对较低，而第二轮试验的河道是自我拓展，上游相对高差较高。总体来说，模拟试验和野外研究结果一致，坡降越大，发育的急流–深潭–河滩系统纵向发育程度 RP 值会越大，坡降大时，系统发育程度越高或者发育的系统越好。坡降较大，水流速度快，动能相对较大，这有利于对河床的冲刷，形成深潭，水流在短距离耗能后，冲刷的物质容易堆积在深潭前边形成急流段，使河床变得更加起伏，因此，根据纵向发育程度定义和公式，坡降 S 直接影响着急流–深潭–河滩系统的发育。

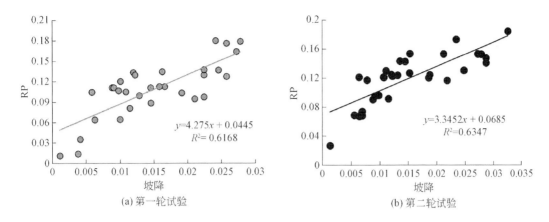

图 2.16　模拟发育的急流–深潭–河滩系统纵向发育程度 RP 与坡降 S 间关系

2.10　急流–深潭–河滩系统发育程度
与综合阻力系数的关系

受上游来水来沙条件影响，自然河道通过自我冲淤调整，常形成稳定的几何形态（宋晓龙和白玉川，2018；张焕等，2019）。急流–深潭–河滩系统是天然河流长期演化形成的稳定河道基本单元形态，该系统稳定的断面有利于实现冲淤平衡，消耗水流过多的能量，避免河床侵蚀，这种形态结构在工程应用中十分重要。本节通过计算了急流–深潭–河滩系统水流阻力梯度沿程变化，分析其与系统发育程度的关系。

本研究考虑用综合阻力系数 χ 的变化来代表河段内水流阻力变化。综合阻力系数为水槽实验断面平均阻力，用达西阻力系数公式式（2.1）计算（Lad Moreno et al., 2019）：

$$\chi = 8\frac{J}{Fr^2} \tag{2.1}$$

式中，χ 为阻力系数；J 为水力坡度；Fr 为弗汝德数；由式 $Fr=\sqrt{V^2/R_h g}$ 计算而得，V 为流速；R_h 为水力半径。

一般而言，水流阻力主要来源于三方面：河道深度调整、河道宽度调整和河道坡降调整（杨树青等，2019）。河流在流淌过程中由于河床物质、坡降、流量的不同，会在地质历史过程中演化塑造出不同的形态结构，有稳定形态、半稳定形态和非稳定形态结构等。稳定的河道，形态结构比较复杂，系统阻力达到最大。急流–深潭–河滩系统在发育过程中，河床经过地质历史时期的冲刷，系统中急流、深潭和河滩横断面和纵断面起伏大，河床物质尺度差异大，河流环境和生物多样性高，结构趋向于复杂化，因此随着结构复杂性增加和稳定性增大，水流阻力会不断增大，最稳定的状态则阻力达到最大。本书第 1 章提出的急流–深潭–河滩系统平面和纵向发育程度系数 RP 和 RBP 反映了河流稳定形态结构的发育程度，体现了河道深度调整、河道宽度调整和河道坡降调整的结果和阻力形成。因此，假设河流的阻力系数与 RP 和 RBP 存在函数关系：

$$\chi = f(\mathrm{RP}, \mathrm{RBP}) \tag{2.2}$$

通过对数据的计算整理，用 python 编程拟合了卵石河流和砂质河流的急流–深潭–河滩系统的发育程度系数和综合阻力系数之间的多元线性回归方程（表 2.2）。其中，卵石河流为野外勘查的 3 条河流，其阻力系数与发育程度系数之间的关系 R^2 达 0.716，沙质河流为模拟试验冲刷河流系统，其阻力系数与发育程度系数之间的关系 R^2 可达 0.729。从结果可以表明，当急流–深潭–河滩系统的 RP 越大，RBP 越小，综合阻力系数越大。RP 越大，河流纵向发育程度越高，系统河床起伏越大；RBP 越小，平面形态越趋于窄长型，阻力变大。

表 2.2　综合阻力系数与平面和纵向发育程度系数之间的关系

项目	方程	R^2
卵石河流	$\chi = 1.0151 + 0.5049 \cdot RP - 24.2462 \cdot RBP$	0.716
沙质河流	$\chi = 0.54 + 0.2579 \cdot RP - 8.6029 \cdot RBP$	0.729

2.11　急流–深潭–河滩系统发育过程中床面剪切力与泥沙起动拖拽力变化

冲积河流的演变由当地泥沙运动决定，而泥沙运动又由水流剪切力控制。水力剪切力是水流对物体产生的剪切力量。在河道系统中，由重力作用使水流形成，而形成的水流便会对河床物质形成摩擦作用，使物体表面物质发生位移（Hubbs，2006；Hou et al.，2019；Sadarang et al.，2021）。本节对于急流–深潭–河滩系统的水流对床面泥沙的剪切力利用式（2.3）计算：

$$\tau = \gamma H J \tag{2.3}$$

式中，τ 为前切力；γ 为水的比重；J 为局部水流坡度；H 为水深。

泥沙起动拖拽力是指泥沙刚好被水流拖动的临界力，又称之为泥沙剪应力。床沙是否能够起动与泥沙颗粒大小以及水流条件密切相关。Shields（1936）利用当时比较流行的量纲分析法对泥沙起动进行了研究，并且给出了著名的 Shields 曲线，该曲线至今仍然被广泛应用。本节计算了泥沙起动拖拽力，其步骤为：①计算急流、深潭两部分的泥沙颗粒平均粒径，通过式（2.4）计算出希尔兹曲线辅助线参数值 λ_1；②通过 λ_1 查 Shields 曲线泥沙起动拖拽力系数 θ_c；③计算急流–深潭–河滩各点处泥沙起动拖拽力 τ_c（式（2.5））。

$$\lambda_1 = \frac{D}{\nu} \sqrt{0.1 \frac{\gamma_s - \gamma}{\gamma_1} g D} \tag{2.4}$$

$$\tau_c = \theta_c (\gamma_s - \gamma) D \tag{2.5}$$

式中，λ_1 为希尔兹参数；D 为泥沙平均粒径；ν 为水流动力黏滞系数；γ_s 为水的密度，9.8kN/m³；γ_1 为泥沙密度，2650kg/m³。

本节水力剪切力和泥沙起动拖拽力计算是基于模拟试验发育的急流–深潭–河滩系统。待系统发育稳定后，对不同断面进行测量，获得相关参数。水流剪切力是由水流作为主导作用于河道系统，而泥沙起动拖拽力是由水流推动河床质的移动的临界值。研究中，将水槽长度定义 1，计算各断面对模拟试验中所形成的急流−深潭−河滩系统的水流剪切力和泥沙起动拖曳力分布。根据急流−深潭−河滩系统的水流特性和河床泥沙颗粒分布特征，取一些模拟试验中具有代表性的急流−深潭−河滩系统单元做分析。形成此急流−深潭−河滩系统河段的试验条件为：水槽坡降 1%，清水冲刷，流量为 0.7L/S、1.0L/S 和 1.1L/S（第一轮试验）及 0.6L/S、0.7L/S 和 0.9L/S（第二轮试验），急流−深潭−河滩在该条件下发育后的平均水深 1.95cm、2.01cm、2.33cm；2.18cm、2.87cm、2.77cm，计算发育后河床的泥沙起动拖曳力，并对比此时河段内各处水力剪切力（图 2.17）。

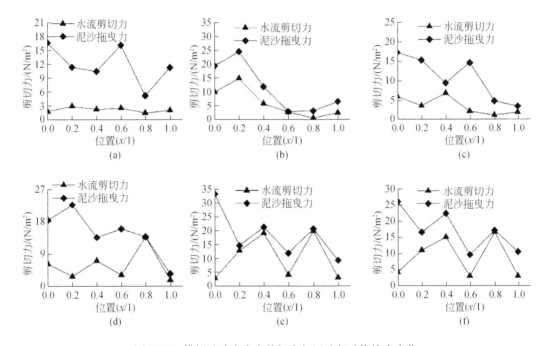

图 2.17　模拟试验中水力剪切力与泥沙起动拖曳力变化

图中，横坐标为水槽长度，将其刻画为 1，每 0.2 表示断面与断面之间的距离 30cm；(a)、(b)、(c) 分别表示第一轮试验中流量为 0.7L/s、1.0L/s、1.1L/s，(d)、(e)、(f) 分别表示第二轮试验中流量为 0.6L/s、0.7L/s、0.9L/s

由图表明，第一轮试验中急流−深潭−河滩系统稳定后，水流剪切力沿程总体呈现下降趋势，而第二轮试验中系统稳定后的水流剪切力沿程变化较大。在第一轮试验条件下，0.7L/S 和 1.0L/S 在靠近出水口处有微小上升趋势，第一轮试验中的 1L/S 和 1.1L/S 和第二轮试验中的 3 种流量条件下，出口处均出现下降趋势。这是由于第二轮试验为水流自我开拓河道条件，水流在河道中流动，水流剪切作用，消耗了大量势能，剪切力不断下降。第一轮试验中泥沙起动拖曳力沿程大致呈稳定变化，而第二轮试验中泥沙起动拖曳力有明显的动态变化，这是因为急流−深潭−河滩系统发育，河床起伏大，泥沙起动拖曳力是波动的，第一轮试验中由于预先设置了河道，河床的泥沙较第二轮试验时均匀，所以待急流−深潭−河滩系统发育稳定后，第一轮试验中的泥沙起动拖曳力变化相对小。

2.12 急流−深潭−河滩系统的发育过程

2.12.1 急流−深潭−河滩系统的发育过程

通过 42 个流量条件的模拟试验，发现急流−深潭−河滩系统的形成大致分为两个阶段（图 2.18）。

（1）粗化层形成阶段，该时段内夹沙力不饱和；河床泥沙在水流的冲刷下，床面上细小的颗粒被水流冲刷带走，较粗大的颗粒在床面上形成粗化层，增大了水流阻力。这一阶段河床对水流阻力较小，动能始终大于势能，随着流量的增大，该阶段持续时间逐渐缩短。

（2）由上一阶段发育出的粗化层不能抵抗水流冲刷，原来构成粗化层的颗粒被水流带走，带动一段距离后水流动力不足不能再带动颗粒流动，大部分的颗粒汇聚在一起，引起河床升高，颗粒堆积物的前边形成急流，同时水面形成波纹，波纹带动小颗粒流向两侧，形成河滩。由于颗粒被带动流向两侧，水流越过急流部分，向下游冲刷河床，形成深潭。

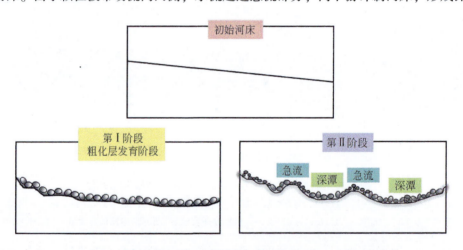

图 2.18 模拟试验急流−深潭−河滩系统纵断面发育过程示意图

2.12.2 急流−深潭−河滩系统发育过程中的动力变化

1. 水力半径变化

曼宁公式是 1889 年提出的，反映了水流与河床之间的部分相互关系。当不知道河道水位流量关系曲线时，用曼宁公式推求是必要的手段（Manning，1889）。对于水槽实验，流量给定的情况下，可以用水力半径变化来反推水流与河床之间的关系以及河床形态的演变。水力半径是输水断面的过流面积与水体接触的输水管道边长（即湿周）之比，与断面形状有关，代表着渠道的输水能力（Cheng and Nguyen，2011）。以往研究中，当宽深比大于 10 时，水力半径可用断面平均水深代替，也就是说，在大宽深比的情况下，断面水深可代替水力半径。本研究中用断面平均水深表征水力半径，分析模拟发育的急流–深潭–河滩系统水力半径变化，其原因有二：一是水槽实验中坡度固定，河床质固定，这样利用平均水深代替水力半径的误差将会大大降低；二是水槽实验设计发育的急流–深潭–河滩系统为微地貌，虽然宽深比并不大，但水很浅，最深也不超过 4cm。

表 2.3 中，在河床坡度为 1%，定流量 0.5L/s、1.0L/s 和变流量 0.6L/s&1.5L/s（第一轮试验）以及定流量为 0.7L/s、1.0L/s 和变流量 0.5L/s&1.5L/s（第二轮试验）的条件下，给出水槽河床发育出急流–深潭–河滩过程两个阶段中具体水力半径的变化。从表2.3 可以看出，在不同流量条件下对河床进行冲刷时，随时间的延长水力半径不断增大，这是由于随着时间的延长，水流不断地冲刷，形成水较深的深潭并向河宽方向展宽的结果，待急流–深潭–河滩系统稳定后，水力半径达到最大。

表 2.3　试验过程中水力半径的变化

轮次#	流量 Q/(L/s)	时段#	水力半径 R/cm
第一轮	0.5	I	0.792
			1.283
			1.322
		II	1.629
			1.829
			1.900
	1.0	I	1.324
			1.478
			1.632
		II	1.871
			2.014
			2.086
	0.6&1.5	I	1.237
			1.769
			2.415
		II	2.371
			2.600
			2.933
第二轮	0.7	I	1.232
			1.332
			1.774
		II	2.800
			2.871
			2.943

轮次#	流量 $Q/(L/s)$	时段#	水力半径 R/cm
第二轮	1.0	I	1.221
			1.632
			2.420
		II	2.371
			2.383
			2.400
	0.5&1.5	I	1.379
			1.597
			1.832
		II	0.900
			2.400
			2.743

2. 流速变化

在试验过程中，记录不同时间段断面平均流速。第一阶段分别选取试验开始后 5 分钟、15 分钟和 20 分钟；第二阶段分别为试验开始后 60 分钟、120 分钟和 180 分钟。由表 2.4 可知，无论是第一轮试验还是第二轮试验，无论是定流量条件下冲刷还是变流量条件下冲刷，流速随时间呈逐渐减小的趋势（从第一阶段到第二阶段）。这主要是因为粗化层阶段后，河床变得较粗糙，水流阻力加大的缘故。第一轮试验中，0.5L/s 的定流量条件下比 1.0L/s 的定流量条件流速还大，导致该结果的原因是 1.0L/s 时，预先设置的河宽较宽，水流分散，更多的水流能量消耗在较宽的河流中，水流较慢。

表 2.4　试验过程中流速的变化

试验	$Q/(L/s)$	时段	流速/(m/s)
第一轮	0.5	I	0.723
			0.530
			0.561
		II	0.323
			0.298
			0.274
	1.0	I	0.313
			0.301
			0.300
		II	0.294
			0.277
			0.251

试验	$Q/(\text{L/s})$	时段	流速/（m/s）
第一轮	0.6&1.5	I	0.443
			0.357
			0.320
		II	0.317
			0.309
			0.310
第二轮	0.7	I	0.892
			0.623
			0.576
		II	0.420
			0.380
			0.361
	1.0	I	1.052
			0.792
			0.554
		II	0.357
			0.341
			0.340
	0.5&1.5	I	0.340
			0.326
			0.326
		II	0.292
			0.285
			0.317

对比两轮变流量条件下流速变化，可以看出两轮变化趋势相同，但第二轮两阶段的平均流速大于第一轮两阶段的平均流速，这是由于第二轮中的流量略大于第一轮的流量，而且第一轮试验预先设定了河道，河道的坡度相对减缓，而第二轮试验是水流开拓的自然河道，河道坡度较陡。总的说来，流速在急流–深潭–河滩系统形成过程中，逐渐变小。在定流量条件下的流速相对稳定，而在变流量条件下，流速存在波动，这说明了在野外自然条件下，流速会有更加复杂的变化。

3. 糙率变化

急流–深潭–河滩系统发育的两个阶段中，曼宁糙率 n 的变化可以清晰地表示出试验过程中河床形态变化（图 2.19）。在发育的第 I 阶段，也就是粗化层阶段，流速较大，水流冲刷河床，河床对水流的阻力也较小；进入发育的第 II 阶段，粗化层被破坏，部分大颗粒沙子被带动，河床开始有起伏，此阶段水流阻力明显增大；随着水流的冲刷，逐渐生成急流–深潭–河滩的雏形，水流对河床的冲刷逐渐减弱，直至最终形成急流–深潭–河滩系统，河床基本稳定，水流阻力也达到最大。在 0.6L/s&1.5L/s（第一轮）和 0.5L/s&1.5L/s（第二轮）变流量条件下的糙率系数变化，由于试验过程中施加了洪峰流量，流量很大，水流冲刷河床时较剧烈，第一阶段存在的时间很短，只有不到 20 分钟，之后河床逐渐形成急流–深潭–河滩的雏形，水流阻力也相应增大，随着时间的推移，雏形在水流的作用下继续发育逐渐形成了稳定的急流–深潭–河滩系统，河床从而达到稳定状态。由此可见，急流–深潭–河滩系统在非恒定流条件下发育至稳定的时间较短，在天然情况下，流量变化非常大，急流–深潭–河滩系统更容易生成。对比两轮试验中恒定流的试验结果，在同等坡度条件下，流量越大，急流–深潭–河滩系统的发育形成时间越短（图 2.19）。

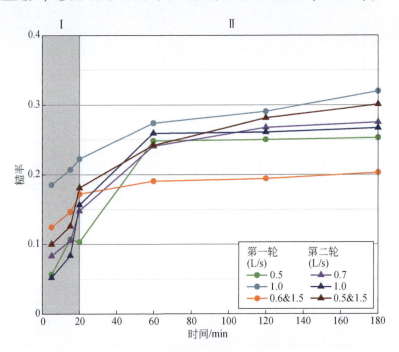

图 2.19 试验过程中糙率 n 的变化

2.13 讨 论

2.13.1 急流–深潭–河滩系统河道特征

河流修复的目的是要改善河流的物理自然形态和生态过程。控制河床侵蚀、稳定河道走向、保护河岸和重建自然生境是河流恢复的重要组成部分（Pagliara and Kurdistani, 2017）。Gillilan 等（2005）提出河流修复可以是被动的，只需让自然水流缓慢地重塑河流，恢复自然异质性。Przedwojski（1995）通过水槽实验表明了丁坝的位置对河道局部冲刷深度的影响，水流调整对河床具有显著的塑造作用。Simon 和 Darby（2002）在沿密西西比河 18km 长的河道上，通过控制河道结构以减少侵蚀，进行形态学调查和有效性分析，发现沿河流安装的坡度控制结构在大多数情况下对减少河道侵蚀率是无效的。Khosronejad 等（2015）使用 VLS3D 模型、非稳态雷诺平均纳维–斯托克斯方法和大涡模拟方法，模拟不同自然河道的湍流和河床的形态结构变化。Scurlock 等（2012）通过试验研究，揭示渠道弯曲处周围的速度分布情况。Pagliara 和 Kurdistani（2013，2014）分别研究了 J 形和 W 形围堰下游直线型河中的河床冲刷形态，直线型河中原木叶片和原木导流板结构下游的冲刷形态，以及直线和弯曲的渠道对山丘下游的冲刷。这些研究表明，河道形态结构研究在河流修复的基础研究中占据相当大比例，这些研究关注了河道形态结构的变化，为营造合理的河流物理结构提供依据。

本研究设计了一个长 3.5m、宽 0.8m、深 0.6m，坡降固定为 1% 的水槽，分别做两轮清水冲刷试验，每轮试验分别做 15 组定流量，6 组非恒定流，共计 42 组，模拟河流冲刷，认识急流–深潭–河滩系统的发育。由试验过程中实测水深、流速以及河床形态判定，两轮试验 42 次模拟，能发育急流–深潭–河滩系统 65 个，试验证实急流–深潭–河滩系统在人工冲刷条件下形成是一个普遍的河流形态结构。这个形态结构表现在急流、深潭和河滩上交替出现，有相对固定比例的河道参数。这个系统对水流具有很大阻力，耗能比较高，是一种稳定的河道结构。形成急流–深潭–河滩系统的河道，水流比较慢，结合野外调查，这个系统有利于生物的定居，因此，急流–深潭–河滩系统是一个值得推荐的河流形态结构物理修复模式，本书对发育的急流–深潭–河滩系统的特征分析，可为自然河道的修复提供理论知识。过去的研究中，常常对河流形态结构的某个影响因素进行深入探讨，很少对河道形态结构模式进行发育试验分析、统计和判定，本书是一个新的尝试。

2.13.2　急流–深潭–河滩系统的发育程度

冲积河流由于河流环境的不同，会发育出不同的形态结构；河床物质的粗细不一，导致横断面和阻力差异很大，形成不同的河床形态（Ferguson et al.，1989）。急流–深潭–河滩系统实际上是沿天然河床纵断面的起伏程度变化的一种表现形式。宋晓龙和白玉川（2018）认识到阻力系数与断面水力半径、宽深比、渠道形态参数之间存在一定的关系，可以综合反映渠道的流动强度与渠道的几何特征（水力半径和宽深比）的关系，其几何特征指标可以一定程度上反映河道形态结构的发育。我们的研究中，用多个指标合成 RPB，量化河道的平面发育度，发现 RPB 与阻力系数和宽深比显著相关，说明这些指标可以在不同程度上解释急流–深潭–河滩系统的发育。杨树青等（2019）通过分析大量的现场和试验数据，得到达西阻力系数沿梯度的变化可以分为三部分：渠道深度（H）、渠道宽度（B）和渠道坡降（S）。渠道深度（H）对于河流发育是一个重要因素。较深的渠道意味着更大的过水断面和水流容纳能力，这对于河流的长期稳定和发育有影响。对于渠道宽度（B），较宽的渠道会导致水流的分散和流速的降低，这对河流的泥沙输运、河床形态等方面产生作用。在河流发育早期，较窄的河道可能逐渐拓宽，以适应水流和泥沙的变化。渠道坡降（S）与河流的能量梯度密切相关。坡降较大的地方，水流具有较大的势能转化为动能，会加剧侵蚀作用，影响河流的下切和展宽等发育过程。综合来看，通过研究达西阻力系数沿渠道深度、宽度、坡降的梯度的变化，可以更好地理解河流发育过程中水流特征的变化以及这些变化与渠道几何特征之间的相互作用，理解河流的演变规律，有助于评估和预测河流在不同环境条件下的行为和变化趋势。

对于发育中的河流，水流塑造下的河道形态结构处于相对稳定时，随着水位的上升如发生洪水，沿途的势能增加并没有大量转化为动能，但能量的消散仍然发生在河道中，所以起伏的河床与能量的消散密切相关（Yang，1971）。急流-深潭-河滩系统是一个代表性的起伏河床形态结构，有急流、深潭和河滩的交替，该系统的综合阻力系数与 RP 和 RPB 之间的关系可以用二元一次方程来拟合。当河流系统发育较窄及较长时，系统中的综合阻力系数较大；急流-深潭-河滩系统较宽，较短时，阻力系数越小，在不同河床的系统中，相关系数是不同的。此外，急流-深潭-河滩系统的稳定性还表现在连续性上，一旦一段急流-深潭-河滩系统被某种外力破坏，沉积物颗粒可以向下移动一段距离，然后又可以冲刷和沉积建立新的急流-深潭-河滩系统，使河床的稳定特征保持不变。河床本身也会自动调整其形态，在水流冲刷作用下产生阻力和消耗能量的同时，可以重新分配沉积物颗粒，形成新的起伏河床，承受不同的剪切力保证河床的稳定（Luo et al.，2022）。因此，急流-深潭-河滩系统发育程度的不同，其耗能、阻力和稳定性是不同的。冲积型河流在不同的来水和沉积物以及边界条件下具有自我调节能力，河流的调节往往会形成各种发育程度的急流-深潭-河滩系统（Gegužis and Baublys，2013）。

2.13.3 急流-深潭-河滩系统的发育过程

在对河道发育过程的研究中，Blom 等（2003）通过比较两组不同沉积物的水槽实验，发现床面形态的垂直分选呈现出向下变粗的趋势。Van De Lageweg 等（2013）比较了不同流量冲刷下河道系统的形体变化，研究了洪水事件对河道动力学的影响，他们得到辫状河道的形成是河道从大型沙坝群横向迁移的结果。他们的结果与 Buckrell（2017）的一项研究中提出的水力半径和速度趋势非常相似，他们研究了砾石床河流中急流-深潭结构的形成，在深潭和急流之间观察到了从低流量到高流量的水力参数变化趋势，这与本书中得到的水力半径变化一致（表 2.3），这些研究的方法与我们的研究略有相似。但我们在水力半径变化趋势的基础上还计算了不同流量下的粗糙度随时间的变化来表征河床的形成（图 2.19）。在我们的试验过程中，水力半径 R 在急流-深潭-河滩系统的发育过程中呈上升趋势，而速度则呈下降趋势（表 2.4），同时在本章中各组试验上也存在水力参数随稳定河道发展过程的不同变化。对比急流-深潭-河滩系统形成后河道中床面剪切力与泥沙起拽力（图 2.17），可以知道急流-深潭-河滩系统为稳定的自然河道系统。

在本书的研究中，明确观察到急流-深潭-河滩系统发育过程分为两个阶段。第一是粗化层形成阶段，该时段内夹沙不饱和；河床泥沙在水流的冲刷下，床面上细小的颗粒被水流冲刷带走，较粗大的颗粒在床面上形成粗化层，增大了水流阻力。这一阶段河床对水流阻力较小，动能始终大于势能，随着流量的增大，该阶段持续时间逐渐缩短。第二阶段由上一阶段发育出的粗化层不能抵抗水流冲刷，粗化层的颗粒被水流带走，但带动一段距离后水流动力不足不能再带动颗粒，大部分的颗粒汇聚在一起，发育出急流，同时水面形成波纹，波纹带动小颗粒流向两侧，形成河滩。由于颗粒被带动流向两侧，水流越过急流部分，向下游冲刷河床，形成了深潭。这两个发育过程丰富了天然河流河床演变的有关理论。

2.14　本章小结

本章详细介绍室内水槽实验，模拟系统由出水系统、平水系统、试验段、沉淀池和回水系统五个部分组成。数据测量以断面为单位，分别设计稳定流和非稳定流两种试验条件，冲刷过程由摄像机全程记录。通过对室内水槽实验的数据统计分析，并建立了急流–深潭–河滩系统的发育程度公式，分析了该系统的平面发育程度 RPB 和宽深比 B/H 之间的关系，纵向发育程度 RP 与单个系统耗能率的关系，建立了发育程度与系统综合阻力系数之间的二元一次方程，主要结论如下。

（1）两轮试验共发育急流–深潭–河滩系统 65 个，其中，第一轮试验发育 31 个系统，第二轮试验发育 34 个系统；试验模拟下急流–深潭–河滩系统发育形成是普遍可观察到的河道形态结构。

（2）通过量化急流–深潭–河滩系统的平面和纵向发育程度（RPB 和 RP），并分析其与急流–深潭–河滩系统的宽深比和单个系统耗能率等动力参数之间的关系，发现平面发育程度系数与宽深比之间呈线性关系，纵向发育程度系数与单个系统耗能率之间也呈线性关系，且单个系统的耗能率与系统发育程度好坏有关；通过建立两个发育程度系数与系统综合阻力系数之间的二元一次方程可知，急流–深潭–河滩系统发育越好，平面形态越窄长，阻力系数越大，但在不同类型的河流中系数会有不同。

（3）通过对比水槽实验中发育的急流–深潭–河滩系统的床面剪切力和泥沙起拽力可得急流–深潭–河滩系统为自然界中的稳定河道。

（4）自然状态下，急流–深潭–河滩系统的发育需要经历两个阶段，第一阶段是粗化层形成阶段，该阶段形成过程中河床整体平整，沿水流方向的河床没有高低起伏的趋势；第二阶段为系统形成阶段，该阶段由于水流的冲刷大颗粒被带动，根据水流能量的大小，大颗粒带动的距离不定，所以不同的流量条件下形成的系统个数不同。在整个阶段，水力半径的变化呈现由小到大。随着时间的推移，河道不断下切最终趋于稳定，糙率则是呈现出由小到大的趋势，河床对于水流阻力在整个急流–深潭–河滩系统发育阶段由小到大变化。

参 考 文 献

钱宁，万兆惠．1965．近底高含沙量流层对水流及泥沙运动影响的初步探讨．水利学报，8（4）：1-20.

宋晓龙，白玉川．2018．基于河流阻力规律的河型统计与分类．水力发电学报，37（1）：49-61.

杨树青，白玉川，徐海珏．2019．基于河流阻力能耗的河型判别方法．水力发电学报，38（8）：61-74.

张焕，杨奉广，王协康，等. 2019. 基于阻力原理的稳定河流几何形态判定方法研究. 工程科学与技术，51（6）：139-145.

Andrews E D. 1984. Bed-material entrainment and hydraulic geometry of gravel-bed rivers in Colorado. Geological Society of America Bulletin, 95（3）：371-378.

Blench T. 1952. Regime Theory for Self-Formed Sediment-Bearing Channels. Transactions of the American Society of Civil Engineers, 117（1）：383-400.

Blom A, Ribberink J S, de Vriend H J. 2003. Vertical sorting in bed forms：Flume experiments with a natural and a trimodal sediment mixture. Water Resources Research, Wiley Online Library, 39（2）.

Bocchiola D, Rulli M C, Rosso R. 2008. A flume experiment on the formation of wood jams in rivers. Water Resources Research, 44（2）.

Boothroyd R J, Williams R D, Hoey T B, et al. 2021. Applications of Google Earth Engine in fluvial geomorphology for detecting river channel change. WIREs Water, 8（1）：e21496.

Brierley G J, Fryirs K A. 2013. Geomorphology and river management：applications of the river styles framework. John Wiley & Sons.

Bristow C S, Best J L. 1993. Braided rivers：perspectives and problems. Geological society, London, special publications, 75（1）：1-11.

Buckrell E. 2017. The formation and adjustment of a pool-riffle sequence in a gravel bed flume. Vancouver：University of British Columbia.

Cairns Jr J. 1991. Developing a strategy for protecting and repairing self-maintaining ecosystems. J. Clean Tech. Environ. Sci, 1（1）：1-11.

Canovaro F, Solari L. 2007. Dissipative analogies between a schematic macro-roughness arrangement and step-pool morphology. Earth Surface Processes and Landforms, 32（11）：1628-1640.

Carling P, Jansen J, Meshkova L. 2014. Multichannel rivers：their definition and classification. Earth Surface Processes and Landforms, 39（1）：26-37.

Chamberlin E P. 2018. Lateral Migration and Evolution of Bar-top Chutes in the Lower Mississippi River, USA：Linking Chute Channel Scroll Bar Deposition to Bar Migration History, AGU Fall Meeting Abstracts：EP33D-2463.

Chang H H. 2008. River morphology and river channel changes. Transactions of Tianjin University, 14：254-262.

Cheng N S, Nguyen H T. 2011. Hydraulic radius for evaluating resistance induced by simulated emergent vegetation in open-Channel flows. Journal of Hydraulic Engineering, American Society of Civil Engineers, 137（9）：995-1004.

Chitale S V. 1970. River Channel Patterns. Journal of the Hydraulics Division, 96（1）：201-221.

Church M. 2015. Channel Stability：Morphodynamics and the Morphology of Rivers. //Rowiński P, Radecki-Pawlik A. Rivers-Physical, Fluvial and Environmental Processes. Cham：Springer International Publishing：281-321.

Collins M. 1987. Sediment transport in the Bristol Channel：A review. Proceedings of the Geologists' Association, 98（4）：367-383.

Coulombe-Pontbriand M, Lapointe M. 2004. Geomorphic controls, riffle substrate quality, and spawning site selection in two semi-alluvial salmon rivers in the Gaspé Peninsula, Canada. River Research and Applications, 20（5）：577-590.

Dade W B, Friend P F. 1998. Grain-size, sediment-transport regime, and channel slope in alluvial rivers. The Journal of Geology, 106（6）：661-676.

Darby S E, Thorne C R. 1995. Effect of bank stability on geometry of gravel rivers. Journal of Hydraulic Engineering, American Society of Civil Engineers, 121 (4): 382-385.

Durand M, Rodriguez E, Alsdorf D E, et al. 2009. Estimating river depth from remote sensing swath interferometry measurements of river height, slope, and width. IEEE Journal of Selected Topics in Applied Earth Observations and Remote Sensing, 3 (1): 20-31.

Eaton B C, Church M, Millar R G. 2004. Rational regime model of alluvial channel morphology and response. Earth Surface Processes and Landforms, 29 (4): 511-529.

Ferguson R I, Prestegaard K L, Ashworth P J. 1989. Influence of sand on hydraulics and gravel transport in a braided gravel bed river. Water Resources Research, 25 (4): 635-643.

Fredsøe J. 1978. Meandering and braidingof rivers. Journal of Fluid Mechanics, 84 (4): 609-624.

Gegužis R, Baublys R. 2013. Natural and Regulated Streams Stability and Self-Regulation. Rural Development 2013.

Gillilan S, Boyd K, Hoitsma T, et al. 2005. Challenges in developing and implementing ecological standards for geomorphic river restoration projects: a practitioner's response to Palmer et al. Journal of Applied Ecology, Wiley Online Library, 42 (2): 223-227.

Guerrero M, Lamberti A. 2013. Bed-roughness investigation for a 2-D model calibration: the San Martín case study at Lower Paranà. International Journal of Sediment Research, 28 (4): 458-469.

Habersack H, Nachtnebel H P. 1995. Short-term effects of local river restoration on morphology, flow field, substrate and biota. Regulated Rivers: Research & Management, 10 (2-4): 291-301.

Harman C, Stewardson M, DeRose R. 2008. Variability and uncertainty inreach bankfull hydraulic geometry. Journal of hydrology, Elsevier, 351 (1-2): 13-25.

Hassan M A, Radić V, Buckrell E, et al. 2021. Pool-riffle adjustment due to changes in flow and sediment supply. Water Resources Research, Wiley Online Library, 57 (2): e2020WR028048.

Hauer C, Pulg U. 2018. The non-fluvial nature of Western Norwegian rivers and the implications for channel patterns and sediment composition. Catena, 171: 83-98.

Hauer C, Schober B, Habersack H. 2013. Impact analysis of river morphology and roughness variability on hydropeaking based on numerical modelling. Hydrological Processes, 27 (15): 2209-2224.

Hey R D, Thorne C R. 1986. Stable Channels with Mobile Gravel Beds. Journal of Hydraulic Engineering, American Society of Civil Engineers, 112 (8): 671-689.

Hickin E J. 1983. River Channel Changes: Retrospect and Prospect. //Collinson D, Lewin J. Modern and Ancient Fluvial Systems. Chichester: John Wiley & Sons, Ltd.

Hobbs C H. 2004. Geological history of Chesapeake Bay, USA. Quaternary Science Reviews, 23 (5): 641-661.

Hohensinner S, Hauer C, Muhar S. 2018. River morphology, channelization, and habitat restoration. //Schmutz S, Sendzimir J. Riverine ecosystem management Aquatic Ecology Series. Cham: Springer International Publishing, 8: 41-65.

Holbrook J M, Allen S D. 2021. The case of the braided river that meandered: Bar assemblages as a mechanism for meandering along the pervasively braided Missouri River, USA. Bulletin, 133 (7-8): 1505-1530.

Hou Z, Scheibe T D, Murray C J, et al. 2019. Identification and mapping of riverbed sediment facies in the Columbia River through integration of field observations and numerical simulations. Hydrological Processes, 33 (8): 1245-1259.

Hubbs S A. 2006. Evaluating Streambed Forces Impacting the Capacity of Riverbed Filtration Systems. In S. A. Hubbs. Riverbank Filtration Hydrology. Dordrecht: Springer Netherlands, 60: pp. 21-42.

Jerolmack D J. 2006. Modeling the dynamics and depositional patterns of sandy rivers. Massachusetts Institute of

Technology.

Jia Y. 1990. Minimum Froude number and the equilibrium of alluvial sand rivers. Earth Surface Processes and Landforms, 15 (3): 199-209.

Keller E A, Melhorn W N. 1978. Rhythmic spacing and origin of pools and riffles. Geological Society of America Bulletin, Geological Society of America, 89 (5): 723-730.

Khosronejad A, Kozarek J L, Palmsten M L, et al. 2015. Numerical simulation of large dunes in meandering streams and rivers with in-stream rock structures. Advances in water resources, Elsevier, 81: 45-61.

Korup O. 2006. Rock-slope failure and theriver long profile. Geology, 34 (1): 45-48.

Lad Moreno E O, García Ubaque C A, García Vaca M C. 2019. Darcy-Weisbach resistance coefficient determinationusing Newton-Raphson approach for android 4. 0. Tecnura, 23 (60): 52-58.

Langbein W B. 1964. Geometry of River Channels. Journal of the Hydraulics Division, American Society of Civil Engineers, 90 (2): 301-312.

Leopold L B, Maddock T. 1953. The Hydraulic Geometry of Stream Channels and Some Physiographic Implications. U. S. Government Printing Office.

Luo M, Yan X, Huang E. 2022. Flow resistance evaluation based on three morphological patterns in step-pool streams. Acta Geophysica, Springer: 1-14.

Madej M A. 2001. Development of channel organization and roughness following sediment pulses in single-thread, gravel bed rivers. Water Resources Research, 37 (8): 2259-2272.

Mahdi T F. 2009. Semi-two-dimensional numerical model for river morphological change prediction: theory and concepts. Natural hazards, 49: 565-603.

Mandelbrot B B, Mandelbrot B B. 1982. The fractal geometry of nature. New York: WH freeman.

Manning H E. 1889. National Education. London: Burns and Oates.

McClain M E, Subalusky A L, Anderson E P, et al. 2014. Comparing flow regime, channel hydraulics, and biological communities to infer flow-ecology relationships in the Mara River of Kenya and Tanzania. Hydrological Sciences Journal, 59 (3-4): 801-819.

McQueen R, Ashmore P, Millard T, et al. 2021. Bed particle displacements and morphological development in a wandering gravel-bed river. Water Resources Research, Wiley Online Library, 57 (2): e2020WR027850.

Métivier F, Lajeunesse E, Devauchelle O. 2017. Laboratory rivers: Lacey's law, threshold theory, and channel stability. Earth Surface Dynamics, 5 (1): 187-198.

Moore W L, Masch Jr F D. 1962. Experiments on the scour resistance of cohesive sediments. Journal of Geophysical Research, Wiley Online Library, 67 (4): 1437-1446.

Mosley M P. 1982. Analysis of the effect of changing discharge on channel morphology and instream uses in a Braided River, Ohau River, New Zealand. Water Resources Research, 18 (4): 800-812.

Mosselman E. 1995. A review of mathematical models of river planform changes. Earth Surface Processes and Landforms, 20 (7): 661-670.

Mutz M. 2000. Influences of Woody Debris on Flow Patterns and Channel Morphology in a Low Energy, Sand-Bed Stream Reach. International Review of Hydrobiology, 85 (1): 107-121.

Nanson G C, Huang H Q. 2008. Least action principle, equilibrium states, iterative adjustment and the stability of alluvial channels. Earth Surface Processes and Landforms, 33 (6): 923-942.

Pagliara S, Kurdistani S M. 2017. Flume experiments on scour downstream of wood stream restoration structures. Geomorphology, Elsevier, 279: 141-149.

Pagliara S, Kurdistani S M. 2014. Scour characteristics downstream of grade-control structures. River flow 2014,

2093-2098.

Pagliara S, Kurdistani S M. 2013. Scour downstream of cross-vane structures. Journal of Hydro-environment Research, Elsevier, 7 (4): 236-242.

Papangelakis E, MacVicar B, Ashmore P. 2019. Bedload Sediment Transport Regimes of Semi- alluvial Rivers Conditioned by Urbanization and Stormwater Management. Water Resources Research, 55 (12): 10565-10587.

Papangelakis E, Welber M, Ashmore P, et al. 2021. Controls of alluvial cover formation, morphology and bedload transport in a sinuous channel with a non-alluvial boundary. Earth Surface Processes and Landforms, 46 (2): 399-416.

Parker G. 1979. Hydraulic Geometry of Active Gravel Rivers. Journal of the Hydraulics Division, American Society of Civil Engineers, 105 (9): 1185-1201.

Przedwojski B. 1995. Bed topography and local scour in rivers with banks protected by groynes. Journal of Hydraulic Research, Taylor & Francis, 33 (2): 257-273.

Robert A. 1990. Boundary roughness in coarse-grained channels. Progress inphysical geography, 14 (1): 42-70.

Ruska J, Holmyard E J, Mandeville D C. 1929. Avicennae de congelatione et conglutinatione lapidum. Der Islam; Zeitschrift für Geschichte und Kultur des Islamischen Orients, 18: 188.

Sadarang J, Nayak R K, Panigrahi I. 2021. Effect of binder and moisture content on compactibility andshear strength of river bed green sand mould. Materials Today: Proceedings, 46: 5286-5290.

Sanchis-Ibor C, Segura-Beltrán F, Navarro-Gómez A. 2019. Channel forms and vegetation adjustment to damming in a Mediterranean gravel-bed river (Serpis River, Spain). River Research and Applications, 35 (1): 37-47.

Schumm S A. 1967. Meander wavelength of alluvial rivers. Science, 157 (3796): 1549-1550.

Schwartz J S, Herricks E E. 2005. Fish use of stage-specific fluvial habitats as refuge patches during a flood in a low-gradient Illinois stream. Canadian Journal of Fisheries and Aquatic Sciences, 62 (7): 1540-1552.

Scurlock S M, Cox A L, Thornton C I, et al. 2012. Maximum velocity effects from vane- dike installations in channel bends. World Environmental and Water Resources Congress 2012: Crossing Boundaries. 2614-2626.

Shields A. 1936. Anwendung der Ähnlichkeitsmechanik und der Turbulenzforschung auf die Geschiebebewegung. Mitteilungen der Preußischen Versuchsanstalt für Wasserbau und Schiffbau, 26: 5-24.

Simon A, Darby S E. 2002. Effectiveness of grade- control structures in reducing erosion along incised river channels: the case of Hotophia Creek, Mississippi. Geomorphology, Elsevier, 42 (3-4): 229-254.

Stølum H H. 1996. River meandering as a self-organization process. Science, 271 (5256): 1710-1713.

Sun T, Meakin P, Jøssang T, et al. 1996. A Simulation Model for Meandering Rivers. Water Resources Research, 32 (9): 2937-2954.

Tuhtan J A, Noack M, Wieprecht S. 2012. Estimating stranding risk due to hydropeaking for juvenile European grayling considering river morphology. KSCE Journal of Civil Engineering, 16: 197-206.

Van De Lageweg W I, Van Dijk W M, Kleinhans M G. 2013. Morphological and stratigraphical signature of floods in a braided gravel- bed river revealed from flume experiments. Journal of Sedimentary Research, 83 (11): 1033-1046.

Vanoni V A, Nomicos G N. 1960. Resistance properties of sediment- laden streams. Transactions of the American Society of Civil Engineers, American Society of Civil Engineers, 125 (1): 1140-1167.

Váuez-Tarrío D, Tal M, Parrot E, et al. 2022. Can we incorrectly link armouring to damming? A need to promote hypothesis-driven rather than expert-based approaches in fluvial geomorphology. Geomorphology, 413: 108364.

Wheaton J M, Pasternack G B, Merz J E. 2004. Spawning habitat rehabilitation - II. Using hypothesis development and testing in design, Mokelumne river, California, U.S.A.. International Journal of River Basin Management, Taylor & Francis, 2 (1): 21-37.

Wilkinson S N, Keller R J, Rutherfurd I D. 2004. Phase- shifts inshear stress as an explanation for the maintenance of pool- riffle sequences. Earth Surface Processes and Landforms, 29 (6): 737-753.

Wu B, Wang G, Xia J, et al. 2008. Response of bankfull discharge to discharge and sediment load in the Lower Yellow River. Geomorphology, 100 (3): 366-376.

Yang C T. 1971. Potential energy and stream morphology. Water Resources Research, Wiley Online Library, 7 (2): 311-322.

第 3 章 ｜ 天然河流急流–深潭–河滩系统水力几何关系

水力几何与河道发育相互作用、相互影响，共同塑造着河流的特性和演变过程，对它们关系的研究有助于更好地理解河流的动态变化。本章基于最小能耗率假说和最大熵原理，首先将河道横断面刻画为等腰梯形，推导出了在四种可能性下的形态方程：$n\beta^{f}=C_{1}$，$H\beta^{-\frac{3}{8g}}=C_{2}$，$Hn^{\frac{3}{8j}}=C_{3}$，第四种可能性下则是前三者中任意两者的结合。然后进一步推导出了急流–深潭–河滩系统的沿程水力几何方程式。把第 2 章中第二轮试验发育的急流–深潭–河滩系统实测数据用于推导的急流段和深潭段的水力几何关系式的拟合和验证，验证结果总体较好。

3.1 引　言

河流水力几何是河流地貌学的重要交叉领域，主要研究河流的水流特性、河床形态以及它们之间的相互关系，具体是指描述和解释河流在不同水流条件下其几何形态（如河道宽度、深度、坡度等）和水力参数（如流速、流量、雷诺数等）之间关系的理论和方法。水流特性包括水流速度分布、紊流结构、能量耗散等方面的研究。通过现场观测、模型实验和数值模拟等手段，揭示水流在不同条件下的变化规律。河床形态包括对河床的横断面形状、纵断面坡度、河漫滩发育等进行分析，探讨河床形态与水流及其他因素的相互作用机制。在研究中，常常需要应用曼宁公式、圣维南方程组、河流演变模型等数学工具。研究成果可以应用于水利工程学（河道整治、水利枢纽设计等方面发挥重要作用，帮助优化工程方案）、河流生态修复（为构建适宜的水生生物栖息地提供依据，促进河流生态系统的健康发展）、洪水预报（通过对水力几何关系的研究，提高洪水预报的准确性）、流域管理（辅助制定合理的水资源利用和环境保护策略）。

冲积河流通过一段时间的水流冲刷塑造和自动调整作用，使河流处于动态平衡状态，此时河流横断面形态和纵剖面形态与来水来沙因素之间往往存在某种定量的关系，这种关系称为河相关系，河相关系又称为水力几何关系（Jowett，1998；Stewardson，2005；Turowski et al.，2008），主要分为沿程水力几何（downstream hydraulic geometry）和站点水力几何（at a station hydraulic geometry）。目前对于河相关系的研究均具有针对性，即针对某段河流，某条河流进行测量分析，推导该段河流或某条河流河相关系（Singh and Zhang，2008；David et al.，2010；Cheng and Nguyen，2011；Singh et al.，2003a，2003b）。也有研究者对急流–深潭系统和阶梯–深潭系统的河相关系进行过类似的研究（Richards，1978；Lisle，1982；Zimmermann，2009），但目前还未有相关研究专门针对急流–深潭–河滩系统水力几何关系。对于该系统，由三个部分组成，我们在推导适用于该系统的水力几何关系式时，将三部分分开推导，分别推导在定流量条件下，急流段、深潭段以及河滩段的水力几何关系式。具体步骤为：先基于最小能耗率假说和最大熵原理，将河道断面形态刻画为等腰梯形，对河道系统不同耗能可能性下的情况分别讨论；再通过最大输沙率假说确定稳定河道的最优过水断面；将实验室模拟发育的急流–深潭–河滩系统的水力参数作为急流段和深潭段的识别数据库，河滩段的识别数据库则是通过统计前人的 106 项研究的数据和结果为识别数据库，最终推导出基于急流–深潭–河滩系统的沿程水力几何关系式。

具体地，本研究针对急流–深潭–河滩系统在空间结构上的连续性和自相关性，基于最小能耗假说和最大熵原理推导四种可能性下适合急流–深潭–河滩系统的沿程水力几何公式，再根据最大输沙率假说通过数理几何的分析方法，确定不同边坡角条件下的最优过水断面形态，结合不同的可能性分别推导急流、深潭、河滩三部分适用的水力几何方程，将该系统的河相关系分开解释的同时，又将其看作一个整体进行分析，所推导的方程和验证的参数，可以为退化河流生态重建过程中河相关系恢复提供参考。

3.2 河相关系概述

3.2.1 基于观测模拟的水力几何

冲积河流的河床，经过长时期的河床自动调整过程，大多已经处于相对稳定或准稳定状态，表征这种状态的各水力几何因素（河宽、水深及比降）与水沙条件（流量、流速、泥沙含沙量、粒径）及河床周界条件之间的函数关系称为河相关系（Langbein，1964；Andrews，1984）。河相关系一般包括横断面河相关系、纵剖面河相关系及平面河相关系（Benda et al.，2004）。代表流域因素的变量通常被视为自变量，代表河流纵横剖面及平面的变量是因变量，自变量通常选流量、上游来沙量及河谷纵比降，而因变量则是表征河流响应预留与变量变化而自动调整达到平衡时的河床剖面特征量，如水深、河宽和水流流速等。河流发育过程就是河相关系不断变化的过程。河相关系中（Ferguson，1986；Ashmore and Sauks，2006；Dingman，2007；Eaton and Church，2007）站点水力几何是关于一个断面在一段时间内的平均关系，而沿程水力几何是在一定流量下，河流形态和水力变量的空间变化。站点水力几何是将河道水力变量（宽度、深度、流速等）的变化与平均流量联系起来，这种方法描述河道形态对流量变化的调整作用，以应对流量的增加与减少，适用于特定的横断面（Dingman，2007）。沿程水力几何是对经典水力几何的概念进行修改，是在特定的流量下下游的河道形态变化（Chang，1979a，1979b）。根据 Langbein（1964）和 Yang 等（1981）的有关研究，水力变量的平均值遵循必要的水力规律和最小能量耗散率（或流功率）的原则。因此，这些断面平均值在功能上是相关的，并对应于渠道的平衡状态。换句话说，一般的河流系统倾向于以这样的方式发展，在渠道和它必须运输的水和沉积物之间产生一个近似的平衡。

水文统计法和量纲分析法是水力几何分析的有效工具，尤其在试图对复杂水力几何过程进行定量描述时，但这类方法得出的结果不能提供明确的物理意义，需要结合稳定性理论和极值假说进行分析（Keller and Thomaidis，1971；Gupta and Mesa，2014；Chen et al.，2020）。具体使用方法是在假说成立后，采用这些理论方法可以使得河相关系的研究建立在一个可靠的数学分析的基础上。常用的极值假说有：最小能耗率假说、最小河流功率假说、最小单位能量耗散率假说、最小弗汝德数假说、最大阻力假说、最大输沙率假说、最小方差假说和最小活动性假说等（Langbein，1964；Langbein and Leopdd，1970；Chang，1979a，1979b；Jia，1990）。这些假说都是为了说明系统运动趋于或达到平衡时，某些物理量达到极值。最小能耗率假说的定义为：当系统从给定的初始能态下运动而趋于动态平衡时，系统各因素将自动调整其能耗率达到最小（Yang and Song，1979）。根据热力学第二定律，在不可逆过程中，系统的熵总在增加。如果把理想气体中的单位质量，在状态之所具有的能量的概率分布与河流系统中沿程各段的能量之概率分布相类比，由最大概率代表最可能出现的平衡情况，则可得到冲积河流调整结果是将能量沿程分布保持均匀的结论，这是最大熵假说（Yang，1994）。最小单位能耗率假说是将热力学中产生最小原理中的熵类比为河流系统中的水面高程，最小单位能耗率和最小能耗率假说只有在河流断面面积恒为常数时才相等（Langbein and Leopold，1970；Chang，1979a，1979b；Yang et al.，1981）。最大输沙率假说是指在一定流量和比降下，断面输沙率最大时河流系统趋于平衡，此时的河道为稳定河道（Blench，1952；Collins，1987；Lisle，1987；Church，2015）。最大阻力系数假说是指当河流系统处于平衡状态时，系统中各因素总是如此地调整，使得系统的阻力系数达到最大（Griffiths，1984；Hey and Thorne，1986；Nanson and Huang，2008）。由于在自然河流系统中，比降和弗汝德数的涨落是一致的，因而最小弗汝德数假说本质上和最小能耗率假说是一致的。对于河相关系的研究几乎都是基于不同的假说，在运用统计分析法和量纲分析法得到（Jia，1990；Eaton et al.，2004）。

Leopold 和 Maddock（1953）通过对美国中西部和西南地区河流的水面宽和流量关系进行分析，首次建立了水面宽和流量之间关系的幂函数关系式（Leopold and Maddock，1953）。Park（1977）研究了单站水力几何模型指数的变化规律，指数 b 的变化范围为 $0.00 \sim 0.59$。在对单站水力几何模型研究的过程中，Gleason 和 Smith（2014）发现了单站水力几何模型的系数与指数之间存在一定的函数关系，建立了多站水力几何模型，对密西西比河、阿萨巴斯卡河、长江等河流典型河段进行流量反演的相对误差均值为 $20\% \sim 30\%$。之后，Gleason 和 Wang（2015）给出了多站水力几何模型的数学理论依据。由于上述模型是基于水力学及地理信息学的统计学方法，源数据的处理以及误差的来源分析和控制也是研究的重点。Harman 等（2008）对澳大利亚东南地区河流进行了研究，水面宽、水深、流速和水力坡度的不确定度分别为 4%、3%、7% 和 23%。Afshari 等（2017）提出了一种辨识现场调研数据随机误差和系统误差的递归过滤程序。针对河流整体连续信息获取较为困难这一情况，Pavelsky 等（2014）利用空间不连续的卫星影像构建了塔纳纳河多个水面宽-流量关系曲线。国内相关研究大多是针对某一河流水力几何模型的系数和指数取值及其变化规律，例如，吴保生和李凌云（2008）、马元旭和许炯心（2009）以及冉立山和王随继（2010）分别研究了黄河下游不同河段、无定河及其各支流以及黄河上游不同断面的水力几何模型的系数和指数取值及变化特征。赵春江和高建恩（2016）给出了不同侵蚀沟（细沟、浅沟、切沟和冲沟）的水力几何模型的指数。近年来，在站点水力几何的基础上又提出多站点水力几何的概念，多站点水力几何是为了探索全流域中的河相关系，它说明了一个流域内多个站点河相关系中的指数和参数之间的定量关系（Gleason and Smith, 2014；Gleason et al., 2014；Gleason and Wang, 2015；Brinkerhoff et al., 2019）。

基于过去的研究成果，列出水力几何的经典关系式在表 3.1 中（Leopold and Maddock, 1953）。

表 3.1 水力几何经典关系式

公式	说明
$B = b_0 Q^a$	河宽与流量关系
$H = h_0 Q^b$	河深与流量关系
$V = v_0 Q^c$	流速与流量关系
$n = n_0 Q^d$	糙率与流量关系
$S = s_0 Q^e$	坡度与流量关系

注：这些公式中，B、H、V、n、S 和 b_0、h_0、v_0、n_0、s_0 分别为河宽、水深、流速、糙率、坡降和流量以及它们对应的基准值，a、b、c、d、e 为指数。

3.2.2 基于分形理论的水力几何研究

对于自然界中河流的平面形态的研究，国内外研究者们大多利用分形维数的理论来对其进行几何分析（Nikora et al., 1993；Feder, 2013）。分形理论是由美国数学家 B. Mandelbrot 在 20 世纪 80 年代初创立的，该理论提出之初是为了研究英国的海岸线，用于研究不规则几何，由于自然界中形成的现象常常是不规则的，因此分形几何又被称为"自然界的几何"（Mandelbrot and Hudson, 2007）。分形理论自诞生以来，就被广泛应用于河流形态的分析，虽然不同的研究者从河道形态不同的角度出发（如单体河道的分形维数、河湾自相似性和非线性特征等）对河流分形特征的观点有所不同，但是有一点是公认的，即单体蜿蜒河流以及复杂的河网形态均是一种分形结构，可以利用分形理论进行分析和研究（Mandelbrot and Hudson, 2007；周银军等, 2009；Gupta and Mesa, 2014）。Mandelbrot 作为分形理论的创始人，最早于 1977 年将分形学引入地理水文学领域，探讨了河流长度与流域面积的相关关系（Mandelbrot and Hudson, 2007），随后 Feder（2013）推导了主河道分形维数计算公式。Robert 研究了反映河床剖面粗糙度分形特征的标度指数（Andrews, 1984）。Tarboton 等（1988）基于分形理论建立了河流地貌演化与河网密度的联系。Nikora 等（1993）利用河流中心线分形维数来表征河流平面形态的内部结构特征。Nykanen 等（1998）尝试应用自组织临界理论诠释了河流演变过程。Feng 等（1996）利用分形树理论探讨了水文学领域小流域地形地貌的分形特征。王计平等（2013）分析了城市化背景下黄河流域河网多重分形特征。张矿（1993）认为，分形维数能够反映河流形态复杂程度。汪富泉（2015）探讨了河流分形结构及其形成机制，揭示了河流平面形态的演变规律。金德生等（1997）研究了大江大河河床纵剖面分形特征。冯平和冯焱（1997）计算了海河水系河长和河网分形维数。白玉川等（2008）描述了大江大河不规则程度和弯曲度分形特征。周银军等（2009）分析了河床表面分形特征及其度量方法。徐国宾和赵丽娜（2013）研究了黄河不同河型径流量、宽深比和输沙量的非线性特征。

河流分形研究和水力几何之间存在着密切的关系。河流分形研究主要关注河流的形态、结构等具有自相似性和分形特征的方面。通过对河流分形维数等参数的分析，可以更好地理解河流的复杂性和不规则性。水力几何则侧重于研究河流的水力学特性，如流量、流速、水深等之间的关系及其随河流尺度等因素的变化规律。一方面，河流的分形特征会影响其水力几何特性。例如，分形的河流形态可能导致不同河段的水流阻力、能量分布等有所不同，从而对流量与流速等水力几何参数的关系产生影响。另一方面，水力几何的研究也能为河流分形研究提供一定的依据和补充。水力几何中关于水流特征的分析可以帮助解释河流分形形成的机制和过程。例如，在一些河流分形研究中，通过分析不同流量下的河流形态变化，可以结合水力几何中流量与其他参数的关系来深入理解分形的演变。又如，在研究河流的侵蚀和沉积过程时，水力几何的知识可以帮助解释分形结构如何随着水流作用而形成和发展。总之，河流分形研究和水力几何相互关联、相互影响，共同为深入理解河流的特性和行为提供重要的理论支持。

3.3　急流–深潭–河滩系统平衡方程

最小能耗率假说是指当系统趋于平衡时，系统各因素处于动态平衡，且这时系统整体耗能达到最小，即 $\Phi=\dfrac{\mathrm{d}E}{\mathrm{d}t}\to\min$。而河流的能量耗散主要分为两个部分，一部分是河流做功，还有一部分为重力做功。已有研究表明，若将 Q（流量）和 G（重力）当作自变量来研究与仅将 Q 作为自变量来研究时得到的结果几乎一致，因此河流趋于动态平衡时耗能率可表示为 $\Phi=\gamma_2 QS$。也就是说，最小耗能率假说可表示为 $\gamma_2 QS\to\min$。式中，γ_2 为水的重力密度，$\mathrm{N/m^3}$；S 为坡降，在不同的方程中代表不同的含义，包括摩擦坡降、水面坡降以及底面坡降等。本研究因考虑糙率为控制变量，所以 S 为摩擦坡降。

本研究按急流、深潭和河滩三部分进行分析推导。从横断面看，三部分的河宽、深度均有差异，不能简单地将其概化为长方形。然而，该急流–深潭–河滩系统作为天然河流的基本结构单元，梯形断面形态更接近于该系统大多数横断面形态结构，因此选取梯形断面进行研究。针对急流–深潭–河滩系统，急流段和深潭段横断面形态易看出与梯形相似，而对于河滩段似乎与梯形形态结构不相似，但由于河滩是无水流流动的结构，推导关于河滩段的几何形态只包含河滩宽度，而推导的水力几何关系式是洪水时期的河道宽度，则河滩宽度可以通过模拟值-急流段（深潭段）宽度确定。具体的梯形形态结构如图 3.1 所示，水面宽度为 B，水深为 H，底面宽度为 B'，水下休止角为 α，宽深比为 $\lambda=\dfrac{B}{H}$。

水流连续方程中，关于流速的计算方程选用曼宁阻力方程，原因有三：①在进行水力几何的研究中，大多采用曼宁公式；②在查阅关于冲积流的研究中，采用曼宁公式的多于其他，例如柯西公式等；③曼宁公式是通过大量的试验，研究明渠中建立起来的，具有

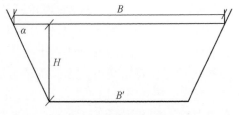

图 3.1　梯形断面示意图

反映天然河道真实水流条件的能力。基于以上断面形态的划定以及运动方程的选取，有

水流连续性方程：

$$Q = VA \tag{3.1}$$

结合式（3.1）和图 3.1，可得

$$A = H^2(\lambda - \cot\alpha) \tag{3.2}$$

式（3.1）结合曼宁公式 $V = \dfrac{1}{n}R^{2/3}S^{1/2}$ 可得

$$Q = \frac{1}{n}AR^{2/3}S^{1/2} \tag{3.3}$$

式中，n 为曼宁系数；R 为水力半径，由式 $R = \dfrac{A}{P}$ 计算而得，A 为面积，P 为湿周；S 为摩擦坡降。

结合式（3.1）和图 3.1，可得

$$Q = \frac{1}{n}\frac{(\lambda - \cot\alpha)^{5/3}}{\left[\lambda + 2(\csc\alpha - \cot\alpha)\right]^{2/3}}H^{8/3}S^{1/2} \tag{3.4}$$

其中，$P = H\left[\lambda + 2(\csc\alpha - \cot\alpha)\right]$，$R = \dfrac{(\lambda - \cot\alpha)}{\left[\lambda + 2(\csc\alpha - \cot\alpha)\right]}H$；

式（3.4）可简写为

$$Q = \frac{\beta H^{8/3}S^{1/2}}{n} \tag{3.5}$$

其中，$\beta = \dfrac{(\lambda - \cot\alpha)^{5/3}}{\left[\lambda + 2(\csc\alpha - \cot\alpha)\right]^{2/3}}$。

将摩擦坡降移到左边，得

$$S = \frac{Q^2 n^2}{\beta^2 H^{16/3}} \tag{3.6}$$

结合方程式（3.6）和能耗率公式 $\Phi = YQS$，可得

$$\Phi = \frac{\gamma Q^3 n^2}{\beta^2 H^{16/3}} \tag{3.7}$$

在式（3.7）中，有 Q、n、H、β（λ，α）5 个变量；在这些变量中，除了 Q 以外都在方程的右边，n、λ、α、H 是特定流量下的水力几何控制变量。由于通常认为一条自然河流中，随着流量的变化，断面形态的参数和粗糙度会随之变化。因此，我们假设，对于来自流域的特定流入的流量，河道将通过调整这四个控制变量来调整或最小化其系统的能耗率，根据前面的推导，我们首先将 λ、α 简化为一个变量 β 来进行后续推导。

沿河的能耗率为

$$\Phi_x = \frac{\mathrm{d}\Phi}{\mathrm{d}x} = \frac{\mathrm{d}(Q\gamma S)}{\mathrm{d}x} \tag{3.8}$$

结合式（3.7）和式（3.8），可得

$$\Phi_x = \frac{\mathrm{d}}{\mathrm{d}x}\left(\frac{\gamma Q^3 n^2}{\beta^2 H^{16/3}}\right) = \gamma Q^3 \frac{\mathrm{d}}{\mathrm{d}x}\left(\frac{1}{n^{-2}\beta^2 H^{16/3}}\right) \tag{3.9}$$

将上式分为三部分：

$$\Phi_x = \frac{2\gamma Q^3}{n^{-1}\beta^2 H^{16/3}}\frac{\mathrm{d}n}{\mathrm{d}x} - \frac{2\gamma Q^3}{n^{-2}\beta^3 H^{16/3}}\frac{\mathrm{d}\beta}{\mathrm{d}x} - \frac{16\gamma Q^3}{3n^{-2}\beta^2 H^{19/3}}\frac{\mathrm{d}H}{\mathrm{d}x} \tag{3.10}$$

这个公式右边三部分表明了 n、β、H 的沿程变化率，他们的比例分别为

$$P_n = \frac{\Phi_n}{\Phi_x} = \frac{2\gamma Q^3}{n^{-1}\beta^2 H^{16/3}}\frac{[\mathrm{d}n/\mathrm{d}x]}{[\mathrm{d}\Phi/\mathrm{d}x]} \tag{3.11}$$

$$P_\beta = \frac{\Phi_\beta}{\Phi_x} = -\frac{2\gamma Q^3}{n^{-2}\beta^3 H^{16/3}}\frac{[\mathrm{d}\beta/\mathrm{d}x]}{[\mathrm{d}\Phi/\mathrm{d}x]} \tag{3.12}$$

$$P_H = \frac{\Phi_n}{\Phi_x} = -\frac{16\gamma Q^3}{3n^{-2}\beta^2 H^{19/3}}\frac{[\mathrm{d}H/\mathrm{d}x]}{[\mathrm{d}\Phi/\mathrm{d}x]} \tag{3.13}$$

最大熵原理表明，在一定稳定约束条件下处于平衡状态的系统都倾向于使其熵最大化。系统熵最大化的意思就是，处于平衡状态下的系统，所有概率分布均匀时，系统熵最大。运用到本节所提到的急流-深潭-河滩动态平衡下的系统，即三部分做功相等的情况下，系统处于平衡状态：

$$P_n = P_\beta = P_H \tag{3.14}$$

上式是基于最小能耗率和最大熵原理的假设下，没有对河道施加约束的前提下成立的，换句话说：在这两种假说下，河道能耗率的调整由糙率、宽深比以及深度平均分摊。这一解释与前人的研究一致（Singh et al., 2003a; Williams, 1978; Williams, 1967; Singh et al., 2003b; Singh, 2003），只是他们的自我调整水力参数为宽度、深度、坡降以及速度；而在本书中，自我调节水力参数为糙率、深度以及宽深比。式（3.14）涉及三个变量的概率。也就是说，水力变量调整的情况是这三个变量的概率组合。因此，根据三个概率的不同组合可得下面四种可能性：①$P_n = P_\beta$；②$P_\beta = P_H$；③$P_n = P_H$；④$P_n = P_\beta = P_H$。

3.4 形态方程

上述四种不同可能性表示河流处于动态平衡时的水力变量做功情况，推导不同可能性下的下游水力几何关系需要不同可能性下的形态方程，因此本节首先推导四种情况下的形态方程。

1）第一种可能性 $P_n = P_\beta$

第一种可能性的物理意义是在河道深度固定的条件下，河流系统发育由曼宁系数 n 表示的阻力和宽深比与边坡角的函数 β 的调节来完成。当这两种情况做的功相等时，系统处于平衡状态。此时，水深 H 不是一个控制变量，而 n 和 β 是控制变量。

结合方程式（3.11）和方程式（3.12），可得

$$\frac{\mathrm{d}n}{\mathrm{d}x} = -\frac{n}{\beta}\frac{\mathrm{d}\beta}{\mathrm{d}x} \tag{3.15}$$

上述式（3.15）中功率平均分配的情况只有在系统处于平衡时才会成立，而天然河流系统通常处于动态平衡条件下。为此，方程式（3.15）可改写为

$$\frac{\mathrm{d}n}{\mathrm{d}x} = -\frac{fn}{\beta}\frac{\mathrm{d}\beta}{\mathrm{d}x} \tag{3.15a}$$

这里的 f 为权重因子，$f \geqslant 0$。可以权衡 n 和 β 做功的概率。只有在极端情况下，$f=1$。

对式（3.15a）积分，可得

$$n\beta^f = C_1 \tag{3.16}$$

当 $f=1$ 时的准平衡条件下，

$$n\beta = C_1 \tag{3.16a}$$

方程式（3.16）和式（3.16a）为第一种可能性下的主要形态方程。

2）第二种可能性 $P_\beta = P_H$

第二种可能性的物理意义是在河道糙率 n 固定的情况下，河流系统发育由宽深比与边坡角的函数 β 和水深 H 的调节来完成的。当这两种情况做的功相等时，系统处于平衡状态。此时，糙率 n 不是一个控制变量，而 H 和 β 是控制变量。

结合方程式（3.12）和方程式（3.13），可得

$$\frac{\mathrm{d}\beta}{\mathrm{d}x} = \frac{8}{3}\frac{\beta}{H}\frac{\mathrm{d}H}{\mathrm{d}x} \tag{3.17}$$

上述方程中功率平均分配的情况只有在平衡条件下才会成立，而自然界中的河流系统通常处于动态平衡条件下。为此，方程式（3.17）可改写为

$$\frac{\mathrm{d}\beta}{\mathrm{d}x} = \frac{8g}{3}\frac{\beta}{H}\frac{\mathrm{d}H}{\mathrm{d}x} \tag{3.17a}$$

这里的 g 为权重因子，$g \geqslant 0$。可以权衡 H 和 β 做功的概率。只有在极端情况下，$g=1$。

对式（3.17a）整理可得

$$H\beta^{-\frac{3}{8g}} = C_2 \tag{3.18}$$

当 $g=1$ 时的准平衡条件下，

$$H\beta^{-\frac{3}{8}} = C_2 \tag{3.18a}$$

方程式（3.18）和式（3.18a）为第二种可能性下的主要形态方程。

3）第三种可能性 $P_n = P_H$

第三种可能性的物理意义是在河流系统发育时宽深比与边坡角的函数 β 固定的情况下，河流系统发育由糙率 n 和水深 H 的调节来完成的。当这两种情况做的功相等时，系统处于平衡状态。此时，β 不是一个控制变量，而 n 和 H 是控制变量。

结合方程式（3.11）式（3.13），可得

$$\frac{\mathrm{d}n}{\mathrm{d}x} = -\frac{8n}{3H}\frac{\mathrm{d}H}{\mathrm{d}n} \tag{3.19}$$

上述方程式（3.19）中功率平均分配的情况只有在平衡条件下才会成立，而自然界中的河流系统通常处于动态平衡条件下。

为此，方程式（3.19）可改写为

$$\frac{\mathrm{d}n}{\mathrm{d}x} = -\frac{8j}{3}\frac{n}{H}\frac{\mathrm{d}H}{\mathrm{d}n} \qquad (3.19\text{a})$$

这里的 j 为权重因子，$j \geq 0$。可以权衡 n 和 H 做功的概率。只有在极端情况下，$j=1$。

对式（3.19a）整理可得

$$Hn^{\frac{3}{8j}} = C_3 \qquad (3.20)$$

当 $j=1$ 时的准平衡条件下，

$$Hn^{\frac{3}{8}} = C_3 \qquad (3.20\text{a})$$

方程式（3.20）和式（3.20a）为这种可能性下的主要形态方程。

4）第四种可能性 $P_n = P_\beta = P_H$

第四种可能性的物理意义是在河流系统发育由糙率 n、宽深比与边坡角的函数 β 和水深 H 的调节来完成的。当这三者做功相等时，系统处于平衡状态。此时，n、β 和 H 均为控制变量。

式（3.16）、式（3.18）和式（3.20）为第四种可能性下的初级形态方程，在后续的推导中，需要先将上述三个初级形态方程两两组合，具体步骤如图 3.2 所示。

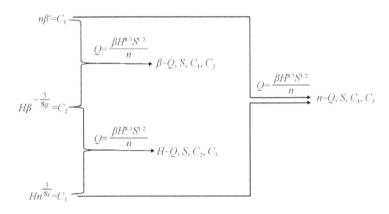

图 3.2　第四种可能性下初级形态方程组合推导步骤示意图

3.5　给定流量下的下游水力几何方程

本节的目的是，在流量给定的情况下，推导出适合急流–深潭–河滩系统的水力几何方程。具体步骤为：在每种可能性条件下，将初级形态方程分别代入式（3.5）中，再由给定流量确定摩擦坡降，结合后可得 β、H、n、V 与 Q 的幂次关系，此为给定流量下的下游水力几何方程。急流–深潭–沙滩系统发育于坡降中粗糙度河道和低粗糙度河道，而多数卵石河流为中粗糙度河道，几乎所有的沙质河流为低粗糙度河道。因此本小节对下游水力几何方程式推导时，考虑卵石河流和沙质河流两种情况。

3.5.1 第一种可能性

由 3.3 节推导可知，第一种可能性下的前提条件为 $P_n = P_\beta$，主要形态方程为 $n\beta^f = C_1$；以下推导均基于这两个方程。

首先将式（3.16）代入式（3.5）中，可得

$$Q = C_1^{-1} H^{3/8} S^{1/2} \beta^{1+f} \tag{3.21}$$

式（3.21）可转换为

$$\beta = (C_1^{-1} H^{3/8} S^{1/2})^{\frac{1}{1+f}} Q^{-\frac{1}{1+f}} \tag{3.22}$$

结合式（3.22）和式（3.16），可得

$$n = C_1^{\frac{1+2f}{1+f}} (H^{3/8} S^{1/2})^{-\frac{f}{1+f}} Q^{\frac{f}{1+f}} \tag{3.23}$$

结合式（3.23）和曼宁阻力公式，可得

$$V = \left[\frac{(\lambda - \cot\alpha)}{\lambda + 2(\csc\alpha - \cot\alpha)} \right]^{2/3} C_1^{-\frac{1+2f}{1+f}} H^{\frac{2+10f}{3(1+f)}} S^{\frac{1+2f}{2(1+f)}} Q^{-\frac{f}{1+f}} \tag{3.24}$$

若要推导水力变量和流量 Q 之间的关系，需先确定坡降 S，利用 Knighton 在 1998 年推导的坡降与流量之间的幂函数关系式：

$$S = C_s Q^s \tag{3.25}$$

式中，C_s 为系数；s 为指数，在不同的河流中有不同的数值。具体地，对于卵石河流，$s = -2/5$；对于沙质河床，$s = -1/6$；

结合式（3.22）和式（3.25），可得

$$\beta = C_{\beta H} Q^{\frac{2-s}{2(1+f)}} \tag{3.26}$$

其中，$C_{\beta H} = (C_1 H^{-3/8} C_s^{-1/2})^{\frac{1}{1+f}}$；

对于卵石河流，上式可写为

$$\beta = C_{\beta H} Q^{\frac{6}{5(1+f)}} \tag{3.26a}$$

对于沙质河流，上式可写为

$$\beta = C_{\beta H} Q^{\frac{13}{12(1+f)}} \tag{3.26b}$$

联立方程式（3.24）式（3.25），可得

$$V = C_{VH} Q^{\frac{2f+s}{2(1+f)}} \tag{3.27}$$

其中，$C_{VH} = C_1^{-1} C_s^{1/2} C_{\beta H}^f H^{2/3} \dfrac{(\lambda - \cot\alpha)^{2/3}}{[\lambda + 2(\csc\alpha - \cot\alpha)]^{2/3}}$；

对于卵石河流，上式可写为

$$V = C_{VH} Q^{\frac{5f-1}{5(1+f)}} \tag{3.27a}$$

对于沙质河流，上式可写成

$$V = C_{VH} Q^{\frac{12f-1}{12(1+f)}} \tag{3.27b}$$

联立方程式（3.23）和方程式（3.25），可得

$$n = C_{nH} Q^{\frac{sf-2f}{2(1+f)}} \tag{3.28}$$

其中，$C_{nH} = \left[C_1^{1/f} H^{8/3} C_s^{1/2} \right]^{\frac{f}{1+f}}$；

对于卵石河流，上式可写成：

$$n = C_{nH} Q^{-\frac{6f}{5(1+f)}} \tag{3.28a}$$

对于沙质河流，上式可写成：

$$n = C_{nH} Q^{-\frac{6f}{5(1+f)}} \tag{3.28b}$$

以上推导出的下游水力几何关系中水力变量包括糙率 n，水深 H，流速 V 和宽深比与边坡角的函数 β；由于 β 是一个复合函数包含未知变量水深 H，河宽 B 和边坡角 α，作为一个水力变量比较复杂，需将其简化为可简单量化的变量。参考以往的研究，河相关系一般是指流量与流速、水深和河宽之间的幂次关系。因此，应将上述推导结果进一步简化，将复合函数 β 与流量之间的幂次关系替换为河宽 B 与流量之间的幂次函数。以下推导主要基于以下两个公式：

①由公式 $Q = \dfrac{1}{n} A R^{2/3} S^{1/2} = \dfrac{1}{n} \dfrac{(\lambda - \cot\alpha)^{5/3}}{\left[\lambda + 2 (\csc\alpha - \cot\alpha) \right]^{2/3}} H^{8/3} S^{1/2}$ 推导，得

$$H = \left(n \left\{ \frac{(\lambda - \cot\alpha)^{5/3}}{\left[\lambda + 2(\csc\alpha - \cot\alpha) \right]^{2/3}} \right\}^{-1} \right)^{\frac{3}{8}} S^{-\frac{3}{16}} Q^{\frac{3}{8}} \tag{3.29}$$

②由 $B = \lambda H$，得

$$B = \lambda \left(n \left\{ \frac{(\lambda - \cot\alpha)^{5/3}}{\left[\lambda + 2(\csc\alpha - \cot\alpha) \right]^{2/3}} \right\}^{-1} \right)^{\frac{3}{8}} S^{-\frac{3}{16}} Q^{\frac{3}{8}} \tag{3.30}$$

由于第一种可能性下水深 H 固定，河道形态由宽深比与边坡角的函数 β 和河道糙率 n 做功形成，将式（3.29）代入糙率 n 和流量 Q 的幂次关系式（3.28），可得

$$B = C_{BH} Q^{\frac{(s-2)3f}{16(1+f)} + \frac{3}{8} - \frac{3s}{16}} \tag{3.31}$$

其中，$C_{BH} = \lambda \dfrac{\left[\lambda + 2 (\csc\alpha - \cot\alpha) \right]^{1/4}}{(\lambda - \cot\alpha)^{5/8}} C_{nH}^{\frac{3}{8}} C_s^{\frac{3}{16}}$；

对于卵石河流，可得

$$B = C_{BH} Q^{-\frac{9f}{20(1+f)} + \frac{9}{20}} \tag{3.31a}$$

对于砂质河流，可得

$$B = C_{BH} Q^{-\frac{13f}{32(1+f)} + \frac{13}{32}} \tag{3.31b}$$

3.5.2 第二种可能性

由 3.3 节推导可知，第二种可能性下的前提条件为 $P_\beta = P_H$，主要形态方程为 $H\beta^{\frac{3}{8g}} = C_2$；以下推导均基于这两个方程。

首先将方程式（3.18）代入到方程式（3.5）中，可得

$$Q = n^{-1} C_2^{8/3} \beta^{(g+1)/g} S^{1/2} \tag{3.32}$$

上式可改写为

$$\beta = \left(n C_2^{-\frac{8}{3}} \right)^{\frac{g}{g+1}} S^{-\frac{g}{2(g+1)}} Q^{\frac{g}{g+1}} \tag{3.33}$$

结合式 (3.18) 和式 (3.33)，可得

$$H=(nC_2^{\frac{8}{3}})^{\frac{3}{8(g+1)}}S^{-\frac{3}{16(g+1)}}Q^{\frac{3}{8(g+1)}} \tag{3.34}$$

结合式 (3.34) 和曼宁阻力公式，可得

$$V=n^{-1}\Big[\frac{\lambda-\cot\alpha}{\lambda+2(\csc\alpha-\cot\alpha)}(nC_2^{\frac{8}{3}})^{\frac{3}{8(g+1)}}S^{-\frac{3}{16(g+1)}}\Big]^{\frac{2}{3}}S^{\frac{1}{2}}Q^{\frac{2-1}{8(1+g)}} \tag{3.35}$$

联立方程式 (3.25) 和方程式 (3.33)，可得

$$\beta=C_{\beta n}Q^{g(2-s)/2(1+g)} \tag{3.36}$$

其中，$C_{\beta n}=(nC_s^{-\frac{1}{2}}C_2^{\frac{8}{3}})^{\frac{g}{1+g}}$；

对于卵石河流，上式可写为

$$\beta=C_{\beta n}Q^{6g/5(g+1)} \tag{3.36a}$$

对于沙质河流，上式可写为

$$\beta=C_{\beta n}Q^{13g/12(g+1)} \tag{3.36b}$$

联立方程式 (3.25) 和方程式 (3.34)，可得

$$H=C_{Hn}Q^{\frac{3(2-s)}{16(1+g)}} \tag{3.37}$$

其中，$C_{Hn}=(nC_2^{\frac{8}{3}}C_s^{-\frac{1}{2}})^{\frac{3}{8(g+1)}}$；

对于卵石河流，上式可写为

$$H=C_{Hn}Q^{\frac{9}{20(1+g)}} \tag{3.37a}$$

对于沙质河流，上式可以写为

$$H=C_{Hn}Q^{\frac{13}{32(1+g)}} \tag{3.37b}$$

联立方程式 (3.25) 和式 (3.35)，可得

$$V=C_{Vn}Q^{\frac{2+3s+4gs}{8(1+g)}} \tag{3.38}$$

其中，$C_{Vn}=n^{-1}C_s^{1/2}\Big[C_{HN}\frac{\lambda-\cot\alpha}{\lambda+2(\csc\alpha-\cot\alpha)}\Big]^{2/3}=\Big[\frac{\lambda-\cot\alpha}{\lambda+2(\csc\alpha-\cot\alpha)}\Big]^{2/3}n^{\frac{4g+3}{4(g+1)}}C_2^{\frac{2g}{3(g+1)}}C_s^{\frac{4g+3}{8(g+1)}}$；

对于卵石河流，上式可写为

$$V=C_{Vn}Q^{\frac{1-2g}{10(1+g)}} \tag{3.38a}$$

对于砂质河流，上式可写为

$$V=C_{Vn}Q^{\frac{9-4g}{48(1+g)}} \tag{3.38b}$$

以上推导出的下游水力几何关系中水力变量包括糙率 n，水深 H，流速 V 和宽深比与边坡角的函数 β；由于 β 是一个复合函数，包含未知变量水深 H，河宽 B 和边坡角 α，作为一个水力变量比较复杂，需将其简化为可简单量化的变量。参考以往的研究，河相关系一般是指流量与流速、水深和河宽之间的幂次关系。因此，应将上述推导结果进一步简化，将复合函数 β 与流量之间的幂次关系替换为河宽 B 与流量之间的幂次函数。第二种可能性下河道糙率 n 固定，河道形态由宽深比与边坡角的函数 β 和河道糙率 n 做功形成，将式 (3.5) 中的 β 代入式 (3.36)，得

$$B=\lambda(n\beta^{-1})^{\frac{3}{8}}S^{-\frac{3}{16}}Q^{\frac{3}{8}} \tag{3.39}$$

联立式 (3.39) 和前面推导出的关于宽深比与边坡角的函数 β 和流量 Q 的幂次函数

式（3.36），得：

$$B = C_{Bn} Q^{\frac{3(2-s)}{16(1+g)}} \tag{3.40}$$

其中，$C_{Bn} = \lambda n^{\frac{3}{8}} C_{\beta n}^{-\frac{3}{8}} C_s^{-\frac{3}{16}} = \lambda n^{\frac{3}{8(1+g)}} C_s^{-\frac{3}{16(1+g)}} C_2^{\frac{g}{1+g}}$；

对于卵石河流，可得

$$B = C_{Bn} Q^{\frac{9}{20(1+g)}} \tag{3.40a}$$

对于沙质河流，可得

$$B = C_{Bn} Q^{\frac{13}{32(1+g)}} \tag{3.40b}$$

3.5.3 第三种可能性

由 3.3 节推导可知，第三种可能性下的前提条件为 $P_n = P_H$，主要形态方程为 $Hn^{\frac{3}{8j}} = C_3$；以下推导均基于这两个方程。

首先将方程式（3.20）代入到式（3.5）中，可得

$$Q = n^{-\frac{1+j}{j}} \left[\frac{\lambda - \cot\alpha}{\lambda + 2(\csc\alpha - \cot\alpha)} \right]^{2/3} C_3^{\frac{8}{3}} S^{1/2} \tag{3.41}$$

结合方程式（3.41）和式（3.5），可得

$$H = [C_3^{\frac{8}{3}} \beta^{-1}]^{\frac{3}{8(j+1)}} S^{-\frac{3}{16(j+1)}} Q^{\frac{3}{16(j+1)}} \tag{3.42}$$

式（3.42）可改写为

$$n = [C_3^{\frac{8}{3}} \beta]^{\frac{j}{j+1}} S^{\frac{j}{2(j+1)}} Q^{-\frac{j}{j+1}} \tag{3.43}$$

结合方程式（3.43）和曼宁阻力公式，可得

$$V = \left[\frac{\lambda - \cot\alpha}{\lambda + 2(\csc\alpha - \cot\alpha)} \right]^{2/3} [C_3^{\frac{8}{3}} \beta]^{-\frac{j}{j+1}} [C_3^{\frac{8j}{3}} \beta^{-1}]^{\frac{1}{4(j+1)}} S^{\frac{3}{8(j+1)}} Q^{\frac{8j+1}{8(j+1)}} \tag{3.44}$$

联立式（3.25）和式（3.42），可得

$$H = C_{H\beta} Q^{\frac{6-3s}{16(j+1)}} \tag{3.45}$$

其中，$C_{H\beta} = [C_3^{\frac{8j}{3}} \beta^{-1} C_s^{-\frac{1}{2}}]^{\frac{3}{8(j+1)}}$；

对于卵石河流，可得

$$H = C_{H\beta} Q^{\frac{9}{20(j+1)}} \tag{3.45a}$$

对于沙质河流，可得

$$H = C_{H\beta} Q^{\frac{13}{32(j+1)}} \tag{3.45b}$$

联立式（3.25）和式（3.43），可得

$$n = C_{n\beta} Q^{\frac{j(s-2)}{2(j+1)}} \tag{3.46}$$

其中，$C_{n\beta} = [C_3^{\frac{8}{3}} \beta C_s^{\frac{1}{2}}]^{\frac{j}{j+1}}$；

对于卵石河流，可得

$$n = C_{n\beta} Q^{-\frac{6j}{5(j+1)}} \tag{3.46a}$$

对于沙质河流，可得

$$n = C_{n\beta} Q^{-\frac{13j}{12(j+1)}} \tag{3.46b}$$

联立方程式（3.25）和式（3.44），可得

$$V = C_{V\beta} Q^{\frac{8j+1+3s}{8(j+1)}} \tag{3.47}$$

其中，$C_{V\beta} = \left[\dfrac{\lambda - \cot\alpha}{\lambda + 2(\csc\alpha - \cot\alpha)} \right]^{2/3} [C_3^{\frac{8}{3}} \beta]^{-\frac{j}{j+1}} [C_3^{\frac{8j}{3}} \beta^{-1}]^{\frac{1}{4(j+1)}} C_s^{\frac{3}{8(j+1)}}$；

对于卵石河流，可得

$$V = C_{V\beta} Q^{\frac{40j-1}{40(j+1)}} \tag{3.47a}$$

对于沙质河流，可得

$$V = C_{V\beta} Q^{\frac{16j+1}{16(j+1)}} \tag{3.47b}$$

以上推导出的下游水力几何关系中水力变量，包括糙率 n、水深 H、流速 V 和宽深比与边坡角函数 β；由于 β 是一个复合函数，包含未知变量水深 H、河宽 B 和边坡角 α，作为一个水力变量比较复杂，需将其简化为可简单量化的变量。参考过去的研究，河相关系一般是指流量与流速、水深和河宽之间的幂次关系。因此，将上述推导结果进一步简化，将复合函数 β 与流量之间的幂次关系替换为河宽 B 与流量之间的幂次函数。

第三种可能性下宽深比与边坡角的函数 β 固定，河道形态由河道糙率 n 和水深 H 做功形成，同样，先将式（3.5）中的 β 代入式（3.30）得到式（3.39），再结合式（3.39）和前面推导出关于糙率 n 和流量 Q 的幂次关系式（3.46），得

$$B = C_{B\beta} Q^{\frac{3j(s-2)}{16(j+1)} - \frac{3s}{16} + \frac{3}{8}} \tag{3.48}$$

其中，$C_{B\beta} = \lambda \dfrac{[\lambda + 2(\csc\alpha - \cot\alpha)]^{1/4}}{(\lambda - \cot\alpha)^{5/8}} C_{\beta n}^{\frac{3}{8}} C_s^{-\frac{3}{16}}$；

对于卵石河流，可得

$$B = C_{B\beta} Q^{-\frac{9j}{20(1+j)} + \frac{9}{20}} \tag{3.48a}$$

对于沙质河流，可得

$$B = C_{B\beta} Q^{-\frac{13j}{32(1+j)} + \frac{13}{32}} \tag{3.48b}$$

3.5.4 第四种可能性

由 3.3 节推导可知，第四种可能性下的前提条件为 $P_n = P_\beta = P_H$，主要形态方程为前三种可能性下的初级形态方程的两两组合。

三个初级形态方程的两两组合后联立方程式（3.5）、曼宁阻力公式可得

$$H = [C_3^j C_2^{-g}]^{j+g+1} S^{-\frac{3}{16(j+g+1)}} Q^{\frac{3}{8(j+g+1)}} \tag{3.49}$$

$$\beta = [C_1 C_2^{-\frac{8}{3}}]^{\frac{g}{gf+g+1}} S^{-\frac{g}{2(gf+g+1)}} Q^{\frac{g}{gf+g+1}} \tag{3.50}$$

$$n = [C_1^{\frac{1}{f}} C_3^{\frac{8j}{3}}]^{\frac{3}{8jf+3f+3}} S^{-\frac{3f}{2(3f+8jf+3)}} Q^{-\frac{3f}{8jf+3f+3}} \tag{3.51}$$

$$V = \left[\frac{\lambda - \cot\alpha}{\lambda + 2(\csc\alpha - \cot\alpha)} \right]^{\frac{2}{3}} C_1^{-\frac{3}{8jf+3f+3}} C_2^{-g(j+g+1)} C_3^{-\frac{8jf}{8jf+3f+3} + j(j+g+1)} S^{\frac{1}{2} - \frac{3f}{2(8jf+3f+3)} - \frac{3}{16(j+g+1)}} Q^{\frac{3f}{8jf+3f+3} + \frac{3}{8(j+g+1)}} \tag{3.52}$$

联立式（3.25）和式（3.50），可得

$$\beta = C_\beta Q^{\frac{2g-gs}{2(gf+g+1)}} \qquad (3.53)$$

其中，$C_\beta = [C_1 C_2^{-\frac{8}{3}} C_s^{-\frac{1}{2}}]^{\frac{1}{gf+g+1}}$。

对于卵石河流，上式可以写为

$$\beta = C_\beta Q^{\frac{6g}{5(gf+g+1)}} \qquad (3.53a)$$

对于沙质河流，上式可以写为

$$\beta = C_\beta Q^{\frac{13g}{12(gf+g+1)}} \qquad (3.53b)$$

联立式（3.25）和式（3.51），可得

$$n = C_n Q^{\frac{3f(s-1)}{2(8jf+3f+1)}} \qquad (3.54)$$

其中，$C_n = [C_1^f C_3^{\frac{8j}{3}} C_s^{\frac{1}{2}}]^{\frac{3f}{8jf+3f+3}}$。

对于卵石河流，上式可写为

$$n = C_n Q^{-\frac{21f}{10(8jf+3f+1)}} \qquad (3.54a)$$

对于沙质河流，上式可以写为

$$n = C_n Q^{-\frac{7f}{12(8jf+3f+1)}} \qquad (3.54b)$$

联立方程式（3.25）和式（3.49），可得

$$H = C_H Q^{\frac{3(2-s)}{16(j+g+1)}} \qquad (3.55)$$

其中，$C_H = [C_3^j C_2^{-g} C_s^{-\frac{3}{16}}]^{\frac{1}{j+g+1}}$；

对于卵石河流，上式可写为

$$H = C_H Q^{\frac{9}{40(j+g+1)}} \qquad (3.55a)$$

对于沙质河流，上式可写为

$$H = C_H Q^{\frac{13}{32(j+g+1)}} \qquad (3.55b)$$

联立方程式（3.25）和式（3.52），可得

$$V = C_V Q^{\frac{s}{2} - \frac{3f(1-s)}{2(8jf+3f+3)} + \frac{2-s}{8(j+g+1)}} \qquad (3.56)$$

其中，$C_V = \left[\dfrac{\lambda - \cot\alpha}{\lambda + 2\,(\csc\alpha - \cot\alpha)} \right]^{\frac{2}{3}} C_n^{-1} C_H^{\frac{2}{3}} C_s^{\frac{1}{2}}$。

对于卵石河流，上式可写为

$$V = C_V Q^{-\frac{1}{5} - \frac{21f}{10(8jf+3f+3)} + \frac{3}{10(j+g+1)}} \qquad (3.56a)$$

对于沙质河流，上式可写为

$$V = C_V Q^{-\frac{1}{12} - \frac{21f}{12(8jf+3f+3)} + \frac{13}{48(j+g+1)}} \qquad (3.56b)$$

以上推导出的下游水力几何关系中，水力变量包括糙率 n、水深 H、流速 V 和宽深比与边坡角的函数 β；由于 β 是一个复合函数包含未知变量水深 H、河宽 B 和边坡角 α，作为一个水力变量比较复杂，需将其简化为可简单量化的变量。参考以往的研究，河相关系一般是指流量与流速、水深和河宽之间的幂次关系。因此，应将上述推导结果进一步简化，将复合函数 β 与流量之间的幂次关系替换为河宽 B 与流量之间的幂次函数。

第四种可能性下，河道形态由河道糙率 n、宽深比与边坡角的函数 β 和水深 H 共同做功形成，同样地，先将式（3.5）中的 β 代入式（3.30）得到式（3.39），在式（3.39）的基础上，结合式（3.39）和前面推导出关于糙率 n 和流量 Q 的幂次关系式（3.54），得

$$B = C_B Q^{\frac{9f(s-1)}{16(8jf+3f+1)} - \frac{3s}{16} + \frac{3}{8}} \tag{3.57}$$

其中，$C_B = \lambda \dfrac{\left[\lambda + 2\left(\csc\alpha - \cot\alpha\right)\right]^{1/4}}{(\lambda - \cot\alpha)^{5/8}} C_n^{\frac{3}{8}} C_s^{\frac{3}{16}}$；

对于卵石河流，可得

$$B = C_B Q^{-\frac{63f}{80(8jf+3f+1)} + \frac{9}{20}} \tag{3.57a}$$

对于砂质河流，可得

$$B = C_B Q^{-\frac{21f}{32(8jf+3f+1)} + \frac{13}{32}} \tag{3.57b}$$

3.6 最优过水断面确定

从 3.4 节中推导出的沿程水力几何关系式可以看出，流速 V 和河宽 B 与流量 Q 之间的幂函数的参数有两个未知数，一个是宽深比 λ，还有一个是边坡角 α。考虑到不同的边坡角可能对应不同的河道输沙率，引入最大输沙率假说，即当河流系统处于动态平衡时，其输沙能力达到最大。

本章基于以下假说判断河道断面形态：假设急流–深潭–河滩系统为稳定河道，而该稳定河流系统在水流流动过程中始终保持着最大的输沙能力，即此时的河流横断面为最优过水断面。基于最大输沙率假说，本章引入 DuBoys 的泥沙运移公式，该公式是揭示床沙运动机理的经典公式之一，可表示为

$$Q_s = C_d \tau_0 \left(\tau_0 - \tau_c\right) B \tag{3.58}$$

式中，Q_s 和 τ_0 分别为推移质输沙率和过水断面水流平均剪切力，$\tau_0 = \rho R S$；C_d 为系数，$C_d = 0.17 d_1^{-3/4}$；τ_c 为临界剪切力，$\tau_c = 0.061 + 0.093 d_1$，$d_1$ 为泥沙组成粒径。

结合 3.2 节中对梯形断面形态的几何公式和式（3.58），可得

$$Q_s = \frac{\lambda k_1}{E_1^{\frac{1}{2}} E_2^{\frac{1}{4}}} \left\{ \frac{k_2 E_2^{\frac{3}{8}}}{E_1^{\frac{3}{4}}} - \tau_c \right\} \tag{3.59}$$

其中，

$$E_1 = \left[\lambda + 2\left(\csc\alpha - \cot\alpha\right)\right]$$

$$E_2 = \left(\lambda - \cot\alpha\right)$$

$$k_1 = \left(C_d \rho n^{\frac{3}{4}} S Q^{\frac{3}{4}}\right)$$

$$k_2 = \left(\rho n^{\frac{3}{8}} S^{\frac{3}{16}} Q^{\frac{3}{8}}\right)$$

仔细观察式（3.59），若给定 d、Q、S、α，则最大的推移质输沙率 Q_{smax} 完全由 λ 决定。对上式的 λ 求导，当 $\dfrac{\mathrm{d}Q_s}{\mathrm{d}\lambda} = 0$ 为宽深比 λ 对应的最大输沙率，可得

$$\frac{E_{2m}^{\frac{3}{8}}}{E_{1m}^{\frac{3}{4}}}=\frac{\frac{\tau_c}{k_2}E_{1m}^{\frac{1}{4}}E_{2m}^{\frac{19}{24}}\left[-4E_{1m}^2+8\left(\csc\alpha-\cot\alpha+1\right)\lambda_m+2E_{2m}^{\frac{1}{2}}\left(3\lambda_m-4\cot\alpha\right)\right]}{\left[-4\lambda_m^2+8\left(1-3\csc\alpha+3\cot\alpha\right)\lambda_m-32\left(\csc\alpha-\cot\alpha\right)^2\right]+2E_{2m}^{\frac{13}{12}}E_{1m}\left[\lambda_m+8\left(\csc\alpha-\cot\alpha\right)\right]}$$

$$(3.60)$$

将式（3.60）代入式（3.59），可得

$$Q_s=\frac{k_1\tau_c\lambda_m E_{1m}^{\frac{1}{4}}E_{2m}^{\frac{19}{24}}}{E_{1m}^{\frac{1}{2}}E_{2m}^{\frac{1}{4}}}\left\{\frac{\left[-4E_{1m}^2+8\left(\csc\alpha-\cot\alpha+1\right)\lambda_m+2E_{2m}^{\frac{1}{2}}\left(3\lambda_m-4\cot\alpha\right)\right]}{\left[-4\lambda_m^2+8\left(1-3\csc\alpha+3\cot\alpha\right)\lambda_m-32\left(\csc\alpha-\cot\alpha\right)^2\right]+2E_{2m}^{\frac{13}{12}}E_{1m}\left[\lambda_m+8\left(\csc\alpha-\cot\alpha\right)\right]}-1\right\}$$

$$(3.61)$$

求解式（3.61），可发现最优宽深比的变化范围为左边＝右边：

$$左边=2E_{1m}^{\frac{1}{4}}E_{2m}^{\frac{13}{12}}\left[3E_{1m}^{\frac{1}{4}}E_{2m}^{\frac{1}{3}}-2E_{1m}^{\frac{9}{2}}E_{2m}^{\frac{1}{2}}+4\left(\csc\alpha-\cot\alpha+1\right)E_{2m}^{\frac{1}{2}}+\left(3E_{1m}^{\frac{3}{4}}-E_{2m}^{\frac{3}{2}}\right)\cot\alpha-3E_{1m}^{\frac{3}{4}}\csc\alpha\right]$$

$$(3.62)$$

$$右边=-4\lambda_m^2+8\left(1-3\csc\alpha+3\cot\alpha\right)\lambda_m-32\left(\csc\alpha-\cot\alpha\right)^2 \qquad (3.63)$$

又由梯形断面形态的结构可知（图 3.1），边坡角越小，该过水断面越宽浅；边坡角越大，过水断面越窄深。本研究所求的关于急流-深潭-河滩系统的过水断面为最优过水断面，即当河道形成急流-深潭-河滩系统时，河道处于动态平衡状态，河道输沙率最大。根据式（3.62）和式（3.63）可知，若给定边坡角，则最优过水断面由宽深比确定。

在通过计算野外实测断面边坡角范围后，本书分别考虑边坡角 60°、45°的情况，

若给定：$\alpha=60°$，则

$$\cot\alpha=\frac{1}{\sqrt{3}}, \csc\alpha=\frac{2}{\sqrt{3}} \qquad (3.64)$$

若给定：$\alpha=45°$，则

$$\cot\alpha=1, \csc\alpha=\sqrt{2} \qquad (3.65)$$

3.6.1 边坡角为 60°

基于最大输沙率假说，不同的边坡角可通过求解式（3.62）和式（3.63），可得在该边坡角下的最优宽深比 λ_m。求解所得的最优宽深比代入文献（严婷，2023）附录中急流、深潭和河滩水力几何关系式的参数式中，最终求得不同河段在不同可能性和边坡角为 60°时的水力几何通用式。

结合式（3.62）、式（3.63）和式（3.64），可得

$$2E_{1m}^{\frac{1}{4}}E_{2m}^{\frac{13}{12}}\left[3E_{1m}^{\frac{1}{4}}E_{2m}^{\frac{1}{3}}-2E_{1m}^{\frac{9}{2}}E_{2m}^{\frac{1}{2}}+4\left(\csc\alpha-\cot\alpha+1\right)E_{2m}^{\frac{1}{2}}+\left(3E_{1m}^{\frac{3}{4}}-E_{2m}^{\frac{3}{2}}\right)\cot\alpha-3E_{1m}^{\frac{3}{4}}\csc\alpha\right]$$
$$=-4\lambda_m^2+8\left(1-3\csc\alpha+3\cot\alpha\right)\lambda_m-32\left(\csc\alpha-\cot\alpha\right)^2 \qquad (3.66)$$

分解上述两式，则等式左边，为

$$2\left(\lambda_m+1.15\right)^{\frac{1}{4}}\left(\lambda_m-0.57\right)^{\frac{13}{12}}\left[3\left(\lambda_m+1.15\right)^{\frac{1}{4}}\left(\lambda_m-0.57\right)^{\frac{1}{3}}-2\left(\lambda_m+1.15\right)^{\frac{9}{2}}\left(\lambda_m-0.57\right)^{\frac{1}{2}}\right.$$
$$\left.+6.31\left(\lambda_m-0.57\right)^{\frac{1}{2}}-0.58\left(\lambda_m-0.57\right)^{\frac{3}{2}}-1.73\left(\lambda_m+1.15\right)^{\frac{3}{4}}\right]$$

$$(3.67)$$

等式右边，为

$$-4\lambda_m^2 - 5.586\lambda_m - 10.667 \tag{3.68}$$

由式（3.66）＝式（3.67），通过 python 编程求解该超越方程，得

$$\lambda_1 = 1.5877, \lambda_2 = 32.2096 \tag{3.69}$$

说明在河道宽深比为 1.59 和 32.21 时，河道输水输沙达到最佳，此时河道为稳定河道。

将式（3.68）带入宽深比和边坡角的函数关系式 β，

$$\beta = \frac{(\lambda - \cot\alpha)^{5/3}}{[\lambda + 2(\csc\alpha - \cot\alpha)]^{2/3}} \tag{3.70}$$

可得

$$\beta_1 = 0.519 \tag{3.70a}$$

$$\beta_2 = 30.528 \tag{3.70b}$$

1. 第一种可能性

考虑到 λ_1 较小，不符合实际情况。因此，将上式中的最优宽深比 $\lambda_2 = 32.21$ 代入文献（严婷，2023）附录 1.3 中推导出的 C_{VH}，C_{BH}，得

$$C_{VH} = 0.965 H^{\frac{2}{3}} C_s^{\frac{1}{1+j}} (\eta_{C_1})^{-1} \tag{3.71}$$

$$C_{BH} = 8.938 C_s^{-\frac{3}{16}} (\eta_{C_1})^{-\frac{3}{8}} \tag{3.72}$$

1）急流

上述式（3.71）和式（3.72）中函数未知参数 η_{C_1}，该参数已由水槽实验数据库确定，具体推导过程见文献（严婷，2023）附录 1.4，将其代入急流段的不同河型（由 3.4 小节推导而得）。

对于卵石河流，可得

$$V = 461.667 H^{\frac{2}{3}} C_s^{0.810} Q^{0.137} \tag{3.73}$$

$$B = 78.941 C_s^{-3/16} Q^{0.406} \tag{3.74}$$

对于沙质河流，可得

$$V = 461.667 H^{\frac{2}{3}} C_s^{0.810} Q^{0.231} \tag{3.75}$$

$$B = 78.941 C_s^{-3/16} Q^{0.370} \tag{3.76}$$

2）深潭

上述式（3.71）和式（3.72）中函数未知参数 η_{C_1}，该参数已由水槽实验数据库确定，具体推导过程见文献（严婷，2023）附录 1.4，将其代入深潭段的不同河型（由 3.4 节推导而得）：

$$C_{VH} = 321.67 H^{\frac{2}{3}} C_s^{0.772} Q^{0.11} \tag{3.77}$$

$$C_{BH} = 78.944 C_s^{-\frac{3}{16}} Q^{0.041} \tag{3.78}$$

对于卵石河流，可得

$$V = 321.67 H^{\frac{2}{3}} C_s^{0.772} Q^{0.183} \tag{3.79}$$

$$B = 78.944 C_s^{-\frac{3}{16}} Q^{0.388} \tag{3.80}$$

对于沙质河流，可得

$$V = 321.67 H^{\frac{2}{3}} C_s^{0.772} Q^{0.274} \tag{3.81}$$

$$B = 78.944 C_s^{-\frac{3}{16}} Q^{0.355} \tag{3.82}$$

3）河滩

河滩部分的不同河型确定参数 η_{C_1} 在第一种可能性下需要有河道糙率与流量之间的具体关系式作为数据库，而前人的研究中几乎只考虑河宽 B、水深 H 和流速 V 和流量之间的河相关系，数据库体量不够，所以该种情况下的河滩水力几何公式无法计算。

2. 第二种可能性

考虑到 $\lambda_1 = 1.59$ 较小，不符合实际情况。因此，将上式中的最优宽深比 $\lambda_2 = 32.21$ 代入文献（严婷，2023）中推导出的 C_{Vn}，C_{Hn}，C_{Bn} 得

$$C_{Vn} = 0.095 C_s^{\frac{1}{2}} n^{-\frac{2g+1}{2(1+g)}} (\eta_{C_2})^{2/3} \tag{3.83}$$

$$C_{Hn} = 0.031 \eta_{C_2} \tag{3.84}$$

$$C_{Bn} = \eta_{C_2} \tag{3.85}$$

1）急流

上述式（3.83）、式（3.84）和式（3.85）中函数未知参数 η_{C_2}，该参数已由水槽实验数据库确定，具体推导过程见文献（严婷，2023），得

$$C_{Vn} = 0.184 C_s^{\frac{1}{2}} n^{-0.620} \tag{3.86}$$

$$C_{Hn} = 0.048 \tag{3.87}$$

$$C_{Bn} = 1.56 \tag{3.88}$$

将其代入急流段的不同河型（由 3.4 小节推导而得）。

对于卵石河流，得

$$V = 0.184 C_s^{\frac{1}{2}} n^{-0.620} Q^{0.028} \tag{3.89}$$

$$H = 0.048 Q^{0.342} \tag{3.90}$$

$$B = 1.56 Q^{0.342} \tag{3.91}$$

对于沙质河流，得

$$V = 0.184 C_s^{\frac{1}{2}} n^{-0.620} Q^{0.123} \tag{3.92}$$

$$H = 0.048 Q^{0.309} \tag{3.93}$$

$$B = 1.56 Q^{0.309} \tag{3.94}$$

2）深潭

上述式（3.83）、式（3.84）和式（3.85）中函数未知参数 η_{C2}，该参数已由水槽实验数据库确定，具体推导过程见文献（严婷，2023），得

$$C_{Vn} = 0.162 C_s^{\frac{1}{2}} n^{-0.566} \tag{3.95}$$

$$C_{Hn} = 0.069 \tag{3.96}$$

$$C_{Bn} = 2.23 \tag{3.97}$$

将其代入深潭段的不同河型（由 3.4 节推导而得）。

对于卵石河流，可得

$$V = 0.162 C_s^{\frac{1}{2}} n^{-0.566} Q^{0.060} \tag{3.98}$$

$$H = 0.069 Q^{0.391} \tag{3.99}$$

$$B = 2.23 Q^{0.391} \tag{3.100}$$

对于沙质河流，可得

$$V = 0.162 C_s^{\frac{1}{2}} n^{-0.566} Q^{0.152} \tag{3.101}$$

$$H = 0.069 Q^{0.353} \tag{3.102}$$

$$B = 2.23 Q^{0.353} \tag{3.103}$$

3）河滩

上述式（3.83）、式（3.84）和式（3.85）中函数未知参数 η_{C2}，该参数已由文献（严婷，2023）中的数据库确定，将其代入河滩段的不同河型（由 3.4 推导而得）。

对于卵石河流，可得

$$V = 0.269 C_s^{\frac{1}{2}} n^{-0.580} Q^{0.052} \tag{3.104}$$

$$H = 0.148 Q^{0.378} \tag{3.105}$$

$$B = 4.76 Q^{0.378} \tag{3.106}$$

对于沙质河流，可得

$$V = 0.317 C_s^{\frac{1}{2}} n^{-0.531} Q^{0.171} \tag{3.107}$$

$$H = 0.189 Q^{0.381} \tag{3.108}$$

$$B = 6.10 Q^{0.381} \tag{3.109}$$

3. 第三种可能性

考虑 $\lambda_1 = 1.59$ 较小，不符合实际情况。因此，将上式中的最优宽深比 $\lambda_2 = 32.21$ 代入文献（严婷，2023）附录 1.3.3 中推导出的 C_{Vn}，C_{Hn}，C_{Bn}，得

$$C_{V\beta} = 425.953 C_s^{\frac{3}{16(j+1)}} (\eta_{C_3})^{-1} \tag{3.110}$$

$$C_{H\beta} = 0.031 (30.528)^{-\frac{3}{4(j+1)}} \eta_{C_3} \tag{3.111}$$

$$C_{B\beta} = 3.920 \times (30.528)^{\frac{3(j-1)}{8(j+1)}} \eta_{C_3} \tag{3.112}$$

1）急流

上述式（3.110）、式（3.111）和式（3.112）中函数未知参数 η_{C_3}，该参数已由水槽实验数据库确定，具体推导过程见文献（严婷，2023），再将其代入急流段的不同河型（由 3.4 推导而得）。

对于卵石河流，可得

$$V = 132.696 C_s^{0.176} Q^{0.040} \tag{3.113}$$

$$H = 0.009 Q^{0.421} \tag{3.114}$$

$$B = 4.111 Q^{0.421} \tag{3.115}$$

对于沙质河流，可得

$$V = 132.696 C_s^{0.176} Q^{0.122} \qquad (3.116)$$

$$H = 0.009 Q^{0.380} \qquad (3.117)$$

$$B = 4.111 Q^{0.380} \qquad (3.118)$$

2）深潭

上述式（3.110）、式（3.111）和式（3.112）中函数未知参数 η_{C3}，该参数已由水槽实验数据库确定，具体推导过程见文献（严婷，2023），得

$$C_{V\beta} = 204.785 C_s^{0.161} \qquad (3.119)$$

$$C_{H\beta} = 0.007 \qquad (3.120)$$

$$C_{B\beta} = 3.247 \qquad (3.121)$$

将上述三式（3.119）、式（3.120）和式（3.121）代入深潭段的不同河型（由 3.4 推导而得）。

对于卵石河流，可得

$$V = 204.785 C_s^{0.161} Q^{0.119} \qquad (3.122)$$

$$H = 0.007 Q^{0.387} \qquad (3.123)$$

$$B = 3.247 Q^{0.405} \qquad (3.124)$$

对于沙质河流，可得

$$V = 204.785 C_s^{0.161} Q^{0.195} \qquad (3.125)$$

$$H = 0.007 Q^{0.349} \qquad (3.126)$$

$$B = 3.247 Q^{0.349} \qquad (3.127)$$

3）河滩

上述式（3.110）、式（3.111）和式（3.112）中函数未知参数 η_{C3}，该参数已由文献（严婷，2023）中的数据库确定，将其代入河滩段的不同河型（由 3.4 小节推导而得）。

对于卵石河流，可得

$$V = 80.826 C_s^{0.154} Q^{0.156} \qquad (3.128)$$

$$H = 0.020 Q^{0.370} \qquad (3.129)$$

$$B = 9.024 Q^{0.370} \qquad (3.130)$$

对于沙质河流，可得

$$V = 68.152 C_s^{0.170} Q^{0.152} \qquad (3.131)$$

$$H = 0.019 Q^{0.368} \qquad (3.132)$$

$$B = 8.674 Q^{0.368} \qquad (3.133)$$

4. 第四种可能性

由文献（严婷，2023）可知，使用的数据库在第四种可能性下推导出的权重因子为负数，原因可能有二，一个是选用的数据库不适用于该种可能性的假设，还有一个是根据最大熵假说，在 $P_n = P_\beta = P_H$ 这种可能性的条件下，系统处于绝对平衡，而河流系统属于开放系统，平衡状态只能称之为动态平衡，所以下面的推导我们将不再推导该条件下的河相关系。

3.6.2　边坡角为 45°

基于最大输沙率假说，不同的边坡角可通过求解式（3.62）=式（3.63），可得在该边坡角下的最优宽深比 λ_m。求解所得的最优宽深比代入文献（严婷，2023）中系统不同河段（急流、深潭和河滩）水力几何关系式的参数式中，最终求得不同河段在不同可能性和边坡角为 45°时的水力几何通用式。

结合式（3.62）、式（3.63）以及式（3.65），得

$$2E_{1m}^{\frac{1}{4}}E_{2m}^{\frac{13}{12}}\left[3E_{1m}^{\frac{1}{4}}E_{2m}^{\frac{1}{3}}-2E_{1m}^{\frac{9}{2}}E_{2m}^{\frac{1}{2}}+4(\csc\alpha-\cot\alpha+1)E_{2m}^{\frac{1}{2}}+(3E_{1m}^{\frac{3}{4}}-E_{2m}^{\frac{3}{2}})\cot\alpha-3E_{1m}^{\frac{1}{4}}\csc\alpha\right]$$
$$=-4\lambda_m^2+8(1-3\csc\alpha+3\cot\alpha)\lambda_m-32(\csc\alpha-\cot\alpha)^2$$

$$(3.134)$$

分解上述两式，则等式右边的：

$$-4\lambda_m^2+4.287\lambda_m-0.766 \tag{3.135}$$

等式左边，为

$$2(\lambda_m^{\frac{4}{3}}+0.746\lambda_m^{\frac{13}{12}}+\lambda_m^{\frac{1}{4}}+0.746)$$
$$(3\lambda_m^{\frac{7}{12}}+2.238\lambda_m^{\frac{1}{3}}+\lambda_m^{\frac{1}{4}}-2\lambda_m^5-\lambda_m^{\frac{9}{2}}+16.662\lambda_m^{\frac{1}{2}}-0.465\lambda_m^{\frac{3}{4}}+\lambda_m^{\frac{3}{2}}+19.707) \tag{3.136}$$

由式（3.134）=式（3.135），通过 python 编程求解该超越方程，得

$$\lambda_1=1.804,\lambda_2=38.240 \tag{3.137}$$

说明在河道宽深比为 1.80 和 38.24 时，河道输水输沙达到最佳，此时河道为稳定河道。

将式（3.137）代入宽深比和边坡角的函数关系式 β：

$$\beta=\frac{(\lambda-\cot\alpha)^{5/3}}{\left[\lambda+2(\csc\alpha-\cot\alpha)\right]^{2/3}} \tag{3.138}$$

可得

$$\beta_1=0.365 \tag{3.138a}$$
$$\beta_2=36.069 \tag{3.138b}$$

1. 第一种可能性

考虑到 λ_1 较小，不符合实际情况。因此，将上式中的最优宽深比代入文献（严婷，2023）中推导出 C_{VH}，C_{BH}：

$$C_{VH}=0.969H^{\frac{2}{3}}C_s^{\frac{1}{1+j}}(\eta_{C_1})^{-1} \tag{3.139}$$
$$C_{BH}=9.968C_s^{-\frac{3}{16}}(\eta_{C_1})^{-\frac{3}{8}} \tag{3.140}$$

1）急流

上述式（3.139）和式（3.140）中函数未知参数 η_{C_1}，该参数已由水槽实验数据库确定，具体推导过程见文献（严婷，2023），将其代入急流段的不同河型（由 3.4 推导而得）。

对于卵石河流，可得

$$V = 433.108 H^{\frac{2}{3}} C_s^{0.810} Q^{0.137} \qquad (3.141)$$

$$B = 87.602 C_s^{-\frac{3}{16}} Q^{0.406} \qquad (3.142)$$

对于沙质河流，可得

$$V = 433.108 H^{\frac{2}{3}} C_s^{0.810} Q^{0.231} \qquad (3.143)$$

$$B = 87.602 C_s^{-\frac{3}{16}} Q^{0.370} \qquad (3.144)$$

2）深潭

上述式（3.139）和式（3.140）中函数未知参数 η_{C_1}，该参数已由水槽实验数据库确定，具体推导过程见文献（严婷，2023），将其代入深潭段的不同河型（由 3.4 推导而得）：

$$C_{VH} = 323.00 H^{\frac{2}{3}} C_s^{0.772} \left(Q^{-0.11} \right)^{-1} \qquad (3.145)$$

$$C_{BH} = 88.042 C_s^{-\frac{3}{16}} \left(Q^{-0.11} \right)^{-\frac{3}{8}} \qquad (3.146)$$

对于卵石河流，可得

$$V = 323.00 H^{\frac{2}{3}} C_s^{0.772} Q^{0.183} \qquad (3.147)$$

$$B = 88.042 C_s^{-\frac{3}{16}} Q^{0.388} \qquad (3.148)$$

对于沙质河流，可得

$$V = 323.00 H^{\frac{2}{3}} C_s^{0.772} Q^{0.274} \qquad (3.149)$$

$$B = 88.042 C_s^{-\frac{3}{16}} Q^{0.355} \qquad (3.150)$$

3）河滩

河滩部分的不同河型确定参数 η_{C_1}，在第一种可能性下需要有河道糙率与流量之间的具体关系式作为数据库，而前人的研究中几乎只考虑河宽 B、水深 H 和流速 V 与流量之间的河相关系，数据库体量不够，所以该种情况下的河滩水力几何公式无法计算。

2. 第二种可能性

考虑到 $\lambda_1 = 1.80$ 较小，不符合实际情况。因此，将上式中的最优宽深比 $\lambda_2 = 38.24$ 代入文献（严婷，2023）中推导出的 C_{Vn}，C_{Hn}，C_{Bn} 得

$$C_{Vn} = 0.0853 C_s^{\frac{1}{2}} n^{-\frac{2g+1}{2(1+g)}} \left(\eta_{C_2} \right)^{2/3} \qquad (3.151)$$

$$C_{Hn} = 0.0261 \eta_{C_2} \qquad (3.152)$$

$$C_{Bn} = \eta_{C_2} \qquad (3.153)$$

1）急流

上述式（3.151）、式（3.152）和式（3.153）中函数未知参数 η_{C_2}，该参数已由水槽实验数据库确定，具体推导过程见文献（严婷，2023），再将其代入急流段的不同河型（由 3.4 推导而得）。

对于卵石河流，可得

$$V = 0.154 C_s^{1/2} n^{-0.620} Q^{0.028} \qquad (3.154)$$

$$H = 0.041 Q^{0.342} \qquad (3.155)$$

$$B = 1.56 Q^{0.342} \qquad (3.156)$$

对于沙质河流，可得

$$V=0.154C_s^{1/2}n^{-0.620}Q^{0.123} \tag{3.157}$$

$$H=0.041Q^{0.309} \tag{3.158}$$

$$B=1.56Q^{0.309} \tag{3.159}$$

2）深潭

上述公式 3.150、3.151 和 3.152 中函数未知参数 η_{C2}，该参数已由水槽实验数据库确定，具体推导过程见文献（严婷，2023），得

$$C_{Vn}=0.146C_s^{\frac{1}{2}}n^{-0.566} \tag{3.160}$$

$$C_{Hn}=0.058 \tag{3.161}$$

$$C_{Bn}=2.23 \tag{3.162}$$

将其代入深潭段的不同河型（由 3.4 推导而得）。

对于卵石河流，可得

$$V=0.146C_s^{\frac{1}{2}}n^{-0.566}Q^{0.060} \tag{3.163}$$

$$H=0.058Q^{0.391} \tag{3.164}$$

$$B=2.23Q^{0.391} \tag{3.165}$$

对于沙质河流，可得

$$V=0.146C_s^{\frac{1}{2}}n^{-0.566}Q^{0.152} \tag{3.166}$$

$$H=0.058Q^{0.353} \tag{3.167}$$

$$B=2.23Q^{0.353} \tag{3.168}$$

3）河滩

上述式（3.151）、式（3.152）和式（3.153）中函数未知参数 η_{C2}，该参数已由文献（严婷，2023）附录 1.6 中的附表 2 中的数据库确定，具体推导过程见附录 1.4，将其代入河滩段的不同河型（由 3.4 推导而得）。

对于卵石河流，可得

$$V=0.241C_s^{\frac{1}{2}}n^{-0.580}Q^{0.052} \tag{3.169}$$

$$H=0.124Q^{0.378} \tag{3.170}$$

$$B=4.76Q^{0.378} \tag{3.171}$$

对于砂质河流，可得

$$V=0.285C_s^{\frac{1}{2}}n^{-0.531}Q^{0.171} \tag{3.172}$$

$$H=0.159Q^{0.381} \tag{3.173}$$

$$B=6.10Q^{0.381} \tag{3.174}$$

3. 第三种可能性

考虑到 $\lambda_1=1.80$ 较小，不符合实际情况。因此，将上式中的最优宽深比 $\lambda_2=38.24$ 带入文献（严婷，2023）中推导出的 C_{Vn}、C_{Hn}、C_{Bn}，得

$$C_{V\beta}=579.074C_s^{\frac{3}{16(j+1)}}\eta_{C_3}^{-1} \tag{3.175}$$

$$C_{H\beta} = 0.026 \times (36.069)^{-\frac{3}{4(J+1)}} \eta_{C_3} \tag{3.176}$$

$$C_{B\beta} = 4.139 \times (36.069)^{\frac{3(j-1)}{8(j+1)}} \eta_{C_3} \tag{3.177}$$

1）急流

上述式（3.175）、式（3.176）和式（3.177）中函数未知参数 η_{C_3}，该参数已由水槽实验数据库确定，具体推导过程见文献（严婷，2023），再将其代入急流段的不同河型（由 3.4 推导而得）。

对于卵石河流，可得

$$V = 180.399 C_s^{0.176} Q^{0.040} \tag{3.178}$$

$$H = 0.007 Q^{0.421} \tag{3.179}$$

$$B = 4.110 Q^{0.421} \tag{3.180}$$

对于沙质河流，可得

$$V = 180.399 C_s^{0.176} Q^{0.122} \tag{3.181}$$

$$H = 0.007 Q^{0.380} \tag{3.182}$$

$$B = 4.110 Q^{0.380} \tag{3.183}$$

2）深潭

上述式（3.175）、式（3.176）和式（3.177）中函数未知参数 η_{C_3}，该参数已由水槽实验数据库确定，具体推导过程见文献（严婷，2023），得

$$C_{V\beta} = 278.401 C_s^{0.161} \tag{3.184}$$

$$C_{H\beta} = 0.005 \tag{3.185}$$

$$C_{B\beta} = 3.278 \tag{3.186}$$

将上述三式（3.184）、式（3.185）和式（3.186）代入深潭段的不同河型（由 3.4 推导而得）。

对于卵石河流，可得

$$V = 278.401 C_s^{0.161} Q^{0.119} \tag{3.187}$$

$$H = 0.005 Q^{0.387} \tag{3.188}$$

$$B = 3.278 Q^{0.405} \tag{3.189}$$

对于沙质河流，可得

$$V = 278.401 C_s^{0.161} Q^{0.195} \tag{3.190}$$

$$H = 0.005 Q^{0.349} \tag{3.191}$$

$$B = 3.278 Q^{0.349} \tag{3.192}$$

3）河滩

上述公式（3.174）、式（3.175）和式（3.176）中函数未知参数 η_{C_3}，该参数已由文献（严婷，2023）中的附表 2 中的数据库确定，将其代入河滩段的不同河型（由 3.4 推导而得）。

对于卵石河流，可得

$$V = 109.881 C_s^{0.154} Q^{0.119} \tag{3.193}$$

$$H = 0.015 Q^{0.387} \tag{3.194}$$

$$B = 9.150 Q^{0.405} \tag{3.195}$$

对于沙质河流，可得

$$V = 92.652C_s^{0.170}Q^{0.195} \tag{3.196}$$

$$H = 0.014Q^{0.349} \tag{3.197}$$

$$B = 8.706Q^{0.349} \tag{3.198}$$

4. 第四种可能性

由文献（严婷，2023）可知，使用的数据库在第四种可能性下推导出的权重因子为负数，原因可能有二，一是选用的数据库不适用于该种可能性的假设，二是根据最大熵假说，在 $P_n = P_\beta = P_H$ 这种可能性的条件下，系统处于绝对平衡，而河流系统属于开放系统，平衡状态只能称之为动态平衡，所以下面的推导我们将不再推导该条件下的河相关系。

3.7 导 出 方 程

前述小节已经推导出不同可能性下急流–深潭–河滩系统不同河段在不同边坡角条件下的水力几何关系式，3.3 节中的推导结果含有 C_s 这个未知参数，C_s 是出自式（3.25）中关于坡降 S 与流量 Q 之间的幂次关系，根据不同的河流取不同值。本节的推导是基于河相关系经典公式：

$$\begin{aligned} B &= aQ^b \\ H &= cQ^f \\ V &= kQ^m \end{aligned} \tag{3.199}$$

有流量计算经典公式： $\qquad Q = BHV \tag{3.200}$

结合式（3.141）和式（3.142）可得

$$a \times c \times k = 1, b + f + m = 1 \tag{3.201}$$

本节根据式（3.143）推导，其中第一种可能性下，由于水深 H 固定，无法推导。

以下推导分别从急流–深潭–河滩系统不同河段在第二种可能性和第三种可能性下进行。

3.7.1 急流

1. 第二种可能性

1）边坡角为 60°

根据式（3.200）和式（3.86）、式（3.87）和式（3.88）可得

$$0.184C_s^{\frac{1}{2}}n^{-0.620} \times 0.048 \times 1.56 = 1 \tag{3.202}$$

求解上述式（3.202），再代回式（3.89）、式（3.90）、式（3.91）和式（3.92）、式（3.93）、式（3.94）。

对于卵石河流，得

$$V = 13.355Q^{0.028} \tag{3.203}$$

$$H = 0.048Q^{0.342} \tag{3.204}$$

$$B = 1.56Q^{0.342} \tag{3.205}$$

对于沙质河流，得

$$V = 13.355Q^{0.123} \tag{3.206}$$

$$H = 0.048Q^{0.309} \tag{3.207}$$

$$B = 1.56Q^{0.309} \tag{3.208}$$

2）边坡角为 45°

根据式（3.200）和式（3.153）、式（3.154）和式（3.155）可得

$$0.154C_s^{1/2}n^{-0.620} \times 0.041 \times 1.56 = 1 \tag{3.209}$$

求解上述式（3.209），再代回式（3.153）、式（3.154）、式（3.155）和式（3.156）、式（3.157）、式（3.158）。

对于卵石河流，可得

$$V = 15.635Q^{0.028} \tag{3.210}$$

$$H = 0.041Q^{0.342} \tag{3.211}$$

$$B = 1.56Q^{0.342} \tag{3.212}$$

对于沙质河流，可得

$$V = 15.635Q^{0.123} \tag{3.213}$$

$$H = 0.041Q^{0.309} \tag{3.214}$$

$$B = 1.56Q^{0.309} \tag{3.215}$$

2. 第三种可能性

1）边坡角为 60°

根据式（3.200）和式（3.113）、式（3.114）和式（3.115）可得

$$132.696C_s^{0.176} \times 0.009 \times 4.111 = 1 \tag{3.216}$$

求解上述式（3.216），再代入式（3.113）、式（3.114）、式（3.115）和式（3.116）、式（3.117）、式（3.118）。

对于卵石河流，可得

$$V = 27.028Q^{0.040} \tag{3.217}$$

$$H = 0.009Q^{0.421} \tag{3.218}$$

$$B = 4.111Q^{0.421} \tag{3.219}$$

对于沙质河流，可得

$$V = 27.028Q^{0.122} \tag{3.220}$$

$$H = 0.009Q^{0.380} \tag{3.221}$$

$$B = 4.111Q^{0.380} \tag{3.222}$$

2）边坡角为 45°

根据式（3.200）和式（3.177）、式（3.178）和式（3.179）可得

$$180.399C_s^{0.176} \times 0.007 \times 4.110 = 1 \tag{3.223}$$

求解上述式（3.223），再代入回式（3.177）、式（3.178）、式（3.179）和式（3.180）、式（3.181）、式（3.182）。

对于卵石河流，可得

$$V = 34.758Q^{0.040} \tag{3.224}$$

$$H = 0.007Q^{0.421} \tag{3.225}$$

$$B = 4.110Q^{0.421} \tag{3.226}$$

对于沙质河流，可得

$$V = 37.758Q^{0.122} \tag{3.227}$$

$$H = 0.007Q^{0.380} \tag{3.228}$$

$$B = 4.110Q^{0.380} \tag{3.229}$$

3.7.2 深潭

1. 第二种可能性

1）边坡角为 60°

根据式（3.200）和式（3.95）、式（3.96）和式（3.97）可得

$$0.162C_s^{\frac{1}{2}}n^{-0.566} \times 0.069 \times 2.23 = 1 \tag{3.230}$$

求解上述式（3.230），再代回式（3.98）、式（3.99）、式（3.100）和式（3.101）、式（3.102）、式（3.103）。

对于卵石河流，可得

$$V = 6.499Q^{0.060} \tag{3.231}$$

$$H = 0.069Q^{0.391} \tag{3.232}$$

$$B = 2.23Q^{0.391} \tag{3.233}$$

对于沙质河流，可得

$$V = 6.499Q^{0.152} \tag{3.234}$$

$$H = 0.069Q^{0.353} \tag{3.235}$$

$$B = 2.23Q^{0.353} \tag{3.236}$$

2）边坡角为 45°

根据式（3.200）和式（3.159）、式（3.160）和式（3.161）可得

$$0.146C_s^{\frac{1}{2}}n^{-0.566} \times 0.058 \times 2.23 = 1 \tag{3.237}$$

求解上述式（3.237），再代入式（3.162）、式（3.163）、式（3.164）和式（3.165）、式（3.166）、式（3.167）。

对于卵石河流，可得

$$V = 7.732Q^{0.060} \tag{3.238}$$

$$H = 0.058Q^{0.391} \tag{3.239}$$

$$B = 2.23Q^{0.391} \tag{3.240}$$

对于沙质河流，可得

$$V = 7.732Q^{0.152} \tag{3.241}$$

$$H = 0.058Q^{0.353} \tag{3.242}$$

$$B = 2.23Q^{0.353} \qquad (3.243)$$

2. 第三种可能性

1）边坡角为 60°

根据式（3.200）和式（3.119）、式（3.120）和式（3.121）可得

$$204.785C_s^{0.161} \times 0.007 \times 3.247 = 1 \qquad (3.244)$$

求解上述式（3.244），再代入式（3.122）、式（3.123）、式（3.124）和式（3.125）、式（3.126）、式（3.127）。

对于卵石河流，可得

$$V = 43.997Q^{0.119} \qquad (3.245)$$
$$H = 0.007Q^{0.387} \qquad (3.246)$$
$$B = 3.247Q^{0.405} \qquad (3.247)$$

对于沙质河流，可得

$$V = 43.997Q^{0.195} \qquad (3.248)$$
$$H = 0.007Q^{0.349} \qquad (3.249)$$
$$B = 3.247Q^{0.349} \qquad (3.250)$$

2）边坡角为 45°

根据式（3.200）和式（3.183）、式（3.184）和式（3.185）可得

$$278.401C_s^{0.161} \times 0.005 \times 3.278 = 1 \qquad (3.251)$$

求解上述式（3.251），再代入式（3.186）、式（3.187）、式（3.188）和式（3.189）、式（3.190）、式（3.191）。

对于卵石河流，可得

$$V = 61.013Q^{0.119} \qquad (3.252)$$
$$H = 0.005Q^{0.387} \qquad (3.253)$$
$$B = 3.278Q^{0.405} \qquad (3.254)$$

对于沙质河流，可得

$$V = 61.013Q^{0.195} \qquad (3.255)$$
$$H = 0.005Q^{0.349} \qquad (3.256)$$
$$B = 3.278Q^{0.349} \qquad (3.257)$$

3.7.3 河滩

1. 第二种可能性

1）边坡角为 60°

根据式（3.200）和式（3.104）、式（3.105）和式（3.106），对于卵石河流，可得

$$0.269C_s^{\frac{1}{2}}n^{-0.580} \times 0.148 \times 4.760 = 1 \qquad (3.258)$$

根据式（3.200）和式（3.107）、式（3.108）和式（3.109），对于沙质河流，可得

$$0.317 C_s^{\frac{1}{2}} n^{-0.531} \times 0.189 \times 6.10 = 1 \tag{3.259}$$

求解上述式（3.258）和式（3.259），再代回公式。

对于卵石河流，可得

$$V = 1.419 Q^{0.052} \tag{3.260}$$
$$H = 0.148 Q^{0.378} \tag{3.261}$$
$$B = 4.76 Q^{0.378} \tag{3.262}$$

对于沙质河流，可得

$$V = 0.867 Q^{0.171} \tag{3.263}$$
$$H = 0.189 Q^{0.381} \tag{3.264}$$
$$B = 6.10 Q^{0.381} \tag{3.265}$$

2）边坡角为 45°

根据式（3.200）和式（3.168）、式（3.169）和式（3.170），对于卵石河流，可得

$$0.241 C_s^{\frac{1}{2}} n^{-0.580} \times 0.124 \times 4.760 = 1 \tag{3.266}$$

根据式（3.200）和式（3.171）、式（3.172）和式（3.173），对于沙质河流，可得

$$0.285 C_s^{\frac{1}{2}} n^{-0.531} \times 0.159 \times 6.10 = 1 \tag{3.267}$$

求解上述式（3.266）和式（3.267），再代入式（3.86）、式（3.87）和式（3.88）。

对于卵石河流，可得

$$V = 1.694 Q^{0.052} \tag{3.268}$$
$$H = 0.124 Q^{0.378} \tag{3.269}$$
$$B = 4.76 Q^{0.378} \tag{3.270}$$

对于沙质河流，可得

$$V = 1.031 Q^{0.171} \tag{3.271}$$
$$H = 0.159 Q^{0.381} \tag{3.272}$$
$$B = 6.10 Q^{0.381} \tag{3.273}$$

2. 第三种可能性

1）边坡角为 60°

根据式（3.200）和式（3.128）、式（3.129）、式（3.130）和式（3.131）、式（3.132）、式（3.133）可得：

对于卵石河流，可得

$$80.826 C_s^{0.154} \times 0.020 \times 9.024 = 1 \tag{3.274}$$

对于沙质河流，可得

$$68.152 C_s^{0.170} \times 0.019 \times 8.674 = 1 \tag{3.275}$$

求解上述式（3.274）和式（3.275），再代入回公式。

对于卵石河流，可得

$$V = 5.541 Q^{0.156} \tag{3.276}$$
$$H = 0.020 Q^{0.370} \tag{3.277}$$

$$B = 9.024Q^{0.370} \tag{3.278}$$

对于沙质河流，可得

$$V = 6.068Q^{0.152} \tag{3.279}$$
$$H = 0.019Q^{0.368} \tag{3.280}$$
$$B = 8.674Q^{0.368} \tag{3.281}$$

2）边坡角为 45°

根据式（3.200）和式（3.192）、式（3.193）和式（3.194），对于卵石河流，可得

$$109.881C_s^{0.154} \times 0.015 \times 9.150 = 1 \tag{3.282}$$

根据式（3.200）和式（3.195）、式（3.196）和式（3.197），对于沙质河流，可得

$$92.652C_s^{0.170} \times 0.014 \times 8.706 = 1 \tag{3.283}$$

求解上述式（3.282）和式（3.283），再代回公式。

对于卵石河流，可得

$$V = 7.286Q^{0.119} \tag{3.284}$$
$$H = 0.015Q^{0.387} \tag{3.285}$$
$$B = 9.150Q^{0.405} \tag{3.286}$$

对于沙质河流，可得

$$V = 8.025Q^{0.195} \tag{3.287}$$
$$H = 0.014Q^{0.349} \tag{3.288}$$
$$B = 8.706Q^{0.349} \tag{3.289}$$

3.8　急流–深潭–河滩系统水力几何关系验证

经典水力几何关系式为流量与河道形态参数的幂次函数关系，本研究中指数确定和参数的确定见文献（严婷，2023）。前面小节中推导出的公式分为急流段、深潭段和河滩段，数据库需有 6 个部分，分别为公式的识别数据库和验证数据库。本节介绍了这两部分数据库，对试验模拟发育的急流–深潭–河滩系统和野外实测的系统进行了描述，再对前文中推导的水力几何公式进行验证。

3.8.1　识别数据库

把第二轮试验发育的急流–深潭–河滩系统实测数据作为推导的急流段和深潭段的水力几何关系式的识别（拟合）数据库，计算结果如表 3.2 所示。然后将表中拟合模型的指数作为识别数据库代入文献（严婷，2023）附录中确定不同可能性下的权重因子和参数。对于河滩部分的识别数据库选用前人关于下游水力几何的 106 项研究资料，指数识别数据库见文献（严婷，2023）附录 1.5。由于前人研究中部分未收录实测数据，部分河滩参数识别数据库用本研究中砂质河流共 37 条断面，卵石河流共 519 条断面，具体见文献（严婷，2023），详细步骤见文献（严婷，2023）。图 3.3 所示为模拟试验中第二轮试验发育的河段纵断面示意图，以出水口为水平面 0cm，图中所示为河床形态。由图中可以看出，在本研究中，

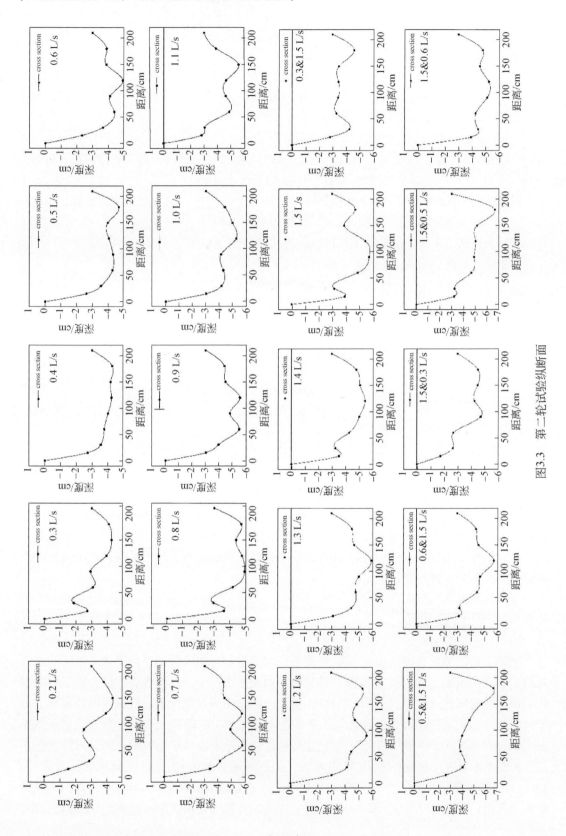

图3.3　第二轮试验纵断面

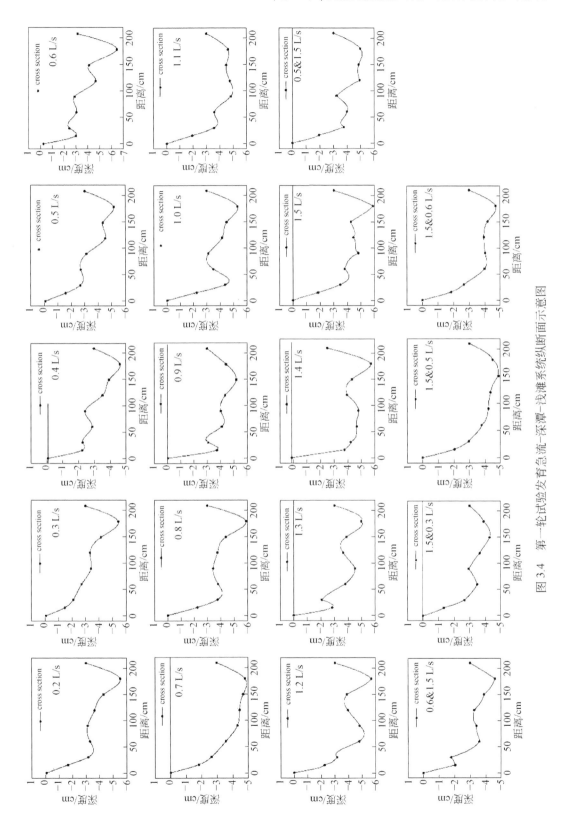

图 3.4　第一轮试验发育首急流−深潭−浅滩系统纵断面示意图

定流量条件下河流水深范围为 1~6cm，且非定流量条件下发育的系统比定流量条件下发育的系统更明显。由表 3.2 统计可知，第二轮试验中共发育系统 34 个，测得急流段断面 68 条和深潭段断面 68 条，此为急流段和深潭段指数和参数部分的识别数据库，包括指数识别和参数识别。

表 3.2　急流段和深潭段的识别数据方程

变量	急流段		深潭段	
	公式	R^2	公式	R^2
河宽 B	$B=309.73Q^{0.4173}$	0.7602	$B=552.39Q^{0.4996}$	0.8242
水深 H	$H=43.804Q^{0.4603}$	0.8309	$H=24.591Q^{0.3367}$	0.7883
流速 V	$V=0.7371Q^{0.1224}$	0.6464	$V=0.7362Q^{0.1637}$	0.8340

具体步骤为：①急流段水力几何关系式中指数作为已知指数代入文献（严婷，2023）附录 1.1 中，确定各可能性下的权重因子值，权重因子若有多个结果取其平均值；②由计算确定的不可能性下的权重因子代入，确定形态方程式（3.16）、式（3.18）和式（3.20）中的参数 C_1，C_2，C_3（见上述文献附录 1.2）；③由文献（严婷，2023）附录 1.1 中和附录 1.2 中的计算结果，结合 3.5 节中确定的最优过水断面的最优宽深比和边坡角、第二轮试验中实测数据计算的结果，确定参数 C_{VH}、C_{BH}、C_{Vn}、C_{Hn}、C_{Bn}、$C_{V\beta}$、$C_{H\beta}$、$C_{B\beta}$ 和 CV，CH，CB（见上述文献附录 1.3）；④由第二组试验中实测数据所计算的结果代入公式确定系数 η_{C_1}、η_{C_2}、η_{C_3}（严婷，2023）；⑤将计算的参数代入 3.6 节中最终推导的急流段、深潭段和河滩段的水力几何关系式。

3.8.2　验证数据库

本节对沙质河流和卵石河流的急流–深潭–河滩系统的水力几何关系进行了验证。分别验证急流段、深潭段和河滩段的两种类型河流的水力几何关系式。其中，急流段野外共计 200 条断面，深潭段共计 191 条断面，河滩段共计 109 条断面。

验证具体步骤为：①将实测断面流量代入 3.6 节中推导出的水力几何公式，计算水深 H，河宽 B 和流速 V；②对比模拟值与实测值之间的关系，应用 EXCEL 画出散点图；③计算模拟值与实测值之间的决定系数 R^2。

模拟实验中河床材质使用的是河沙，因此验证水力几何关系时，第一轮中发育的系统作为砂质河流水力几何关系式的验证数据库，如图 3.4 所示，图中以出口处水平面为基准。由图可知，当定流量为 0.1L/s 和非定流量 0.3L/s 时，河道未发育出急流–深潭–河滩系统。在本轮试验中可以看出，在流量范围为 0.1~1.5L/s，可冲刷河道水深范围为 1~6cm。

图 3.5~图 3.7 为野外实测的丹江流域上、中、下游河段的急流–深潭–河滩系统纵断面和横断面示意图，其中，横断面示意图为其中一条典型断面，从纵断面图可以看出，上

游发育的系统最浅最小，下游发育的系统最深最大；对比急流与深潭的纵断面示意图可以看出，不管是上游、中游还是下游，急流的纵断面的河床较陡，深潭较平缓。根据河流的基本理论，结合实地勘查，本书把丹江发育的急流-深潭-河滩系统确定为卵石河流，获得的数据作为卵石河流验证数据库。

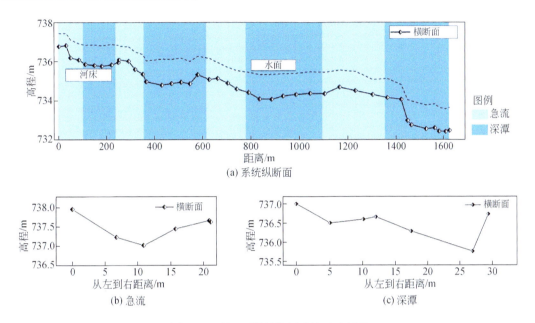

图3.5　丹江上游野外实测断面示意图

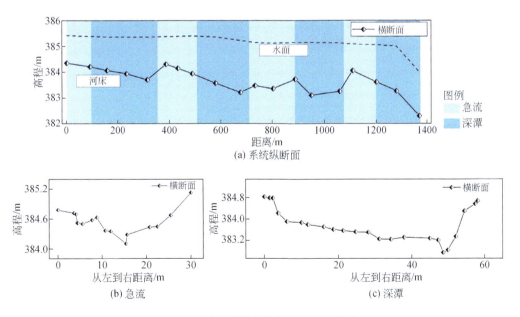

图3.6　丹江中游野外实测断面示意图

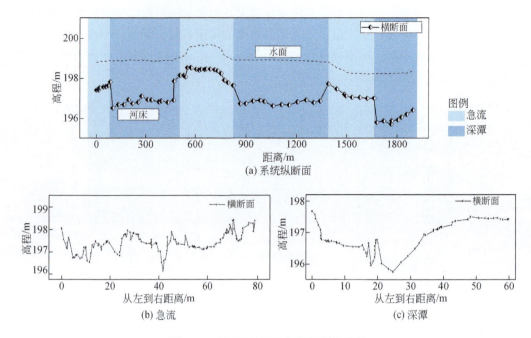

(a) 系统纵断面

(b) 急流

(c) 深潭

图 3.7　丹江下游野外实测断面示意图

图 3.8 ~ 图 3.10 为野外实测的嘉陵江上中下游急流–深潭–河滩系统纵断面和横断面示意图，其中横断面示意图为选取的其中一条断面定点示意图。从纵断面图可以看出，上游发育的系统也是最浅最小，下游发育的系统最深最大；对比急流与深潭的纵断面示意图可以看出，不管是上游、中游还是下游，急流的纵断面的河床较陡，深潭较平缓。根据河流的有关理论，加上实地勘查，把嘉陵江发育的急流–深潭–河滩系统确定为卵石河流，获得的数据用于建立卵石河流验证数据库。

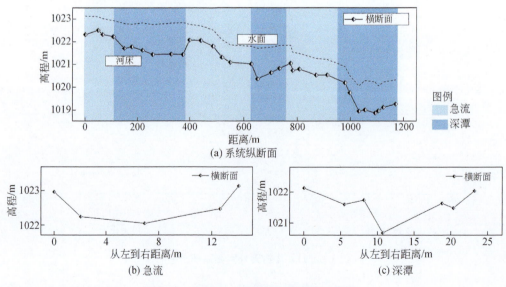

(a) 系统纵断面

(b) 急流

(c) 深潭

图 3.8　嘉陵江上游野外实测断面示意图

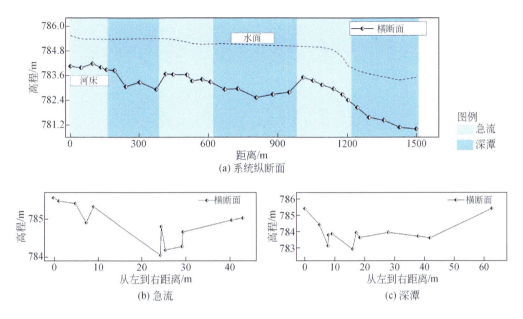

图 3.9　嘉陵江中游野外实测断面示意图

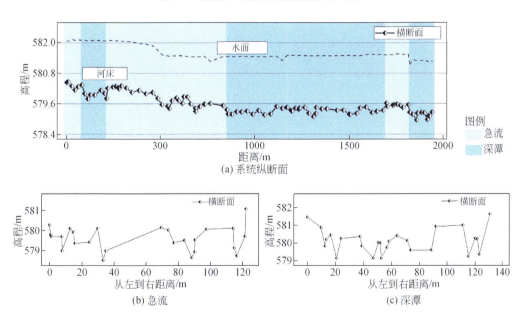

图 3.10　嘉陵江下游野外实测断面示意图

　　图 3.11、图 3.12 为野外实测的泾河上游、下游的纵断面和横断面，其中横断面示意图为一条典型断面。从纵断面图可以看出，上游发育的系统最浅最小，下游发育的系统最深最大；对比急流与深潭的纵断面示意图可以看出，不管是上游和下游，急流的纵断面的河床较陡，深潭较平缓。同样，把泾河的急流–深潭–河滩系统确定为卵石河流，所得数据用于建立卵石河流验证数据库。

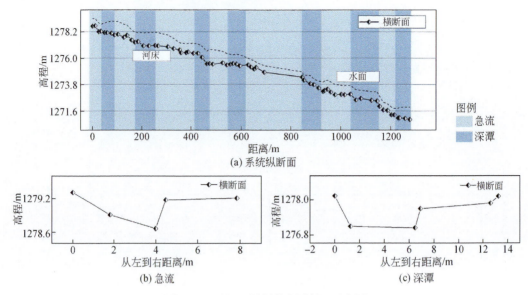

(a) 系统纵断面

(b) 急流   (c) 深潭

图 3.11   泾河上游野外实测断面示意图

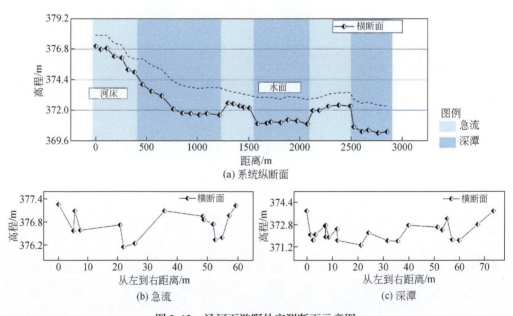

(a) 系统纵断面

(b) 急流   (c) 深潭

图 3.12   泾河下游野外实测断面示意图

3.9   急流段的水力几何关系验证

3.9.1   第二种可能性

1) 边坡角为60°

在研究中,模拟实验的河床质为砂质,野外实测的河床质为卵石。且识别沙质河流的数据库为第二轮试验实测数据，因此沙质河流的验证数据为第一轮试验数据。又第一轮试验中预先设置了河宽，所以对于沙质河流的验证，仅验证了流速和水深，如图 3.13 和图 3.14 所示。当边坡角为 60°时，试验中的流速和河宽拟合结果很好。当沙质河流经过自然冲刷发育急流–深潭–河滩系统时，急流部分发育完成后的横断面边坡角可假定为 60°，且能量方程可近似为河流形态结构做功等于水深做功。拟合结果整体上比较好，但仍有一定偏差，这可能是由于最优宽深比的选择有关。研究中，统一选择了较大的最优宽深比，后续可将所有的最优宽深比分别研究，根据河道大小来区分使用。

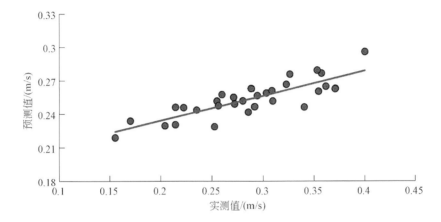

图 3.13　第二种可能性和边坡角为 60°时流速验证

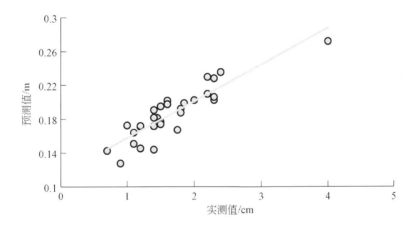

图 3.14　第二种可能性和边坡角为 60°时水深验证

　　除了验证沙质河流的水力几何关系式外，还验证了在第二种可能性下边坡角为 60°的卵石河流急流部分的河相关系，如图 3.15～图 3.17 所示。这些图分别表示野外实测的急流–深潭–河滩系统河宽、流速和水深对水力几何关系式的验证；其中河宽验证效果最好，水深次之。流速验证结果较差，原因是在野外测量时，由于急流流速较快，产生较大的误差。

2）边坡角为 45°
同样，模拟试验的河床质为砂质，野外实测的河床质为卵石，且识别沙质河流的数据

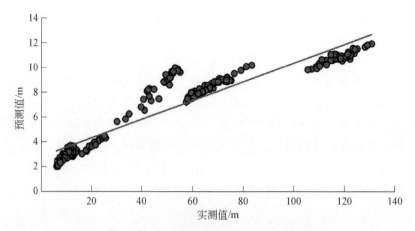

图 3.15　第二种可能性和边坡角为 60°时河宽验证

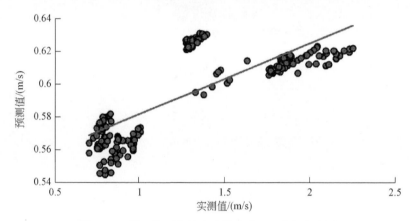

图 3.16　第二种可能性和边坡角为 60°时流速验证

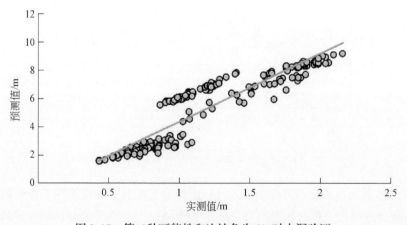

图 3.17　第二种可能性和边坡角为 60°时水深验证

库为第二轮试验数据，因此沙质河流的验证用第一轮试验数据。又第一轮试验中在试验前设置了河宽，所以对于沙质河流的验证，仅验证了流速和水深，结果如图 3.18 和图 3.19 所示。由图表明，当边坡角为 45°时，试验中的流速和河宽拟合结果很好。当沙质河流经过自然冲刷发育急流–深潭–河滩系统时，急流部分发育完成后的横断面边坡角可假定为45°，且能量方程可近似为河流形态结构做功等于水深做功。比较起来，边坡角为45°比边坡角为60°拟合得更好。

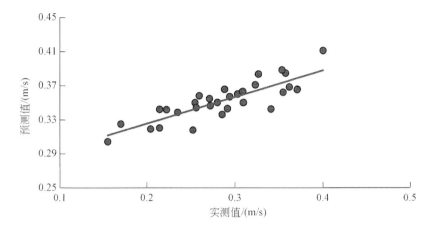

图 3.18 第二种可能性和边坡角为45°时流速验证

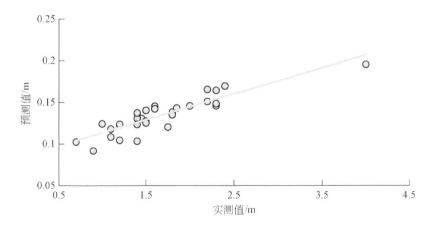

图 3.19 第二种可能性和边坡角为45°时水深验证

除了验证沙质河流的水力几何关系式外，还验证了在第二种可能性下边坡角为45°的卵石河流急流部分的河相关系，结果如图3.20~图3.22所示。这些图分别表示用野外实测河宽、流速和水深的对水力几何关系式进行验证，其中河宽验证效果最好，水深次之。流速验证结果没有其他两个参数好，原因是在野外测量时，由于急流流速较快，产生较大的误差。这些结果表明，推导的水力几何关系式适用于自然发育的急流。

3.9.2 第三种可能性

1）边坡角为60°的水力几何关系验证

沙质河流验证如图3.23和图3.24所示。

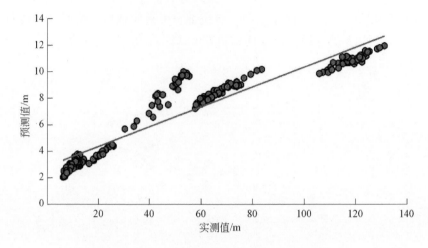

图 3.20　第二种可能性和边坡角为 45°时河宽验证

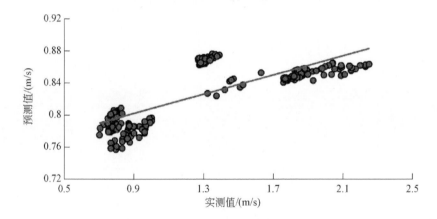

图 3.21　第二种可能性和边坡角为 45°时流速验证

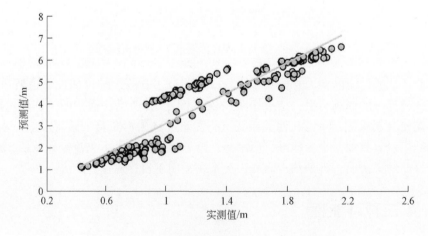

图 3.22　第二种可能性和边坡角为 45°时水深验证

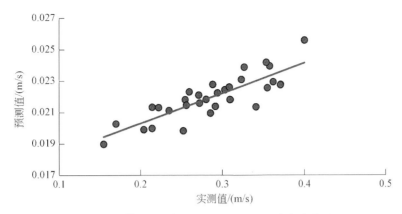

图 3.23 第三种可能性和边坡角为60°时流速验证

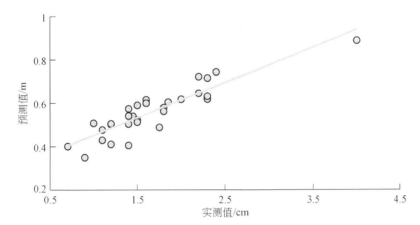

图 3.24 第三种可能性和边坡角为60°时水深验证

卵石河流验证如图 3.25 ~ 图 3.27 所示。

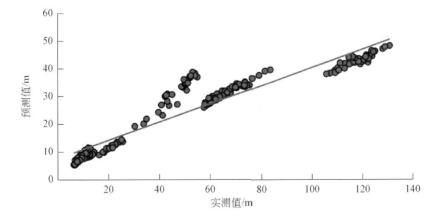

图 3.25 第三种可能性和边坡角为60°时河宽验证

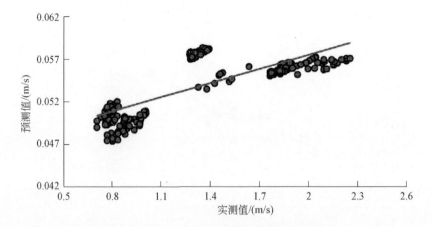

图 3.26   第三种可能性和边坡角为 60°时流速验证

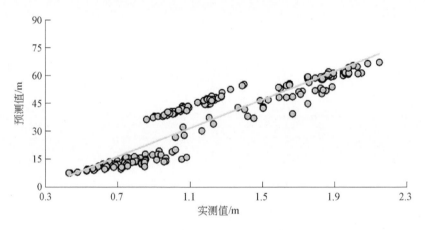

图 3.27   第三种可能性和边坡角为 60°时水深验证

2）边坡角为 45°的水力几何验证

沙质河流验证如图 3.28 和图 3.29 所示。

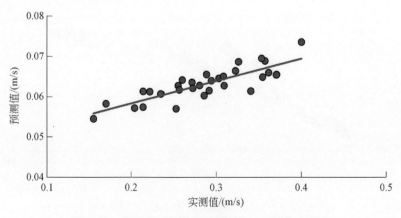

图 3.28   第三种可能性和边坡角为 45°时流速验证

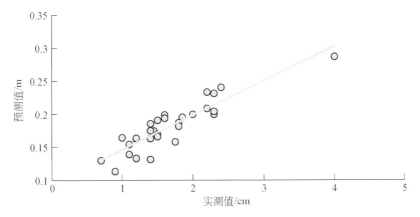

图 3.29　第三种可能性和边坡角为 45°时水深验证

卵石河流验证如图 3.30 ~ 图 3.32 所示。

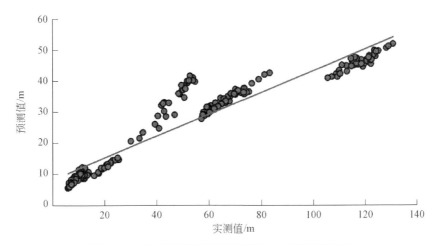

图 3.30　第三种可能性和边坡角为 45°时河宽验证

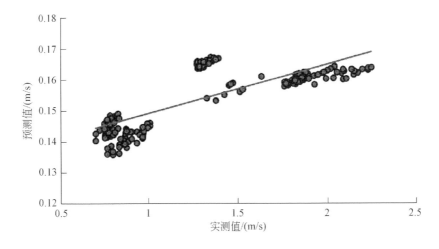

图 3.31　第三种可能性和边坡角为 45°时流速验证

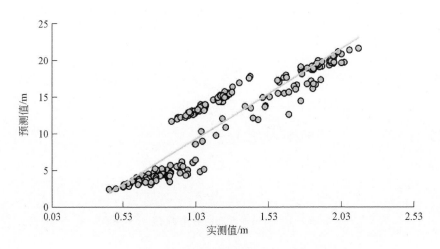

图 3.32　第三种可能性和边坡角为 45°时水深验证

除对急流的验证外，也采用同样的方法对深潭和河滩水力几何关系在第二和第三种可能性下边坡为 60°和 45°的验证，请参考文献（严婷，2023）。

3.10　讨　　论

Leopold 和 Maddock（1953）于 1953 年首次提出水力几何概念，并在建立有关理论后，其理论和方法常常应用于评估世界各地河流地貌动力学，但大多数研究均基于经验公式，缺乏物理原理（Gleason，2015）。Wohl 等（2004）提出了一个溪流功率/沉积物粒径大小的阈值，在此阈值以下的陡峭山涧，不会观察到沿程有规律的水力几何关系，同时还发现只有基于河道宽度的沿程水力几何具有统计学意义。Ellis 和 Church（2005）使用声学多普勒海流剖析法，证明沿程水力几何关系存在于同一河流的二级河道中，而 Haucke 和 Clancy（2011）研究了水文测站流量记录的空白如何影响沿程水力几何幂次。Xu（2004）发现辫状河道与蜿蜒河道的沿程水力几何关系存在差异，而 Fola 和 Rennie（2010）发现沿程水力几何关系可存在于具有非黏性河床材料的河道。这些对沿程水力几何研究的例子表明，目前对沿程水力几何的基本幂律形式和在新环境中的应用还不完善。例如，河相关系是河流系统中重要的水力几何关系，但目前的研究几乎都是以某一条河流中的数据进行统计分析而得，鲜少有研究关注适用于多数河道系统的河相关系式；且目前对于水力几何关系的研究大多将河道过水断面概化为长方形（Huang and Warner，1995；Roy et al.，1988），而河道的过水断面更接近于梯形形态。

本书与其他研究的主要区别在于引入了四种可能性下的三个加权因子，将河流横断面概化为更接近于现实的梯形断面，再根据最小耗能率假说和最大熵原理，结合曼宁公式推导出水力几何关系式。推导过程中，应用前人 106 项研究的结果作为识别数据，增加了该公式的可信度以及模型的预测普遍性。如果河道系统为稳定河道，该河道处于动态平衡，可能有四种可能性下的外力做功。通过推导，得出了急流–深潭–河滩系统 3 部分的 4 组水力几何表达式。每部分的第一组是对应于可能性一的表达式，其中渠道调整其粗糙度和河道形态以适应排放和沉积物负荷的变化；第二种可能性对应于河道调整其深度和河道形态以适应排放的变化的情况；第三组表达式由河道调整其深度、粗糙度和速度以适应排放的变化。第四种可能性是最普遍的，其中，渠道调整其河道结构、深度、速度和粗糙度以适应排放的变化。

在以上推导过程中，将河道形态调整为一个复合函数 β，它包含宽深比和边坡休止角，当河流达到输水输沙稳定平衡状态时，沿程水力几何关系中的未知变量数大于方程数，因此需要增加第四个方程来获得闭合的数学解。目前常用的方法有三种，一种是对微观力平衡的宏观形态效应进行积分求解，该方法具有物理机理清晰的优点，但由于其求解过程太过复杂，不适用于大面积计算（Raymond et al., 2012）；第二种方法是引入极值假说，这种方法最具代表性的研究如 Chang 和 White 的研究（Chang, 1980；White and White, 2013），但该方法缺乏物理机制；第三种方法是对河道形态进行数理几何分析。本章中先采用第二种方法进行推导，再利用第三种方法进行分析，最终推导出不同可能性下急流段、深潭段和河滩段的水力几何关系式。

水力几何关系是河道演变中一个十分重要的课题，但目前关于水力几何关系的研究在理论上还不够充足，多数研究基于统计学原理推导，Khozani 团队结合四种算法获得一个精准预测水力几何的模型，但该模型只能预测大流域面积下的河道形态，无法确定得出河道中不同部分的预测值。Morel 等通过对法国和新西兰 1327 条河流河段观测到的水力状况数据，开发了三种对比经验方法来预测站点的水力几何形状，该研究立足点为河道的环境变量。而本书以一个自然河道系统为研究对象，对于能量耗散和分配基于最小耗能率假说和最大熵原理，对于断面形态结构基于最优过水断面假说，基于物理和数学的结合分析推导。该公式可以用于对急流–深潭–河滩系统的形态结构预测，在一个给定的流量下，预测发育出的急流–深潭–河滩系统的水深、河宽和流速。水力几何关系是对急流–深潭–河滩系统的形态结构与水力学特征之间的关系进行定量描述，对于帮助我们认识急流–深潭–河滩系统的河床形态规律，对自然河道的水力计算或河流修复和整治规划具有理论和实践意义。

3.11　本章小结

本章基于最小能耗率假说和最大熵原理，先将河道横断面刻画为等腰梯形，在此基础上，推导出了在四种可能性下的形态方程，随后推导出了急流–深潭–浅滩系统的沿程水力几何方程式。由于本书在前期处理中，引入了边坡角的概念，在推导给定流量下的下游水力几何方程式时没有河宽 B 与流量之间的关系，另根据曼宁公式和河道宽深比定义获得河宽 B 和流量 Q 之间的水力几何关系，并将所有的公式分为适用于卵石河流的和沙质河流的。四种不同可能性下的形态方程分别为：$n\beta^f = C_1$，$H\beta^{\frac{3}{8}g} = C_2$，$Hn^{\frac{3}{8}j} = C_3$，第四种可能性下则是前三者中任意两者的结合。最终推导出四种可能性下水力变量（流速 V、水深 H 和河宽 B）与给定流量的水力几何关系式。以上推导出的公式含有的未知参数，包括形态方程中的权重因子 f，g，j，参数 C_1，C_2，C_3 和河相关系中的 C_{VH}，C_{BH}；C_{Vn}，C_{Bn}，C_{Hn}；$C_{V\beta}$，$C_{B\beta}$，$C_{H\beta}$；C_V，C_B，C_H；这些参数的确定见文献（严婷，2023）。

对于边坡角为 60° 和 45° 两种情况下的最优过水断面的情况，在前面推导出急流–深潭–河滩系统给定流量下的下游水力几何方程的基础上，结合文献（严婷，2023）中对各参数进行了讨论，分别推导出在不同可能性下急流、深潭、河滩三部分的水力几何关系式。其中，关于指数的讨论，急流和深潭部分基于水槽实验的数据库，而河滩则是基于前人研究的平均值。关于参数的讨论，急流和深潭部分同样基于水槽实验数据库，但河滩部分由于收集数据较困难，没有将全部收集入内。内容包括：首先结合泥沙运移方程和最大输沙率假说即横断面最优的原理，通过 python 编程求解复杂超越函数得到两种情况下的最优宽深比。然后结合文献（严婷，2023）中对权重因子和各参数的讨论，代入推导出的沿程水力几何通用格式，推导出在不同边坡角和不同可能性下急流、深潭、河滩三部分的水力几何关系式。最后通过水力几何的经典关系式中关于系数定义，求得并推导出急流、深潭、河滩分别在不同可能性和不同边坡角下的水力几何通用格式。

对不同条件下急流、深潭和河滩三部分的水力几何公式进行验证表明：①急流的验证，第三种可能性下比第二种可能性下的结果更好，在第三种可能性下两种不同的边坡角对比表明，边坡角为45°时拟合效果更好，因此急流部分的发育主要是由糙率和水深做功。②深潭的验证，同样是第三种可能性下拟合结果更好，而对于第三种可能性下的两种不同的边坡角的对比表明，边坡角为60°时拟合更好，因此，深潭部分的发育主要由糙率和水深做功，河道结构做功相对较少，且由于深潭纵剖面形态较深，所以60°时更符合实际情况。③河滩的验证，则是第二种可能性下的拟合结果优于第三种可能性，因此，河滩结构主要由河道形态结构和水深做功，糙率做功较少，而对比第二种可能性下的60°和45°两种边坡角可知，由于河道结构做功固定，河宽将与边坡角无关，因为角度对应的最优宽深比获得的河道结构做功相等。

参 考 文 献

白玉川, 黄涛, 许栋. 2008. 蜿蜒河流平面形态的几何分形及统计分析. 天津大学学报,（9）: 1052-1056.

冯平, 冯焱. 1997. 河流形态特征的分维计算方法. 地理学报,（4）: 38-44.

金德生, 陈浩, 郭庆伍. 1997. 河道纵剖面分形–非线性形态特征. 地理学报,（2）: 60-68.

马元旭, 许炯心. 2009. 无定河及其各支流的断面水力几何形态. 地理研究, 28（2）: 345-353.

冉立山, 王随继. 2010. 黄河内蒙古河段河道演变及水力几何形态研究. 泥沙研究, 4: 61-67.

汪富泉. 2015. 能量耗散对蜿蜒河流分形结构的影响. 广东石油化工学院学报, 25（1）: 63-66.

王计平, 黄志霖, 刘洋, 等. 2013. 地貌格局与流域侵蚀产沙过程关系定量分析——以黄河中游河龙区间为例. 地理研究, 32（2）: 275-284.

吴保生, 李凌云. 2008. 黄河下游河道横断面的若干特点. 人民黄河,（2）: 15-16.

徐国宾, 赵丽娜. 2013. 基于能耗率的黄河下游河型变化趋势分析. 水利学报, 44（5）: 622-626.

严婷. 2023. 天然河流急流–深潭–浅滩系统发育过程特征及水力几何关系. 西安: 长安大学.

张矿. 1993. 长江河道形态的分形计算. 人民长江,（7）: 49-51.

赵春江, 高建恩. 2016. 坡面不同侵蚀沟断面特征及水力几何形态. 水科学进展, 27（1）: 22-30.

周银军, 陈立, 刘欣桐, 等. 2009. 河床表面分形特征及其分形维数计算方法. 华东师范大学学报（自然科学版）,（3）: 170-178.

Afshari S, Fekete B M, Dingman S L, et al. 2017. Statistical filtering of river survey and streamflow data for improving At-A-Station hydraulic geometry relations. Journal of Hydrology, 547: 443-454.

Andrews E D. 1984. Bed-material entrainment and hydraulic geometry of gravel-bed rivers in Colorado. Geological

Society of America Bulletin, 95（3）: 371-378.

Ashmore P, Sauks E. 2006. Prediction of discharge from water surface width in a braided river with implications for at-a-station hydraulic geometry. Water Resources Research, 42（3）: 03406.

Benda L, Andras K, Miller D, et al. 2004. Confluence effectsin rivers: Interactions of basin scale, network geometry, and disturbance regimes. Water Resources Research, 40（5）: 05402.

Blench T. 1952. Regime Theory for Self-Formed Sediment-Bearing Channels. Transactions of the American Society of Civil Engineers, 117（1）: 383-400.

Brinkerhoff C B, Gleason C J, Ostendorf D W. 2019. Reconciling at-a-station and at-many-stations hydraulic geometry through river-wide geomorphology. Geophysical Research Letters, Wiley Online Library, 46（16）: 9637-9647.

Chang H H. 1979a. Geometry of Rivers in Regime. Journal of the Hydraulics Division, 105（6）: 691-706.

Chang H H. 1979b. Minimum stream power and river channel patterns. Journal of Hydrology, 41（3）: 303-327.

Chang H H. 1980. Geometry of Gravel Streams. Journal of the Hydraulics Division, 106（9）: 1443-1456.

Chen X, Hassan M A, An C, et al. 2020. Rough Correlations: Meta-Analysis of Roughness Measures in Gravel Bed Rivers. Water Resources Research, 56（8）: e2020WR027079.

Cheng N S, Nguyen H T. 2011. Hydraulic Radius for Evaluating Resistance Induced by Simulated Emergent Vegetation in Open-Channel Flows. Journal of Hydraulic Engineering, 137（9）: 995-1004.

Church M. 2015. Channel Stability: Morphodynamics and the Morphology of Rivers. //Rowiński P, Radecki-Pawlik A. Rivers-Physical, Fluvial and Environmental Processes. Cham: Springer International Publishing: 281-321.

Collins M. 1987. Sediment transport in the Bristol Channel: A review. Proceedings of the Geologists' Association, 98（4）: 367-383.

David G C L, Wohl E, Yochum S E, et al. 2010. Controls on at-a-station hydraulic geometry in steep headwater streams, Colorado, USA. Earth Surface Processes and Landforms, 35（15）: 1820-1837.

Dingman S L. 2007. Analytical derivation of at-a-station hydraulic-geometry relations. Journal of Hydrology, 334（1-2）: 17-27.

Eaton B C, Church M, Millar R G. 2004. Rational regime model of alluvial channel morphology and response. Earth Surface Processes and Landforms, 29（4）: 511-529.

Eaton B C, Church M. 2007. Predicting downstream hydraulic geometry: A test of rational regime theory. Journal of Geophysical Research: Earth Surface, 112（F3）: 1-18.

Ellis E R, Church M. 2005. Hydraulic geometry of secondary channels of lower Fraser River, British Columbia, from acoustic Doppler profiling. Water Resources Research, 41（8）.

Feder J. 2013. Fractals. Heidelberg: Springer Science & Business Media.

Feng J, Lin W C, Chen C T. 1996. Fractional box-counting approach to fractal dimension estimation// Proceedingsof 13th international conference on Pattern recognition. IEEE, 2: 854-858.

Ferguson R I. 1986. Hydraulics and hydraulic geometry. Progress in Physical Geography, 10（1）: 1-31.

Fola M. E, Rennie C D. 2010. Downstream hydraulic geometry of clay-dominated cohesive bed rivers. Journal of Hydraulic Engineering, 136（8）: 524-527.

Gleason C J, Smith L C, Lee J. 2014. Retrieval of river discharge solely from satellite imagery and at-many-stations hydraulic geometry: Sensitivity to river form and optimization parameters. Water Resources Research, Wiley Online Library, 50（12）: 9604-9619.

Gleason C J, Smith L C. 2014. Toward global mapping of river discharge using satellite images and at-many-stations hydraulic geometry. Proceedings of the National Academy of Sciences, 111（13）: 4788-4791.

Gleason C J, Wang J. 2015. Theoretical basis for at-many-stations hydraulic geometry. Geophysical Research

Letters, 42 (17): 7107-7114.

Gleason C J. 2015. Hydraulic geometry of natural rivers: A review and future directions. Progress in Physical Geography, 39 (3): 337-360.

Griffiths G A. 1984. Extremal hypothesesfor river regime: an illusion of progress. Water Resources Research, 20 (1): 113-118.

Gupta V K, Mesa O J. 2014. Horton laws for hydraulic-geometric variables and their scaling exponents in self-similar Tokunaga river networks. Nonlinear Processes in Geophysics, 21 (5): 1007-1025.

Harman C, Stewardson M, DeRose R. 2008. Variability and uncertainty inreach bankfull hydraulic geometry. Journal of Hydrology, 351 (1): 13-25.

Haucke J, Clancy K A. 2011. Stationarity of Streamflow Records and Their Influence on Bankfull Regional Curves 1. JAWRA Journal of the American Water Resources Association, 47 (6): 1338-1347.

Hey R D, Thorne C R. 1986. Stable Channels with Mobile Gravel Beds. Journal of Hydraulic Engineering, 112 (8): 671-689.

Huang H Q, Warner R F. 1995. The multivariate controls of hydraulic geometry: A causal investigation in terms of boundary shear distribution. Earth Surface Processes and Landforms, 20 (2): 115-130.

Jia Y. 1990. Minimum Froude number and the equilibrium of alluvial sand rivers. Earth Surface Processes and Landforms, 15 (3): 199-209.

Jowett I G. 1998. Hydraulic geometry of New Zealand rivers and its use as a preliminary method of habitat assessment. Regulated Rivers: Research & Management: An International Journal Devoted to River Research and Management, 14 (5): 451-466.

Keller E R, Thomaidis N D. 1971. Petroleum Potential of Southwestern Wyoming and Adjacent Areas: Region 4. AAPG Special Volumes, 128: 656-672.

Langbein W B, Leopold L B. 1970. River meanders and the theory of minimum variance. Heidelberg: Springer.

Langbein W B. 1964. Geometry of River Channels. Journal of the Hydraulics Division, 90 (2): 301-312.

Leopold L B, Maddock T. 1953. The Hydraulic Geometry of Stream Channels and Some Physiographic Implications. Washington D C: U. S. Government Printing Office.

Lisle T E. 1982. Effects of aggradation and degradation on riffle-pool morphology in natural gravel channels, northwestern California. Water Resources Research, 18 (6): 1643-1651.

Lisle T. 1987. Overview: Channel morphology and sediment transport in steepland streams. Erosion and Sedimentation in the Pacific Rim (IAHS Publication), 165: 287-298.

Mandelbrot B, Hudson R L. 2007. The Misbehavior of Markets: A Fractal View of Financial Turbulence. New York: Basic Books.

Morel M, Booker D J, Gob F, Lamouroux N. 2019. Intercontinental predictions of river hydraulic geometry from catchment physical characteristics. Journal of Hydrology, 582: 124292.

Nanson G C, Huang H Q. 2008. Least action principle, equilibrium states, iterative adjustment and the stability of alluvial channels. Earth Surface Processes and Landforms, 33 (6): 923-942.

Nikora V I, Sapozhnikov V B, Noever D A. 1993. Fractal geometry of individual river channels and its computer simulation. Water Resources Research, 29 (10): 3561-3568.

Nykanen D K, Foufoula-Georgiou E, Sapozhnikov V B. 1998. Study of spatial scaling in braided river patterns using synthetic aperture radar imagery. Water Resources Research, 34 (7): 1795-1807.

Park C C. 1977. World-wide variations in hydraulic geometry exponents of stream channels: An analysis and some observations. Journal of Hydrology, 33 (1): 133-146.

Pavelsky T M, Durand M T, Andreadis K M, et al. 2014. Assessing the potential global extent of SWOT river discharge observations. Journal of Hydrology, 519: 1516-1525.

Raymond P A, Zappa C J, Butman D, et al. 2012. Scaling the gas transfer velocity and hydraulic geometry in streams and small rivers. Limnology and Oceanography: Fluids and Environments, 2 (1): 41-53.

Richards K S. 1978. Simulation of flow geometry in a riffle-pool stream. Earth Surface Processes, 3 (4): 345-354.

Roy A G, Roy R, Bergeron N. 1988. Hydraulic geometry and changes in flow velocity at a river confluence with coarse bed material. Earth Surface Processes and Landforms, 13 (7): 583-598.

Singh V P, Yang C T, Deng Z Q. 2003a. Downstream hydraulic geometry relations: 1. Theoretical development. Water Resources Research, 39 (12).

Singh V P, Yang C T, Deng Z Q. 2003b. Downstream hydraulic geometry relations: 2. Calibration and testing. Water Resources Research, 39 (12).

Singh V P, Zhang L. 2008. At-a-station hydraulic geometry relations, 1: theoretical development. Hydrological Processes, 22 (2): 189-215.

Singh V P. 2003. On the theories of hydraulic geometry. Internationaljournal of sediment research, 18 (3): 196-218.

Stewardson M. 2005. Hydraulic geometry of stream reaches. Journal of Hydrology, 306 (1): 97-111.

Tarboton D G, Bras R L, Rodriguez-Iturbe I. 1988. The fractal nature of river networks. Water Resources Research, 24 (8): 1317-1322.

Turowski J M, Hovius N, Wilson A, et al. 2008. Hydraulic geometry, river sediment and the definition of bedrock channels. Geomorphology, 99 (1): 26-38.

Wang J X, Qin Z L, Shi Y, et al. 2021. Multifractal analysis of river networks under the background of urbanization in the Yellow River Basin, China. Water, 13 (17): 2347.

White W B, White E L. 2013. Karst Hydrology: Concepts from the Mammoth Cave Area. New York: Springer Science & Business Media.

Williams G P. 1978. Hydraulic Geometry of River Cross-sections: Theory of Minimum Variance. Department of the Interior, Geological Survey. Washington D. C.: Government Printing Office.

Williams J L. 1967. Isostatic pressing bag materials. Y--1574, 4459598.

Wohl E, Kuzma J N, Brown N E. 2004. Reach-scale channel geometry of a mountain river. Earth Surface Processes and Landforms: The Journal of the British Geomorphological Research Group, 29 (8): 969-981.

Xu J. 2004. Comparison of hydraulic geometry between sand-and gravel-bed rivers in relation to channel pattern discrimination. Earth Surface Processes and Landforms: The Journal of the British Geomorphological Research Group, 29 (5): 645-657.

Yang C T, Song C C S, Woldenberg M J. 1981. Hydraulic geometry and minimum rate of energy dissipation. Water Resources Research, 17 (4): 1014-1018.

Yang C T, Song C C S. 1979. Theory of minimum rate of energy dissipation. Journal of the Hydraulics Division, 105 (7): 769-784.

Yang C T, Stall J B. 1973. Unit stream power in dynamic stream systems. Fluvial Morphology: 285-297.

Yang C T. 1994. Variational Theories in Hydrodynamics and Hydraulics. Journal of Hydraulic Engineering, 120 (6): 737-756.

Zimmermann A E. 2009. Experimental investigations of step-pool channel formation and stability. University of British Columbia.

第 4 章 | 天然河流急流−深潭−河滩系统水质净化功能

急流−深潭−河滩系统是天然半天然河流形态结构的基本单元，该系统在纵断面和横断面上的河床起伏，在水平面上的生境异质性，理论上有利于河流水体增氧，水体污染物降解和沉降。本章以都柳江、乌江和清水江为对象，测定了河流上中下游急流−深潭−河滩系统水质指标，分析了河流中急流−深潭−河滩系统重复出现对水质净化的作用。发现急流中溶解氧明显高于深潭，总氮、硝态氮和氨态氮含量深潭大于急流，而磷素含量、五日生化需氧量（BOD$_5$）、化学需氧量（COD）、pH 急流大于深潭。结果表明了水流在急流−深潭−河滩系统中流动是一种曝气过程，质量大的污染物在深潭中容易沉降和分解。

4.1 引　言

河流水污染是环境污染的主要问题之一，严重制约了社会经济的可持续发展（裴军，2009；Haslam and Bower，1990）。河流水污染会导致饮用水、工农业用水、地下水污染，具有影响范围大，导致水资源短缺，使生态环境严重恶化的特点（朱维斌和王万杰，1997；董哲仁，2003；王建军，2006）。随着社会经济发展和城市扩张步伐的加快，水环境的整治越来越被社会各界所重视。其中河流作为连接上游网间带和下游湖泊的径流和物质输送通道，具有提供流域水资源、输送营养物质、净化水体、执行水路运输等功能，因此备受学术界和各行业的重视（Karr and Chu，2000；王震洪，2013）。

河流水体污染通常是有机物、氮、磷营养元素、重金属含量超标，导致水质下降，河流生态系统结构和功能受损（邹丛阳和张维佳，2007）。河流水污染的原因主要有两个方面（张媛媛和张维佳，2007；伍燕南，2006；董宁和杨葆华，2010）：一是向河道中排放污染物量的增加。由于人口增加、城市化与经济快速发展，大量生活污水、工农业废水排入河流；同时，大气和土壤污染物经降水和径流过程最终也会进入水体（金浩泼和黄卫，2001；Moss，1998；Carmchael，1998）；二是河道自净能力下降。河流水网结构随人类活动的加剧发生巨大改变，不仅破坏了河流的天然结构和河型，也改变了河流的自然流动状态（尹大强等，1994；Shornikova and Arslanova，2023），如河岸植被带破坏、分流、裁弯取直、河岸固化等物理性建设，造成河流生态系统平衡的破坏，导致河流系统吸附、吸收、沉降、分解、过滤能力下降，最终导致河道自净能力减弱，甚至消亡（Poff et al.，1997；Chovanec et al.，2002；马克明等，2001；李继洲等，2005）。

河流水体受到一定程度的污染后，通过自身物理、生物和化学等因素的作用，污染物的浓度和毒性逐渐降低，经过一段时间，逐渐恢复到原来的水质和自然状态，这称为河流的自净作用（谭骙等，2007；杨丽蓉等，2009）。水体的自净能力主要体现在水体中有机污染物的降解、氮和磷等营养元素的转化、颗粒态污染物的沉积以及重金属等污染物的吸附和固定（任瑞丽等，2007；Suzuki，1997）。然而，任何一个生态系统的自净能力都是有限的，当排入的污染物超过了环境容量，生态系统就会被破坏，污染也会日益加重。研究人员从物理、化学和生物三个方面采取措施提高河流自净能力（González et al.，2014）。然而实践表明，物理修复工程量大，投资大，化学修复需要使用药物，易造成二次污染，生物修复目前最多的是植物和微生物的方法，一方面速度慢，另一方面受河道形态结构与水文因素的影响比较大，植物和微生物修复技术一直在改进中（汪洋和周明耀，2005）。通过查阅国内外文献发现，河道形态结构与河道水体自净能力的关系研究很少。河道形态结构是形态上具有差异的河道空间的组合，它反映了河流的环境格局，研究它们之间的关系可认识河道自净作用和机理，为河道生态修复提供理论依据（蔡建楠等，2010；王庆鹤，2016）。

理想的河道系统，其形态结构呈现出比较稳定的河型、河流断面形态、较小的坡降、比较理想的河床质、相对复杂的河岸带等河道特征，这些特征有利于河道的自净作用（王震洪，2013；Wohl et al.，2015）。根据社会经济发展的需要，人类对河流进行了各种方式的改造，导致河流的自然属性受到严重的损伤，不仅河道形态结构遭到破坏，人类在生产生活中向河道排放污染物，河道水质不断恶化，河流的自净能力严重受损（Wu et al.，2016）。因此，为了保护流域生态系统，人类开始了对河道系统的探索。

在河道自净能力的研究中，前人的研究多采用生物修复的方法来治理河道，以达到提高河道自净能力的目的（刘军和刘斌，2006；钱嫦萍等，2009；李淑红，2013；於建明等，2013）。虽然对河道形态结构与其污染物自净能力关系已经进行了一些研究，但仍然需要更全面的研究。第一，河道形态结构与水体自净能力的研究并没有针对天然河流急流-深潭-河滩系统这一天然河流的基本结构单元进行研究（蔡晔等，2007；顾俊和刘德启，2008）。第二，前人对河道自净能力的研究多集中在实验室模拟条件下的数据收集和分析，研究对象和实际河流还有一定距离，对实际河流的研究多是定性的工作，缺乏定量的实验观测（蔡建楠等，2010）。第三，对河道的形态结构与其自净能力的研究，很少包括同一河道上中下游水质差异与河道形态结构关系的分析。

因此，本研究以自然性较高的都柳江、赤水河和清水江为研究对象，通过野外调查采样和室内实验分析，研究河道基本形态结构单元——急流-深潭-河滩系统对相同来源的河水的净化效应。具体地，分别对不同季节三条河流上、中、下游的三个急流-深潭-河滩系统的急流和深潭中水质进行水质净化指标测定，了解不同季节水质变化，在此基础上，进一步分析量化河道基本形态结构单元的数量指标与水质指标间关系，确定对污染物降解和转化是否有显著效应，分析能提高河道自净能力的形态结构因子，揭示河道形态结构对水体自净能力的影响，丰富河道恢复生态学、污染生态学理论，在具体工程实践中可为河道的自然恢复提供理论依据。

4.2　河流污染物源概述

流域是由河网、河网间带和湖泊（水库）构成。河网间带包括森林、灌木、草原、农田、农村、园地、城市、冰川、沙漠等陆地生态系统。河网主要是运输物质的通道，河网间带主要是物质输出的通道，而湖泊（水库）主要是物质沉积和储存的蓄库。一般情况下，森林、草原、冰川、沙漠不会导致河流水体污染。导致河流和湖泊严重污染主要来自农田、园地和城市污染物输出。在城市点源污染已经通过污水收集和处理得到有效控制的情况下，来自城市地表、农村、农田、园地的面源污染是河流污染的主要来源。研究表明，城市化使城市不透水下垫面迅速增加，降水冲刷作用使城市面源污染物输送到河流水系，成为水体污染的主要来源之一。很多研究结果表明，城市降水径流给水体带来了巨大的生物毒性（如重金属、毒性有机物等）的同时，还带来大量氮、磷等导致水体富营养化的物质（郭青海等，2005；杨柳等，2004）。

作为水体主要污染源的农业农村面源污染主要包括农村污水、固体废弃物、化肥污染、农药污染、集约化养殖场污染等。这些污染的发生区域的随机性、排放途径及排放污染物的不确定性及污染负荷空间分布的差异性比较大，导致防治困难，进入河流的风险比较高（赵本涛，2004；刘怀旭，1987；彭近新，1988）。国外的研究资料表明，面源污染已成为世界范围内地表水和地下水污染的主要来源。全球范围来看，30%～50%的地球表面已受面源污染的影响，并且在全世界不同程度退化的12亿 hm² 耕地中，约12%由农业面源污染引起（Dennis and Corwin，1998）。美国环境保护署调查结果显示，农业农村面源污染成为美国河流和湖泊污染的主要污染源，导致约40%的河流和湖泊水质不合格，是河口污染的第三大污染源，是造成地下水污染和湿地退化的主要因素（彭近新，1988）。在欧洲，农业农村面源污染同样是造成水体污染的首要来源，也是造成地表水中磷富集最主要的原因，由农业农村面源排放的磷占地表水污染总负荷的24%～71%（Vighi and Chiaudani，1987）。芬兰20%的湖泊水质恶化，而农业农村面源排放的磷素和氮素在各种污染源中所占比重最大，占总排放量的50%以上，各流域内高投入农业占比大的湖区更容易导营养物质的富集（Uunk，1991）。

我国人口多，土地少，粮食需求量大，为了保证国家粮食安全，靠施用过量化肥来获得农作物高产是一个普遍的现象，其施肥量远远超过农作物需要量，因此导致水环境问题的农业面源污染非常严峻的。根据中国国家环保局在太湖、巢湖、滇池、三峡库区等流域的调查，工业废水对总氮、总磷的贡献率仅占10%～16%，而农田氮、磷流失和生活污水中营养物质贡献了河流水体污染物的大部分（李贵宝等，2001；王海芹和万晓红，2006）。1995年，进入巢湖的污染负荷中，69.54%的总氮和51.71%的总磷来自面源污染；在进入滇池外海的总氮和总磷负荷中，农业面源污染分别占53%和42%；太湖流域总氮的60%和总磷的30%来自面源污染；大部分位于城区上游的水库湖泊，其面源污染的比例均超过点源污染（陈吉宁等，2004）。据统计，我国化肥的平均利用率仅达40%，江苏、浙江、上海环太湖的地区，农田氮素过剩，营养物质流入太湖，加剧富营养化（蒋鸿昆等，2006）。全国每年使用的农药除30%～40%被作物吸收外，大部分进入了水体、土壤及农产品中，累积于饮用水源和土壤中的农药对广大居民的健康构成了威胁。截至2004年，尽管中国农业面源污染的程度已十分严重，化肥施用量仍然在增加，农业和农村发展引起的水污染已成为中国河流湖泊水体可持续发展的最大挑战（张维理等，2004；陈吉宁等，2004）。最近，根据国家统计局发布的数据，2022年我国农用化肥施用折纯量为5079.2万

t，较 2021 年下降 112.06 万 t，同比下降 2.16%。2015 年以来，农业农村部组织开展化肥农药使用量零增长行动，经过 5 年的实施，到 2020 年底，我国顺利实现化肥农药使用减量增效预期目标，化肥农药使用量大幅减少，化肥农药使用效率明显提高。但根据中国农业科学院土壤肥料研究所研究显示：在中国水体污染严重的流域，农田、农村畜禽养殖和城乡接合部地带的生活排污仍然是造成流域水体氮、磷富营养化的主要原因。

4.3　河流面源污染治理现状

河流面源污染主要来源于河道上游的农业、养殖业、城市排污等。很显然，如果能够从上游的源头控制，将会减轻河流面源污染。浙江省、湖北省、福建省等多个省（自治区、直辖市）都采取措施从源头治理面源污染，但对于不可避免的或者已造成的面源污染，由于河流是面源污染物收集和输送载体，则需要依靠河流的净化作用实现污染物削减（陈晓燕等，2013；郑军等，2013；包武等，2013）。目前，在河流中治理面源污染的方法主要利用自身的净化能力达到治理目的。河流作为连接上游网间带和下游湖泊的通道，其具有水的流动性、形态的蜿蜒性、结构的异质性、物质的分形性和生物的多样性，使河流具有净化水体污染物的能力。污染物主要来源于不同土地利用类型的网间带，而河流必然成为净化水体的重要通道。河流水体的净化能力是一个复杂的过程，是物理、化学和生物化学共同作用的结果，这就决定了自净能力与河道形态结构、水文特征、微生物以及水体基流情况等都有密切关系。例如，弯曲的河道自净能力较好，有利于污染物的降解，而那些为了防洪或城市的发展修建和改造的硬化河道，断面整齐划一，已人工化、渠道化，人工与自然的比例失调，破坏了原有的生态系统结构，河道的自净能力大大下降甚至丧失。因此，20 世纪 70 年代开始，欧洲的工程界对水利工程的规划设计理念进行了深刻的反思，认识到河流治理不但要符合工程设计原理，还要符合自然生态学原理。目前，世界上许多发达国家已经完成了河流回归自然的改造，如德国、瑞士等国家于 20 世纪 80 年代末提出了全新的"亲近自然河流"概念和"自然型护岸"技术并实践；荷兰强调河流生态修复与防洪结合，提出了"给河流以空间"的理念；英国采用了"近自然"河道设计技术；日本在 20 世纪 90 年代就开展了"创造多自然河流计划"（赵全儒，2009）。在美国及欧洲一些国家进行河道生态治理较为常用的技术是大幅减少水泥和混凝土使用的"土壤生物工程"护岸技术。实践表明，用蜿蜒、蛇形、折线等代替直线，以形成急流与缓流相间，深潭与浅滩交错，为生物提供栖息场所的河道修复模式，能有效提高水边环境的自然净化功能，而完全采用混凝土施工、浆砌石衬砌河床，忽略自然生态的城市水系治理方法已被各国普遍否定，建设生态河流已成为国际大趋势。

我国河流面源污染治理取得了一定的进展，主要体现在以下几个方面：①政策支持：近年来，中国政府出台了一系列政策措施，加强对面源污染的治理。例如，《关于加快推进长江经济带农业面源污染治理的指导意见》明确了治理目标，包括减少化肥农药使用量、提高农业废弃物资源化利用水平、控制畜禽养殖污染等。②技术创新：在面源污染治理方面，一些新技术和方法不断涌现。例如，在洱海流域，通过构建源头排放–输移–入湖全过程的农业面源污染动态监测网络，实现了对污染的精准防控。此外，推广绿色种植技术，如水稻覆膜节水节肥综合高产技术，也有效减少了面源污染。③生态修复：许多地区通过生态修复工程，恢复河流生态系统的功能，提高其自净能力。例如，建设人工湿地、种植水生植物等，有助于吸收和降解污染物。④公众意识提高：随着环保宣传教育的加强，公众对面源污染的认识和关注度不断提高，积极参与到面源污染治理中来。然而，河流面源污染治理仍然面临一些挑战，例如，欠账太多，治理难度大。面源污染具有①分散性、随机性和不确定性等特点，治理难度较大。②资金投入不足。面源污染治理需要大量的资金投入，包括监测、治理设施建设等方面。③农业生产方式转变困难。部分地区农业生产方式较为粗放，化肥农药使用量较大，短期内难以实现根本性转变。

4.4　河流自净作用

河流自净作用是指河流水体受到污染后，由于物理作用（混合、稀释、扩散、挥发、沉淀等）、化学作用（氧化、还原、中和、吸附、凝聚、离子交换等）、生物作用（生物的吸收和降解作用等）（Frimmel，2003；Vagnetti et al.，2003），使污染物的浓度和毒性逐渐降低，一段时间后，恢复到受污染以前状态的自然过程（Kideys，2002；杨丽蓉等，2009）。水污染治理中的以下措施如截污治污、底泥疏浚、引水冲污、换水稀释、水体曝气等属于物理净化，用氯气、臭氧、二氧化氯、用高锰酸钾、双氧水、过氧乙酸等氧化杀菌消毒就属于化学净化，通过微生物投放、生物膜技术、植物净化技术、人工湿地技术、养殖水生动物、复杂自然植被带河流构建技术等都属于生物净化。

在一定范围内，河流水体存在着正常的自我修复能力，但如果污染物超过了自净能力，破坏了正常的自我修复能力，水质就会变坏，水体需要输入物质和能量才能修复。许多河道治理手段如人工曝气复氧、清淤、投加复合微生物等，其目的都是使河道水体恢复自我净化的能力，对污染物能进行有效吸收和降解。影响河流水体自净的因素很多，其中主要因素有水文条件、微生物的种类与数量、水温、复氧能力、水化学条件、水体和污染物的性质和污染物浓度等。

国内外研究表明，基于水体污染的本质，水体自净能力的评价指标主要为重要的水质指标。pH是环境酸碱度的反映，它的大小不仅影响水生生物的生存状态，还与水体中的化学与物理化学反应有着密切的联系，它是水质分析中最重要的指标之一，是评价水体自净能力的一个重要指标。pH>8.5时有利于蓝藻的生长（An and Jones，2000；张壮志等，2008）。水中溶解的盐类都是以离子状态存在的，它们都具有一定的导电能力。水的导电能力大小可用电导率来度量，它直接表示了水中电离性物质的总数，也间接表示了水中溶解盐的含量。水中所含溶解盐类越多，水中的离子数目也越多，水的电导率就越高。清洁河水电导率约为100μs/cm，而污水的导电率可达几百 μs/cm（蒋展鹏，2003）。溶解氧是水体与大气氧交换平衡以及经化学和生物学反应氧消耗后溶解在水中的分子氧。溶解氧对水中生物的生存、生长和发育非常重要，其含量的变化是衡量水体初级生产力高低的一个重要标志，可以直接反映水体污染程度。清洁河水中溶解氧呈现饱和状态，但若存在有机物污染时会出现缺氧状态，待有机污染物被氧化分解后又恢复正常。生化需氧量是指在好气条件下，微生物分解水体中有机物质的生物化学过程中所需溶解氧的量，是反映水体中有机污染程度的综合指标之一。国内外普遍规定 (20±1)℃培养 5 天的生物化学过程需氧的量为指标（以 mg/L 为单位），记为 BOD$_5$（刘培桐等，1995）。化学需氧量是指在酸性条件下，水样中能被氧化的物质所耗用氧化剂的量，以每升水消耗氧的 mg/L 表示。其值可粗略地表示水中有机物的含量，用以反映水体受有机物污染的程度（赵庆良和任南琪，2005）。氮素是生物生长所必需的营养元素，以及河流主要水质指标之一，也是引起水体污染、水体富营养化的主要因素，其中氨氮是最普遍及对水体影响最大的污染物指标（吴颖靖，2009）。人们在生产、生活中会有大量磷排入水中，从而造成水体富营养化。有研究表明，大多数水体富营养化的限制因子是磷，因此，磷是水质分析的重要指标之一，并且溶解的正磷酸盐是植物吸收的主要形式。在水体自净能力评价中，通过测定水体上述指标的变化，给出定量的结论。

河道形态结构与水体自净能力有很大的关系。河道形态结构的变化会影响到物理净化、化学净化和生物净化，也会影响自净作用的因子如水文条件、微生物的种类与数量、水温、复氧能力、水化学条件、水体和污染物的性质和污染物浓度等，改变水体自净作用过程（吴阿娜等，2005）。杨丽蓉等（2009）在综述河道生态系统特征及其自净化能力研究现状时提出，系统解剖河道剖面形态结构与空间布局对河道水质自净化能力的影响将成为今后应该重视的研究领域。在具体的研究案例方面，蔡建楠等（2010）以乌涌广州市开发区段为研究对象，利用构建的 7 项城市河流形态评价体系与定期水质监测数据，研究河流形态对河流自净能力的影响，结果表明，河流形态评价得分较高的河段水体自净能力较强；河流形态与氨氮（NH$_3$-N）、悬浮物（SS）、溶解氧（DO）和浊度的降解存在相关性，是影响河流自净能力的重要因素。方晓波等（2013）选取钱塘江天然性较高的兰溪段 6 个监测点位，测定 2010～2011 年丰水期和枯水期 12 个水质指标，发现枯水期和丰水期关键污染指标在河道形态结构不同的河段具有显著差异性。蔡晔等（2007）利用模拟实验开展了平原地区缓流河道水质变化与水流速度（与河床形态有关）、来水水质关系研究，结果显示，当流速<0.5m/h 时，河道中的各种污染物主要以沉积过程为主；当流速在 0.5～1.5m/h 时，水体最易受外界有机物输入的影响，容易引起局部水质的恶化；当流速>1.5m/h 时，水动力条件有利于河道中的有机物的降解，但促进了底泥磷的释放，并会导致下游河道营养盐的升高。顾俊和刘德启（2007）进一步利用模拟实验开展了平原河流的水动力条件、河道宽深比、建筑物遮光效应和水温等因素对水体有机物长期降解过程的影响研究，结果显示，改善模拟河道的水动力条件，控制流速在 1.5m/h 以上，可有效地减轻有机物污染及其在底泥中的积累速率；控制模拟河道的宽深比在 3.0 左右，并最大限度增加模拟河道的总体光照时间和强度，对水中有机物的降解十分有利。在相同的来水量下，不同的季节水中有机物的含量是不同的，模拟河道底部水温在 10～15℃时，水体中有机物的含量最高，这也是河流最易发生黑臭的季节。赵素和潘伟斌（2011）研究河岸基质材料对河流有机污染物降解能力的影响，结果表明，河岸河床基质材料影响了微生物生物量、多样性和硝化等关键生化反应过程的酶活性，从而影响了河流对有机污染物的净化。以上研究结果说明，河道形态结构对其水质有着重要的影响。

4.5 急流–深潭–河滩系统水质自净作用研究方法

4.5.1 研究的河流自然特征

(1) 都柳江。都柳江是珠江上游的一条重要支流,位于贵州省黔南布依族苗族自治州境内。发源于黔南州独山县,流经三都、榕江、丛江县,进入广西后称为融江,为黔桂两省(自治区)水上交通枢纽。整条河流位于云贵高原向湘、桂丘陵过渡的斜坡地带(池再香和杨绍洪,2000)。河流流经少数民族地区,喀斯特地貌发育,河道蜿蜒曲折,流域内森林植被茂密,是天然性很好的一条河流,河流中重复出现典型的急流–深潭–河滩系统。都柳江全长310km,自然落差84.5m,集雨面积6700km²,多年平均流量145m³/s。研究工作在上游普安(26°04′N, 107°48′E, 海拔517m)、中游三都(25°58′N, 107°53′E, 海拔379m)和下游榕江(25°89′N, 108°50′E, 海拔351m)河段的急流–深潭–河滩系统中,采集水样进行测定,分析水质变化对急流–深潭–河滩系统形态结构的响应关系。

(2) 赤水河。赤水河为长江上游的一条重要支流,发源于云南省镇雄县,于四川省合江县汇入长江。赤水河还因工农红军长征时四渡赤水而闻名。干流全长436km。流域涉及3省的14个县(市),流域面积20440km²。赤水河流域具有特殊的人文、气候和自然地理条件,分布着多种珍稀、特有鱼种类,并特产享誉世界的茅台酒、董酒等名酒。本研究分别选取赤水河上游—古蔺县马蹄乡河段(27°66.132′N, 105.42°48.544′E, 海拔574m)、中游—茅台镇河段(27°81.12′N, 106°41.231′E, 海拔880m)、下游—土城镇河段(28°33.321′N, 106°20.235′E, 海拔989m),选择连续的急流–深潭–河滩系统,进行水样采集分析。古蔺段位于四川盆地与云贵高原过渡带乌蒙山系大娄山西段,地势西高东低,南陡北缓,地形起伏较大。该河段的汇水流域以牧为主、农牧兼营的产业结构,面源污染物输入强度较低。茅台段位于云贵高原丘陵山地,山地最高海拔和赤水河河谷一带最低海拔差达到1200m,汇入该河段的流域高海拔地区森林覆盖高,但低海拔地区农田分布面积较大。习水县土城段位于贵州北部,最高处海拔1871.9m,最低处海拔仅275m,地形起伏大,该河段的汇水流域森林分布面积大,在沟谷沿岸平缓地带分布着农田。

(3) 清水江。清水江(贵州段)位于贵州省东南部,是长江流域上游重要支流之一,是贵州省第二大河流,发源于贵州省都匀市谷江乡西北,主要流经都匀市、凯里市、锦屏县,在天柱县流出省境。出省河口海拔216m。整条河流的走向自西向东,海拔逐渐降低。流经的地区大部分为少数民族地区,河道蜿蜒曲折,森林植被茂密。清水江在贵州省境内长459km,流域面积17157km²,年产水量124亿m³,流域内有16个县市。本研究分别选取都匀(26°11′59″N, 107°42′30″E, 海拔809m)、凯里(26°32′36″N, 107°52′41″E, 海拔621m)、锦屏(26°6′29″N, 108°7′10″E, 海拔357m)河段进行河道水质、底质营养盐、底质重金属的分析,研究清水江急流–深潭–河滩系统河流形态结构与水质及底质指标之间的关系。清水江每个河段的流域,森林覆盖都很高,在河谷沿岸则分布着少量农田。

4.5.2 研究方法

（1）河道参数。在 Google Earth 上，沿每条河流预先确定大致距离相等的上中下游 3 段河流，在每段河流的中间选择一段河流作为研究对象，提取相关数据，包括河段两个端点间的直线距离、河道中心线的总长度和河道中心线的海拔。然后到达选择的河段，各取上下游相连的 3 个急流-深潭-河滩系统作为研究样本，实地测量河道参数，包括河段长度、海拔、面积（深潭、急流、河滩面积）。对于上游小的急流-深潭-河滩系统，利用皮尺来进行测量，海拔利用 GPS 来测定。对于中下游大型急流-深潭-河滩系统，用 RTK 测定。砾石粒径的大小是采用胸径尺来测量，测量时要在每一个待测河段的河滩上每隔 7m 设计一个 1m×1m 的样方，之后用胸径尺来测量样方内的砾石的最长和最短两条垂直粒径，取其平均值来表示一个砾石的粒径，而一个样方内砾石粒径的平均值则代表该样方平均砾石粒径大小，3 个河段，每个河段有 5 个平均砾石粒径值，一共 15 个平均砾石粒径数值。基于调查数据，进一步计算反映河道形态结构的弯曲系数和河道纵比降。弯曲系数是描述一条河流在某一河段的河道弯曲程度的指标，通过河段两处端点间的河道中心线长度除以两点之间的直线距离而得。水面纵比降是指水面水平距离内垂直尺度的变化，是水面上的两点高差与这两点间的水平距离的比值，它在一定程度上能够说明河流的垂直走向。

（2）水样采集。在每个河段，逆着水流方向，分别按顺序确定深潭、急流各 3 个，在每个深潭和急流中，根据深潭和急流的大小，确定 3 个等距离的采样点，在水面下 0.5m 处用有机玻璃采样器采集表层水样，然后立即装入聚乙烯塑料瓶内密封，编号并置于 4℃冰箱内保存待分析。每个深潭和急流中 3 个水样水质指标的测定结果平均值反映该深潭和急流的水质特征差异。每个河段设置 18 个采样点，上、中、下游共 54 个采样点，上、中、下游采样方法一致。水样采样频率为春、夏、秋、冬各一次。

（3）水样分析。所采水样分析指标和测定方法如下：pH，玻璃电极法；电导率，电导率仪法；溶解氧（DO），碘量法《水质 溶解氧测定 碘量法》（GB/T7489–1987）；五日生化需氧量（BOD_5），非稀释法和稀释接种法《水质 五日生化需氧量（BOD_5）的测定 稀释与接种法》（GB/T7488–1987）；化学需氧量（COD_{Cr}），重铬酸盐法《水质 化学需氧量的测定 重铬酸盐法》（GB/T11914–1989）；总氮（TN），碱性过硫酸钾消解紫外分光光度法（GB/T11894–1989）；硝酸盐氮（NO_3^--N），紫外分光光度法（HJ/T346–2009）；氨氮（NH_4^+-N），纳氏试剂分光光度法（HJ535–2009）；总磷（TP），过硫酸钾消解钼酸铵分光光度法（GB/T 11893–1989）；正磷酸盐（PO_4^{3+}-P），钼锑抗分光光度法（GB/T11893–1989）。对水体质量的评价参考中国国家标准地表水环境质量标准（GB 3838–2002）。

4.6　都柳江急流-深潭-河滩系统水质时间动态特征

4.6.1　都柳江不同季节上中下游急流-深潭水体氮浓度变化

在春、夏、冬 3 个季节，都柳江水体总氮浓度总体上急流小于深潭；从不同河段看，

上游>中游>下游。秋季总氮浓度中游最高，上游与下游差异不明显。方差分析显示，春季
上游和夏季上、中、下游深潭与急流间具有显著差异（$P<0.01$），秋季下游具有显著差异
（$P<0.05$），其余差异性不显著。都柳江春季总氮平均浓度为 1.02mg/L，变化范围为
0.66~1.23mg/L；夏季总氮平均为 0.75mg/L，变化范围为 0.38~1.12mg/L；秋季总氮平
均浓度为 0.74mg/L，变化范围为 0.58~0.92mg/L；冬季总氮平均浓度为 1.17mg/L，变化
范围为 0.78~1.54mg/L。四个季节都柳江总氮浓度表现为：冬季>春季>夏季>秋季
（图4.1）。

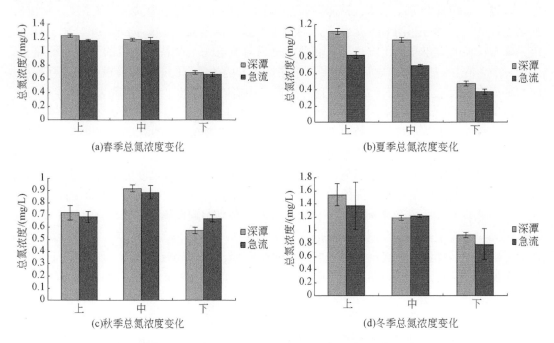

图4.1　不同季节上中下游急流–深潭水体总氮浓度

都柳江水体硝酸盐氮浓度变化趋势与总氮一致，即春、夏、冬上游>中游>下游，秋季
中游大于上游和下游（图4.2）。方差分析表明，春季上游和夏季上、中、下游的深潭与
急流具有显著差异（$P<0.01$），其余差异性不显著。春季硝酸盐氮平均浓度为 0.64mg/L，
变化范围为 0.36~0.84mg/L；夏季硝酸盐氮平均为 0.39mg/L，变化范围为 0.18~
0.64mg/L；秋季硝酸盐氮平均浓度为 0.52mg/L，变化范围为 0.43~0.63mg/L；冬季硝酸

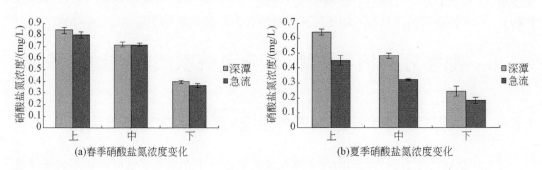

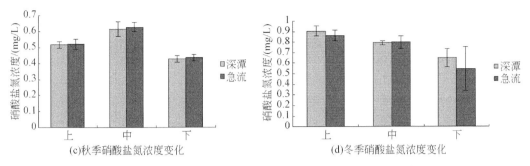

(c)秋季硝酸盐氮浓度变化   (d)冬季硝酸盐氮浓度变化

图4.2 不同季节上中下游急流-深潭水体硝酸盐氮浓度变化

盐氮平均浓度为0.76mg/L，变化范围为0.55~0.91mg/L。4个季节硝酸盐氮浓度变化为：冬季>春季>秋季>夏季。硝酸盐氮含量可在一定程度上反映水体的自净能力，因为硝酸盐含量越高，水体中微生物和氧化作用越强，表明水体自净能力越强。都柳江硝酸盐氮总平均浓度为0.58mg/L，比氨氮高，其自净能力较好。

春、夏、冬都柳江水体氨氮浓度中游>上游>下游，而秋季则是上游>中游>下游（图4.3）。中游生活污水、工业废水排放和农业面源污染较重，氨氮浓度较高。方差分析表明，秋季下游深潭与急流间氨氮含量具有显著差异（$P<0.01$），夏季和秋季中游具有显著差异（$P<0.05$），其余差异性不显著。春季氨氮平均浓度为0.34mg/L，变化范围为0.26~0.42mg/L；夏季氨氮平均0.24mg/L，变化范围为0.14~0.36mg/L；秋季氨氮平均浓度为0.13mg/L，变化范围为0.05~0.17mg/L；冬季氨氮平均浓度为0.11mg/L，变化范围为0.10~0.20mg/L。4个季节氨氮浓度春季>夏季>秋季>冬季。

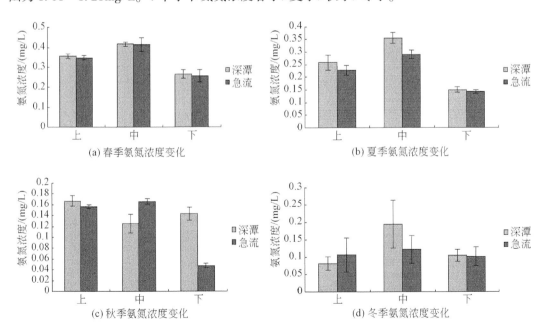

(a) 春季氨氮浓度变化   (b) 夏季氨氮浓度变化

(c)秋季氨氮浓度变化   (d) 冬季氨氮浓度变化

图4.3 不同季节上中下游急流-深潭水体氨氮浓度变化

4.6.2 赤水河不同水文季急流–深潭氮浓度变化

由图4.4表明，在枯水期、丰水期、平水期，水体总氮、硝酸盐氮、氨氮的浓度皆表现为深潭大于急流。但方差分析结果显示，深潭–急流水体总氮浓度在枯水期、丰水期、平水期均差异不显著（$P>0.05$），枯水期深潭–急流硝酸盐氮和氨氮差异极显著（$P<0.01$），丰水期深潭–急流硝酸盐氮和氨氮差异不显著（$P>0.05$），平水期深潭–急流硝酸盐氮和氨氮差异显著（$P<0.05$）。就采样水文季来看，总氮、硝酸盐氮、氨氮浓度均表现为枯水期>平水期>丰水期，其中，深潭总氮（0.45mg/L>0.43mg/L>0.41mg/L）、硝酸盐氮（0.22mg/L>0.19mg/L>0.11mg/L）、氨氮（0.18mg/L>0.096mg/L>0.05mg/L）；急流总氮（0.46mg/L>0.41mg/L>0.36mg/L）、硝酸盐氮（0.18mg/L>0.13mg/L>0.10mg/L）、氨氮（0.14mg/L>0.076mg/L>0.05mg/L）。

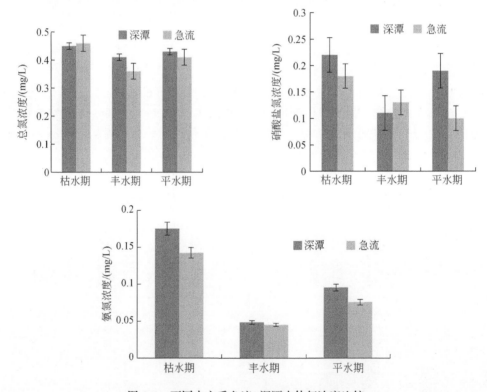

图4.4　不同水文季急流–深潭水体氮浓度比较

4.6.3 清水江上中下游急流–深潭氮浓度变化

清水江枯水期、丰水期及平水期水体总氮平均浓度为深潭>急流。深潭与急流总氮的最高值均出现在枯水期，最低值则是在丰水期。深潭中水流比急流的水流流速慢，污染物易富集，因此浓度较高（图4.5）。方差分析显示，枯水期、丰水期和平水期深潭与急流水体氮浓度差异均不显著（$P>0.05$）。在急流，总氮是枯水期>平水期>丰水期，其浓度值为（mg/L）：0.97>0.81>0.68；在深潭，总氮是枯水期>平水期>丰水期，其浓度值为（mg/L）：1.00>0.88>0.79。

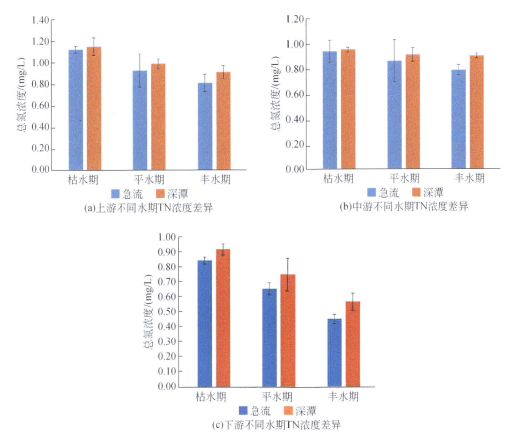

(a)上游不同水期TN浓度差异

(b)中游不同水期TN浓度差异

(c)下游不同水期TN浓度差异

图 4.5　不同水期急流−深潭水体总氮（TN）浓度比较

深潭与急流中水体硝酸盐氮浓度与总氮一致，即在枯水期、平水期及丰水期深潭比急流浓度略高（图4.6）。方差分析显示，急流和深潭的硝酸盐含量差异不显著（$P>0.05$）。

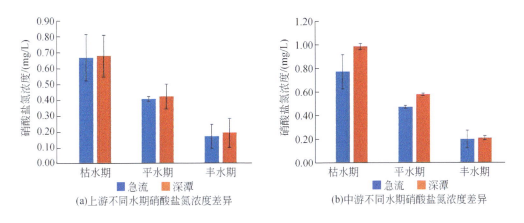

(a)上游不同水期硝酸盐氮浓度差异

(b)中游不同水期硝酸盐氮浓度差异

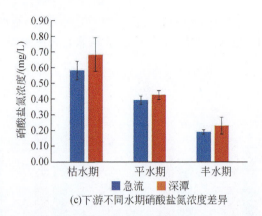

(c)下游不同水期硝酸盐氮浓度差异

图4.6 不同水期急流–深潭水体硝酸盐氮（NO_3^--N）浓度比较

在急流，硝酸盐浓度枯水期>平水期>丰水期，其浓度值为（mg/L）：0.68>0.42>0.19；在深潭，硝酸盐浓度枯水期>平水期>丰水期，其浓度值为（mg/L）：0.78>0.48>0.21。在深潭和急流，硝酸盐氮浓度最高出现在枯水期，最低值则是在丰水期，这主要与丰水期洪水稀释作用有关。

在枯水期、平水期及丰水期，深潭水体氨氮浓度大于急流（图4.7），方差分析表明，

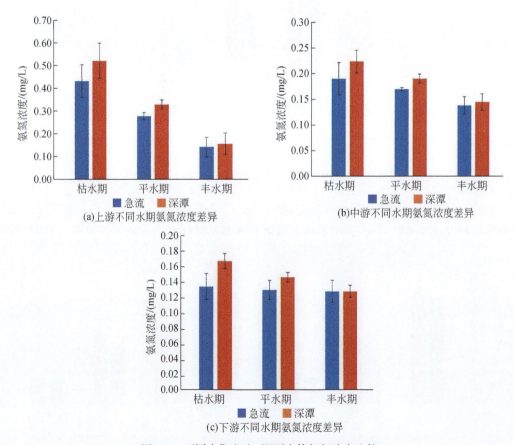

(a)上游不同水期氨氮浓度差异

(b)中游不同水期氨氮浓度差异

(c)下游不同水期氨氮浓度差异

图4.7 不同水期急流–深潭水体氨氮浓度比较

枯水期、丰水期和平水期深潭和急流中氨氮浓度差异均不显著（$P>0.05$）。通过分析，其原因主要是急流水流湍急，氨氮容易挥发，底质对氨氮的补充也低于深潭。在急流，氨氮浓度枯水期>平水期>丰水期，其浓度值为（mg/L）：0.25>0.19>0.14，属于Ⅱ和Ⅰ类水质（氨氮浓度≤0.5mg/L和0.15mg/L）；在深潭，氨氮浓度也是枯水期>平水期>丰水期，其浓度值为（mg/L）：0.30>0.22>0.14。

4.6.4 都柳江不同季节上中下游急流-深潭水体磷浓度变化

在夏季和秋季，从上游到下游，总磷浓度呈递增趋势，春季和冬季则差异不明显（图4.8）。方差分析表明，春季中、下游和夏季上游深潭和急流总磷浓度具有显著差异（$P<0.01$）。春季总磷平均浓度为0.0188mg/L，变化范围为0.0119~0.0255mg/L；夏季总磷平均为0.0183mg/L，变化范围为0.0094~0.0272mg/L；秋季总磷平均浓度为0.0213mg/L，变化范围为0.0182~0.0260mg/L；冬季总磷平均浓度为0.0197mg/L，变化范围为0.0186~0.0209mg/L。4个季节总磷浓度，秋季>冬季>春季>夏季。根据我国地表水环境质量标准GB3838—2002，属于Ⅰ类水质（总磷≤0.02mg/L）。

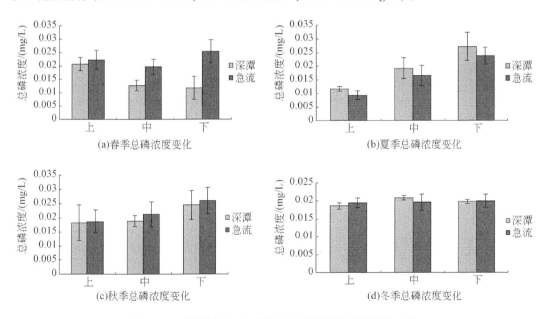

图4.8 不同季节上中下游急流-深潭水体总磷浓度变化

在夏季和秋季，从上游到下游，水体正磷酸盐浓度明显呈递增趋势，春季和冬季则变化不明显，其变化和总磷浓度变化相似（图4.9）。方差分析表明，春季下游深潭和急流正磷酸盐浓度差异极显著（$P<0.01$），春季和夏季上游差异显著（$P<0.05$）。春季正磷酸盐平均浓度0.0114mg/L，变化范围为0.0055~0.0198mg/L；夏季平均浓度0.0103mg/L，变化范围为0.0067~0.0140mg/L；秋季平均浓度为0.0061mg/L，变化范围为0.0027~0.0083mg/L；冬季平均浓度为0.0035mg/L，变化范围为0.0026~0.0043mg/L。4个季节正磷酸盐浓度变化：春季>夏季>秋季>冬季，其变化趋势与总磷浓度变化趋势相反。

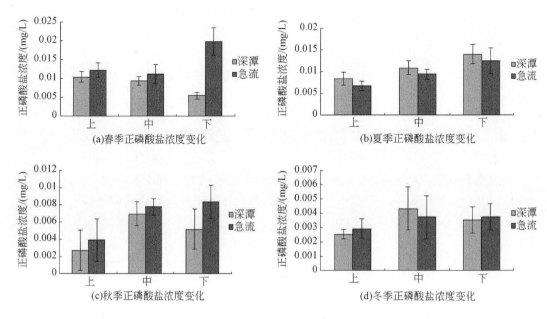

图4.9 不同季节上中下游急流–深潭水体中正磷酸盐浓度变化

4.6.5 赤水河不同水期急流–深潭中总磷浓度变化

在枯水期、丰水期、平水期水体总磷浓度均为急流大于深潭（图4.10）。方差分析显示，深潭和急流总磷浓度在枯水期差异极显著（$P<0.01$），丰水期差异不显著（$P>0.05$），平水期差异显著（$P<0.05$）。在深潭和急流，水体总磷浓度均是丰水期>平水期>枯水期，其值在深潭为 0.021mg/L > 0.018mg/L > 0.016mg/L，在急流为 0.029mg/L > 0.027mg/L>0.024mg/L。

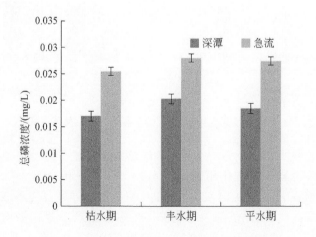

图4.10 不同水期深潭–急流水体总磷浓度比较

4.6.6　清水江不同水期深潭–急流水体总磷浓度

在枯水期、平水期和丰水期，急流水体中总磷浓度均小于深潭（图 4.11）。方差分析表明，枯水期和平水期水体总磷浓度在深潭与急流间差异极显著（$P<0.01$），丰水期深潭与急流间差异显著（$P<0.05$）。在急流，水体总磷含量为枯水期>平水期>丰水期，其浓度值为（mg/L）：0.0168>0.0156>0.0148，属于 I 类水质（总磷≤0.02mg/L）。在深潭，水体总磷浓度为枯水期>平水期>丰水期，其浓度值为（mg/L）：0.0168>0.0162>0.0155。

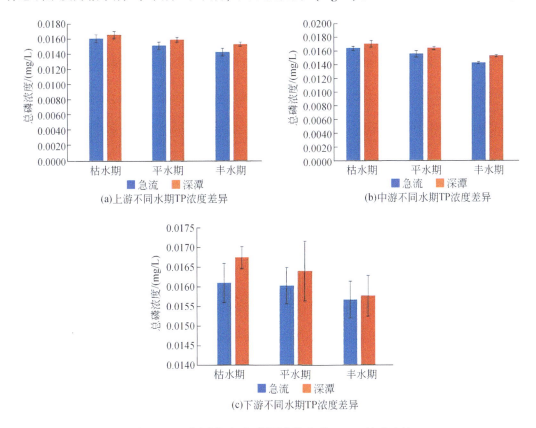

图 4.11　不同水期急流–深潭水体总磷（TP）浓度比较

4.6.7　都柳江急流–深潭水体溶解氧、BOD$_5$、COD 浓度比较

在春、秋、冬 3 个季节，从上游到下游，水体溶解氧浓度均是急流高于深潭，但方差分析表明，仅冬季中游急流和深潭间溶解氧浓度具有显著差异（$P<0.05$，图 4.12）。春季溶解氧平均浓度 18.47mg/L，变化范围为 13.70～23.03mg/L；秋季平均浓度 9.32mg/L，变化范围为 8.29～11.09mg/L；冬季平均浓度 10.36mg/L，变化范围为 9.01～13.27mg/L。3 个季节中溶解氧浓度：春季>冬季>秋季。

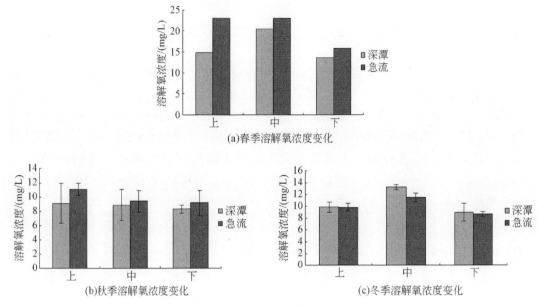

(a)春季溶解氧浓度变化

(b)秋季溶解氧浓度变化 (c)冬季溶解氧浓度变化

图4.12 不同季节上、中、下游急流–深潭水体溶解氧浓度变化

在春季和秋季，从上游到下游，水体 BOD_5 深潭高于急流，而在冬季则是急流高于深潭（图4.13）。方差分析显示，春、秋、冬3个季节深潭和急流间水体 BOD_5 差异均不显著。春季 BOD_5 平均浓度 9.12mg/L，变化范围为 6.13~15.00mg/L；秋季平均浓度 3.04mg/L，变化范围为 2.68~3.78mg/L；冬季平均浓度 1.51mg/L，变化范围为 0.71~2.23mg/L。3个季节 BOD_5：春季>秋季>冬季。对比我国地表水环境质量标准（GB3838-2002）中 BOD_5 范围，属于Ⅳ类水质。

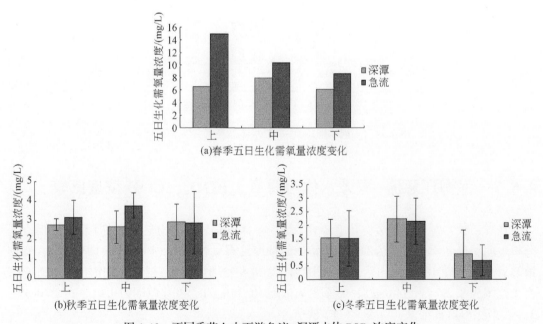

(a)春季五日生化需氧量浓度变化

(b)秋季五日生化需氧量浓度变化 (c)冬季五日生化需氧量浓度变化

图4.13 不同季节上中下游急流–深潭水体 BOD_5 浓度变化

在春、夏、秋、冬4个季节，从上游到下游，深潭中水体COD浓度大多高于急流，春季呈递增趋势，夏季呈现递减趋势，总体规律性不明显（图4.14）。方差分析表明，冬季下游深潭和急流间水体COD浓度具有极显著差异（$P<0.01$），冬季上游具有显著差异（$P<0.05$）。春季COD平均浓度11.926mg/L，变化范围为5.585～16.722mg/L；夏季平均为18.167mg/L，变化范围为4.002～28.640mg/L；秋季平均浓度10.392mg/L，变化范围为7.845～12.598mg/L；冬季平均浓度7.102mg/L，变化范围为3.083～11.550mg/L。4个季节COD浓度：春季>夏季>秋季>冬季。都柳江整条河流水体COD平均浓度11.897mg/L。

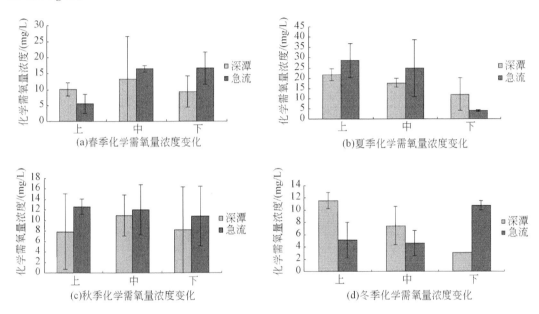

图4.14　不同季节上中下游急流−深潭水体COD浓度变化

4.6.8　赤水河急流−深潭水体溶解氧、BOD$_5$和COD浓度比较

在枯水期、丰水期和平水期，水体溶解氧、BOD$_5$、COD浓度均表现为急流大于深潭（图4.15）。方差分析显示，深潭−急流水体的溶解氧在枯水期差异极显著（$P<0.01$），丰水期和枯水期差异不显著（$P>0.05$）；BOD$_5$浓度在枯水期和丰水期差异不显著（$P>0.05$），平水期差异显著（$P<0.05$）；水体COD浓度在枯水期和平水期差异极显著（$P<0.01$），丰水期差异不显著（$P>0.05$）。在深潭，水体溶解氧、BOD$_5$、COD浓度，枯水期>平水期>丰水期，溶解氧的值为7.13mg/L>6.49mg/L>6.16mg/L、BOD$_5$为2.65mg/L>1.10mg/L>0.86mg/L、COD为21.68mg/L>16.23mg/L>9.24mg/L。在急流，溶解氧、BOD$_5$、COD浓度也是枯水期>平水期>丰水期，溶解氧为7.36mg/L>6.82mg/L>6.56mg/L、BOD$_5$为2.73mg/L>1.78mg/L>1.00mg/L、COD为41.96mg/L>32.46mg/L>16.53mg/L。

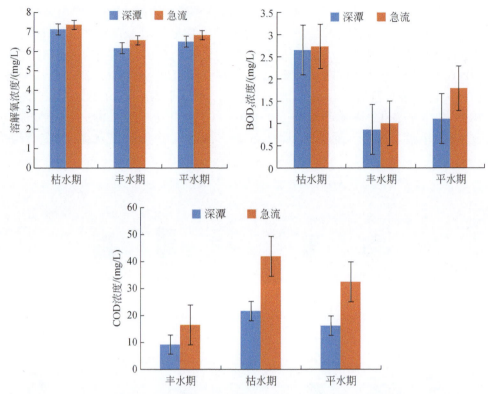

图 4.15 不同时期急流–深潭水体中溶解氧、BOD_5 和 COD 浓度比较

4.6.9 清水江急流–深潭水体溶解氧、BOD_5 和 COD 浓度比较

在枯水期、平水期和丰水期，深潭水体溶解氧浓度均小于急流水体溶解氧浓度（图 4.16）。方差分析表明，枯水期、平水期和丰水期水体溶解氧浓度在急流和深潭间差异都不显著（$P<0.05$）。丰水期，水体温度较高，不利于空气中氧气溶解到水体中，因此溶解氧浓度相对较低。在急流和深潭，水体溶解氧浓度都是枯水期>平水期>丰水期。在深

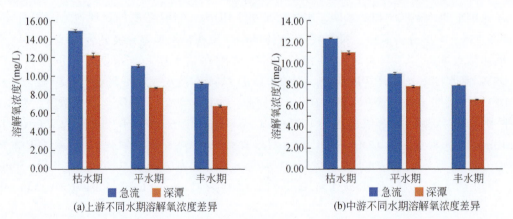

(a)上游不同水期溶解氧浓度差异   (b)中游不同水期溶解氧浓度差异

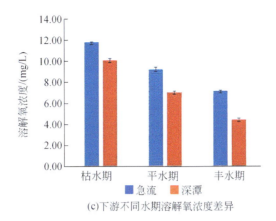

(c)下游不同水期溶解氧浓度差异

图4.16 不同水期急流–深潭水体溶解氧浓度比较

潭，其浓度值为（mg/L）：12.98 > 9.75 > 8.09；在急流，其浓度值为（mg/L）：11.08 > 7.85 > 5.92。清水江水体中溶解氧浓度均属于Ⅰ类水质（溶解氧 ≥ 7.5mg/L）。

在枯水期、平水期和丰水期，急流中 BOD_5 浓度均大于深潭中 BOD_5 浓度（图4.17）。方差分析表明，在枯水期和平水期，水体 BOD_5 浓度在急流和深潭间差异显著（$P < 0.05$），丰水期差异不显著（$P > 0.05$）。在急流和深潭，水体 BOD_5 浓度均为枯水期 > 平水期 > 丰水期，急流水体中浓度为（mg/L）3.50 > 2.45 > 1.83，属于Ⅲ类水质（$BOD_5 \leqslant 4mg/L$）；在深潭，也是枯水期 > 平水期 > 丰水期，其浓度值为（mg/L）1.87 > 1.26 > 0.87，属于Ⅰ类水质（$BOD_5 \leqslant 3mg/L$）。总体看来，清水江水体中 BOD_5 浓度比较低，说明有机污染不严重。

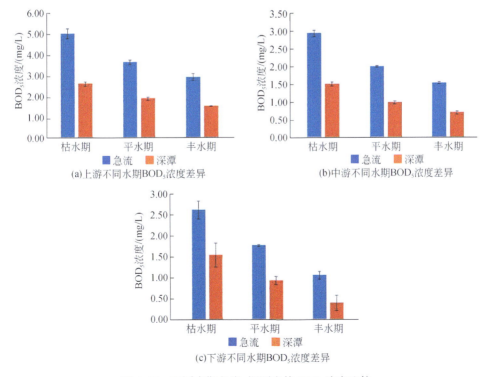

(a)上游不同水期 BOD_5 浓度差异

(b)中游不同水期 BOD_5 浓度差异

(c)下游不同水期 BOD_5 浓度差异

图4.17 不同水期急流–深潭水体 BOD_5 浓度比较

在枯水期、平水期和丰水期，水体 COD 浓度在急流和深潭间差异比较小（图 4.18）。COD 反映了水体受还原性有机物污染的程度，其值越大，反映有机污染程度越高。方差分析表明，在枯水期、平水期和丰水期，水体 COD 浓度在急流和深潭间差异不显著（$P>0.05$）。在急流，COD 浓度是丰水期>平水期>枯水期，其浓度值为（mg/L）12.23>11.26>10.26，属于 I 类水质（COD≤15mg/L）；在深潭，COD 浓度为丰水期>平水期>枯水期，其浓度值为（mg/L）12.09>11.29>10.05。

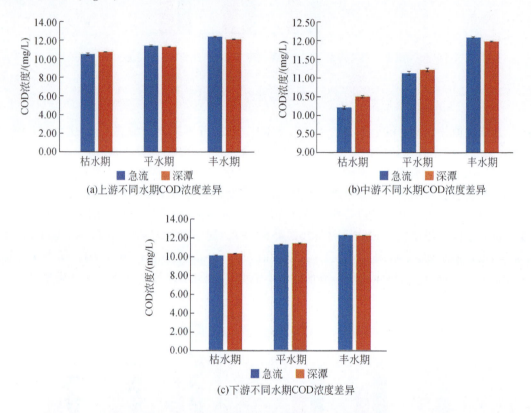

图 4.18　不同水期急流–深潭水体 COD 浓度比较

4.6.10　都柳江不同季节上中下游急流–深潭水体 pH 和电导率变化

总体上在秋季，从上游到下游，深潭水体 pH 高于急流，其他季节急流高于深潭（图 4.19）。方差分析表明，春季中游和夏季中、下游的水体 pH 在深潭和急流间具有极显著差异（$P<0.01$），夏季上游具有显著差异（$P<0.05$）。春季水体 pH 平均值 7.95，变化范围为 7.43～8.72；夏季水体 pH 平均值 7.69，变化范围为 7.24～8.10；秋季水体 pH 平均值 8.62，变化范围为 8.42～8.84；冬季水体 pH 平均值 8.45，变化范围为 8.10～8.97。4 个季节 pH 平均值：秋季>冬季>春季>夏季。都柳江水体 pH 总平均值 8.18，偏碱性。

在春季和冬季，深潭水体电导率稍高于急流，但是在夏季和秋季，急流稍高于深潭（图 4.20）。方差分析表明，春季上、中游和秋季上、中、下游水体电导率在深潭与急流

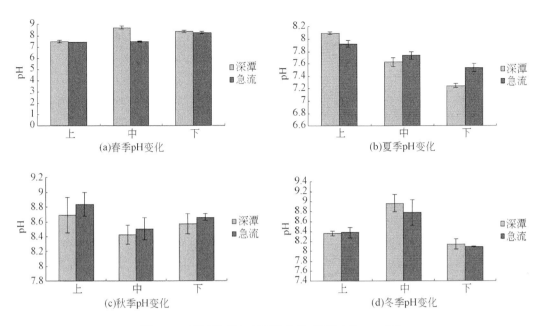

图4.19 不同季节上中下游急流-深潭水体 pH 变化

间具有极显著差异（$P<0.01$），夏季上游具有显著差异（$P<0.05$）。春季电导率平均182.4μS/cm，变化范围为134～229.6μS/cm；夏季平均156.5μS/cm，变化范围为100.5～195.3μS/cm；秋季平均值155.6μS/cm，变化范围为122.1～179.3μS/cm；冬季平均184.4μS/cm，变化范围为153.3～203.3μS/cm。4 个季节电导率冬季>春季>夏季>秋季，都柳江电导率总平均值169.7μS/cm。

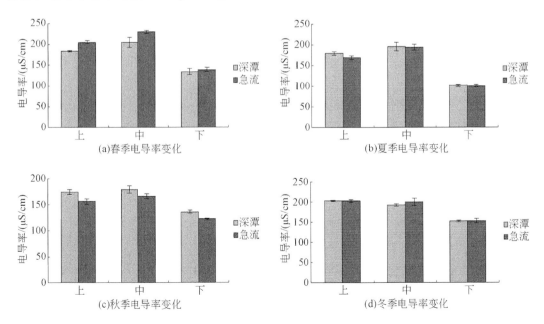

图4.20 不同季节上中下游急流-深潭水体电导率变化

4.7 水质指标与河道形态结构因子的关系

用 10 个水质指标分别与河道形态结构因子进行了相关分析，结果见表 4.1。从表 4.1 可以看出，纵比降值只与正磷酸盐有显著相关性（$P<0.05$），并且是显著负相关，表明纵比降值越大，则正磷酸盐的浓度就会越小；弯曲系数与氨氮、pH、电导率呈极显著负相关（$P<0.01$），说明河道弯曲系数与水质指标之间有重要的关系，且弯曲系数越大，则氨氮、pH 和电导率越小，这也证明弯曲的河道有利于水体的净化作用；砾石粒径与硝酸盐氮和正磷酸盐呈极显著相关性（$P<0.01$），且与硝酸盐氮负相关，与正磷酸盐正相关。砾石粒径与总氮和总磷呈显著相关性（$P<0.05$），且与总氮负相关，与总磷正相关，说明砾石粒径对水中氮磷的影响较大，影响作用相反。河滩中砾石上附着许多藻类和微生物并形成生物膜，其生长需要吸收一定的营养元素，并对水流具有调节作用，影响到水体氮和磷含量。深潭面积只与总磷呈显著正相关（$P<0.05$），急流面积和 10 个水质指标的相关性不显著，河滩面积与总磷呈显著正相关（$P<0.05$）。深潭面积、急流面积、河滩面积的影响是共同作用的结果，将其分为三个部分研究其对水质的影响并不显著，但是深潭面积和河滩面积有一个共同点是它们与水体总磷浓度之间都存在显著的相关性。综上所述，在选取的这 6 个形态结构指标中，弯曲系数和砾石粒径与水质指标的关系较密切，影响较大。

表 4.1 都柳江水质指标与河道形态结构因子的关系

项目	TN	NO_3^--N	NH_4^+-N	TP	PO_4^{3+}-P	DO	BOD_5	COD	pH	电导率
Z	0.637	0.582	0.231	-0.635	-0.736*	0.491	0.527	0.282	-0.138	0.452
W	-0.621	-0.552	-0.937**	0.483	0.135	-0.645	-0.148	-0.645	-0.864**	-0.809**
L	-0.758*	-0.816**	-0.312	0.755*	0.944**	0.033	0.152	-0.395	0.029	-0.565
S	-0.593	-0.531	-0.473	0.698*	0.457	-0.348	-0.150	-0.397	-0.280	-0.540
J	-0.227	-0.270	-0.054	0.465	0.312	-0.068	-0.115	-0.320	0.228	-0.124
H	-0.577	-0.564	-0.508	0.713*	0.484	-0.265	0.006	-0.258	-0.420	-0.601

注：**为 0.01 水平上显著相关，*为 0.05 水平上显著相关；W 为弯曲系数；Z 为纵比降；L 为砾石直径；S 为深潭面积；J 为急流面积；H 为河滩面积。

4.8 讨 论

4.8.1 急流-深潭-河滩系统对水质的影响

水体污染是我国主要的环境问题。我国目前有 50% 的河流和 80% 以上的湖泊受到污染。水体污染致使水体生态系统遭受严重破坏，自净能力减弱，甚至消亡，严重制约了我国社会经济的可持续发展，影响了人民的身体健康。近年来，随着对河流的各种开发活动，全球河流的天然形态结构受到了严重破坏。我国在河流整治过程中，对河道采取裁弯取直、河岸硬质化的改造方式，使自然河道的原有形态受到了很大程度的影响（李秉成，2006；董哲仁，2003）。主要表现为：①河道蜿蜒性降低，出现了直线或折线形态的河道；②河道断面形状多样性降低，呈现几何规则化、单一化的断面形式；③水利工程的建设，如筑坝、水库、堤岸，造成了河流形态表现出不连续性。河道形态结构的变化，使得河道生物多样性降低，水体自净能力下降（Dong，2003）。

急流-深潭-河滩系统是天然河流演变中常见又十分重要的河流形态结构（王震洪，2013）。它是河道在水流长期作用下，对河床进行冲刷淘蚀，河床不断变化，最后形成稳定的形态结构。深潭与急流比，在形态结构上水较深，细沙石少，流速慢，底部常存有淤泥，急流具有水浅，沙石多，流速快等特点；深潭一般位于河道的两侧，岸边常有植物生长，但是急流一般在河中央，一个急流的流向和下一个急流的流向呈左右变化的特征；急流和深潭的这些特点造成河流中物理、化学、生物过程有所不同，其水环境条件必然发生变化。目前对深潭和急流中水质变化的研究尚未见报道，本研究对具有不同形态结构的深潭和急流两种水环境中的 10 个主要水质指标进行测定，探讨深潭和急流对河道水质的净化规律。

（1）急流-深潭-河滩系统对水体氮素含量的影响。在氮循环中，生物脱氮主要包括氨化、硝化和反硝化作用等，各个过程涉及复杂的生化反应，环境条件的改变对这些过程有着重要的影响。孙井梅等（2012）对人工构建的水系统研究显示，扰动能有效减少水中氨氮含量，扰动过程增加了水体溶解氧含量，有利于氨化、硝化/亚硝化反应，并且加大了对 NH_3 的挥发效率，增强吹脱作用（孙华和申哲明，2009；孙英杰等，2006）。本书对三条河的研究表明，急流水体中总氮、硝态氮和氨态氮浓度明显低于深潭，急流水流扰动的物理过程对氮代谢和挥发应发挥重要作用。急流水体相对深潭水体较浅，光照强度大于深潭，底栖藻类光合作用可能更强，对吸收水体中氮素来维持生长，也可能降低水体氮素（姚扬等，2004）。

（2）深潭-急流系统对水体溶解氧、BOD_5 浓度的影响。水体扰动对黑臭河道的影响实验中，扰动越强，溶解氧的增加量越多（张一璠等，2013）。本研究中，急流扰动明显多于深潭，急流水体较深潭水体流动较快，与空气接触面积大，有利于氧气溶入水中，因此三条河流测定结果一致显示急流水体溶解氧高于深潭。急流水体较浅，光照可达到底部，水温较高，水体中具有光合作用的生物可能有较多的代谢活动释放氧气，对急流氧气有一定影响。BOD_5 是一种用微生物代谢所消耗的溶解氧量来间接表示水体被有机物污染程度的指标。主要用于监测水体中有机物的污染状况，一般有机物都可以被微生物所分解，但微生物分解水中的有机化合物时需要消耗氧，如果水中的溶解氧不足以供给微生物的需要，水体就处于污染状态（Lee et al.，2005）。通常认为 BOD_5 主要是反映水体中可生物降解的有机物浓度。在都柳江、赤水河和清水江的研究中，深潭水体流速较慢，水体中的有机物随同颗粒物质更多地发生沉降作用，而急流水体中有机物在湍急的水流作用下混合比较均匀，所以急流水体中测定出的 BOD_5 浓度大于深潭。

（3）深潭-急流系统对水体 COD 浓度的影响。COD 是在一定条件下，采用一定的强氧化剂氧化 1L 污水中有机物所需的氧量，可大致表示污水中的总有机物量。它反映了水中受还原性物质污染的程度，该指标也作为有机物相对含量的综合指标之一。本研究发现，急流水体中 COD 一致地高于深潭。深潭相对急流水体温度较低，低温有利于底泥中矿物质和有机质之间作用力的形成，有利于矿物质吸附水体中有机质（朱健等，2009）。同时，河道中的水体在从深潭到急流的过程中，河道底质在空间上从相对静止的沉积状态逐步变成被水流容易带动的悬浮状态，在这一过程中，增大了上覆水与水体的接触面积，同时破坏了矿物质与有机质形成的"无机–有机"复合体，底质中包含的有机物将更多地释放进入上层水体，这导致了急流水体 COD 浓度高于深潭（Lin et al.，2016）。

（4）深潭–急流系统对水体总磷浓度的影响。磷是生物圈重要的营养元素，同时也是引起湖泊富营养化的重要因素之一（秦伯强，2002）。都柳江和赤水河的研究结果显示，急流水体磷含量明显高于深潭水体。其原因可能是内源性磷污染常常在水体扰动、温度变化、pH 值适合和微生物分解等生物和非生物因素的共同作用下，表层活性底泥中的难溶性磷转变为可溶性磷，导致增加上覆水中的磷浓度，最后使水体中磷含量增加（陈刚，2006；黎颖治和夏北成，2007：邵兴华等，2007；Jugsujinda et al.，1995；毛成责等，2016）。河流从深潭进入急流的过程，使急流底层的沉积物产生扰动而形成再悬浮状态，从而使溶液中的无机颗粒物质如铁、锰等氧化物胶体以及羟基基团的黏土矿物等含量显著增加，有利于沉积物对磷的专属吸附，并且扰动会强化细小颗粒物的聚集絮凝，使吸附了大量溶解态磷的悬浮物发生移动，因此水体中磷浓度增加（Chi et al.，2010；Wang et al.，2008；金晓丹，2014）。自然河道急流进入深潭后，深潭水体流速较慢，含有较多磷的悬浮物在深潭中发生沉降，这导致深潭水体总磷含量小于急流水体。

4.8.2 河道水体水质指标及其空间特征

过去的研究表明，我国对水体自净能力的研究主要集中在平原河网地区，而对都柳江、赤水河、清水江这样的山区较天然的河道研究较少。大多数研究都是采用室内外模拟实验进行，并选择少数特定水质指标研究。本研究采用实地采样的方法，在都柳江、赤水河和清水江的上、中、下游分别取样，分析测定水体中 10 个主要的水质指标，其中包括面源污染指标、有机污染指标和能够反映水体水质情况的主要指标，较全面地反映了河流水体水质情况及其自净化效果。

氮素是生物的营养元素，以及河流主要水质指标之一，也是引起水体污染、水体富营养化的主要营养成分，对氮污染的控制和研究已经成为水体环境与生态保护工作的重点，并开展了大量研究。本研究结果显示，都柳江和清水江水体总氮和氨氮浓度低于Ⅲ类水限值，赤水河低于Ⅱ类水限值（GB3838–2002），相比其他河流污染程度较轻（李倩等，2012）。苑韶峰和吕军（2008）对曹娥江干流氮素的空间变异特征进行研究，结果表明总氮和氨态氮浓度在空间上从上游到下游呈现出下降的趋势，而硝酸盐氮却没有明显的变化。但也有研究显示，在人类活动密集的河段，河流水体中氮素含量会显著上升，并不会从上游到下游递减（古丽米热等，2012；常娟和王根绪，2005）。本研究中都柳江水体中总氮和硝态氮，清水江水体中总氮、氨氮从上游到下游呈现下降趋势，而赤水河并没有显示这样的递减。

水体磷含量作为河流、湖泊生产力的主要限制性营养元素，已经成为湖泊富营养化的一个重要指标，对水体磷素空间分布特征的研究，将有助于了解该地区水体富营养化状况（Smith et al.，1999；Chau，2005）。都柳江、赤水河和清水江水体磷素含量小于Ⅱ类水限值。相比较而言，城市河流和湖泊，磷素含量很高，如太湖总磷年平均含量从 10 年前到目前基本为Ⅳ类水质水平（陆朝阳等，2012；黄晓艺等，2019）；上海市淀浦河等多条河流总磷的年均含量则多为Ⅴ类水质，水体磷含量较高（朱剑锋，2013）。有研究表明，大多数水体富营养化的限制因子是磷，因此，磷是水质分析的重要指标之一，并且溶解的正磷酸盐是植物吸收的主要形式。本研究中都柳江水体磷含量，从上游到下游浓度呈现增高的趋势，而清水江上下游含量变化不大。这与太湖流域总磷的变化相似，其上游水质显著好于下游，这与河流不断从周围景观中纳入污染物有关（周文等，2012）。但总体看，西南的这三条河水体中磷素含量整体较低，河流富营养化风险较小。面源污染对河流的影响之一是使河流中氮磷含量增加，造成的水体污染，引起藻类和其他浮游生物的迅速繁殖，使水体溶解氧含量下降。Liebig 最小因子定律表明，植物的生长取决于那些处于最少量状态的营养成分（盛连喜，2009）。水体中藻类生长对氮磷的要求一般是 N∶P=10~15 范围内，一般情况下，当水中氮磷比超过上限 15 时，藻类生长受到磷的限制，但氮供应充分；当氮磷比低于下限 10 时，表明藻类生长受到氮限制，磷供应充分。都柳江、赤水河、清水江的氮磷比为 47、19、49，显著地高于上限 15，说明贵州三条河藻类生长受到磷限制比较明显。

溶解氧与水生动植物有密切关系，并影响着水体中生物化学净化，因此溶解氧是重要的水质指标之一。Hutchinson（1957）等指出在河道水环境的评价中，溶解氧是判断水质好坏的重要标志，其含量高低则是衡量水体自净能力强弱的先决条件（何本茂和韦蔓新，2006）。都柳江、赤水河和清水江水体中溶解氧含量很高，属于Ⅰ类水质（溶解氧≥7.5mg/L），说明河流自净能力强。西南这三条河水体溶解氧含量明显高于我国大多数河流，如金沙江、岷江、汉江、黄河等，污染严重的河流如温瑞塘河水体 10 年前溶解氧年均值仅为 2.01mg/L，现在仍然只有 2.48mg/L，仅为Ⅴ类水标准（纪晓亮等，2012）。研究还显示，三条河上、中、下游水质溶解氧差异不大。

BOD_5 和 COD 反映了水体有机污染程度的指标。都柳江水体 BOD_5 明显比赤水河和清水江水体高，属于Ⅲ类水质，而赤水河和清水江水体 BOD_5 属Ⅰ类水质，基本没有什么有机污染（BOD_5≤3mg/L）。这三条河从上游到下游 BOD_5 都逐渐下降，这主要和上游人口相对密集有关。水体 COD 含量，赤水河比都柳江和清水江高，都柳江水体 COD 变化范围在 10~15mg/L，而赤水河则高达 10~40mg/L，清水江则在 10~12mg/L 变化，总体来说，有机污染并不严重。都柳江 pH 总平均值为 8.18，总变化范围在 7.24~8.84，与其他河流相比碱性较高，如金沙江水体 pH 平均为 7.19，汉江水体 pH 平均为 7.6，疏勒河 pH 在 7.87~7.97（韦红钢等，2010）。

4.8.3 河道水质不同季节变化规律

季节变化对水质的影响评价是流域水质管理的重要内容之一。季节的改变会引起降水、温度等环境因子的不同，从而导致水体中水质指标发生改变。然而季节具有特定的变化规律，因此研究水质的季节变化特征有利于全面了解水质的情况。目前大多数研究水质的季节变化，一般分丰水期和枯水期，或者再加上平水期，分春、夏、秋、冬4个季节的水质研究比较少。本研究对都柳江的观测从时间上以4个季节为划分，对赤水河和清水江按枯水季、平水季和丰水季进行观测。

根据有关资料，都柳江流过的黔南地区全年降水主要在夏季，其次是春季和秋季，冬季雨量最少（唐红忠等，2012；莫华勇，2011）。黔东南降水的季节变化规律按全州平均统计分配，春季降水量372.2mm，占全年的30.5%；夏季降水量498.4mm，占全年的40.8%；秋季降水量242.1mm，占全年的19.8%；冬季降水量108.3mm，占全年的8.9%（杨锦等，2012）。从降水数据可以看出，都柳江水量应为夏季最多，其次是春季和秋季，冬季降水最少。

于一雷和王庆锁（2008）对密云水库及其河流入库河段水质的监测与分析，表明水中pH全年平均值差异很小，并表现出汛期最低，冬季较低，其他季节相对较高的时间变化特征。都柳江pH变化表现为：秋季>冬季>春季>夏季。两项研究相同点是汛期pH最低，其原因是汛期降雨多，且雨水呈酸性，雨水中和了河水使pH下降。密云水库河段总氮和硝态氮含量变化特征为植物生长季（6~9月）较低，非生长季（1~4月，11~12月）较高（于一雷和王庆锁，2008）。滇池新运粮河水质在5~10月的雨季，总氮、氨氮、总磷3个指标浓度呈下降趋势，11月至次年4月的旱季，降水量少，各指标浓度呈上升趋势，且显著高于雨季时浓度（王华光等，2012）。洞庭湖在季节变化上，总氮含量表现出枯水期>平水期>丰水期的特征，而总磷含量表现出相反的特性（王旭等，2012）。本研究中，都柳江水体总氮和硝酸盐氮在季节上的变化规律是冬季>春季>秋季>夏季，赤水河和清水江表现为枯水期>平水期>丰水期；都柳江水体氨氮为春季>夏季>秋季>冬季，赤水河和清水江仍然表现为枯水期>平水期>丰水期，出现这样的结果主要由于汛期降水增多，河流水位上升，使水中氮被稀释和一定程度的挥发，使水体氮浓度下降。都柳江水体中总磷和正磷酸盐含量，总磷为秋季>冬季>春季>夏季，正磷酸盐为春季>夏季>秋季>冬季，这与纪晓亮等（2012）在温瑞塘河的研究结果一致，而赤水河总磷含量为枯水期<平水期<丰水期，清水江水体总磷含量枯水期>平水期>丰水期，磷的变化主要与水体中颗粒磷有关，河流流过的区域农田，养殖较多，肥料、畜禽粪便和土壤颗粒容易进入水体，增加了水体磷含量（夏星辉等，2012）。关于溶解氧，存在氧气在水中的溶解度随水温下降而增加的规律（田慧娟等，2009）。都柳江水体溶解氧浓度变化为春季>冬季>秋季，赤水河和清水江溶解氧浓度为枯水期>平水期>丰水期，三条河流所在地水温秋季>春季>冬季，说明水温解释了溶解氧含量的高低。

都柳江水体 BOD_5 春季>秋季>冬季，赤水河和清水江水体 BOD_5 枯水期>平水期>丰水期，这与平水期和丰水期对有机物的稀释有关。都柳江水体COD含量为春季>夏季>秋季>冬季，赤水河和清水江水体COD含量为枯水期>平水期>丰水期，在春夏季，农业生产活动可能导致一些有机物进入水体，使COD含量上升，但是这一结果与密云水库的结果不同，密云水库河段COD最高值出现在7~9月，最低值出现在1月和12月（于一雷和王庆锁，2008）。河流水体电导率的季节变化，在大宁河，枯水期电导率大于丰水期（张佳磊等，2011）。都柳江电导率变化为冬季>春季>夏季>秋季，即枯水季节高于丰水季节，两个研究结果相似，电导率不仅与温度有关，与降水分布也关系密切，丰水期河流中溶解盐被稀释，电导率会显著下降。总体看，水质季节变化的研究普遍显示，由于雨水的稀释作用，枯水期水体污染要比丰水期严重（方晓波等，2013）。

4.8.4 水质指标与河道形态结构因子的关系

总结过去的研究表明，河道形态结构对水质净化能力的影响研究比较薄弱。研究河道形态结构与水质指标的关系，了解人为干扰下河道形态结构对水质自净能力的不利影响，可以增强人们对河流自然性保护的意识，为流域生态系统管理提供科学指导。在水质指标与河道形态结构因子的关系研究中，蔡建楠等（2010）建立河道分维数、河道断面形态、河岸基质、河岸带宽度、河岸带植被盖度、河床底质状况、河床栖境复杂性共 7 项指标的河流形态结构评价体系，通过模型计算乌涌各河段的河流形态分值，分析与水质指标的关系，结果表明河流形态评价结果与 NH_3-N、SS、DO 和浊度的降解存在相关性，河流形态结构是影响河流自净的一个重要因素。有研究显示，当流速<0.5m/h 时，河道中的各种污染物主要以沉积为主；当流速在 0.5～1.5m/h 时，水体最易受外界有机物输入的影响，容易引起局部水质的恶化；当流速>1.5m/h 时，水动力条件有利于河道中的有机物的降解，但促进了底泥磷的释放，并会导致下游河道营养盐的升高（蔡晔等，2007）。顾俊和刘德启（2008）研究发现，河流中弯曲度增加可以使水体中总氮含量明显降低，硝酸盐氮和氨氮的降低趋势更明显。

本研究以天然性较高的河流为研究对象，选取了纵比降值、弯曲系数、砾石粒径、深潭面积、急流面积和河滩面积 6 个形态结构因子，用都柳江的 10 个水质指标分别和以上 6 个河道形态结构因子进行了相关分析，研究水质指标与河道形态结构因子的关系。发现河道纵比降只与正磷酸盐含量呈显著负相关（$P<0.05$），弯曲系数与氨氮、pH、电导率呈极显著负相关（$P<0.01$），砾石粒径与总氮和硝酸盐氮浓度呈显著负相关（$P<0.01$），与总磷和正磷酸盐浓度呈极显著正相关（$P<0.05$），深潭面积只与总磷呈显著正相关（$P<0.05$）。纵比降大，水流流速大，空气氧容易进入水体，有利于附着在砾石上的生物膜进行代谢，增加对磷的吸收。弯曲系数越大，水流停留时间可能越长，离子可能吸附吸收较多，使得氨氮、pH、电导率下降，因此弯曲的河道有利于水体的净化作用。砾石粒径的大小对水流和营养物质的分配具有影响，粒径越小，对营养物质的吸附吸收和处理表面越大，反之越小，对氮和磷的作用产生了不同影响。由于深潭水流比较慢，底质中积累的磷比较多，深潭面积越大，从底质中释放出的磷就越多，所以和总磷浓度呈正相关。综上，在进行河道修复时，为了提高河道对水流中污染物的净化能力，需要考虑河流形态结构因子，最好在恢复时参考天然河流的形态结构进行恢复。

4.9 本 章 小 结

水流通过天然河流中的急流-深潭-河滩系统，随着春、夏、秋、冬或者枯水期、平水期和丰水期的变化，水质具有显著差异。经过深潭和急流，水体环境质量也会发生变化，水流经过急流，水体中溶解氧明显增加，总氮、硝态氮和氨态氮浓度下降，总磷、正磷酸盐、BOD$_5$，COD 浓度上升；水流经过深潭时，检测的结果则相反。通过整条河的分析，纵比降与正磷酸盐含量呈显著负相关，弯曲系数与氨氮、pH、电导率呈极显著负相关，砾石粒径与总氮和硝酸盐氮浓度呈显著负相关，与总磷和正磷酸盐浓度呈极显著正相关，深潭面积只与总磷呈显著正相关。

对深潭–急流–河滩典型自然河道形态系统的水质指标进行测定和分析，明晰了水体通过深潭–急流–河滩系统水质自净情况、不同水期水质变化规律。通过深潭与急流中分别采样分析，揭示了河流中深潭与急流这一形态结构单元差异对水质的影响及其水期变化规律，不同采样时期水质也具有不同的变化，具体表现为水质指标均表现为枯水期>平水期>丰水期。具有深潭–急流–河滩这一系统的河道会在反复不断地曝气–沉淀过程中对水体产生净化作用。

急流–深潭–河滩系统和河流生态修复设计施工在尺度上是相似的，这些研究数据直接可以应用。从理论的角度，可以建立急流–深潭–河滩系统形态结构与功能模型，完善河流生态学知识体系。有别于传统水体污染治理采取硬化河岸、顺直河流、均一河道的方法，退化河道中构建深潭–急流–河滩系统，能提高河流环境的复杂性，诱导河流生物多样性，提高河流自我恢复能力，最终达到恢复良好河流生态环境的目的。水流会塑造出形态结构上呈某种比例和大小的急流–深潭–河滩系统，物理化学环境和生态功能会对急流–深潭河滩系统形态结构做出响应，当研究获得不同区域多条河流形态结构比例关系和各种生态功能数据后，研究工作可建立相应区域来水来沙条件的急流–深潭–河滩系统修复模式，为河流修复提供参。

参 考 文 献

包武, 李元钦, 钱午巧, 等. 2013. 福建省生猪养殖污染状况及治理对策. 安徽农学通报, 19 (18): 90-105.

蔡建楠, 潘伟斌, 曹英姿, 等. 2010. 广州城市河流形态对河流自净能力的影响. 水资源保护, 26 (5): 16-19.

蔡晔, 黎明, 刘德启, 等. 2007. 平原河网河道结构与水体自净能力关系实验研究. 环境科学与技术, 30 (3): 7-9.

常娟, 王根绪. 2005. 黑河流域不同土地利用类型下水体 N, P 质量浓度特征与动态变化. 兰州大学学报, 41 (1): 1-7.

陈刚. 2006. 浅水湖泊底泥与上覆水间磷迁移规律的研究. 环境研究与监测, 3: 17-19.

陈吉宁, 李广贺, 王洪涛. 2004. 滇池流域面源污染控制技术研究. 中国水利, (9): 47-50.

陈晓燕, 王学渊, 赵连阁. 2013. 规模化畜禽养殖业的面源污染问题及治理措. 中国家禽, 35 (12): 53-55.

池再香, 杨绍洪. 2000. 黔东南州都柳江流域秋冬春连旱的物理成因分析. 贵州农业科学, 28 (6): 30-31.

董宁, 杨葆华. 2010. 萧山区北塘河水污染原因及治理对策分析净水技术, 29 (1): 51-56.

董哲仁. 2003. 生态水工学的理论框架. 水利学报, (1): 1-6.

方晓波, 骆林平, 李松, 等. 2013. 钱塘江兰溪段地表水质季节变化特征及源解析. 环境科学学报, 33 (7): 1980-1988.

古丽米热，艾米肉拉，艾尼瓦尔，等.2012.干旱区绿洲多介质环境中氮素和磷素分布研究.水土保持研究，19（2）：248-252.

顾俊，刘德启.2008.城市内河生态修复及其对氮素转化影响的实验研究.苏州：苏州大学.

郭青海，马克明，赵景柱，等.2005.城市非点源污染控制的景观生态学途径.应用生态学报，16（5）：977-981.

何本茂，韦蔓新.2004.钦州湾夏季营养盐的分布特征及富营养化评价.海洋通报，23（4）：50-54.

纪晓亮，朱元劢，梅琨，等.2012.典型平原河网温瑞塘河地区的氮磷营养盐时空分布.浙江农业科学，（11）：1571-1574.

蒋鸿昆，高海鹰，张奇.2006.农业面源污染最佳管理措施（BMPs）在我国的应用.农业环境与发展，（4）：64-67.

蒋展鹏.2003.环境工程学.北京：高等教育出版社.

金浩波，黄卫.2001.江苏沿海地区水污染现状及防治对策.环境导报，1：42-44.

金晓丹.2014.水体和表层沉积物不同形态磷分布及其迁移转化.上海：上海交通大学.

黎颖治，夏北成.2007.影响湖泊沉积物—水界面磷交换的重要环境因子分析.土壤通报，01：162-166.

李秉成.2006.中国城市生态环境问题及可持续发展.干旱区资源与环境，2：1-6.

李贵宝，尹澄清，周怀东.2001.中国"三湖"的水环境问题和防治对策与管理.水问题论坛，（3）：36-39.

李继洲，程南宁，陈清锦.2005.污染水体的生物修复技术研究进展.环境污染治理技术与设备，26（1）：25-30.

李倩，王惠，王利红，等.2012.济南卧虎山水库上游河流氮素含量时空变化特征研究.山东化工，4（41）：29-35.

李淑红.2013.东大河生物修复系统研究.环境科学导刊，32（4）：26-29.

刘怀旭.1987.土壤肥料.合肥：安徽科学出版社.

刘军，刘斌.2006.城市半封闭河道水体生态恢复试验.环境污染治理技术与设备，7（9）：27-30.

刘培桐，薛纪渝，王东华，等.1995.环境学概论.2版.北京：高等教育出版社.

陆朝阳，戴明忠，夏明芳，等.2012.太湖流域氮、磷污染治理技术调查与评价.精细与专用化学品，20（9）：15-18.

马克明，孔红梅，关文彬，等.2001.生态系统健康评价：方法与方向.生态学报，21（12）：2106-2116.

毛成责，矫新明，袁广旺，等.2016.浅水富营养化湖泊水体磷吸附及固定研究进展.水产养殖，1：24-29.

莫华勇.2011.贵州省黔南地区气候资源及其开发利用.云南地理环境研究，23，60-69.

裴军.2009.城市环境污染的现状、原因及对策建议.中国科技论坛，（2）：98-102.

彭近新.1988.水质富营养化与防治.北京：中国环境科学出版社.

钱嫦萍，王东启，陈振楼，等.2009.生物修复技术在黑臭河道治理中的应用.水处理技术，35（4）：13-17.

秦伯强.2002.长江中下游浅水湖泊富营养化发生机制与控制途径初探.湖泊科学，03：193-202.

任瑞丽，刘茂松，许梅.2007.过水性湖泊自净能力的动态变化.生态学杂志，26（8）：1222-1227.

邵兴华，张建忠，洪森荣，等.2007.土壤中影响磷吸附因素研究进展.安徽农业科学，12：3609-3611.

盛连喜.2009.环境生态学导论.2版.北京：高等教育出版社.

孙华，申哲明.2009.洗脱法去除氨氮的模型研究.环境科学与技术，32（8）：84-87.

孙井梅，王志超，席兆胜，等.2012.扰动对水体富营养化的改善作用.生态环境学报，8：1447-1451.

孙英杰，董廷凯，曹喜欢．2006. 尿素厂高氨废水预处理–氨吹脱的试验研究．环境科学与管理，2：110-111.

谭嫒，陈求稳，毛劲乔，等．2007. 大清河河口水体自净能力实验．生态学报，21（11）：4736-4742.

唐红忠，黄晓俊，黄桂东．2012. 贵州省黔南地区可利用降水资源的气候变化特征分析．云南地理环境研究，24（4）：73-77.

田慧娟，杨华，刘吉堂，等．2009. 连云港近海海域水质的季节和年际变化．海洋湖沼通报，4，139-144.

汪洋，周明耀．2005. 城镇河道生态护坡技术的研究现状与展望．中国水土保持科学，3（1）：88-92.

王海芹，万晓红．2006. 农业面源污染的立体防控．农业环境与发展，（3）：69-72.

王华光，刘碧波，李小平，等．2012. 滇池新运粮河水质季节变化及河岸带生态修复的影响．湖泊科学，24（3）：334-340.

王建军．2006. 国内河流水污染现状及防治对策的探讨辽宁城乡环境科技，26（6）13-15.

王庆鹤．2016. 典型自然河道形态结构差异对水体自净作用的关系．贵阳：贵州大学．

王旭，肖伟华，朱维耀，等．2012. 洞庭湖水位变化对水质影响分析．南水北调与水利科技，10（5）：59-62.

王震洪．2013. 云贵高原典型陆地生态系统研究（二）．北京：科学出版社．

韦红钢，周仲魁，孙占学，等．2010. 疏勒河地表水水化学特征及保护措施．人民黄河，32（11）：70-73.

吴阿娜，杨凯，车越，等．2005. 河流健康状况的表征及其评价．水科学进展，16（4）：602-608.

吴颖靖．2009. 鄱阳湖湖区水体营养盐分布格局及富营养化动态分析．长沙：中南林业科技大学．

伍燕南．2006. 苏州河道水污染原因及其防治对策分析．苏州科技学院学报，23（1）：66-70.

夏星辉，吴琼，牟新利．2012. 全球气候变化对地表水环境质量影响研究进展．水科学进展，23（1）：124-133.

杨锦，王式功，尚可政，等．2012. 黔东南地区降水季节变化特征及其与环流异常的关系．高原气象，31（3）：782-790.

杨丽蓉，陈利顶，孙然好．2009. 河道生态系统特征及其自净化能力研究现状与展望生态学报，29（9）：5067-5075.

杨柳，马克明，郭青海，等．2004. 城市化对水体面源污染的影响．环境科学，25（6）：32-39.

姚扬，金相灿，姜霞，等．2004. 光照对湖泊沉积物磷释放及磷形态变化的影响研究．环境科学研究，S1：30-33.

尹大强，覃秋荣，阎航．1994. 环境因子对五里湖沉积物磷释放的影响．湖泊科学，6（3）：240-244.

于一雷，王庆锁．2008. 密云水库及其主要河流入库河段水质的季节变化．中国农业气象，29（4）：432-435.

於建明，吴成明，陈哲．2013. 宁波市中塘河支流黑臭河道治理与生态修复．中国给水排水，29（4）：64-70.

苑韶峰，吕军．2008. 曹娥江干流氮素与水环境因子时空变异特征．水土保持学报，22（5）：186-189.

张佳磊，郑丙辉，黄民生，等．2011. 大宁河回水区初级生产力的季节变化．华东师范大学学报，1-11.

张维理，武淑霞，冀宏杰，等．2004. 中国农业面源污染形势估计及控制对策，I. 21 世纪初期中国农业面源污染的形势估计．中国农业科学，37（7）：1008-1017.

张一瑶，陈玉霞，何岩，等．2013. 水体扰动对黑臭河道内源氮营养盐赋存形式的影响．华东师范大学学报（自然科学版），2：1-10.

张媛媛，张维佳．2007. 苏州河道水污染原因及其治理对策分析．环境科学与管理，32（12）66-68.

张壮志，孙磊，常维山．2008. 水体富营养化中的氮素污染及生物防治技术研究现状．山西农业科学，36

（6）：13-15.

赵本涛．2004. 中国农业面源污染的严重性与对策探讨．环境教育，（11）：70-71.

赵庆良，任南琪．2005. 水污染控制工程．北京：化学工业出版社．

赵全儒．2009. 城镇河道生态治理模式研究．安徽农业科学，37（20）：9558-9560.

赵素，潘伟斌．2011. 河岸材料对河流有机污染物降解能力的影响．环境保护科学，（3）：20-23.

郑军，胡端娥，易继平，等．2013. 秭归县农业面源污染现状及对策．湖北植保，（6）：3-5.

周文，刘茂松，徐驰，等．2012. 太湖流域河流水质状况对景观背景的响应．生态学报，32（16）：
5043-5053.

朱剑锋．2013. 淀浦河水体中氨氮、总氮和总磷污染变化趋势及相关性分析．北方环境，25（6）：
155-159.

朱健，李捍东，王平．2009. 环境因子对底泥释放COD、TN和TP的影响研究．水处理技术，8：44-49.

朱维斌，王万杰．1997. 江苏省水污染的危害及其原因分析农村生态环境，13（1）：50-52.

邹丛阳，张维佳．2007. 城市河道水质恢复技术及发展趋势．环境科学与技术，8（4）：99-102.

An K G, Jones J R. 2000. Factor regulating blue-green dominance in a reservoir directly influenced by the Asian
monsoon. Hydro-biologia, 432：37-48.

Carmchael W W. 1998. Toxins of freshwater algae In：A T Tu, ed. Handbook of Natural Toxins 3：Marine Toxins
and Veroms. New York：Marcel Dekkar, 121-147.

Chau K W. 2005. An unsteady three-dimensional eutrophication model in To lo harbour, Hong Kong. Marine
Pollution Bullet in, 51：1078-1084.

Chi G, Chen X, Shi Y, et al. 2010. Forms and profile distribution of soilFe in the Sanjiang Plain of Northeast
China as affected by land uses. Journal of Soils and Sediments, 104：50-59.

Chovanec, A, Schiemer F, Waidbacher H, et al. 2002. Rehabilitation of a heavily modified river section of the
Danube in Vienna (Austria)：biological assessment of landscape linkages on different scales. Intemat Rev.
Hydrobiol, 87：183-195.

Dennis L, Corwin K. 1998. Non-point pollution modeling based on GIS. Soil & Water Conservation. 1：75-88.

Dong Z R. 2003. Protecting and rehabilitating river from diversity. China Water Resources, 11（9）：53-56.

Frimmel F H. 2003. Strategies of maintaining the natural purification potential of rivers and lakes. Environmental
Science & Pollution Research, 10（4）：251-255.

González S O, Almeida C A, Calderón M. et al. 2014. Assessment of the water self-purification capacity on a river
affected by organic pollution：application of chemometrics in spatial and temporal variations. Environmental
Science and Pollution Research 21, 10583-10593.

Haslam S M, Bower Y. 1990. River pollution：an ecological perspective. London：Belhaven Press.

Hutchinson G E. 1957. A Treatise on Limnology, Vol I：Geography, Physics and Chemistry. New York：John
Wiley and Sons.

Jugsujinda A, Krairapanond A, PatrickJr W H. 1995. Influence of extractable iron, aluminium, and manganese
on P-sorption in flooded acid sulfate soils. Biol. Fertil. Soil. 20：118-124.

Karr J R, Chu E W. 2000. Sustaining living rivers. Hydrobiologia, 4：1-14.

Kideys A E. 2002. Fall and rise of the black sea ecosystem. Science, 297：1482-1484.

Lee C H, Choi W Y, Yoon J Y. 2005. UV photolytic mechanism of N-nitrosodimethylamine in water：roles of
dissolved oxygen and solution Ph. Environmental Science & Technology, 39（24）：9373-9380.

Lin J Y, Zhang P Y, Li G P, et al. 2016. Effect of COD/N ratio on nitrogen removal in a membrane-aerated
biofilm reactor. International Biodeterioration & Biodegradation, 115：124-128.

Moss B. 1998. Ecology of Freshwaters (Third editon), Man and Medium, Past to Future. Oxford: Blackwell Science.

Poff L N, Allan D, Bain M B, et al. 1997. The nature flow regime: a paradigm for river conservation and restoration. Bioscience, 47: 769-784.

Shornikova, E A, Arslanova, M M. 2023. Estimation of the capacity for self-purification of transformed rivers of Khanty-Mansi Autonomous Okrug-Yugra (Russia) . Integrative Environment Assessment and Management, 19 (4): 988-993.

Smith V H, Tilman, G D, Nekola, J C. 1999. Eutrophication: Impacts of excess nutrient inputs on fresh water, marine and terrestrial eco systems. Environmental Pollution, 100: 169-179.

Suzuki M. 1997. Role of adsorption in water environment processes. Water Science and Technology, 35 (7): 1-11.

Uunk E J B. 1991. Eutrophication of surface waters and the contribution of agriculture. Proceeding of the Fertilizer Society, 303: 55.

Vagnetti R, Miana P, Fabris M, Pavoni B. 2003. Self-purification ability of a resurgence stream. Chemosphere, (52): 1781-1795.

Vighi M, Chiaudani G. 1987. Eutrophication in Europe, the role of agricultural activities. In: Hodgson E. Reviews of Environmental Toxicology. Amsterdam: Elsevier.

Wang S, Jin X, Bu Q, et al. 2008. Effects of dissolved oxygen supply level on phosphorus release from lake sediments. Colloids & Surfaces A Physicochemical & Engineering Aspects, 316 (1-3): 245-252.

Wohl E, Bledsoe B P, Jacobson R B, et al. 2015. The Natural Sediment Regime in Rivers: Broadening the Foundation for Ecosystem Management. BioScience, 65: 358-371.

Wu W, Xu Z X, Kennard M J, et al. 2016. Do human disturbance variables influence more on fish community structure and function than natural variables in the Wei River basin, China? Ecological Indicators, 61: 438-446.

第5章 天然河流急流–深潭–河滩系统底质污染物特征

本章以天然河流都柳江、赤水河和清水江为对象，确定上中下游急流–深潭–河滩系统，进行野外采样和主要底质污染物指标的实验室分析，通过综合污染指数法、潜在生态危害评价法和地累积指数法对重金属污染程度进行评价，然后对三条河流急流–深潭–河滩系统底质进行实验室静态培养，模拟氮释放特征，认识不同环境条件对底质氮素释放的影响，旨在从一个重复出现的河流生态系统结构单元水平，揭示喀斯特地貌背景下的天然河流底质营养物和重金属空间变异特征、底质营养物向河流上覆水营养释放的影响规律。发现急流–深潭–河滩系统中深潭能够积累更多营养物质和重金属，并影响到污染物向上覆水体释放，底质污染物溶液和上覆水系统之间自由能和熵的差异，决定着污染物在两个系统间扩散速率和平衡。

5.1 引　　言

底质一般指江河湖海的沉积物，是由流域土壤侵蚀和污染物输送、河岸侵蚀、溶解性物质沉淀、大气沉降等因素在水体底部共同作用积累而成的富含有机质的物质成分。它为水生植物的生长固定和底栖生物的生活繁衍提供了理想场所，是水体环境营养盐和重金属的重要蓄积库（Pitt and Batzer，2011）。底质在污染物迁移过程中起着非常重要的载体作用，一些学者研究指出，绝大多数污染物在水环境中的迁移转化、归宿都和底质运移密切相关（黄岁樑和Dnyx，1998）。河道底质的物理结构共分为三层，第一层是水体直接接触的底质界面层，该层主要由细颗粒黏性泥沙、底栖生物残体、代谢产物、来自上游的各种污染物组成，由于都是极细小的微粒成分，易在河道床底形成絮凝状的浮泥层；第二层是过渡层，该层的颗粒大小和组成可能会逐渐变化，通常包含较粗的颗粒，如中砂、粗砂等；第三层是颗粒较大的底层，这一层通常由较大的颗粒组成，如砾石、卵石、岩石等。过渡层和底层可为界面层提供支撑作用，由于界面层长期的物质扩散作用，使得部分污染物由界面层向过渡层和底层转移。不同河流的底质分层结构会有所差异，这种差异与河流环境、季节变化和水流条件有关。

底质是水域中环境物质的重要蓄积体，它在上覆水体污染物的"源–汇"关系转化中扮演着重要角色，并参与到整个河道系统的物理、化学和生物过程。底质对河道和湖泊生态系统营养物质和污染物浓度的控制起着重要作用（孙博等，2003）。尽管对污水进行深度处理或者截留，对固体废弃物污染进行有效治理，可以减少来自上游的外源污染物输入水体，但是当有效的污染治理使水体中污染物浓度低时，底质的内源污染物质的释放，会使上覆水体污染物的浓度处于较高水平，影响了污染水体修复速度与效果。有研究表明，底质污染物内源释放量不但与外源输入量相当，甚至会随上覆水体流动，造成污染的转移（李伟，2007）。Bootsma 等（1999）研究指出，在污染河道治理开始的四年中，即使减少外源污染负荷，富营养水域改善水质的进程仍旧非常缓慢，这与底质中污染物释放有关。对于污染严重的湖泊，外源污染有效治理后，内源污染导致湖泊水体污染将会持续更长的时间，甚至可达几十年之久。

据我国 2013 年环境状况公报，长江、黄河、珠江、松花江、淮河、海河、辽河、浙闽片河流、西北诸河等十大流域国控断面中，Ⅰ~Ⅲ类、Ⅳ~Ⅴ类和劣Ⅴ类水质断面比例分别为 71.7%、19.3% 和 9.0%；2023 年 1~3 月长江、黄河、珠江、松花江、淮河、海河、辽河七大流域及西南诸河、西北诸河和浙闽片河流水质优良（–Ⅲ类）断面比例为 90.3%，劣Ⅴ类断面比例为 0.4%。这些数据表明，河流水质已经得到明显改善，底质污染已经成为水域污染的重要影响因素，特别是一些径流补给量小，污染严重的河流如苏州河，由底质污染物释放引起的水体污染是目前环境污染的主要问题之一。

我国城市河道底质中积累了大量氮、磷、各类有机污染物、重金属，其含量往往比背景值高出一至几个数量级，其中，氮和硫的高含量是引起河道黑臭的主要原因（曾向东，1991；解明权等，2024）。在农业生产活动中大量使用农药化肥会随土壤颗粒迁移并沉积在水域底质中，然后又会不断地向上覆水体转移，使得底质中大量的污染物被重新释放出来，从而造成了河流湖泊水体的二次污染，如 2007 年 6 月安徽巢湖和云南滇池蓝藻暴发，都与底质污染物的聚集和释放有关。当水体污染较严重时，水体是污染物的"源"，水体中的污染物不断沉积进入底质中，底质是污染物的"汇"，底质污染物的释放对水质影响并不明显，但当水体污染减轻后，底质中的污染物含量远高于水体污染物含量，源–汇关系发生变化，底质中高浓度的污染物会通过底栖生物活动、浓度差扩散、移流等过程向上覆水体释放，造成对水体二次污染（徐祖信，2005）。根据观测，安徽巢湖内源污染负荷是外来负荷的 21%。云南滇池中 80% 的氮和 90% 的磷均分布在滇池底质中（张丽萍，2003）。苏州河底质中含有上百年污水直排积累的污染物（曾祥英等，2008）。因此在水域环境研究和治理中，对底质污染特征的深刻认识，减轻底质污染是水环境改善阶段的重点之一。

河流作为连接流域网间带和湖泊水库通道，承载着流域生态系统物质循环、能量流动和信息传递功能，在净化水体、营养物质输送、水路运输、生态保护等方面发挥着重要作用（Karr and Chu，2000；王震洪，2013）。河流能把流域中排放的和沉积在河流中的污染物输送到下游，对于形态结构复杂、生境异质和生物多样的河流，同时也会对污染水体产生净化作用。在复杂的急流–深潭–河滩系统，河流形态结构的空间变化对水流的调节作用，对生物多样性的保育作用，对生境异质性的塑造作用，会影响河流中水–底质界面的物质交换，反映到河流水环境质量上（王建军，2006）。

国内对水域环境底质研究主要集中在污染的大型湖泊和城市河流，天然河流研究很少。在河流底质的研究方面，主要关注污染严重河道底质与上覆水体关系、多种污染物质在底质中的吸附解吸过程、实验室模拟河道污染和水流过程中的污染物扩散研究等，没有河流形态结构变化与底质污染物的空间差异性和释放研究（林艳等，2006；周来等，2007；沈乐，2011）。天然河流形态结构完整，和人类干扰大的河流如直线型、梯形硬质河流比较，异质性单元的水力条件、水深、水中溶解氧、生物等环境因子和污染河流差异很大，理论上会影响底质的物质组成和释放，从而影响河流水环境质量。天然河流急流−深潭−河滩系统形态结构变化通过加强净化作用影响水环境质量是已经证明了的，但是国内外关于急流−深潭−河滩系统底质营养物质和重金属的空间差异性及释放未见报道，这方面的研究可以认识河流形态结构与河流内源污染的积累、释放的关系规律（陈晨，2014；王庆鹤等，2015）。已有的研究还表明，底质氮对河流水体富营养化起着重要的影响，但是河流水体富营养化研究，过去普遍将磷作为限制因子，对氮释放研究较少。

5.2　河道底质营养物质研究概况

水体底质环境特征和污染物释放研究一直是环境科学领域的热点。河道底质与上游土壤侵蚀、污染物排放、大气沉降、河岸或河底冲刷等诸多因素有关，是水域环境的重要组成部分，它不仅是水生生物的生存的基质，也是污染物在水体中迁移、转化的重要介质。底质主要包括矿物质、有机物、微生物、底栖动物等经过长期物理、化学及生物等作用在水体底部积累形成（Hu et al.，2001）。底质矿物质和有机物种类及含量受到沉积物来源、水体环境条件、生物活动等多种因素的影响，底质矿物质与有机物是对生物和水环影响最活跃的部分，具有很高的复杂性和多样性。通过采样分析和实验模拟表明，一些河流底质环境特征规律，例如，底质中有机物和营养元素通常与水体的营养状态密切相关，微生物活动则与底质中有机物的积累和分解有关，水体光照、温度、pH 影响着底质营养元素释放（Schultz and Urban，2008；Sinkko et al.，2013）。

底质作为污染沉积物，美国 EPA 主要关注重金属、有机污染物等化学物质，其中有毒化学物质是指超过适当的地球化学、毒理学的或沉积物质量标准的化学物质，然而水体生态环境的恶化不仅是重金属、有机污染物、有毒物质等造成，底质中氮素、磷素等营养物质含量过高也会对水体健康构成威胁，这些营养物质也应当视作水体污染物（朱广伟，2001）。由于底质被污染后被认作是水生态系统的潜在内源污染源，不同形态氮磷在水体中负荷较大时会通过一定的渠道和路径积累在沉积物中，而在水体负荷减少时则向上覆水中释放，使水体−底质间污染物质处于动态平衡过程中。河流沉积物中的氮、磷释放相当于内源性面源污染，其释放途径、时间及释放量均不稳定（肖化云和刘从强，2003）。污染物特征和上覆水的水质对释放速率有显著影响。当沉积物环境条件改变时，沉积物−水界面会使氮、磷产生吸附或者解吸作用，影响底质和上覆水体中的污染水平（Nowlin et al.，2005）。

在河道治理过程中，虽然通过技术对水体外源污染物的输入进行了控制，但是污染水体修复效果仍不明显，究其原因是底质内源污染物的释放导致的。研究显示，底质内源污染和外源污染在污染量上程度相当，但内源污染还会通过释放到上覆水体中向下游迁移（李伟等，2007）。目前营养物质迁移释放到上覆水体的通量研究主要有现场法、底质间隙水浓度梯度估算法、上覆水营养盐质量估算法和实验室静态培养法（Percuoco et al.，2015）。现场法通过将培养箱体直接安装于水中，使污染底质−上覆水形成一个和周围水体与底质隔离的水箱或水柱，测定箱内上覆水营养盐变化，估算底质营养物质进入上覆水的通量（Berelso et al.，1996），该方法最大限度反映了现场的环境变化，但由于水深、流速、风浪等因素，技术要求和工作难度高。底质间隙水浓度梯度估算法是指通过分层测定底质间隙水和上覆水体营养盐浓度，再利用 Fick 第一扩散定律［式（5.1）］对实测浓度梯度进行估算，从而得到底质–上覆水间营养盐扩散通量（Kaspar et al.，1985），这种方法虽然操作简单，但计算过程中对参数准确度要求较高。

$$J = -D \frac{dC}{dx} \tag{5.1}$$

式中，J 为扩散通量；D 为扩散系数；C 为扩散物质（营养盐或污染物）的体积浓度；x 为特征长度。公式中负号表示通扩散量由高浓度的下层（底质和深水层）向低浓度的上层（浅水层）扩散，扩散通量是减小的。

上覆水营养盐质量平衡估算法是利用上覆水体中营养盐的质量平衡来估算底质–上覆水之间营养盐交换速率的方法（Hammond et al.，1985）。实验室静态培养法是将污染底质样品采集带回实验室，放入自制的培养管中，控制不同的环境影响因子，如溶解氧、温度、光照等来模拟底质向上覆水释放营养盐过程，通过一定时间的监测而得到底质–上覆水界面间营养盐交换速率，虽然该方法培养方式有多种，实验设计差异比较大，但实验结果与实际情况最为接近，而且实验设备要求不高，故被大部分学者采用。

底质污染物迁移释放研究发现，污染物从底质中的释放主要通过物理、化学和生物三种机制进行（Percuoco et al.，2015）。物理机制包括扩散和渗透，化学机制主要涉及到吸附解吸和沉淀溶解，生物机制则与微生物的代谢活动有关。近年来，随着研究方法的进步，科学家们已经能够通过实验和模型模拟对这些释放机制进行深入研究，例如，通过改变实验条件，可以模拟不同环境下污染物的释放阈值和释放–沉积平衡，在建立数学模型的基础上，可以预测未来污染物的释放趋势（Wengrove et al.，2015）。然而，尽管已经取得了一些进展，但底质环境特征和污染物释放仍然存在许多未知的问题。例如，各种环境因子如何影响底质中营养元素的释放，影响机制是什么？底质中的微生物如何影响污染物的释放，不同类型的污染物在底质中的迁移转化过程有何不同，以及如何通过改变底质环境条件，有效控制污染物的释放等？这些问题的研究，不仅可以理解水体的生物地球化学循环过程，而且对水环境保护和治理具有重要的意义。总的来说，底质环境特征和污染物释放研究是一个复杂而富有挑战性的领域。

5.3 河道底质重金属研究进展

1953～1972 年，由于汞污染引起日本发生水俣病和由于镉污染引起的骨痛病，这使得人们对重金属污染导致的健康危害得到了深刻认识。重金属通过污染气体排放进入大气，大气中重金属通过沉降到达地表，在降雨径流的作用下很容易到达水体，工厂排放的废水和固体废弃物中含有丰富的重金属，在降雨径流的挟带下也容易到达水体，进入水体的重金属，超过 99% 沉积在底质中，只有不到 1% 通过离子形式溶解在水体中（Islam et al.，2015）。沉积在底质中的重金属作为一种持久性污染物，又不断地向上覆水体释放，从而导致水体二次污染，故底质中的重金属也成为了水体重金属来源的重要指示剂（范英宏等, 2008）。国外早在20世纪70年代就对多瑙河（Woitke et al., 2003）、塞纳河（Le Cloarec et al., 2011）等世界重要河流底质重金属污染展开了研究；我国也对长江（马宏瑞等, 2010）、黄河（袁浩等, 2008）、淮河（苗玉红等, 2010）、松花江（张凤英等, 2010）等大小河流湖泊底质重金属污染进行了研究。

现阶段国内外学者对底质重金属的研究一般聚焦于重金属来源、赋存形态、环境影响评价和污染底质修复研究（Karaouzas et al., 2021）。对重金属来源的分析以主成分分析法（PCA）、同位素比值法和元素相关性法比较常见。主成分分析主要通过底质中不同重金属所在主成分上的载荷归类，并根据每个主成分上的重金属间相关性和来源地重金属种类和含量分析重金属来源。Anazawa等（2004）应用主成分分析法研究了firefly village附近河流水和底质中重金属的来源；万群等（2011）利用主成分分析法研究了东洞庭湖底质重金属来源。现阶段对底质重金属赋存形态研究方法主要通过一步和逐步提取法，与一步提取法相比，逐步提取法适用范围更广、能提供的研究信息更为丰富。Tessier等（1979）提出的五步连续提取法与1987年欧共体标准署BCR三步连续提取法是广泛应用的方法（Rauret, 1989）。Akcay等（2003）利用Tessier法对土耳其境内的两条河流底质中的8种重金属赋存形态进行了分析；Svete等（2001）利用BCR法对斯洛文尼亚境内MEZA河底质重金属赋存形态进行了分析研究。

重金属污染影响评价是做好重金属污染防治规划设计和工程实施的基础性工作。20世纪70年代以来，国内外学者已提出多种底质重金属评价方法，具体可以分为两类：底质重金属总量评价方法和重金属形态评价方法。重金属总量评价方法有Muller（1979）提出的地积累指数法、Hakanson（1980）提出的潜在生态危害指数法、Hilton（1985）提出的回归过量分析法、Tomlison提出的污染负荷指数法（Angulo, 1996）、Nemerow提出的综合污染指数法（Tsai, 2002）等。重金属形态评价方法有风险评价准则法（张鑫等, 2005）、次生相富集系数法（SPEF）（王晓等, 2004）和次生相与原生相分布比值法（丁喜桂等, 2005）等。但由于各个流域的复杂性和评价体系范围的限制性，单一的评价方法已经不能完整表征某流域的具体污染状况，故多采用综合性评价方法（何孟常和王子建, 2002），或利用矩阵化修正后的某一种评价方法对底质重金属污染状况的分析评价。还有学者将地理信息系统（GIS）技术与评价方法结合起来直观反映某一区域底质重金属污染空间格局（Sahin and Kurum, 2002）。

在重金属治理修复方面，国外许多国家把重金属作为优先控制的污染物，我国早在"十二五"规划中就把土壤重金属污染防治作为重点。重金属污染底质修复技术一般分为原位修复法和异位修复法。目前对重金属污染底质原位修复技术研究较多，旨在找到经济可行的有效化学稳定剂稳定底质中的重金属，使其不至于向上覆水体二次污染，具体是在底质污染处，运用物理、化学或生物等技术方法减少底质容积，降低重金属含量和溶解度的同时，尽可能阻止重金属向上覆水体中释放（洪祖喜等, 2002）。异位修复是指通过水力或机械的方法将底质转移到其他地方再进行处理的方法（王小雨等, 2003）。最常用的异位修复技术就是河流底质疏浚工程。虽然异位修复技术见效快，但是工程量大，耗费财力，对场地有二次污染，所以学者们还是比较重视原位修复技术的研究和探讨。

5.4 急流–深潭–河滩系统污染物特征研究方法

5.4.1 样品采集

在都柳江、赤水河和清水江上、中、下游河段，在每个河段按顺序至少确定 3 个相连的急流–深潭–河滩系统，1 条河共有 9 个系统，在一个系统的急流、深潭和河滩中，设置 1 个采样位，1 条河共 27 个采样位，在每个采样位按梅花形选择 5 个采样点，进行底质样品采集并混合成 1 个样品。具体用小军铲采集沉积物表层 0 ~ 15cm 的新鲜底泥，深水区域用抓泥兜采集。样品装入透明塑料袋中并用记号笔注明采样点、日期、采样人等信息，再用一黑色遮光塑料袋将样品包裹，放入低温箱体中保存。在实验室将所采样品转移到事先准备好的干燥洁净锡纸上，放在阴暗通风处进行自然风干、磨碎、剔除杂物、研磨过 100 目筛，装入聚乙烯袋中备用。底质的采样频率分为夏季和冬季。水样的采集则分别按"上游—中游—下游"顺序确定深潭、急流 18 个采样位，每个位点又设定 3 个等距离采样点，利用有机玻璃采样器采集表层 0.5m 以下水样，然后将 3 个采样点采集的水样混合装入聚乙烯塑料桶内密封，编号并置于 4℃冰箱内保存待实验处理。

5.4.2 样品测定

底质分析测定方法：pH，pH 计法；有机质，油浴加热重铬酸钾氧化容量法 [《土壤有机质测定法》（GB9834—88）]；TN，凯氏蒸馏法 [《土壤全氮测定法》（GB7173—1987）]；TP，碱熔–钼锑抗分光光度法（HJ632—2011）；Cu，火焰原子吸收分光光度法 [《土壤质量 铜、锌的测定 火焰原子吸收分光光度法》（GB/T17138—1997）]；Zn，火焰原子吸收分光光度法 [《土壤质量 铜、锌的测定 火焰原子吸收分光光度法》（GB/T17138—1997）]；Pb，KI- MIBK 萃取火焰原子吸收分光光度法（GB/T17140—1997）；Cd，KI–MIBK 萃取火焰原子吸收分光光度法（GB/T17140—1997）；Gr，火焰原子吸收分光光度法（HJ491—2009）；Hg，冷原子吸收分光光度法（GB/T17136—1997）；As，硼氢化钾–硝酸银分光光度法（GB/T17135—1997）。

水样分析测定方法：pH，玻璃电极法；溶解氧（DO），碘量法（GB/T7489—87）；TN，碱性过硫酸钾消解紫外分光光度法（GB11894—89）；NO_3^--N，紫外分光光度法（HJ/T346—2007）；NH_4^+-N，纳氏试剂分光光度法（HJ535—2009）；TP，过硫酸钾消解钼酸铵分光光度法（GB11893—89）。

5.4.3 底质重金属污染评价

1. 综合污染指数

综合污染指数法即内梅罗指数法，是 1974 年 Nemerow 建立在单因子污染指数评价法上的一种综合指数评价方法。突出高浓度重金属污染物对环境的影响，可避免平均作用对污染重金属权值的削弱。计算方法如下：

$$P_i = \frac{C_i}{S_i} \tag{5.2}$$

$$P = \left[\frac{\bar{P}_i^2 + P_{i\max}^2}{2} \right]^{\frac{1}{2}} \tag{5.3}$$

式中，P_i 为某金属元素单项污染指数；C_i 为某底质重金属实测含量，S_i 为环境评价标准；P 为综合污染评价指数；$\bar{P}_i$ 为某一采样点全部重金属单项污染指数的平均值；$P_{i\max}$ 为某一采样点中单项污染指数的最大值。若 $P \leqslant 1$ 为 0 级，非污染；若 $1 < P \leqslant 2$ 为 1 级，轻度污染；若 $2 < P \leqslant 3$ 为 2 级，中度污染；$P > 3$ 为 3 级，重度污染。

2. 潜在生态危害指数评价

瑞典学者 Hakanson（1980）建立了一套结合环境化学、生态学、毒理学等方面内容的土壤评价体系，即潜在生态危害指数评价方法。该方法运用沉积学原理进行具有可比性和等价属性的指数分级评价，其计算方法如下：

$$E_r^i = \frac{C_{\text{表}}^i}{C_r^i} \times T_r^i \tag{5.4}$$

$$\text{RI} = \sum_{i=1}^{n} E_r^i \tag{5.5}$$

式中，E_r^i 为单个重金属潜在生态危害指数；$C_{\text{表}}^i$ 为底质中某重金属实测含量；C_r^i 为背景参比值；T_r^i 为毒性响应系数（Hg，40、Cd，30、As，10、Pb，5、Cu，5、Cr，2）和 Zn（1）；RI 为多种重金属的综合生态危害指数。

其中，$E_r^i < 40$，$\text{RI} < 150$ 为轻微生态风险；$40 \leqslant E_r^i < 80$，$150 \leqslant \text{RI} < 300$ 为中等生态风险；$80 \leqslant E_r^i < 160$，$300 \leqslant \text{RI} < 600$ 为强生态风险；$160 \leqslant E_r^i < 320$，$600 \leqslant \text{RI} < 1200$ 为很强生态风险；$E_r^i \geqslant 320$，$\text{RI} \geqslant 1200$ 为极强生态风险。该方法体现了空间差异、生物有效性和相对贡献比例等特点，但其毒性加权系数带有主观性（殷晋铎等，2004）。

3. 地累积指数

德国科学家 Muller（1979）提出一种对底质重金属进行定量评价的指标。该方法分为6 个不同的污染程度级别，充分考虑人为污染因素和自然成岩作用对背景值的影响，从而给出直观的重金属污染级别。计算方法如下：

$$I_{\text{geo}} = \log_2 \frac{C_n}{1.5 \times B_n} \tag{5.6}$$

式中，I_{geo} 为地累积指数；C_n 为某重金属实测含量；1.5 为考虑各地成岩作用对背景值的影响而确定的系数；B_n 为普通页岩中某重金属地球化学背景值。该方法共分为 7 个污染级别，0 级（$I_{\text{geo}} < 0$），无污染；1 级（$0 \leqslant I_{\text{geo}} < 1$），无污染到中污染；2 级（$1 \leqslant I_{\text{geo}} < 2$）中污染；3 级（$2 \leqslant I_{\text{geo}} < 3$），中度到重度污染；4 级（$3 \leqslant I_{\text{geo}} < 4$），重污染；5 级（$4 \leqslant I_{\text{geo}} < 5$），重度到极重度污染；6 级（$I_{\text{geo}} \geqslant 5$），极重度污染。

地累积指数法是评价底质重金属富集程度的常用指标，但其没有考虑到地理空间差异、生物有效性和不同污染因子的贡献比。

5.4.4 氮素释放实验室模拟

（1）不同形态氮的释放：将上、中、下游采集的急流–深潭底质分别置于1000mL量筒，加入原河水为上覆水，以水土比为5∶1的比例进行静置培养，作3组平行样。每天用注射器小心地吸取靠近底质界面的上覆水过0.45μm滤膜进行不同形态氮的测定。

（2）不同上覆水浓度对氨氮释放的影响：将上游、中游和下游深潭底质分别置于1000mL量筒，一组加入原河水为上覆水，一组加入蒸馏水为上覆水进行实验对比，同样水土比为5∶1，做3组平行样。每隔一天利用注射器小心地吸取靠近底质界面的上覆水过0.45μm滤膜对其进行氨氮的测定。

（3）溶解氧对氨氮释放的影响：将上游、中游和下游深潭底质分别置于1000mL量筒，加入原河水为上覆水以水土比为5∶1的比例，做3组平行样进行培养。低溶氧一组向量筒内冲入氮气，并用保鲜膜覆盖封口减少氧气进入培养装置，使溶解氧含量保持在低于0.50mg/L，高溶氧一组利用氧气泵向实验装置里通入氧气，并调节氧气阀使溶解氧始终高于0.50mg/L。每隔一天利用注射器小心地吸取靠近底质界面的上覆水，过0.45μm滤膜，对其进行氨氮的测定。

（4）光照对氨氮释放的影响：将上、中和下游深潭底质分别置于1000mL量筒，加入原河水为上覆水，以水土比为5∶1的比例，做3组平行样进行培养。避光一组将黑色塑料袋包裹于整个实验装置完全避光，光照一组则不包裹将实验装置置于25℃培养箱24h光照培养。每隔一天利用注射器小心吸取靠近底质界面的上覆水，过0.45μm滤膜，对其进行氨氮的测定。

（5）温度对氨氮释放的影响：称取风干并过40目筛的上、中、下游深潭底质10g于烧杯中，并加入100mL蒸馏水作为上覆水体，放入预先设定好的5℃、15℃、25℃培养箱进行恒温培养，每组做3个平行样。每次取出达到培养时间的水样离心，过0.45μm滤膜对其进行氨氮的测定。

（6）pH对氨氮释放的影响：称取风干并过40目筛的上、中和下游深潭底质5g于具塞锥形瓶中，并加入200mL用稀盐酸和稀氢氧化钠，调节pH分别为5、6、7、8和9的蒸馏水作为上覆水体，做3个平行样。恒温28℃振荡3h，离心，过0.45μm滤膜，测定水中氨氮含量。

释放速率计算：

$$r = \frac{V(C_n - C_0) + \sum_{k=1}^{n} V_n(C_{k-1} - C_a)}{St} \tag{5.7}$$

式中，r 为底质氮素释放速率，mg/(m² · d)；V 为实验柱上覆水体积，L；C_0、C_{k-1}、C_n 为初始、第 $k-1$ 次、第 n 次采样时氮素含量，mg/L；C_a 为添加水样中氮素含量，mg/L；V_n 为每次采样体积，L；S 为沉积物表面积，t 为实验周期（d）。

5.5 底质营养元素在急流–深潭–河滩 系统底质中的空间差异性

5.5.1 都柳江底质总氮

图5.1表明，都柳江急流底质总氮含量在0.87~1.33g/kg，均值为1.11g/kg；深潭底质总氮含量在0.92~2.93g/kg，均值为1.84g/kg；河滩总氮含量在0.41~1.35g/kg，均值为0.86g/kg。底质中总氮含量，深潭>急流>河滩；从整条河流看，底质中总氮含量，上游>下游>中游。都柳江所有采样点中，总氮最大值、最小值分别为2.93g/kg、0.41g/kg，出现在上游深潭采样点1（ST上1）和中游河滩采样点2（HT中2），上游采样处的汇水区人口密集，两岸农田面积大，人类生产活动产生的面源污染和生活点源污染导致氮素进入河流，对底质氮含量影响大。据US EPA制定的底质分类标准，河滩系统底质总氮含量低于1000mg/kg，属于轻度污染；急流和深潭底质总氮含量在1000~2000mg/kg，属于中度污染。所有采样点中，上游深潭和中游深潭部分采样点底质总氮含量已超过2000mg/kg，达到重度污染。从变异系数（CV）来看，深潭和河滩均为0.35，急流仅为0.13。总体看，底质总氮含量在急流、深潭和河滩系统中空间差异性大，河流形态结构不同以及汇水区污染的严重程度，导致了底质总氮的空间差异。

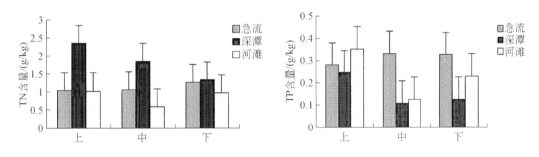

图5.1 都柳江急流–深潭–河滩系统底质总氮和总磷含量

5.5.2 都柳江底质总磷

由图5.1可知，都柳江急流底质总磷含量在0.147~0.488g/kg，均值为0.310g/kg；深潭底质总磷含量在0.054~0.341g/kg，均值为0.157g/kg；河滩底质总磷含量在0.087~0.573g/kg，均值为0.233g/kg。底质中总磷含量，急流>河滩>深潭，从上游–中游–下游看，底质总磷含量，上游>下游>中游。整条河流采样点总磷最大值、最小值分别为0.573g/kg和0.054g/kg，出现在上游河滩采样点3（HT上3）和上游深潭采样点1（ST上1）。最大值和最小值同时出现在上游，这与上游汇水区人口稠密，耕地多，面源污染和点源污染严重有关。底质总磷含量远低于US EPA制定的中富营养程度标准，磷污染与氮污染比，风险比较小。从变异系数（CV）来看，深潭和河滩高达 0.66 和 0.57，急流为 0.34，空间变异性大。总体看，底质总磷含量在急流、深潭和河滩系统中空间差异性大，河流形态结构不同以及汇水区污染的严重程度，导致了底质总磷的空间差异。

5.5.3 都柳江底质有机质

由图 5.2 可知，都柳江急流底质含量在 11.95～32.76g/kg，均值为 19.84g/kg；深潭底质有机质含量在 11.18～22.09g/kg，均值为 18.43g/kg；河滩底质有机质含量在 8.79～29.49g/kg，均值为 19.18g/kg。底质有机质含量，急流>河滩>深潭；整条河流，中游>上游>下游。所有都柳江采样点中，有机质最大值、最小值分别为 32.76g/kg 和 8.79g/kg，出现在下游急流采样点 1（JL 下 1）和下游河滩采样点 3（HT 下 3）。从变异系数（CV）来看，急流和河滩分别为 0.28 和 0.29，深潭为 0.16，空间变异性都较小。整条河流中，急流、深潭和河滩底质有机质含量的空间差异性不明显。

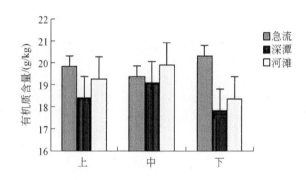

图 5.2　都柳江急流–深潭–河滩系统底质有机质含量

5.6　急流–深潭–河滩系统底质重金属

5.6.1　都柳江

整体看，夏季都柳江急流、深潭和河滩底质 7 种重金属含量由大到小依次为：Zn>Cr>As>Pb>Cu>Cd>Hg，其中 Cu、Zn、Pb、Cd 和 As 在上游深潭段含量最高，Cr 在中游河滩段含量最高，Hg 在上游急流段含量最高（表 5.1）。方差分析表明，在急流–深潭–河滩间，底质 Cu、Zn、Cd、Hg、Pb 和 As 具有显著差异（$P<0.05$），河滩底质重金属含量普遍低于急流和深潭底质重金属含量，底质中 Cu、Zn、Pb 和 As 含量，河滩<急流<深潭，底质中 Cd 和 Hg 含量，河滩<深潭<急流，底质中 Cr 含量，急流<深潭<河滩。从整条河看，底质 Zn、Pb、Hg 和 As 含量中游<下游<上游，底质 Cu 和 Cr 含量下游<上游<中游，底质 Cd 含量下游<中游<上游。上中下游河滩（HT）底质 Hg 含量的空间变异系数（1.08）最大，深潭底质 Hg 含量变异系数（0.68）次之，急流底质 Hg 含量变异系数

（0.61）最小，其他重金属含量的变异系数在 0.15 ~ 0.50。

表5.1　都柳江夏季急流-深潭-河滩系统底质重金属含量

项目	金属元素	最小值 /（mg/kg）	最大值 /（mg/kg）	均值 /（mg/kg）	标准差 /（mg/kg）	变异系数
JL	Cu	9.83	16.57	14.02	2.24	0.16
	Zn	60.74	114.01	84.24	15.76	0.19
	Pb	12.47	20.45	17.44	2.68	0.15
	Cr	16.15	40.67	25.86	7.94	0.31
	Cd	0.195	0.584	0.403	0.113	0.28
	Hg	0.087	0.624	0.323	0.197	0.61
	As	17.07	40.35	29.27	6.94	0.24
ST	Cu	9.91	24.14	14.94	4.61	0.31
	Zn	64.64	153.1	97.85	36.33	0.37
	Pb	23.12	63.36	39.66	14.65	0.37
	Cr	27.73	54.55	37.66	7.94	0.21
	Cd	0.149	0.588	0.322	0.161	0.5
	Hg	0.087	0.604	0.277	0.189	0.68
	As	22.48	58.53	39.09	12.93	0.33
HT	Cu	6.05	14.92	9.35	2.65	0.28
	Zn	42.76	141.79	79.27	25.48	0.32
	Pb	7.27	22.79	14.71	5.48	0.37
	Cr	29.82	67.95	46.65	11.77	0.25
	Cd	0.209	0.449	0.299	0.08	0.27
	Hg	0.023	0.693	0.234	0.252	1.08
	As	14.49	51.76	26.67	12.82	0.48

注：表中 JL 代表急流；ST 代表深潭；HT 代表河滩，下同。

冬季都柳江急流、深潭和河滩底质中 7 种重金属含量大小依次为：Zn>Cr>As>Pb>Cu>Cd>Hg，其值与夏季相同，其中，底质 Zn、Pb、Cr、Cd 和 As 含量在上游深潭段含量最高，底质 Cu 含量在中游河滩段含量最高，底质 Hg 含量在下游深潭段含量最高（表5.2）。方差分析表明，在急流、深潭和河滩间，底质重金属 Zn、Pb、Cd、Cr 和 As 具有显著差异（$P<0.05$）、底质 Cu 和 Cr 含量有极显著差异（$P<0.01$），底质 Zn、Cd、Hg 和 As 含量，河滩<急流<深潭，底质 Pb 和 Cr 含量，急流<河滩<深潭，底质 Cu 含量，急流<深潭<河滩。从整条河流看，底质 Cu 含量，上游<下游<中游，底质 Zn 和 Cd 含量，下游<中游<上游，底质 Pb 和 Hg 含量，中游<下游<上游，底质 Cr 和 As 含量，下游<上游<中游。上中下游深潭底质 Pb 含量空间变异系数（0.85）最大，急流和河滩底质 Pb 和 Hg 含量，以及深潭底质 Cd 含量的空间变异系数在 0.53 ~ 0.77，而其他重金属含量的空间变异系数在 0.16 ~ 0.49。

表5.2 都柳江冬季急流–深潭–河滩系统底质重金属含量

项目	金属元素	最小值/(mg/kg)	最大值/(mg/kg)	均值/(mg/kg)	标准差/(mg/kg)	变异系数
JL	Cu	8.93	20.35	13.59	4.37	0.32
	Zn	55.39	98.48	76.94	12.62	0.16
	Pb	5.17	32.52	14.74	9.57	0.65
	Cr	16.87	53.03	32.98	10.66	0.32
	Cd	0.072	0.451	0.249	0.122	0.49
	Hg	0.022	0.144	0.074	0.045	0.61
	As	12.29	48.37	27.53	9.83	0.36
ST	Cu	11.08	21.88	15.91	3.43	0.22
	Zn	57.89	161.49	93.45	34.7	0.37
	Pb	10.81	88.2	32.63	27.73	0.85
	Cr	33.36	82.64	56.04	15.78	0.28
	Cd	0.054	0.671	0.311	0.216	0.69
	Hg	0.12	0.499	0.317	0.126	0.4
	As	22.55	54.64	42.84	8.858	0.21
HT	Cu	9.98	26.81	17.18	6.39	0.37
	Zn	50.41	125.86	67.65	21.47	0.31
	Pb	7.01	31.02	17.64	9.42	0.53
	Cr	20.82	80.24	43.65	21.5	0.49
	Cd	0.057	0.355	0.237	0.096	0.41
	Hg	0.022	0.155	0.061	0.047	0.77
	As	12.75	37.38	26.18	8.82	0.34

　　总体看，底质重金属含量的季节差异，冬季底质 Cu、Cr 和 As 含量均高于夏季，其他则相反。在急流–深潭–河滩系统中，夏季和冬季大多数河滩底质重金属含量都小于急流和深潭底质重金属含量，这主要是河滩在河床中最高处，水流经过主要洪水季，污染物积累较少。夏季急流底质 Cd 和 Hg 含量较大，急流底质以细沙及卵石为主，可能 Cd 和 Hg 容易在这种环境下富集。对比国标［《海洋沉积物质量》（GB18668—2002）］，都柳江河流–深潭–河滩系统底质有 80.16% 重金属含量低于 I 级自然背景值。

5.6.2　赤水河

　　赤水河上中下游急流–深潭–河滩系统底质重金属的含量介于 58.3～519.13mg/kg，上、中、下游急流–深潭–河滩系统底质重金属平均值分别为 135.45mg/kg、142.15mg/kg、198.71mg/kg，从上游到下游，底质重金属含量逐渐增加（表5.3）。整条河急流–深潭–河滩系统底质 Cu、Zn、Pb、As、Hg 含量平均值分别为 39.36mg/kg、97.25mg/kg、

17.59mg/kg、7.85mg/kg、0.13mg/kg，高含量的重金属一般出现在下游河滩处。底质中 Cu、Zn、Pb、As、Hg 的变异系数为 Pb>Hg>Cu>Zn>As，均大于 32.10%，表明空间分布差异较大，这可能与点源有关。通过与赤水河土壤背景值比较，底质 Cu、Zn、Pb、As、Hg 的平均含量都超过背景值，对照《土壤环境质量标准》（GB15618—1995），尽管平均值没有超过国家规定的限值，但底质 Zn、Pb、Hg 含量在高值区远超国家规定的限值，这3 种重金属具有严重的环境风险。

表5.3　赤水河底质重金属含量

重金属	含量范围 /（mg/kg）	平均数 /（mg/kg）	变异系数	背景值	上游平均值 /（mg/kg）	中游平均值 /（mg/kg）	下游平均值 /（mg/kg）
Cu	12.42~72.13	39.36	40.51%	30.01	32.97	33.66	51.18
Zn	37.45~354.41	97.25	36.12%	91.42	90.47	92.44	107.13
Pb	6.88~78.45	17.59	91.24%	12.29	6.1	10.53	31.24
As	1.54~12.87	7.85	32.10%	4.83	4.83	5.47	8.89
Hg	0.01~1.27	0.13	70.41%	0.06	0.077	0.057	0.27

从不同河段来看，下游重金属含量显著高于上游和中游。在急流-深潭-河滩系统，丰水期底质重金属含量除个别采样点含量异常外，急流底质重金属含量普遍低于深潭和河滩底质重金属含量，底质 Cu、Zn、Pb、Hg 含量均为深潭>急流>河滩，底质 As 含量，河滩>深潭>急流（图5.3）。重金属主要富集在深潭底质中，因为水流从急流和河滩集中到深潭，深潭的底质颗粒小且表面有机质含量高，易于吸附重金属。

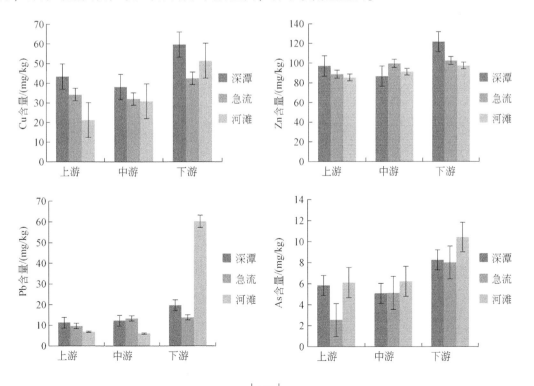

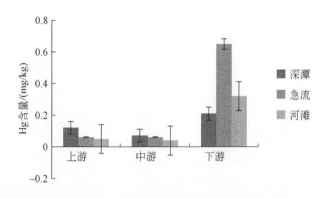

图 5.3　赤水河丰水期急流–深潭–河滩系统重金属含量

5.6.3　清水江

清水江丰水期急流–深潭–河滩系统底质重金属含量大小依次为 Zn>Pb>Cu>As>Hg，其中 Cu、Pb、Hg 和 As 在上游河滩底质中含量最高，Zn 在上游深潭底质中含量最高（表 5.4）。方差分析表明，急流、深潭、河滩底质中重金属 Cu、Pb、Hg 和 As 呈显著差异（$P<0.05$）。整条河流，急流和河滩底质 As 含量的空间变异系数（0.33 和 0.35）最大，其他 4 种重金属的变异系数均在 0.11~0.30。

表 5.4　清水江急流–深潭–河滩系统底质重金属含量

项目	金属元素	最小值 /(mg/kg)	最大值 /(mg/kg)	均值 /(mg/kg)	标准差 /(mg/kg)	变异系数
深潭	Cu	34.10	48.34	41.21	5.61	0.14
	Zn	142.54	287.83	224.63	58.53	0.26
	Pb	109.46	162.41	129.72	21.24	0.16
	As	25.41	44.17	35.06	7.18	0.20
	Hg	0.164	0.358	0.269	0.065	0.24
急流	Cu	17.37	48.81	38.07	10.69	0.28
	Zn	115.95	281.69	216.48	56.57	0.26
	Pb	64.85	134.37	111.88	27.00	0.24
	As	18.02	46.26	33.34	11.12	0.33
	Hg	0.144	0.372	0.274	0.082	0.30
河滩	Cu	26.06	46.86	35.15	8.60	0.25
	Zn	129.26	282.32	208.88	53.39	0.26
	Pb	95.46	128.80	108.03	12.26	0.11
	As	26.43	65.05	39.54	13.89	0.35
	Hg	0.215	0.388	0.300	0.077	0.26

从不同河段来看，底质 Pb、As 和 Hg 含量，上游>下游>中游；底质中 Cu 含量，上游>中游>下游；底质中 Zn 含量，下游>上游>中游（图 5.4）。底质中 Cu、Zn、Pb 含量，深潭>急流>河滩；底质中 As 含量，河滩>深潭>急流；底质中 Hg 含量，急流>深潭。整体看，丰水期大多数深潭和急流底质中重金属含量大于河滩底质重金属含量，其结果清水江和赤水河相似。对比《土壤环境质量标准》（GB 15618—1995），底质 Pb 平均含量远超国家规定的限值（Pb，35mg/kg），可能会引起严重的环境问题；底质 As 平均含量超过国家规定的限值（As，25mg/kg），底质 Hg 平均含量没有超国家规定的限值，但高值区超过规定的限值，存在一定的环境风险。

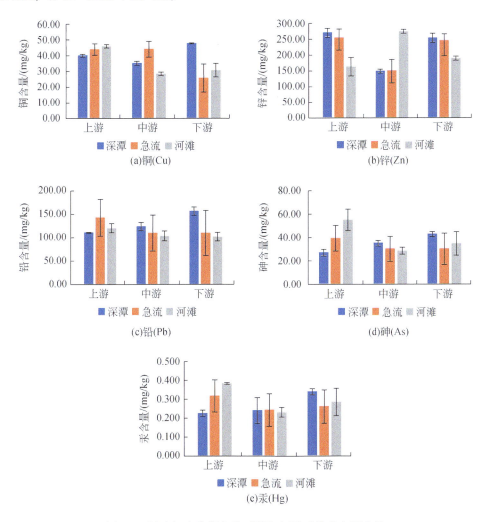

图 5.4　清水江丰水期急流–深潭–河滩系统重金属含量

5.7 底质重金属间相关性

5.7.1 都柳江

如表 5.5 所示，夏季底质 Zn 和 As 含量有极显著正相关（$P<0.01$）；Zn 和 Cr、Cu 分别和 Zn、Cd 有显著正相关性；As 分别和 Pb、Hg 有显著正相关性（$P<0.05$）。冬季 Cu 和 Cr、Zn 和 Cd 有极显著正相关（$P<0.01$）；Cr 和 As、Zn 分别和 Pb、Cr 有显著正相关性（$P<0.05$）。具有相关性的重金属说明在污染来源上可能相同。

表 5.5 都柳江底质重金属含量的相关系数

	相关性	Cu	Zn	Pb	Cr	Cd	Hg	As
	Cu	1						
	Zn	0.688 *	1					
	Pb	0.646	0.661	1				
夏季	Cr	0.086	0.241	0.067	1			
	Cd	0.734 *	0.604	0.425	0.011	1		
	Hg	0.344	0.745 *	0.243	−0.134	0.459	1	
	As	0.605	0.907 **	0.694 *	0.123	0.458	0.792 *	1
	Cu	1						
	Zn	0.564	1					
	Pb	0.143	0.721 *	1				
冬季	Cr	0.830 **	0.79 *	0.353	1			
	Cd	0.544	0.857 **	0.617	0.641	1		
	Hg	0.012	0.433	0.298	0.444	0.363	1	
	As	0.514	0.645	0.39	0.728 *	0.484	0.562	1

注：** 表示在 0.01 水平上显著相关；* 表示在 0.05 水平上显著相关。

以距离 5 为标准对都柳江底质重金属含量进行聚类分析表明，夏季底质重金属 Zn、As、Hg 聚成一类，Cu、Cd、Pb 为一类，Cd 单独为一类。冬季底质 Zn、Cd、Pb 聚成一类，Cu、Cr、As 聚成一类，Hg 单独为一类。通过对都柳江底质聚类分析，能够直观地了解底质重金属间的联系（图 5.5）。聚成同一类别的重金属元素在含量上存在相似性，迁移转化规律也呈现一定的关联。

5.7.2 赤水河

表 5.6 表明，丰水期底质重金属 Cu 和 Zn、As 含量之间，Zn 和 As 含量之间呈极显著正相关（$P<0.01$）。具有相关性的重金属说明污染可能来源相似，而这些底质重金属并非

单一来源，系多来源的复合污染。

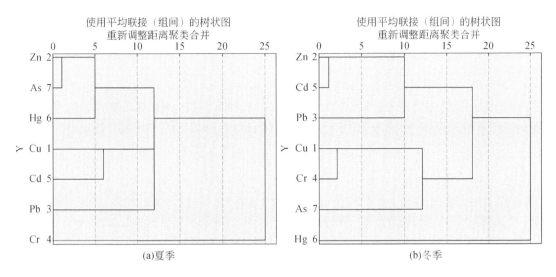

图5.5 都柳江底质重金属聚类图

表5.6 赤水河底质重金属含量相关系数

相关性	Cu	Zn	Pb	As	Hg
Cu	1				
Zn	0.797**	1			
Pb	0.578	0.234	1		
As	0.76**	0.762**	0.467	1	
Hg	0.182	0.263	−0.071	0.32	1

注：**表示在置信度（双侧）为0.01水平上显著相关。

5.7.3 清水江

如表5.7所示，清水江底质重金属 Cu 和 Pb、Cu 和 Hg、Pb 和 As、Pb 和 Hg、As 和 Hg 呈极显著正相关（$P<0.01$），Cu 和 As 呈显著正相关（$P<0.05$）。具有相关性的重金属说明在污染来源上具有某种相似性，而这些重金属来自流域内多个污染源，系复合污染源。根据调查，这些污染源主要由上游瓮安、开阳等地区矿业开采产生。

表5.7 清水江急流-深潭-河滩系统底质重金属含量的相关系数

相关性	Cu	Zn	Pb	As	Hg
Cu	1				
Zn	−0.94	1			
Pb	0.456**	−0.034	1		
As	0.348*	−0.109	0.626**	1	

相关性	Cu	Zn	Pb	As	Hg
Hg	0.365**	−0.108	0.569**	0.866**	1

注：** 表示在置信度（双侧）为 0.01 水平上显著相关；* 表示在置信度（双侧）为 0.05 水平上显著相关。

以距离 5 为标准对清水江底质 Cu、Zn、Pb、As 和 Hg 这 5 种重金属进行聚类分析，发现 Cu、As、Cd 可聚成一类，Zn 和 Hg 分别为一类（图 5.6）。通过对清水江底质重金属含量的聚类分析，能够直观了解底质重金属间环境地球化学循环的关联性。聚成一类的重金属元素污染特性相近，其迁移转化规律也呈现一定的相关性。

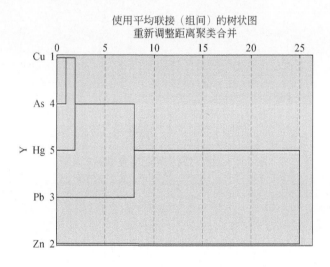

图 5.6　清水江底质重金属聚类分析树状

5.8　底质重金属与河道形态结构因子关系

相关分析表明（表 5.8），夏季都柳江底质重金属 Cu 和 Pb 与深潭面积有极显著相关性（$P<0.01$）；重金属 Zn 也和深潭面积有显著相关性（$P<0.05$），且均为正相关。深潭面积大，从上游来的汇流比较多，底质重金属的沉积量也比较多，含量就高。底质重金属 Cu、Zn 和 Pb 含量与都柳江河滩面积有极显著相关性（$P<0.01$），底质重金属 As 和河滩面积有显著相关性（$P<0.05$），且均为正相关。河滩面积大，对滞留洪水中携带的重金属并汇入深潭沉积具有促进作用。重金属 Cd 与砾石粒径呈显著正相关性（$P<0.05$）。砾石表面积越大，有利于附着含 Cd 细颗粒或有机质，增加了 Cd 含量。

表 5.8　都柳江底质重金属含量与河道形态结构因子间相关系数

夏季	Cu	Zn	Pb	Cr	Cd	Hg	As
纵比降值	−0.424	−0.273	0.043	−0.006	−0.575	−0.235	0.050
弯曲系数	0.633	0.356	0.282	−0.109	0.486	0.037	0.290

夏季	Cu	Zn	Pb	Cr	Cd	Hg	As
急流面积	0.532	−0.038	0.241	−0.165	0.095	−0.160	−0.067
深潭面积	0.868**	0.726*	0.815**	0.102	0.511	0.304	0.614
河滩面积	0.839**	0.837**	0.870**	0.245	0.663	0.356	0.701*
砾石粒径	0.481	0.098	0.264	−0.119	0.687*	0.074	−0.018
冬季	Cu	Zn	Pb	Cr	Cd	Hg	As
纵比降值	0.128	−0.137	−0.335	0.220	−0.156	0.600	0.081
弯曲系数	0.421	0.671*	0.218	0.410	0.560	0.172	0.286
急流面积	−0.162	0.062	0.234	−0.131	−0.073	−0.010	0.497
深潭面积	0.133	0.772*	0.815**	0.437	0.577	0.395	0.714*
河滩面积	0.293	0.892**	0.917**	0.545	0.800**	0.402	0.615
砾石粒径	−0.154	0.076	0.400	−0.320	0.319	−0.271	0.085

注：** 为 0.01 水平上显著相关，* 为 0.05 水平上显著相关。

冬季都柳江底质重金属 Zn 与弯曲系数有显著相关性（$P<0.05$），且为正相关。底质重金属 Pb 与深潭面积有极显著相关性（$P<0.01$），重金属 Zn 和 As 也与深潭面积有显著相关性（$P<0.05$），且均为正相关。底质重金属 Zn、Pb 和 Cd 含量与河滩面积有极显著相关性（$P<0.01$），且为正相关。

5.9　污染综合评价

5.9.1　都柳江

1. 综合污染指数

以我国《土壤环境质量标准》（GB15618—1995）中一级自然背景值［$w(Cu)$：35，$w(Zn)$：100，$w(Pb)$：35，$w(Cd)$：0.2，$w(Cr)$：90，$w(Hg)$：0.15，$w(As)$：15，单位 mg/kg］为比较基准，通过式（5.2）和式（5.3）计算表明，上游急流底质重金属 Hg 污染级别最高，达到 3.89，上游深潭处综合污染指数最高（$P=2.99$）。上游急流和深潭底质、中游急流底质、下游河滩底质综合污染指数级别已达到中度污染级，其余各处为轻微污染级别（表 5.9）。

冬季评价结果表明（表 5.10），上游深潭底质重金属 As 单项污染指数 P_i 为 3.11，污染级别最高，都柳江上游深潭底质综合污染指数 P 也最高，为 2.51。上游深潭、中游急流和深潭、下游深潭底质综合污染指数级别已达到中度污染级别，其余各处为轻微污染级别。以上评价结果还可以看出，冬季上游急流底质综合污染指数较低，但整体属于中等污染级别。

表 5.9　夏季都柳江急流-深潭-河滩系统底质重金属 P_i 和 P 值

采样点	P_i							P
	Cu	Zn	Pb	Cd	Cr	Hg	As	
急流（上）	0.32	1.02	0.41	1.56	0.22	3.89	2.49	2.93
ST 上	0.60	1.49	1.68	2.63	0.52	3.56	3.72	2.99
河滩（上）	0.19	0.64	0.58	1.86	0.4	0.37	1.07	1.41
急流（中）	0.46	0.79	0.57	2.72	0.37	1.62	1.87	2.10
深潭（中）	0.38	0.74	0.72	1.12	0.40	1.26	1.8	1.43
河滩（中）	0.32	0.81	0.24	0.99	0.68	0.36	1.62	1.25
急流（下）	0.43	0.72	0.52	1.53	0.27	0.96	1.48	1.23
深潭（下）	0.30	0.71	1.01	1.19	0.34	0.71	2.30	1.76
河滩（下）	0.30	0.93	0.44	1.78	0.48	3.84	2.64	2.91

表 5.10　冬季都柳江急流-深潭-河滩系统底质重金属的 P_i 和 P 值

采样点	P_i							P
	Cu	Zn	Pb	Cd	Cr	Hg	As	
急流（上）	0.27	0.75	0.3	0.67	0.37	0.90	1.42	1.11
深潭（上）	0.56	1.39	1.99	1.93	0.84	2.18	3.11	2.51
河滩（上）	0.34	0.60	0.40	1.15	0.35	0.83	1.46	1.15
急流（中）	0.55	0.84	0.18	3.08	0.50	0.39	2.38	2.32
深潭（中）	0.34	0.63	0.47	0.43	0.43	1.13	2.89	2.14
河滩（中）	0.74	0.89	0.31	1.34	0.81	0.22	2.32	1.77
急流（下）	0.35	0.73	0.78	1.59	0.23	0.20	1.71	1.33
深潭（下）	0.46	0.78	0.33	1.38	0.60	3.03	2.56	2.33
河滩（下）	0.39	0.55	0.80	0.59	0.29	0.17	1.46	1.12

2. 潜在生态危害指数

按式（5.4）和式（5.5）计算，得到单项重金属潜在生态危害系数（E_r^i）和 7 种重金属潜在生态风险指数（RI）（表 5.11）。夏季 73.02% 重金属元素的 E_r^i 小于 40，处于轻微的生态风险等级，无潜在生态风险影响。Hg 的 E_r^i 明显高于其他 6 种重金属，上游急流处达到最高（228.63）。综合分析所有采样点沉积物 7 种重金属元素 RI，发现由于受到重金属 Hg 的高 E_r^i 值影响，上游急流和深潭底质采样点的 RI 值介于 300 ~ 600，属于强生态危害等级，其他各采样点的 RI 值均小于 300，处于轻微到中等潜在生态危害等级。

冬季 82.54% 单个重金属潜在生态危害系数 E_r^i 也小于 40，处于轻微的生态风险等级，无潜在生态风险影响（表 5.12）。中游急流底质 Cd、上游和下游深潭底质 Hg 的 E_r^i 值大于 80，处于强生态风险等级。综合分析全部采样点沉积物 7 种重金属元素 RI，发现由于受到重金属 Cd 和 Hg 的影响，中游急流底质、上游和下游深潭底质 RI 值达到 150～300，属于中等生态危害等级，其他河段底质 RI 值均小于 150，处于轻微潜在生态危害等级。

表 5.11　夏季都柳江急流–深潭–河滩系统底质重金属 E_r^i 和 RI 值

采样点	E_r^i							RI
	Cu	Zn	Pb	Cd	Cr	Hg	As	
急流（上）	2.15	1.23	2.42	70.12	0.46	228.63	28.19	333.20
深潭（上）	4.07	1.8	10.03	118.42	1.08	209.42	41.97	386.79
河滩（上）	1.31	0.78	3.46	83.91	0.83	21.59	12.09	123.97
急流（中）	3.12	0.96	3.43	122.71	0.77	95.29	21.11	247.39
深潭（中）	2.59	0.9	4.27	50.3	0.83	74.12	20.25	153.26
河滩（中）	2.15	0.99	1.45	44.89	1.41	21.18	18.28	90.35
急流（下）	2.91	0.87	3.08	68.79	0.56	56.47	16.73	149.41
深潭（下）	2.05	0.86	6.01	53.68	0.69	41.96	25.96	131.21
河滩（下）	2.04	1.12	2.63	80.08	0.99	225.88	29.78	342.52

表 5.12　冬季都柳江急流–深潭–河滩系统底质重金属 E_r^i 和 RI 值

采样点	E_r^i							RI
	Cu	Zn	Pb	Cd	Cr	Hg	As	
急流（上）	1.81	0.91	1.79	30.23	0.77	52.94	16.02	104.47
深潭（上）	3.84	1.69	11.88	87.07	1.74	128.24	35.13	269.59
河滩（上）	2.33	0.72	2.38	51.20	0.72	48.63	16.47	122.45
急流（中）	3.76	1.02	1.09	139.17	1.03	22.75	26.85	195.67
深潭（中）	2.34	0.76	2.83	19.17	0.90	66.67	32.64	125.31
河滩（中）	5.01	1.08	1.87	60.45	1.69	12.94	26.14	109.18
急流（下）	2.37	0.88	4.66	71.95	0.48	11.76	19.24	111.34
深潭（下）	3.11	0.95	1.99	62.03	1.24	178.43	28.87	276.62
河滩（下）	2.68	0.66	4.76	26.39	0.61	9.80	16.44	61.34

从评价结果可以看出，冬季都柳江底质 7 种重金属的潜在生态风险指数（RI）比夏季低一个等级。

3. 地累积指数

以中国陆壳地球化学背景值 [w（Cu）：38，w（Zn）：86，w（Pb）：15，w（Cd）：0.055，w（Cr）：63，w（Hg）：0.08；w（As）：1.9，单位 mg/kg]（黎彤，1994）作参照，根据式（5.6）计算出底质重金属 I_{geo}（表 5.13）。

表 5.13　夏季都柳江急流–深潭–河滩系统底质重金属 I_{geo} 和分级

采样点	I_{geo}						
	Cu	Zn	Pb	Cd	Cr	Hg	As
急流（上）	−2.37/0	−0.34/0	−0.66/0	1.91/2	−2.24/0	2.28/3	3.71/4
深潭（上）	−1.45/0	0.20/1	1.38/2	2.66/3	−1.01/0	2.15/3	4.29/5
河滩（上）	−3.08/0	−1.01/0	−0.15/0	2.17/3	−1.40/0	−1.12/0	2.49/3
急流（中）	−1.82/0	−0.71/0	−0.16/0	2.72/3	−1.51/0	1.02/2	3.30/4
深潭（中）	−2.09/0	−0.80/0	0.15/1	1.43/2	−1.39/0	0.66/1	3.24/4
河滩（中）	−2.36/0	−0.66/0	−1.41/0	1.27/2	−0.63/0	−1.15/0	3.09/4
急流（下）	−1.93/0	−0.84/0	−0.31/0	1.89/2	−1.95/0	0.26/1	2.96/3
深潭（下）	−2.43/0	−0.86/0	0.64/1	1.53/2	−1.64/0	−0.16/0	3.59/4
河滩（下）	−2.44/0	−0.47/0	−0.54/0	2.11/3	−1.13/0	2.26/3	3.79/4

夏季都柳江急流和河滩系统底质 Cu、Zn 和 Cr 的 I_{geo} 均为 0，属于无污染水平；As 为主要污染物，其 I_{geo} 为 2.49～4.29，污染级别 3～5 级，Cd 的 I_{geo} 值在 2～3，属于中污染至极重污染水平。Pb 和 Hg 的 I_{geo} 在 0～3，属于无污染至重污染水平。总体上看，53.97% 的采样点的 I_{geo} 值小于 0，属于无污染水平，表明都柳江重金属污染程度普遍较轻。

冬季都柳江急流和河滩底质 Cu、Zn 和 Cr 的 I_{geo} 均为 0，属于无污染水平，与夏季一致（表 5.14）；上游深潭、下游急流和河滩底质 Pb 为无污染到中度污染水平，其他各河段底质其他重金属均表现为无污染水平；全河流底质 Hg 的 I_{geo} 值在 0～2，属于无污染至中污染水平；全河流 Cd 的 I_{geo} 值在 1～3，属无污染至重度污染水平；全河流 As 为主要污染物，其 I_{geo} 为 2.90～4.04，污染级别 3～5 级，属于中度污染到极重度污染水平，其表现与夏季一致。总体上看，57.15% 的采样点底质重金属 I_{geo} 值小于 0，属于无污染水平，表明都柳江重金属污染总体较轻。

从评价结果可以看出，冬季都柳江底质重金属 Hg 和 Cd 污染水平较夏季有所下降，而重金属 As 的污染水平没有变化。

表 5.14　冬季都柳江急流–深潭–河滩系统底质重金属 I_{geo} 和分级

采样点	I_{geo}						
	Cu	Zn	Pb	Cd	Cr	Hg	As
急流（上）	−2.62/0	−0.78/0	−1.10/0	0.69/1	−1.50/0	0.17/1	2.90/3
深潭（上）	−1.53/0	0.11/1	1.63/2	2.23/3	−0.33/0	1.45/2	4.04/5
河滩（上）	−2.25/0	−1.11/0	−0.68/0	1.46/2	−1.59/0	0.05/1	2.94/3
急流（中）	−1.56/0	−0.62/0	−1.81/0	2.90/3	−1.08/0	−1.04/0	3.64/4
深潭（中）	−2.24/0	−1.04/0	−0.44/0	0.04/1	−1.27/0	0.50/1	3.92/4
河滩（中）	−1.15/0	−0.54/0	−1.03/0	1.69/2	−0.36/0	−1.86/0	3.61/4
急流（下）	−2.22/0	−0.83/0	0.28/1	1.95/2	−2.18/0	−2.00/0	3.17/4

续表

采样点	I_{geo}						
	Cu	Zn	Pb	Cd	Cr	Hg	As
深潭（下）	−1.83/0	−0.71/0	−0.94/0	1.74/2	−0.81/0	1.92/2	3.75/4
河滩（下）	−2.05/0	−1.23/0	0.31/1	0.50/1	−1.84/0	−2.26/0	2.94/3

5.9.2 赤水河

1. 综合污染指数

以我国《土壤环境质量标准》（GB 15618—1995）的一级自然背景值为基准，根据式（5.2）和式（5.3）计算全河流急流-深潭-河滩系统底质重金属单项污染指数和综合污染指数，结果表明（表5.15），赤水河底质 Cu、Zn、Pb、As、Hg 5 种重金属单因子污染指数平均值分别为 0.501、0.571、0.446、0.0045、0.144，均小于 1.0，属于非污染；但是下游急流底质的 Hg 污染和河滩底质的 Pb 污染在 1～2，属于轻度污染。全河流急流-深潭-河滩系统底质重金属含量综合污染指数 P 均小于 1，也说明河流底质重金属污染为非污染等级。

表 5.15 丰水期赤水河深潭-急流-河滩系统底质重金属的 P_i 和 P 值

采样点		P_i					P
		Cu	Zn	Pb	As	Hg	
上游	深潭	0.432	0.554	0.284	0.0051	0.015	0.409
	急流	0.356	0.498	0.242	0.0015	0.021	0.455
	河滩	0.369	0.487	0.258	0.0027	0.013	0.378
中游	深潭	0.454	0.486	0.232	0.0031	0.025	0.421
	急流	0.384	0.601	0.259	0.0031	0.032	0.487
	河滩	0.389	0.512	0.321	0.0044	0.024	0.432
下游	深潭	0.985	0.734	0.545	0.0067	0.064	0.875
	急流	0.659	0.655	0.657	0.0055	1.021	0.602
	河滩	0.878	0.613	1.215	0.0081	0.078	0.553
整条河流		0.501	0.571	0.446	0.0045	0.144	0.512

2. 潜在生态危害指数

通过式（5.4）和式（5.5）计算表明（表5.16），赤水河急流-深潭-河滩系统底质单个重金属污染潜在生态危害指数 Hg 和 Pb 较大，Hg 的 E_r^i 值介于 3.45～804.54，平均值为 52.54；Pb 的 E_r^i 因子介于 2.11～765.12，平均值为 49.32，Hg 和 Pb 均属于轻生态风险至极强生态风险。Cu、Zn、Pb、As、Hg 5 种重金属的生态危害指数介于 20.59 ~ 1629.58，平均值为 354.18，属于轻生态风险和极强生态风险。出现这样的结果，主要是在河流上游和中游，污染较轻，属于轻生态风险，而在河流下游，受纳了土城镇生活污水，而且下游河段两岸正在修建高速公路，有土石进入河流，增加了河流底质重金属含量，生态风险高。若是除去该异常河段，赤水河 Hg 潜在生态风险指数平均值为 25.47，Pb 潜在生态风险指数平均值为 21.84，均属于轻生态风险。其他 3 个重金属 Cu、Zn、As 在 27 个采样点的 E_r^i 值均小于 40，属于低生态风险。总体来看，5 种重金属潜在生态风险由大至小的排序为 Hg>Pb>As>Cu>Zn。

表 5.16　赤水河底质种各重金属潜在生态风险指数

参数类型	单个重金属潜在生态风险指数（E_r^i）					多种重金属潜在生态风险指数（RI）
	Cu	Zn	Pb	Hg	As	
范围	0.82 ~ 21.21	0.87 ~ 5.76	2.11 ~ 765.12	3.45 ~ 804.54	3.34 ~ 32.95	20.59 ~ 1629.58
平均值	8.71	6.41	49.32	52.54	15.54	354.18

3. 地累积指数

根据式（5.6）计算出赤水河急流–深潭–河滩系统底质重金属 I_{geo}，然后给出某重金属相同污染级别的采样点数占总采样点数的百分比，作为污染频率（表 5.17）。结果表明，27 个采样点 5 种重金属的 I_{geo} 值由高到低依次为 As>Pb>Cu>Zn>Hg，5 种重金属元素的平均 I_{geo} 值均小于 0。但是，在全部采样点中，5 种重金属有 0.512% ~ 21.05% 的采样点属于轻污染，2.18% ~ 7.91% 的采样点属于偏轻污染，1.02% ~ 6.05% 采样点属于中度污染，0.67% ~ 0.88% 采样点属于偏重污染，有 67.54% ~ 87.28% 的采样点属于无污染。总体看，赤水河急流–深潭–河滩系统底质重金属污染较轻。

表 5.17　赤水河底质 5 种重金属的累积指数 I_{geo}

分级	污染程度	污染频率				
		Cu	Zn	Pb	Hg	As
0	无污染	78.13%	84.35%	86.58%	87.28%	67.54%
1	轻度污染	9.37%	15.65%	9.55%	5.12%	21.05%
2	偏轻度污染	6.45%	0	2.18%	5.15%	7.91%
3	中度污染	6.05%	0	1.02%	1.57%	3.50%
4	偏重污染	0	0	0.67%	0.88%	0
5	重污染	0	0	0	0	0
6	严重污染	0	0	0	0	0

5.9.3 清水江

1. 综合污染指数

根据式（5.2）和式（5.3），得出清水江急流−深潭−河滩系统单个和 5 个重金属污染指数（表 5.18）。在丰水期，从上游到下游，急流−深潭−河滩系统 5 种重金属的单项污染指数平均介于 1.09 ~ 3.41，表明重金属污染是基准值的 0.09 ~ 3.41 倍，其中，下游急流底质 Cu 污染为 0.74，下游深潭底质 Pb 污染达到 4.45。总体来看，单个污染，Pb、As 和 Hg 比较严重。5 种重金属综合污染指数在 2.52 ~ 3.68，下游深潭底质综合污染指数最高，达到 3.68。除下游深潭，上游急流底质综合污染指数也达到 3，整条河流属于中度到重度污染水平。

表 5.18   丰水期清水江急流−深潭−河滩系统底质重金属的 P_i 和 P 值

采样点	P_i					P
	Cu	Zn	Pb	As	Hg	
上游深潭	1.15	2.71	3.15	1.81	1.51	2.66
上游急流	1.26	2.55	4.05	2.63	2.12	3.37
上游河滩	1.32	1.62	3.42	3.68	2.56	3.00
中游深潭	1.01	1.49	3.52	2.34	1.60	2.86
中游急流	1.27	1.49	3.11	2.02	1.62	2.58
中游河滩	0.82	2.75	2.95	1.91	1.55	2.52
下游深潭	1.37	2.54	4.45	2.86	2.27	3.68
下游急流	0.74	2.45	3.12	2.02	1.74	2.62
下游河滩	0.88	1.89	2.90	2.32	1.90	2.48
整条河流	1.09	2.17	3.41	2.40	1.87	2.86

2. 潜在生态危害指数

通过式（5.4）和式（5.5）计算，清水江急流−深潭−河滩系统底质单项重金属潜在生态危害指数（E_r^i）和 5 种重金属的潜在生态风险指数（RI）如表 5.19 所示。77.78% 急流、深潭和河滩底质重金属元素的 E_r^i 小于 40，处于轻微生态风险等级，无潜在生态风险影响；Hg 的 E_r^i 明显高于其他 4 种重金属，上游河滩底质最高，达到 150.43，全河流急流、深潭和河滩底质重金属 E_r^i 平均也达到 110.25，属于强生态风险。5 种重金属元素的 RI 平均为 167.70，属于中等生态风险，其中上游急流、河滩，下游深潭底质重金属污染的生态风险较高。

表 5.19　丰水期清水江急流–深潭–河滩系统底质重金属 E_r^i 和 RI 值

采样点	E_r^i					RI
	Cu	Zn	Pb	As	Hg	
急流(上)	8.58	3.09	24.20	29.66	124.53	190.06
河滩(上)	8.97	1.97	20.41	41.48	150.43	223.26
深潭(上)	7.83	3.29	18.80	20.40	88.73	139.05
急流(中)	8.62	1.81	18.60	22.77	95.33	147.13
河滩(中)	5.55	3.34	17.59	21.54	91.00	139.02
深潭(中)	6.87	1.80	21.03	26.38	94.38	150.46
急流(中)	5.02	2.98	18.62	22.78	102.45	151.84
河滩(中)	5.99	2.29	17.30	26.19	111.95	163.73
深潭(中)	9.35	3.08	26.58	32.30	133.44	204.76
整条河流	7.42	2.63	20.35	27.06	110.25	167.70

3. 地累积指数

根据式 (5.6) 计算了清水江急流–深潭–河滩系统底质重金属 I_{geo},并进行指数分级 (表 5.20)。丰水期清水江急流–深潭–河滩系统底质 Cu 的 I_{geo} 都小于零,属于 0 级无污染水平;Zn 的 I_{geo} 在 1~2,属于无污染到中污染水平;Pb 的 I_{geo} 为 3,属于重污染水平;As 的 I_{geo} 为 3.25~4.27,污染级别 4~5 级,属于重度污染,Hg 的 I_{geo} 在 1~2,属于中污染水平。总体上看,清水江底质 Pb、As 和 Hg 污染比较严重。

表 5.20　丰水期清水江急流–深潭–河滩系统底质重金属 I_{geo} 和分级

采样点	E_r^i				
	Cu	Zn	Pb	As	Hg
上游深潭	-0.50/0	1.07/2	2.29/3	3.25/4	0.91/1
上游急流	-0.37/0	0.98/1	2.66/3	3.79/4	1.40/2
上游河滩	-0.31/0	0.33/1	2.41/3	4.27/5	1.68/2
中游深潭	-0.69/0	0.20/1	2.45/3	3.62/4	1.00/2
中游急流	-0.36/0	0.21/1	2.28/3	3.41/4	1.02/2
中游河滩	-1.00/0	1.09/2	2.20/3	3.33/4	0.95/1
下游深潭	-0.25/0	0.98/1	2.79/3	3.91/4	1.50/2
下游急流	-1.14/0	0.93/1	2.28/3	3.41/4	1.12/2
下游河滩	-0.89/0	0.55/1	2.17/3	3.61/4	1.25/2

5.10 底质内源氮素释放

5.10.1 都柳江

1. 不同形态氮的释放

图5.7表明，深潭底质TN5日释放时间内，上覆水中TN浓度是不断增加的，但是在第4天，上游和下游TN浓度开始回落。上游和下游总氮释放速率表现为先增加后下降的趋势，速率变化范围在150.7～267.9mg/(m²·d) 和112.1～168.2mg/(m²·d)；中游TN释放速率先下降后增加，释放速率变化范围在175～294.4mg/(m²·d)。平均释放速率为中游>上游>下游。方差分析显示，上游、中游和下游底质总氮释放量具有显著差异性 (P<0.05)。

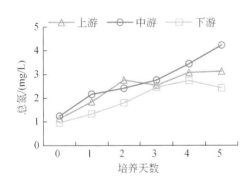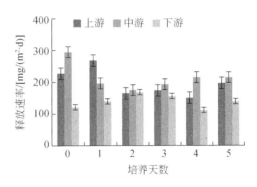

图5.7 都柳江深潭底质总氮5日释放情况

深潭底质硝酸盐氮5日释放时间内，上游上覆水中硝酸盐氮是波动上升的，然后第4天开始下降，浓度变化范围在0.58～1.29mg/L，释放速率为40.6～89.5mg/(m²·d)（图5.8）；中游硝酸盐浓度持续上升后，第3天开始下降，浓度变化范围为0.65～1.47mg/L，释放速率为33.2～91.4mg/(m²·d)；下游硝酸盐氮浓度逐渐升高，到第5天开始下降，浓度变化范围为0.41～1.22mg/L，释放速率为35.9～77mg/(m²·d)。平均释放速率为下游>上游>中游。方差分析表明，上游和下游之间、中游和下游之间底质硝酸盐氮释放量具有显著差异性 (P<0.05)。

深潭底质氨氮5日释放时间内，上游氨氮浓度变化出现两个高峰，分别为第2天和第4天，浓度变化范围为0.25～0.91mg/L，释放速率为36.2～96.6mg/(m²·d)（图5.9）；中游氨氮释放，开始时浓度持续上升，到第3天开始下降，浓度变化范围为0.34～1.03mg/L，释放速率为33.8～84mg/(m²·d)；下游氨氮浓度随着时间的增加逐渐上升，浓度变化范围为0.22～0.79mg/L，释放速率为41.7～60.5mg/(m²·d)。平均释放速率为上游>中游>下游。方差分析表明，上游和中游之间底质氨氮释放量具有显著差异性 (P<

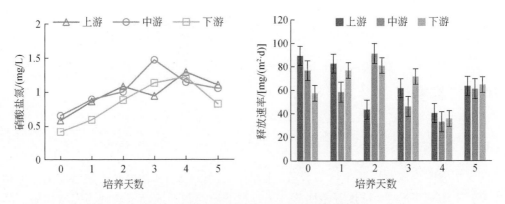

图 5.8 都柳江深潭底质硝氮 5 日释放情况

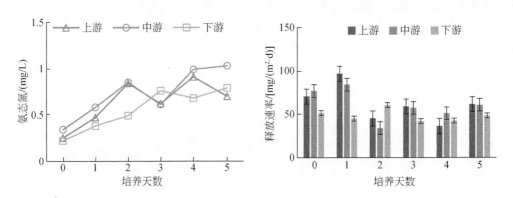

图 5.9 都柳江深潭系统底质氨氮 5 日释放情况

0.05）。

都柳江急流底质对上覆水 3 种氮形态释放量明显小于深潭底质，仅为深潭底质释放量的 61.8% 左右（图 5.10 ~ 图 5.12）。急流底质总氮 5 日释放时间内，上游 TN 浓度缓慢上升，到第 4 天有所下降，浓度变化范围在 1.16 ~ 2.44mg/L，释放速率为 80.8 ~ 134.4mg/(m²·d)；中游 TN 浓度快速上升 3 天后开始变缓，浓度变化范围在 1.04 ~ 2.25mg/L，释

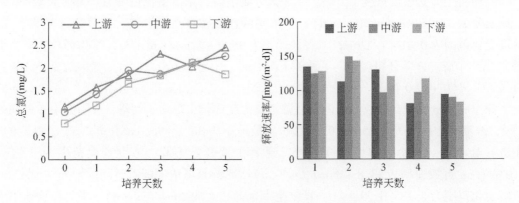

图 5.10 都柳江急流系统底质总氮 5 日释放情况

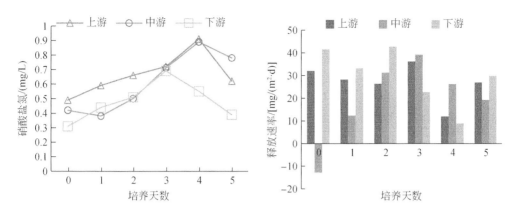

图 5.11 都柳江急流系统底质硝氮 5 日释放情况

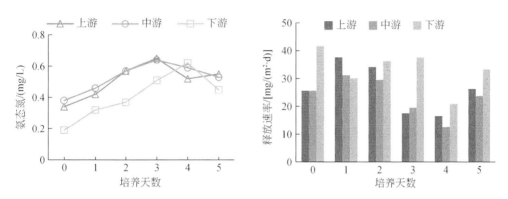

图 5.12 都柳江急流系统底质氨氮 5 日释放情况

放速率为 90.2~149.5mg/(m²·d)；下游 TN 浓度上升到第 5 天开始下降，浓度变化范围为 0.79~2.11mg/L，释放速率为 83.0~143.2mg/(m²·d)。总氮平均释放速率下游>中游>上游。方差分析表明，上游和中游之间底质总氮释放量具有极显著差异（$P<0.01$），上游和下游之间、中游和下游之间具有显著差异性（$P<0.05$）。

急流底质硝酸盐氮 5 日释放时间内，上游硝酸盐氮浓度不断上升，到第 5 天开始下降，浓度变化范围在 0.49~0.91mg/L，释放速率为 12~36.1mg/(m²·d)；中游硝酸盐氮浓度第 2 天开始上升，浓度变化范围为 0.38~0.89mg/L，但释放速率第 1 天为负值（上覆水中氮素被吸附进入底质），释放速率在 -12.8~39.3mg/(m²·d)；下游硝酸盐氮浓度在第 3 天出现一个上升高峰，浓度变化范围在 0.31~0.69mg/L，释放速率为 8.9~42.7mg/(m²·d)。硝酸盐氮平均释放速率下游>上游>中游。方差分析表明，上中下游硝酸盐氮释放量没有显著差异。

急流底质氨氮 5 日释放期内，上游氨氮浓度上升到第 4 天开始下降，浓度变化范围在 0.34~0.65mg/L，释放速率为 16.5~37.6mg/(m²·d)；中游氨氮释放过程与上游相似，浓度变化范围在 0.38~0.64mg/L，释放速率为 12.6~31.2mg/(m²·d)；下游氨氮浓度持续上升到第 4 天达到峰值并高于上游和中游，浓度变化范围在 0.19~0.62mg/L，释放速率为20.9~41.6mg/（m²·d）。氨氮平均释放速率下游>上游>中游。方差分析表明，上游和中游之间底质氨氮释放量具有极显著差异（P<0.01），中游和下游之间具有显著差异性（P<0.05）。

2. 环境因子对氨氮释放的影响

1）上覆水对氨氮释放的影响

由图5.13表明，不同上覆水对底质氨氮释放有显著影响，上覆水为含有氨氮的河水时，底质氨氮释放量明显少于上覆水为蒸馏水的氨氮释放量。当上覆水为河水时，上游氨氮浓度随时间增加不断上升，第8天达到峰值后开始下降，浓度变化范围在0.33~1.26mg/L，释放速率为16.4~51.2mg/（m²·d）；中游氨氮浓度变化与上游相似，浓度峰值在第6天，浓度变化范围在0.42~1.35mg/L，释放速率为16.9~52.1mg/（m²·d）；下游氨氮浓度变化缓慢，直到第16天达到峰值，浓度变化范围在0.26~1.14mg/L，释放速率为14.8~27.8mg/（m²·d）。氨氮平均释放速率上游>中游>下游。方差分析表明，上、中和下游底质氨氮释放量具有显著差异性（P<0.05）。

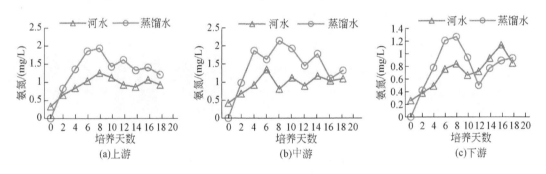

图5.13 不同上覆水对都柳江深潭底质氨氮释放影响

当上覆水为蒸馏水时，上游氨氮浓度增加到第8天后开始下降，浓度变化范围在0~1.94mg/L，释放速率为34.6~132.8mg/（m²·d）；中游氨氮浓度出现了三个峰值，浓度变化范围在0~1.87mg/L，释放速率为36.5~155.8mg/（m²·d）；下游氨氮浓度在第6到第8天达到峰值后急速下降，第12天出现浓度低点后又缓慢上升，浓度变化范围在0~1.27mg/L，释放速率为21~68.5mg/（m²·d）。氨氮平均释放速率中游>上游>下游。方差分析表明，上游、中游和下游底质氨氮释放具有显著差异（P<0.05）。

2）溶解氧对氨氮释放的影响

图5.14表明，低溶解氧有利于氨氮向上覆水释放。当高溶氧时（Do>9.0mg/L），上游氨氮浓度经6天缓慢上升后下降，第14天浓度下降到最低值，浓度变化范围在0.33~0.92mg/L，释放速率为6.4~57.6mg/（m²·d）；中游氨氮浓度上升缓慢，浓度高峰出现在第8天，浓度变化范围在0.42~1.02mg/L，释放速率为6.2~59.2mg/（m²·d）；下游氨氮释放先下降后上升，第12天达到浓度高峰，浓度变化范围在0.26~0.77mg/L，释放速率为-2.8~27.2mg/（m²·d）。氨氮平均释放速率中游>上游>下游。方差分析显示，上游和中游之间底质氨氮释放量具有显著差异（P<0.05）。

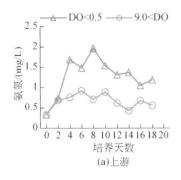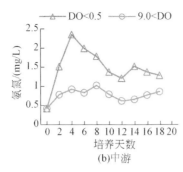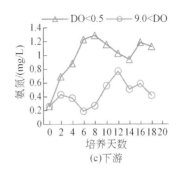

图 5.14 溶解氧水平对都柳江深潭系统底质氨氮释放影响

低溶氧（Do<0.50mg/L）条件下，上游氨氮浓度开始快速上升，第 8 天达到峰值后开始缓慢下降，浓度变化范围在 0.33～1.97mg/L，释放速率为 24.1～110.8mg/（m²·d）；中游氨氮浓度前 4 天急速上升后开始缓慢下降，浓度变化范围在 0.42～2.35mg/L，释放速率为 26.1～174.4mg/（m²·d）；下游氨氮浓度有两个峰值，第 8 天和第 16 天，浓度变化范围在 0.26～1.29mg/L，释放速率为 22.3～68.8mg/（m²·d）。氨氮平均释放速率中游>上游>下游。方差分析表明，上游和中游之间底质氨氮释放量具有显著差异（$P<0.05$），上游和下游之间底质氨氮释放量具有极显著差异（$P<0.01$）。

3）光照对氨氮释放的影响

由图 5.15 可以看出，避光条件有利于氨氮释放。当有光照时，上游底质氨氮释放，前 2 天氨氮浓度下降，之后浓度快速上升，最后维持在较高水平，第 14 天浓度开始下降，浓度变化范围在 0.33～1.04mg/L，释放速率为 -6.4～36.6mg/（m²·d）；中游氨氮浓度缓慢上升到第 6 天峰值后出现一个稳定阶段，浓度变化范围在 0.42～1.13mg/L，释放速率为 10.4～39.6mg/（m²·d）；下游氨氮浓度先缓慢上升，到第 10 天后快速下降，浓度变化范围在 0.26～0.89mg/L，释放速率为 1.7～33.6mg/（m²·d）。氨氮平均释放速率中游>上游>下游。方差分析表明，上、中、下游深潭底质氨氮释放量无显著差异（$P>0.05$）。

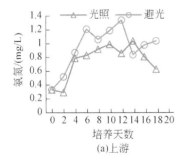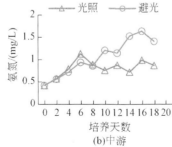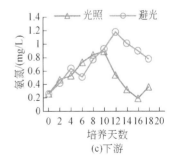

图 5.15 光照对都柳江深潭系统底质氨氮释放影响

当避光时，上游氨氮浓度先上升后下降，释放过程出现两个浓度峰值，浓度变化范围在 0.33～1.34mg/L，释放速率为 17.7～49.4mg/（m²·d）；中游氨氮浓度一直持续上升，浓度变化范围在 0.42～1.64mg/L，释放速率为 20.0～29.5mg/（m²·d）；下游氨氮浓度先上升后下降，第 12 天达到峰值，浓度变化范围在 $0.26 \sim 1.18$mg/L，释放速率为 $14.0 \sim 31.2$mg/$(m^2 \cdot d)$。氨氮平均释放速率上游>中游>下游。方差分析表明，上游和下游之间底质氨氮释放量具有显著差异（$P<0.05$），中游和下游之间底质氨氮释放量具有极显著差异（$P<0.01$）。

4）温度对氨氮释放的影响

由图 5.16 可以看出，温度升高有利于底质氨氮的释放。上游 5℃和 15℃实验组前 72 小时氨氮释放速度基本一致并无明显区别，但第 96 小时开始，15℃实验组氨氮浓度明显高于 5℃实验组；在实验开始的第 24 小时，25℃实验组氨氮释放浓度始终高于其他两组，第 120 小时氨氮浓度达到最大。中游 5℃和 15℃实验组实验第 24 小时氨氮浓度基本一致，到第 48 小时开始，15℃实验组浓度已高于 5℃实验组；同样 25℃实验组氨氮浓度始终高于其他两组。下游实验组在实验开始第 24 小时，3 个温度组氨氮浓度较为接近，第 48 小时后，25℃实验组氨氮浓度明显高于其他两组，5℃和 15℃实验组氨氮浓度始终比较接近。

5℃条件下，上、中、下游氨氮浓度变化范围分别在 $0.71 \sim 0.91$mg/L、$0.69 \sim 0.97$mg/L、$0.76 \sim 1.18$mg/L；氨氮累积释放量下游>中游>上游。15℃条件下，上、中、下游氨氮浓度变化范围在 $0.68 \sim 1.25$mg/L、$0.72 \sim 1.36$mg/L、$0.75 \sim 1.27$mg/L；氨氮累积释放量中游>下游>上游。25℃条件下，上、中和下游氨氮浓度变化范围在 $0.84 \sim 1.75$mg/L、$0.96 \sim 2.12$mg/L、$0.81 \sim 1.52$mg/L；氨氮累积释放量中游>上游>下游。方差分析表明，5℃条件下，上游和下游、中游和下游底质之间氨氮释放量呈极显著差异（$P<0.01$），上游和中游之间呈显著差异（$P<0.05$）；15℃条件下，上游、中游和下游之间底质氨氮释放量呈极显著差异（$P<0.01$）；25℃条件下，上游和中游、上游和下游底质氨氮释放量呈极显著差异（$P<0.01$），中游和下游呈显著差异（$P<0.05$）。

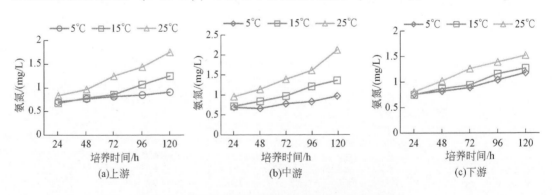

图 5.16　温度对都柳江深潭系统底质氨氮释放影响

5）pH 对氨氮释放的影响

由表 5.21 显示，随着 pH 增加，氨氮向上覆水中释放量减小。当 pH 在 5~6 时，上游氨氮浓度减小，中游和下游氨氮浓度略有增加，平均浓度变化范围在 $0.017 \sim 0.048$mg/L；pH 在 6~9 时，上、中、下游底质氨氮浓度不断减小。方差分析表明，上游和中游、上游和下游底质氨氮释放量呈显著差异（$P<0.05$），中游和下游呈极显著差异（$P<0.01$）。

表 5.21　pH 对都柳江深潭系统底质氨氮释放影响　　　　（单位：mg/L）

pH	5	6	7	8	9
上游	0.695	0.647	0.606	0.548	0.447
中游	0.712	0.735	0.695	0.641	0.546
下游	0.626	0.643	0.599	0.567	0.485

5.10.2　赤水河

1. 上覆水对底质 TN 和 TP 释放的影响

上覆水中营养物质含量对底质营养物质释放有一定影响。上覆水中营养物质浓度越高，从底质进入上覆水中的营养物质就越少。由图 5.17 可以看出，当深潭底质的上覆水为原河水时，在培养时间内，上覆水 TN 浓度缓慢上升，在第 12 天达到第一个峰值，随后下降，在第 21 天达到第二个峰值，浓度变化范围在 0.28 ~ 3.18mg/L，释放速率为 16.4 ~ 51.2mg/(m² · d)；当急流底质的上覆水为原河水时，上覆水中 TN 浓度变化规律和深潭底质的上覆水相似，浓度变化范围在 0.15 ~ 3.55mg/L，释放速率为 18.52 ~ 78.41mg/(m² · d)。TN 的平均释放速急流>深潭。

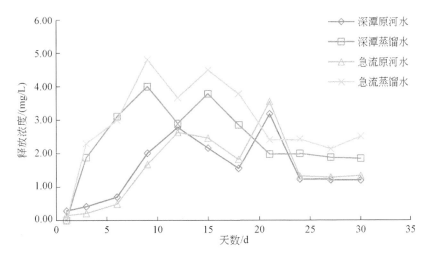

图 5.17　上覆水对底泥 TN 释放的影响

当深潭底质的上覆水为蒸馏水时，在开始培养后，上覆水中 TN 浓度迅速上升，在第 9 天达到第一个浓度峰值，随后短暂下降，在第 15 天达到第二个浓度峰值，然后浓度下降，在 21 天后浓度变化趋稳，浓度变化范围在 0 ~ 4.00mg/L，释放速率为 13.41 ~ 48.3mg/(m² · d)；当急流底质上覆水为蒸馏水时，在开始培养后，上覆水中 TN 浓度变化规律和深潭底质蒸馏水为上覆水基本一致，浓度变化范围在 0 ~ 4.81mg/L，释放速率为 16.57 ~ 64.33mg/(m² · d)。总氮平均释放速率急流>深潭。

方差分析表明，用原河水和蒸馏水做深潭底质上覆水，上覆水中 TN 浓度差异极显著（$P<0.01$，$n=11$，$F=3.92$）；用原河水和蒸馏水做急流底质上覆水，上覆水中 TN 浓度差异显著（$0.01<P<0.05$，$n=11$，$F=6.78$）。

图 5.18 表明，当用原河作为上覆水进行培养时，深潭和急流底质 TP 向上覆水释放相似，首先上覆水中 TP 浓度逐渐上升，到第 18 天达浓度峰值，随后浓度变化趋于平稳。深潭底质上覆水 TP 浓度变化范围在 $0.009 \sim 0.023$mg/L，释放速率为 $0.512 \sim 1.62$mg/($m^2 \cdot$ d)；急流底质上覆水 TP 浓度范围在 $0.0133 \sim 0.027$mg/L，释放速率为 $0.524 \sim 1.58$mg/($m^2 \cdot$ d)。TP 平均释放速率深潭>急流。

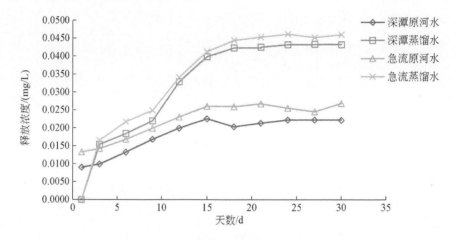

图 5.18　上覆水对底泥 TP 释放的影响

上覆水为蒸馏水时，深潭、急流底质上覆水中 TP 浓度随培养时间逐渐上升，到第 15 天达到浓度峰值，随后浓度变化趋于平稳。深潭底质上覆水 TP 浓度变化范围在 $0 \sim 0.043$mg/L，释放速率为 $0.621 \sim 1.87$mg/($m^2 \cdot$ d)；急流底质上覆水 TP 浓度变化范围在 $0.0133 \sim 0.046$mg/L，释放速率为 $0.541 \sim 1.64$mg/($m^2 \cdot$ d)。TP 平均释放速率深潭>急流。用蒸馏水做上覆水，深潭和急流底质上覆水中 TP 峰值浓度明显比用原河水作为上覆水中 TP 峰值浓度高。

方差分析显示，原河水和蒸馏水作为深潭底质上覆水，上覆水中 TP 浓度差异极显著（$P<0.01$，$n=11$，$F=7.49$）；原河水和蒸馏水作为急流底质上覆水，上覆水中 TP 浓度差异显著（$P<0.05$，$n=11$，$F=5.17$）。

2. 光照条件对底质氮磷释放的影响

由图 5.19 可以看出，用蒸馏水作为深潭和急流底质上覆水，在避光条件下，上覆水中 TN 浓度要比光照条件下高。在有光照条件下，深潭底质上覆水中 TN 浓度不断上升，在第 12 天达到第一个浓度峰值，随后下降，在第 21 天达到第二个浓度峰值，然后浓度不断下降，浓度变化范围在 $0.28 \sim 2.66$mg/L，释放速率为 $10.4 \sim 39.6$mg/($m^2 \cdot$ d)；急流底质上覆水中 TN 浓度与深潭上覆水总氮浓度相同，浓度变化范围在 $0.15 \sim 2.48$mg/L，释放速率为 $9.21 \sim 33.61$mg/($m^2 \cdot$ d)。总氮平均释放速率深潭>急流。

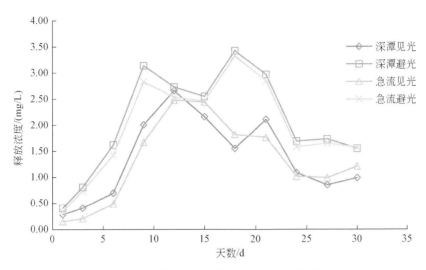

图 5.19 光照条件对底泥 TN 释放的影响

实验开始后，在避光条件下，深潭底质上覆水中 TN 浓度也迅速上升，在第 9 天达到浓度峰值，随后浓度不断波动下降，浓度变化范围在 0.41 ~ 3.43mg/L，释放速率为 17.7 ~ 49.4mg/(m^2·d)；急流底质上覆水中 TN 浓度变化与深潭底质上覆水浓度变化相似，浓度变化范围在 0.35 ~ 3.33mg/L，释放速率为 20.2 ~ 29.5mg/(m^2·d)。TN 平均释放速率深潭>急流。

方差分析表明，急流和深潭底质上覆水 TN 浓度变化在见光和避光条件下存在显著差异（$P<0.05$，$n=11$，$F=3.51$；$P<0.05$，$n=11$，$F=2.90$）。

图 5.20 显示，和总氮释放相似，在避光条件下，急流和深潭底质上覆水中总磷浓度要高于光照条件，表明光照不利于总磷从底质中释放到上覆水体中。在光照条件下，深潭

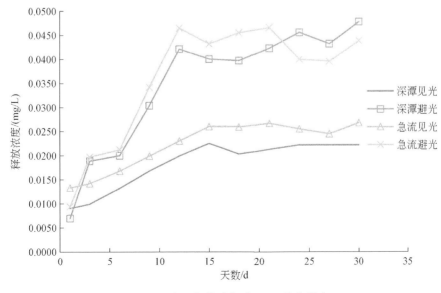

图 5.20 光照条件对底质 TP 释放的影响

和急流底质的 TP 释放相似，开始实验后，底质上覆水中 TP 浓度逐渐上升，到第 15 天达到浓度峰值，然后保持稳定。深潭底质上覆水 TP 浓度范围在 0.009 ~ 0.023mg/L，释放速率范围为 0.432 ~ 1.547mg/(m² · d)；急流底质上覆水 TP 浓度范围在 0.0133 ~ 0.027mg/L，释放速率 0.378 ~ 1.46mg/(m² · d)。TP 平均释放速率深潭>急流。

在避光条件下，深潭和急流底质上覆水 TP 浓度随着培养时间逐渐上升，到第 12 天到达浓度峰值，随后浓度趋于平稳。深潭底质上覆水中 TP 浓度范围在 0.0069 ~ 0.048mg/L，释放速率为 0.681 ~ 2.06mg/(m² · d)；急流底质上覆水 TP 浓度范围在 0094 ~ 0.047mg/L，释放速率为 0.431 ~ 1.848mg/(m² · d)。TP 释放速率深潭>急流。

方差分析表明，急流和深潭底质上覆水中总磷浓度在光照和避光条件下差异极显著（$P<0.01$，$n=11$，$F=14.00$；$P<0.01$，$n=11$，$F=10.28$）。

5.10.3　清水江

1. 上覆水对底质总氮释放的影响

图 5.21 表明，急流–深潭–河滩系统底质对上覆水的总氮释放，在上覆水为河水条件，底质总氮释放量小于上覆水为蒸馏水条件，而且释放过程中，上覆水浓度出现了两个峰值，分别在开始培养的第 12 天和第 18 天。上覆水为蒸馏水时，深潭底质上覆水氮浓度范围在 0 ~ 5.58mg/L，释放速率为 71.91mg/(m² · d)；急流底质上覆水氮浓度范围在 0 ~ 5.51mg/L，释放速率为 70.90mg/(m² · d)；河滩底质上覆水氮浓度范围在 0 ~ 5.73mg/L，释放速率为 75.61mg/(m² · d)。上覆水为原河水时，深潭底质上覆水总氮浓度范围在 0.102 ~ 4.15mg/L，释放速率为 42.74mg/(m² · d)；急流底质上覆水总氮浓度范围在 0.236 ~ 3.98mg/L，释放速率为 43.42mg/(m² · d)；河滩底质上覆水总氮浓度范围在 0.207 ~ 3.69mg/L，释放速率为 41.97mg/(m² · d)。蒸馏水作为上覆水，急流、深潭、河滩底质释放速率河滩>深潭>急流，原河水作为上覆水，急流、深潭和河滩底质总氮释放速率急流>深潭>河滩。

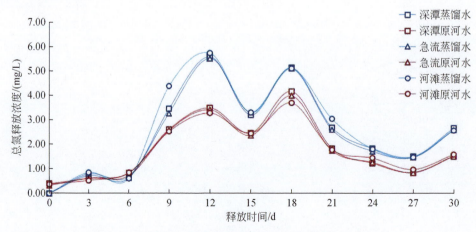

图 5.21　不同上覆水急流–深潭–河滩系统底质总氮释放

2. 光照对底质总氮释放的影响

图5.22显示，避光条件下，急流–深潭–河滩系统底质总氮释放要比光照条件下总氮释放要多，而且存在两个释放峰值。在光照条件，深潭底质上覆水总氮浓度范围在0.39～4.15mg/L，释放速率为43.42mg/(m²·d)；急流底质上覆水总氮浓度范围在0.32～3.98mg/L，释放速率为42.74mg/(m²·d)；河滩底质上覆水总氮浓度范围为0.38～3.69mg/L，释放速率为41.97mg/(m²·d)。在避光条件，深潭底质上覆水总氮浓度范围在0.45～4.24mg/L，释放速率为46.25mg/(m²·d)；急流底质上覆水总氮浓度范围在0.46～4.23mg/L，释放速率为44.43mg/(m²·d)；河滩底质上覆水总氮浓度在0.50～4.39mg/L，释放速率为45.30mg/(m²·d)。光照条件下底质总氮的平均释放速率深潭>急流>河滩，避光条件下底质总氮的释放速率深潭>河滩>急流。

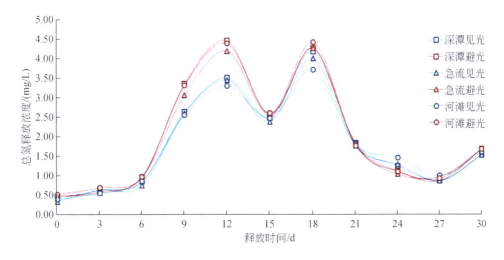

图5.22 光照条件对底质总氮释放的影响

3. 上覆水对底质总磷释放的影响

图5.23显示，上覆水为蒸馏水条件下，急流和深潭底质总磷释放并不一致地高于上覆水为河水条件，这些研究结果和都柳江与赤水河急流–深潭底质总磷释放不一致，这可能与底质总磷浓度比较低和差异性有关。具体地，上覆水为蒸馏水时，深潭底质上覆水总磷浓度范围在0～0.0415mg/L，平均释放速率为1.6790mg/(m²·d)；急流底质上覆水磷浓度范围在0～0.0459mg/L，平均释放速率为1.9155mg/(m²·d)；河滩底质上覆水磷浓度范围在0～0.0500mg/L，平均释放速率为2.1007mg/(m²·d)。上覆水为原河水时，深潭底质上覆水磷浓度范围在0.0090～0.0476mg/L，平均释放速率为1.3308mg/(m²·d)；急流底质上覆水磷浓度范围在0.0081～0.0476mg/L，平均释放速率为1.4568mg/(m²·d)；河滩底质上覆水磷浓度范围在0.0085～0.0416mg/L，平均释放速率为1.0340mg/(m²·d)。蒸馏水为上覆水，平均释放速率河滩>急流>深潭，原河为上覆水，平均释放速率急流>深潭>河滩。

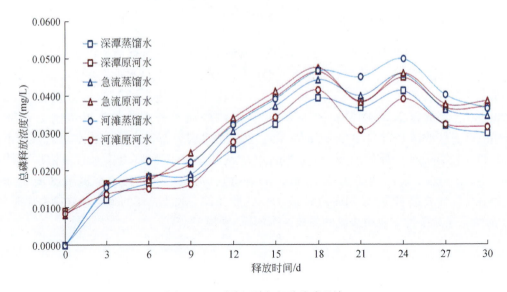

图 5.23 不同上覆水底质总磷释放

4. 光照影响因子对总磷释放的影响

图 5.24 也显示，避光条件下，急流和深潭底质总磷释放并不一致地高于有光照条件，这些研究结果和都柳江与赤水河急流−深潭底质总磷释放不一致。在有光照条件下，深潭底质上覆水磷浓度范围在 0.0090 ~ 0.0476mg/L，平均释放速率为 1.3308mg/（m² · d）；急流底质上覆水磷浓度范围在 0.0081 ~ 0.0476mg/L，平均释放速率为 1.4568mg/（m² · d）；河滩底质上覆水磷浓度范围在 0.0085 ~ 0.0416mg/L，平均释放速率为 1.0340mg/（m² · d）。在避光条件下，深潭底质上覆水磷浓度范围在 0.0069 ~ 0.0476mg/L，平均释放速率为 1.6091mg/（m² · d）；急流底质上覆水磷浓度范围在 0.0094 ~ 0.0528mg/L，平均释放速

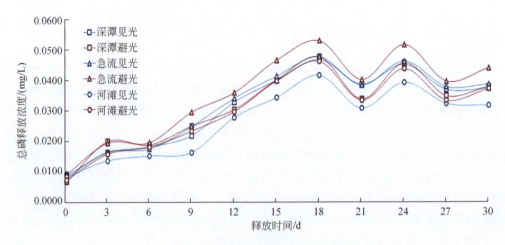

图 5.24 光照对底质总磷释放的影响

率为 1.6127mg/（m²·d）；河滩底质上覆水磷浓度范围在 0.0075~0.0461mg/L，平均释放速率为 1.3975mg/（m²·d）。有光照条件下，底质总磷平均释放速率急流>深潭>河滩；避光条件下，底质总磷平均释放速率急流>深潭>河滩。

5.11　讨　　论

5.11.1　急流–深潭–河滩系统底质营养物质特征

急流–深潭–河滩系统是天然河流的基本结构单元（陈晨，2014）。在天然性高的河流中，急流–深潭–河滩系统是重复出现的，在河流中，一段急流出现在河床纵比降比较大的河段，急流挟带的能量将在急流下游出现的深潭中消耗，急流输送的物质也会在急流下游深潭处沉积。在物质组成上，由于急流处坡度较大，水流湍急，细颗粒物质常常被冲向下游，所以大颗粒物质比较多，几乎没有淤泥，在大颗粒物质间有少部分细颗粒物质。而深潭底质主要是细颗粒物质和淤泥。而河滩底质物质组成和急流底质系统有相似之处，因为河滩系统在淹水的情况下常常是急流的一部分，只不过大部时间，主要是平水期和枯水期没有过水，即使是丰水期，没有洪水时，河滩系统也没有过水。但是由于过水时间短，冲刷较轻微，河滩系统的物质组成要比急流丰富一些，有大卵石，也有细颗粒物质，甚至在洼陷的地方有淤泥。因此，在营养物质组成上，深潭氮磷和有机物含量理应要高于急流和河滩系统。

通过都柳江上中下游急流–深潭–河滩系统底质研究，深潭底质总氮含量明显高于急流和河滩的底质。具体地，都柳江急流、深潭和河滩系统底质总氮含量均值分别为 1.11g/kg、1.84g/kg 和 0.86g/kg。据 US EPA 制定的富营养底质分类标准，都柳江底质总氮平均水平为中度污染，个别采样点已达到重度污染。梁止水等（2013）对污染比较严重的安徽合肥市南淝河底质氮素研究发现，南淝河底质总氮均值含量为 2.62g/kg，所有 22 个采样点中，10 个采样点底质总氮含量超过 2.7g/kg，高于南四湖（0.77g/kg）和惠州西湖（2.62g/kg）。都柳江底质总磷含量均值，急流为 0.310g/kg，深潭为 0.157g/kg，河滩为 0.233g/kg，远低于 US EPA 制定的底质分类标准中富营养标准，与国内其他水域相比，都柳江底质总磷含量较低，属于轻度内源污染（如杭州西湖 1.22g/kg、武汉东湖 1.45g/kg、巢湖 0.52g/kg、太湖 1.21g/kg、洱海 1.24g/kg）。都柳江底质有机质含量均值，急流为 19.84g/kg；深潭为 18.43g/kg；河滩为 19.18g/kg。张双双等（2014）对南四湖底质有机质进行研究发现，南四湖湖底质有机质含量均值为 42.6g/kg，入湖河口底质有机质含量为 27g/kg。彭丹等（2004）利用 GIS 绘制滇池底质有机质含量空间分布图，得出底质有机质含量范围为 40.00~90.00g/kg，普遍高于太湖和西湖。将都柳江底质有机质含量与总氮和总磷含量进行回归分析，发现底质总氮和总磷与有机质呈弱相关，说明总氮和总磷不是有机质富集而造成的，是上游直接输入。

利用都柳江急流–深潭–河滩系统河道形态结构指标（马振，2014）与其底质营养盐的相关性分析，仅有底质总氮含量与深潭面积和急流面积极显著相关，且均为正相关。说明随着深潭和河滩面积的增大，底质总氮含量也会相应的增加，深潭底质的粒径和成分组成有利于总氮的蓄积，因此深潭面积越大，蓄积的总氮就会增加。河滩为水域与陆地链接的地带，同时也是人类与河道直接联系的过渡带，人类、牲畜在此活动比在水域频繁，并且河滩常常连接耕地，陆地面源可能会首先进入河滩，河滩面积越大，蓄积的营养物质就越多，势必会对底质总氮产生影响。另外，利用陈晨（2014）测定的都柳江10个水质指标与急流–深潭–河滩系统底质营养盐进行相关性分析，发现急流底质中的总氮与其上覆水体中的总氮、pH和电导率有显著正相关，说明急流底质中的总氮引起上覆水体总氮的增加，pH和电导率的上升有利于急流底质总氮的蓄积。同时急流底质中的有机质含量还与其上覆水中的总磷和五日生化需氧量显著正相关，与水中总磷正相关，说明急流水体中的总磷很可能是由底质中有机质的富集造成的。深潭底质中的总氮与其上覆水体中的硝酸盐氮、化学需氧量和pH显著正相关，与正磷酸盐与总磷负相关，说明深潭底质物理化学成分复杂，总氮含量变化受多种因素制约。

5.11.2　急流–深潭–河滩系统底质重金属污染水平

水体重金属污染源广泛，持续时间久，很容易通过食物链对人体造成伤害（赵彦龙等，2016）。研究表明，从环境中经食物链进入人体的重金属会对人体造成严重危害，尤其是As、Pb和Hg（Lafabrie et al.，2007；陈春霄等，2011）。重金属的水溶性低且容易在沉积物中吸附和累积（Ma et al.，2013）。沉积物中的重金属会在扰动的情况下重新释放到上覆水中，因此河流中的沉积物既是重金属的储存库，也是二次污染的污染源（张伟等，2012）。水体底质中的重金属污染还会引起生态系统退化（Suresh，et al.，2012）。水体底质重金属污染已经成为一个世界性的环境问题（Akcay et al.，2003；Olivares-Rieumont et al.，2005；Widada et al.，2002）。全球工农业发展导致土壤和大气重金属污染频率上升，使世界上大多数河流湖泊不同程度积累了重金属。因此河流底质重金属污染的研究一直是河流污染的关注热点（单丽丽等，2008；Karak et al.，2013）。

重金属污染评价是重金属污染研究的重要内容。Nemerow提出的综合污染指数法（Tsai et al.，2002）、Tomlison提出的污染负荷指数法（Angulo，1996）、Muller（1979）提出了地积累指数法、Hilton（1985）提出的回归过量分析法和Hakanson（1980）提出的潜在生态危害指数法等是重要的评价方法。但由于重金属污染的复杂性和评价体系范围的限制性，单一的评价方法常常不能完整地评价具体污染对象的污染风险水平，故很多学者多采用多种评价方法对重金属污染状况进行评价分析（何孟常和王子健，2002）。

本研究采用多种方法对喀斯特地区三条天然性较高的河流底质进行污染评价。三条河的结果显示，深潭–急流–河滩系统底质各部分间存在显著差异，深潭底质中重金属含量一般高于急流和河滩底质。都柳江底质重金属总含量夏季比冬季要高。三种方法均显示Hg、As和Cd为主要重金属污染物，呈现了较高的污染生态风险。综合污染指数评价表明，都柳江流域处于轻度污染到中度污染水平，潜在生态危害指数评价显示，都柳江处于轻微潜在生态危害到强潜在生态危害等级，地累积指数方法（I_{geo}）评价发现，As污染较为严重。急流–深潭–河滩系统底质7种重金属含量存在显著差异。不同季节底质重金属Cu、Zn、

Pb、Cd 和 As 与急流-深潭-河滩系统河道形态指标有不同程度显著相关性，河道弯曲系数、深潭面积、河滩面积和砾石粒径与底质重金属含量关系最为密切，且均为正相关。综合污染指数法和地累积指数法评价表明，赤水河除下游人类干扰有一定污染外，中游和上游底质重金属含量为环境背景值水平，河流底质特征天然性高，总体看，赤水河上中游仍然属于天然健康的河流。但是，利用三种评价方法对清水江底质 Cu、Zn、Pb、As 及 Hg 5 种重金属做出评价，由于上游有矿山，排污负荷量大，底质重金属污染较严重，加之河流对污染物的运移作用，中下游也受到污染，Pb、As、Hg 的污染水平已经达到中度到重度水平，污染风险较高，需要相关部门的重视。本书把所测结果与长江相连的湖北网湖底质中 7 种重金属 As、Hg、Cu、Zn、Cd、Pb、Cr 平均质量分数分别为 37.5mg/kg、0.137mg/kg、108mg/kg、123mg/kg、0.283mg/kg、37.8mg/kg、108mg/kg 相比，发现都柳江和赤水河底质中 Cu、Zn、Cd、Pb、Cr 污染较轻微，清水江污染较重（荣楠等，2023）。

5.11.3 急流-深潭-河滩系统底质营养物质释放

氮磷是生物生命活动必需元素。底质中氮磷存在形式主要分为有机态和无机态、溶解态和固定态。由蛋白质、脂肪、植物碱和腐殖质等形式存在的有机态会转化成无机态。固定态主要是有机态和无机的沉淀物，溶解态是溶解于水的形态。当外源氮磷输入水体中时，有一小部分被水中生物直接吸收利用，过量的大部分会通过水体以不同的生物、化学、物理过程沉积到底质中累积（徐祖信等，2005）。当其累积过量时，底质中的氮磷又会以不同形式释放到上覆水中。不同形态氮磷在底质-上覆水体界面释放和沉积是一个极其复杂的动力学过程（Jones，2012；孙飞跃，2012）。不少湖泊河流研究表明，当水体营养盐减少或完全截污后，水体仍处于富营养化状态，甚至出现"水华"，此时底质中的营养盐已经成为水体富营养化的主导因子（蒋小欣等，2007）。水体底质氮磷释放过程包括解吸附、扩散、配位体交换以及水解作用（李如忠等，2015）。影响因素很多，包括环境因素（上覆水、光照、温度）、生物的（如细菌活性、有机质矿化过程、生物扰动等）、化学的（如氧化还原点位、pH、铁磷含量比、硝酸根的供给程度等）、物理的（如底泥的再悬浮）（孙铭，2010）。

氨氮作为河流底质氮主要形态，河流深潭水深较大，溶解氧含量相对较低，硝化作用弱，硝酸盐氮和亚硝酸盐氮含量低，反硝化导致氨氮增加。淡水底质中微生物也可以通过生物降解作用使得有机物降解为溶解性的有机氮和氨氮（于军亭等，2010），其中大部分的氨氮不能被微生物同化吸收或完全转化为硝酸盐氮，因此大量的氨氮又重新释放到上覆水体（Bootsma et al.，1999）。氨氮在间隙水和可交换相之间分配，并以溶解态形式溶解在间隙水中，随着浓度梯度向上覆水迁移扩散。表层底质氮素的源汇作用是一个双向可逆过程（吴丰昌，1996），且氮素在整个底质-上覆水体交换循环过程中主要以氨氮的形式存在，且受溶解氧、温度、光照、pH 等环境因子影响。

对都柳江、赤水河和清水江底质氮素释放模拟研究表明，上覆水为蒸馏水时的释放速率明显大于原水为上覆水时的情况。蒸馏水中几乎不含氮磷，在实验开始的几天内，上覆水中氮磷浓度很快上升，达到或超过上覆水为河水的对照组浓度的 2 倍，然后上覆水中氮磷浓度缓慢下降，接近上覆水为河水的实验组，说明上覆水氮磷营养含量越低，越有利于底质氮磷向上覆水体释放。两组实验的底质氮磷浓度相同，但是上覆水不同，蒸馏水和河水相比，自由能更高，熵更低，蒸馏水与河水比，具有更高分散底质中氮磷溶液的能力，因此蒸馏水作为上覆水，氮磷浓度增加快速。底质间隙中的氮磷浓度比上覆水中的氮磷浓度更高，底质间隙中的氮磷溶液具有更高的自由能和熵，氮磷溶液具有从高自由能和低熵状态到低自由能和高熵状态变化的趋势，底质间隙水中氮磷就能自发地向上覆水扩散。当上覆水氮磷溶液浓度增加到一定数值时，溶液自由能和熵又分别高于和低于底质间隙水氮磷溶液，上覆水中的氮磷又扩散进入底质间隙水中，最终使底质间隙水和上覆水氮磷浓度相同，自由能和熵也相同，此时，上覆水氮磷溶液系统和底质间隙水氮磷溶液系统处于平衡状态。因此，底质间隙水中氮磷溶液和上覆水中氮磷溶液之间，发生着氮磷扩散的双向可逆过程（吴丰昌，1996；邢雅囡，2006；蒋小欣等，2007；罗玉红等，2011）。

溶解氧是影响底质氨氮释放的主要因子，氨氮在不同溶解氧条件下，可氧化分解成不同的形态（邢雅囡，2006）。在都柳江不同溶解氧水平对底质氨氮释放实验中，低溶氧时（$D_o<0.50mg/L$）的释放速率明显大于高溶氧时（$D_o>9.0mg/L$）的情况，前者累积释放量是后者的 2.78~4.19 倍。上游、中游和下游实验结果均说明溶氧浓度越低，越有利于底质氨氮向上覆水体释放。这是因为低溶氧导致少氧环境，反硝化作用增强，反硝化细菌利用氧化物中的氧作为氢受体，在进行呼吸的同时矿化速度也在不断加速，底质间隙水氨氮浓度不断增大，形成浓度梯度，促进氨氮释放到上覆水体（王付和王超，2011）。高溶氧时即好氧环境中，硝化作用明显，硝化细菌能将大部分氨氮转化为硝态氮，从而使得底质向上覆水体中释放氨氮显著减少。

光照对三条江底质中氮磷释放的影响，总体是避光促进氮磷从底质间隙水更多地进入上覆水体中，但是对磷释放的作用相对不明显。从累积释放量来看，避光实验组的氮素累积释放量是光照组的 1.46~1.85 倍。其原因是光照使得底栖藻类发生光合作用，吸收水体中大量的氮磷素来维持生长，从而藻类成为底质氮磷向上覆水体扩散的天然生物屏障，光照强度越大，生物消耗水体中氮磷就越多（徐彬等，2009）。

不同温度对河流底质氨氮释放影响模拟实验中，上游-中游-下游底质表现出同一释放规律，即 25℃>15℃>5℃，温度越高底质氨氮释放强度越大，特别是在 25℃时的氨氮释放尤为明显，说明如果对污染河道进行疏浚清淤适合选择温度较低的冬季，这样可以减小因为扰动和温度过高造成的底质氮素释放对上覆水体的二次污染。陶玉炎等（2013）在不同温度条件下对京杭运河某断面底质氮素释放进行了模拟实验，结果发现 25℃氨氮的累积速率高于 5℃时。盛蒂等（2013）对全国最大城市内湖龙子湖底质氮素释放模拟实验中也发现，温度升高可以促进底质氮素的显著释放。潘成荣研究证明温度升高，微生物活力增强，底泥中有机质的分解、矿化速度加快，可以降低氧化还原电位，使 Fe^{3+} 还原为 Fe^{2+} 并从正磷酸铁和氢氧化铁的沉淀物中释放出磷，使得底泥中磷释放速率加快（潘成荣等，2006）。

pH 对河流底质氮素释放影响模拟实验中，整个实验规律表现为 pH 越低，越有利于底质氨氮释放。这是因为底质胶体对 pH 的变化具有明显的缓冲作用，当 pH 较低时，水体中存在的大量 H^+，对底质胶体吸附的大量 NH_4^+ 产生了较强的竞争作用，使 NH_4^+ 从胶体表面释放到水体中；当 pH 较高时，水中存在大量的 OH^- 与其中的 NH_4^+ 结合（$NH_4^+ + OH^- = NH_3 + H_2O$），$NH_3$ 溶液从水中挥发逸散，导致水中 NH_4^+-N 浓度减小。除此之外，pH 变化还会对底质微生物活动产生影响，从而影响氨氮从底质中释放的速率，但是微生物活动引起的变化是一个长时间过程。

5.12 本 章 小 结

本章对急流–深潭–河滩系统的研究涵盖了底质营养物质特征、重金属污染水平以及营养物质释放方面。

在底质营养物质特征方面，急流–深潭–河滩系统是天然河流的基本结构单元。急流处大颗粒物质多，深潭底质以细颗粒和淤泥为主，河滩底质物质组成与急流有相似之处但更丰富。营养物质组成上，深潭氮磷和有机物含量高于急流和河滩。都柳江的研究表明，深潭底质总氮含量明显高于急流和河滩，总磷远低于美国环境保护署制定的中富营养程度环境质量标准，属于轻度内源污染，有机质含量与总氮和总磷呈弱相关，总氮和总磷主要由上游直接输入。此外，河道形态结构指标与底质营养盐有相关性，如深潭和河滩面积与底质总氮含量正相关，急流底质总氮与上覆水体的多项指标也存在显著相关。

在底质重金属污染水平方面，由于工农业发展，河流底质重金属污染成为世界性环境问题。多种评价方法显示，喀斯特地区三条天然性较高河流的深潭底质重金属含量一般高于急流和河滩，都柳江底质重金属总含量夏季高于冬季，Hg、As 和 Cd 为主要污染物，都柳江流域处于轻度到中度污染水平，赤水河上中游总体天然健康，清水江上游因矿山排污等原因污染较重。

在底质营养物质释放方面，氮磷是生物必需元素，其在底质中的存在形式多样，底质–上覆水体界面的氮磷释放和沉积是复杂的动力学过程，受多种因素影响。对都柳江等河流的研究发现，上覆水氮磷营养含量越低越有利于底质氮磷释放；溶解氧浓度越低、温度越高、pH 越低越有利于底质氨氮释放，而光照会因藻类光合作用抑制氮磷释放。

综上所述，急流–深潭–河滩系统的底质在营养物质、重金属污染和营养物质释放方面具有一定的特征和规律。这些研究结果对于深入理解河流生态系统、评估河流污染状况以及制定相应的治理措施具有重要意义。未来，还需进一步加强对该系统的研究，以更好地保护河流生态环境。

参 考 文 献

陈晨 . 2014. 典型河道形态结构与水体自净能力的关系——以都柳江面源污染物研究为例 . 贵阳：贵州大学 .

陈春霄，姜霞，战玉柱，等 . 2011. 太湖表层沉积物中重金属形态分布及其潜在生态风险分析 . 中国环境科学，31（11）：1842-1848.

丁喜桂，叶思源，高宗军 . 2005. 近海沉积物重金属污染评价方法 . 海洋地质动态，21（8）：31-36.

范英宏，林春野，何孟常，等 . 2008. 大辽河水系表层沉积物中重金属的迁移特征及生物有效性研 . 环境科学，29（12）：3469-3476.

何孟常，王子健 . 2002. 利用综合评价方法和等级模型评价乐安江水体重金属污染 . 生态学报，22（1）：

80-86.

洪祖喜, 何晶晶, 邵立明. 2002. 水体受污染底泥原地处理技术. 环境保护, 20 (10): 15-17.

黄岁樑, Onyx W H. 1998. 水环境污染物迁移转化研究与泥沙运动. 水科学进展, (99) 3: 205-211.

贾振邦, 周华, 赵智杰, 等. 2000. 应用地积累指数法评价太子河沉积物中重金属污染. 北京大学学报 (自然科学版), 36 (4): 525-530.

蒋小欣, 阮晓红, 邢雅囡, 等. 2007. 城市重污染河道上覆水氮营养盐浓度及 DO 水平对底质氮释放的影响. 环境科学, 28 (1): 87-91.

黎彤. 1994. 中国陆壳及其沉积层和上陆壳的化学元素丰度. 地球化学, 23 (2): 301-307.

李如忠, 董玉红, 钱靖, 等. 2015. 合肥地区不同类型源头溪流暂态存储能力及氮磷滞留特征. 环境科学学报, 1: 128-136.

李伟, 宋洁, 王斌. 2007. 基于典型相关分析的河流水质与底泥的相关性研究. 环境研究与监测, 20 (1): 6-9.

梁止水, 邓琳, 高海鹰, 等. 2013. 南淝河底泥中氮磷空间分布规律及污染评价. 环境工程, 31: 124-127.

林艳, 刘亚丽, 段秀举. 2006. 双龙湖底泥磷释放强度影响因素正交试验研究. 资源环境与工程, 20 (1): 78-81.

罗玉红, 高婷, 苏青青, 等. 2011. 上覆水营养盐浓度对底泥氮磷释放的影响. 中国环境管理干部学院学报, 21 (6): 71-74.

马宏瑞, 任静华, 季峻峰, 等. 2010. 长江南京段近岸沉积物和土壤中重金属分布特分析. 环境监测管理与技术, 22 (2): 32-36.

马振, 王震洪, 陈晨. 2014. 都柳江上中下游急流-深潭-沙 (砂) 滩系统河道参数调查研究. 山地农业生物学报, 33 (1): 49-52.

马振. 2014. 都柳江上中下游天然河道形态结构研究. 贵阳: 贵州大学.

苗玉红, 王宜伦, 汪强, 等. 2010. 淮河及其支流沿岸土壤重金属铅镉含量及评价. 江西农业学报, 22 (6): 104-107.

潘成荣, 张之源, 叶琳琳, 等. 2006. 环境条件变化对瓦埠湖沉积物磷释放的影响. 水土保持学报, 6: 148-152.

彭丹, 金峰, 吕俊杰, 等. 2004. 滇池底泥中有机质的分布状况研究. 土壤, 36 (5): 568-572.

荣楠, 郭灿斌, 王文静, 等. 2023. 长江中游网湖沉积物重金属污染特征与生态风险评价, 17 (12): 3559-3869.

单丽丽, 袁旭音, 茅昌平, 等. 2008. 长江下游不同源沉积物中重金属特征及生态风险. 环境科学, 29 (9): 2399-2404.

沈乐. 2011. 重污染河道疏浚程度对底泥中总氮释放的影响. 水资源保护, 27 (2): 6-8, 12.

盛蒂, 朱兰保, 庞波. 2013. 城市湖泊底泥营养盐释放特性研究. 重庆科技学院学报, 15 (3): 96-99.

孙博, 增思育, 陈吉宁. 2003. 富营养化湖泊底泥污染控制技术评估. 环境污染治理技术与设备, 4 (8): 61-64.

孙飞跃. 2012. 巢湖西半湖底泥氮释放通量估算. 淮南: 安徽理工大学.

孙铭. 2010. 河流底泥氮磷释放规律及其对环境清淤的影响研究. 合肥: 合肥工业大学.

陶玉炎, 耿金菊, 王荣俊, 等. 2013. 环境条件变化对河流沉积物"三氮"释放的影响. 环境科学与技术, 36 (6L): 41-44, 78.

万群, 李飞, 祝慧娜, 等. 2011. 东洞庭湖沉积物中重金属的分布特征、污染评价与来源辨析. 环境科学研究, 24 (12): 1378-1384.

王付, 王超. 2011. 湖流作用下太湖底泥再悬浮和 NH_4^+-N 释放规律研究. 环境保护科学, 37 (2): 7-9, 13.

王建军. 2006. 国内河流水污染现状及防治对策的探讨. 辽宁城乡环境科技, 26 (6): 13-15.

王庆鹤, 王震洪, 刘立波, 等. 2015. 典型自然河道形态结构差异对水体自净作用的影响. 山地农业生物学报, 34 (6): 63-67.

王小雨, 冯江, 胡明忠. 2003. 湖泊富营养化治理的底泥疏浚工程. 环境保护, (2): 22-23.

王晓, 韩宝平, 丁毅, 等. 2004. 京杭大运河徐州段底泥重金属污染评价. 能源环境保护, 18 (3): 47-49.

王震洪. 2012. 云贵高原典型陆地生态系统研究 (二). 北京: 科学出版社.

吴丰昌. 1996. 云贵高原湖泊沉积物和水体氮磷和硫的生物地球化学作用和生态环境效应. 地质地球化学, (6): 88-89.

解明权, 闵松寒, 杨辉, 等. 2024. 基于贝叶斯卷积网络的农村黑臭水体遥感识别算法研究. 环境科学学报, 44 (3): 215-226.

向速林, 朱梦圆, 朱广伟等. 2014. 太湖东部湖湾水生植物生长区底泥氮磷污染特征. 沉积学报, 32 (6): 1083-1087.

肖化云, 刘丛强. 2003. 湖泊外源氮输入与内源氮释放辨析. 中国科学 D 辑, 33 (6): 576-582.

邢雅囡. 2006. 平原河网区城市河道底质营养盐释放行为及机理研究. 南京: 河海大学.

徐彬, 刘敏, 侯立军, 等. 2009. 光照对长江口潮滩沉积物–水界面可溶性硅和无机氮通量的影响. 环境科学研究, 22 (3): 327-331.

徐祖信, 张锦平, 廖振良, 等. 2005. 苏州河底泥对上复水水质污染影响. 城市环境与城市生态, 18 (6): 1-3.

殷晋铎, 么俊东, 薛恩树, 等. 2004. 大沽排污河沉积物重金属和砷污染及生态风险性研究. 环境工程, 1: 70-72, 6.

于军亭, 张帅, 张志斌. 2010. 环境因子对浅水湖泊沉积物中氮释放的影响. 山东建筑大学学报, 25 (1): 58-61.

袁浩, 王雨春, 顾尚义, 等. 2008. 黄河水系沉积物重金属赋存形态及污染特征. 生态学杂志, 27 (11): 1966-1971.

曾祥英, 张晓岚, 钱光人, 等. 2008. 苏州河沉积物中多环麝香分布特点的初步研究. 环境科学学报, 28 (1): 180-184.

曾向东, 胡慧谦, 周永武, 等. 1991. 苏州河底质中有机污染物对河水影响的估价和预测. 中国环境科学, 13 (2): 48-50.

张凤英, 阎百兴, 朱立禄. 2010. 松花江沉积物重金属形态赋存特征研究. 农业环境科学学报, 29 (1): 163-167.

张丽萍, 袁文权, 张锡辉. 2003. 底泥污染物释放动力学研究. 环境污染治理技术与设备, 4 (2): 22-26.

张双双, 武周虎, 张洁, 等. 2014. 南四湖表层底泥有机质及氮磷分布特征. 青岛理工大学学报, 35 (5): 64-69.

张伟, 张洪, 单保庆. 2012. 北运河源头区沙河水库沉积物重金属污染特征研究. 环境科学, 33 (12): 4284-4290.

张鑫, 周涛发, 杨西飞, 等. 2005. 河流沉积物重金属污染评价方法比较研究. 合肥工业大学学报 (自然科学版), 28 (11): 1419-1423.

赵彦龙, 邓锐, 梁永津, 等. 2016. 都柳江沉积物重金属污染特征及生态风险. 人民珠江, 1: 5-9.

周来，冯启言，王华，等. 2007. 南四湖表层底泥磷的化学形态及其释放规律. 环境科学与技术，30（6）.

朱广伟. 2001. 运河（杭州段）沉积物污染特征、释放规律及其环境效应的研究. 杭州：浙江大学.

Akcay H, Oguz A, Karapire C. 2003. Study of heavy metal pollution and speciation in Buyak Menderes and Gediz river sediments. Water Res, 37（4）：813-822.

Anazawa K, Kaida Y, Shinomura Y, et al. 2004. Heavy-Metal distribution in river waters and sediments around a "firefly village", Shikoku, Japan：application of multivariate analysis. Anal Sci, 20（1）：79-84.

Angulo E. 1996. The Tomlinson pollution load index applied to heavy metal, Mussel-Watch data：A useful index to assess coastal pollution. Science of the Total Environment, 187（1）：19-56.

Berelson W M, McManus J, Coale K H, et al. 1996. Biogenic matter diagenesis on the sea floor：A comparison between two continental margin transects. Journal of Marine Research, 54：731-762.

Bootsma M C, Barendregt A, Van Alphen JCA. 1999. Eeffetiveness of redueing external nutrient load entering a eutrophoeated shallow lake ecosystem in the Naardermeer nature resevre. Neth, Biol Conseyr, 90（3）：193-201.

Hakanson L. 1980. An ecological risk index for aquatic pollution control. A sedimentological approach. Water Research, 14（8）：975-1001.

Hammond D E, Fuller C, Harmon D, et al. 1985. Benthic flux in San Francisco Bay. Hydrobiologia, 129：69-90.

Hankason L. 1980. An ecological risk index for aquatic pollution control：A sedimentological approach. Water Researeh, 14：975-1001.

Hilton J. 1985. A mathematical model for analysis of sediment coke data：implications for enrichment factor calculations and traee-metal transport mechanisms. Chemical Geology, 48：281-291.

Hu W F, Lo W, Chua H, et al. 2001. Nutrient release and sediment oxygen demand in a eutrophic land-locked embayment in Hong Kong. Environment International, 26：369-375.

Islam M S, Ahmed M K, Raknuzzaman M, et al. 2015. Heavy metal pollution in surface water and sediment：A preliminary assessment of an urban river in a developing country. Ecological Indicators, 48：282-291.

Jones I B R. 2012. Moss：Ecology of freshwaters—a viewfor the twenty-first century（4th edn.）. Journal of Paleolimnology, 47（1）：163-164.

Karak T, Bhattacharyya P, Paul R K, et al. 2013. Metal accumulation, biochemical response and yield of Indian mustard grown in soil amended with rural roadside pond sediment. 92（Jun. 1）：161-173.

Karaouzas I, Kapetanaki N, Mentzafou A, et al. 2021. Heavy metal contamination status in Greek surface waters：A review with application and evaluation of pollution indices. Chemosphere, 263：128192.

Karr J R, Chu E W. 2000. Suataining living rivers. Hydrobiologia, 4：1-14.

Kaspar H F, Asher R A, Boyer I C. 1985. Microbial Nitrogen Transformations in Sediments and Inorganic Nitrogen Fluxes Across the Sediment/Water Interface on the South Island West Coast, New Zealand. Estuarine, Coastal and Science, 21：245-255.

Lafabrie C, Pergent G, Kantin R, et al. 2007. Trace metals assessment in water, sediment, mussel and seagrass species-validation of the use of Posidonia oceanica as a metal biomonitor.. Chemosphere, 68（11）：2033-2039.

Le Cloarec M F, Bonte P H, Lestel L, et al. 2011. Sedimentary record of metal contamination in the Seine River during the last century. Physics and Chemistry of the Earth, Parts A/B/C, 36（12）：515-529.

Ma Z, Chen K, Yuan Z, et al. 2013. Ecological Risk Assessment of Heavy Metals in Surface Sediments of Six

Major Chinese Freshwater Lakes. Journal of Environmental Quality, 42 (2): 341-350.

Muller G. 1979. Index of geoaccumulation in sediments of the Rhine River. Geojournal, 2: 108-118.

Nowlin W H, Evarts J L, Vanni M J. 2005. Release rates and potential fates of nitrogen and phosphorus from sediments in a eutrophic reservoir. Fresh Biology, 50: 301-322.

Olivares-Rieumont S, de la Rosa D, Lima L, et al. 2005. Assessment of heavy metal levels in Almendares River sediments-Havana City, Cuba. Water Research, 39 (16): 3945-3953.

Percuoco V, Kalnejais L, Officer L V. 2015. Nutrient Release from the Sediments of the Great Bay Estuary, N. H. USA. Estuarine Coastal and Shelf Science, 161: 76-87.

Pitt D B, Batzer D P. 2011. Woody Debris as a Resource for Aquatic Macroinvertebrates in Stream and River Habitats of the Southeastern United States: a Review. Proceedings of the 2011 Georgia Water Resources Conference, the University of Georgia.

Rauret G, Rubio R, Lopez Sanchez J F. 1989. Optimization of Tessier procedure for metal soild speciation in river sediments. International Journal of Environment Analytical Chemistry, 36 (2): 69-83.

Sahin S, Kurum E. 2002. Erosion risk analysis by GIS in environmental impact assessments: a case study-Seyhan Kopru Dam construction. J Environ Manage, 66 (3): 239-247.

Schultz P, Urban N R. 2008. Effects of bacterial dynamics on organic matter decomposition and nutrient release from sediments: A modeling study. Ecological Modelling 210: 1-14.

Sinkko H, Lukkari K, Sihvonen L M, et al. 2013. Bacteria Contribute to Sediment Nutrient Releaseand Reflect Progressed Eutrophication-Driven Hypoxiainan Organic-Rich Continental Sea. PLoSONE8 (6): e67061.

Suresh G, Sutharsan P, Ramasamy V, et al. 2012. Assessment of spatial distribution and potential ecological risk ofthe heavy metals in relation to granulometric contents of Veeranam lake sediments, India. Ecotoxicology and environmental safety, 84: 117-124.

Svete P, Milacic R, Pihlar B. 2001. Partitioning of Zn, Pb and Cd in river sediments from a lead and zincmining area using the BCR three-step sequential extraction procedure. J Environ Monit, 3 (6): 586-590.

Tessier A, Campbell P G C, Bisson M. 1979. Sequential extraction procedure for the speciation ofparticulate trace metals. Analytical Chemistry, 51 (7): 844-851.

Tsai L T, Chung Yu K, Huang J S, et al. 2002. Distribution of heavy metals in contaminated river sediment. Journal of Environmental Science & Health, PartA, 37 (8): 1421-1439.

Wengrove M E, Foster D L, Kalnejais L H, et al. 2015. Field and laboratory observations of bed stress and associated nutrient release in a tidal estuary. Estuarine, Coastal and Shelf Science 161: 11-24.

Widada J, Nojiri H, Omori T. 2002. Recent developments in molecular techniques for identification and monitoring of xenobiotic-degrading bacteria and their catabolic genes in bioremediation. Appliedmicrobiology and biotechnology, 60 (1-2): 45-59.

Woitke P, Wellmitz J, Helm D, et al. 2003. Analysis and assessment of heavy metal pollution in suspended solids and sediments of the river Danube. Chemosphere, 51 (8): 633-642.

| 第6章 | 天然河流急流–深潭–河滩系统底质微生物和酶活性

急流–深潭–河滩系统是天然河流形态结构的基本单元，但从上游到下游，随着急流–深潭–河滩系统生境变化，河流环境因子、底质微生物群落结构、酶活性的响应性变化并不了解，而这些变化是指示和影响河流生态健康的重要过程。本章采集了西安四条河流（渭河、沣河、灞河、浐河）上中下游36个急流–深潭–河滩系统108个水样和沉积物，测定了水样和沉积物中的理化因子，利用16S rDNA和ITS扩增子测序研究了沉积物中的细菌、真菌群落多样性，用传统方法研究了都柳江上中下游急流–深潭–河滩系统底质微生物数量和酶活性。发现急流–深潭–河滩系统在河流中重复出现，导致了水质和底质环境有规律变化，影响了底质微生物生物多样性、功能群特征和酶活性，但河流间环境差异对微生物生态过程的影响更大。急流–深潭–河滩系统的存在维持了河流健康的生态过程。

6.1 引　言

西安，古称长安，曾是古丝绸之路的起点，也是"一带一路"地区核心城市。西安属于暖温带半干旱半湿润气候，北靠渭河，南邻秦岭，境内水系发达，西安南部发源于秦岭的天然河流相对较多。但随着污染排放的增加，西安水环境问题比较突出，研究西安范围内急流–深潭–河滩系统微生物多样性、影响因子对认识河流环境变化、保护和修复具有重要意义（Wang et al., 2019）。

流域是地球陆地上一个闭合汇水单元，由河流、河网间带和湖泊（水库）构成。河网间带如森林、农田、城市、荒山荒坡、村落等处的降雨径流必须通过河流汇流和传输进入湖泊，河网间带产生的污染物也要通过河流汇流进入湖泊。因此，河流在流域中发挥着污染物传输、沉积和净化的作用，这些作用与河流中的生物密切相关，并参与到这些作用过程中，使河流更具有生机和活力（吴磊，1997；赵斌，2014）。河流同时也是塑造流域地貌的主要格局和过程，流域特征在很大程度上取决于河流结构、功能及相互作用，并形成多样化的河流生境（Wevers and Warren, 1986），河流生境在流域生态和环境功能实现中起着重要作用（Sheldon, 1984）。

河流生境与生物密切联系，一般可以理解为生物栖息地，传统上称之为生物个体、种群或群落生存区域的环境（郑丙辉等，2007）。例如，河流在发育过程中形成了主流、支流、河湾、急流、深潭等丰富多样的生境，为鱼类、鸟类和两栖动物、昆虫等提供了繁衍栖息的场所（杨达源，2003；杨景春，2003）。Gorman 和 Karr（1978）认为，在小溪流中的鱼类群落依赖于生境复杂性和时间稳定性。Bisson 等（1982）提供了一个有用的栖息地命名系统，并证明了太平洋西北部溪流中不同种类的鲑类偏爱不同的栖息地类型。同时这些多样化的栖息地类型也能发展出独特的底栖生物群落（Hynes，1970；Lenat et al.，1981；Hawkins，1985）。因此，在流域时空尺度范围内，河流的微观生境到宏观生物地理气候区域，生境多样性和群落种类的保护，流域生态保护和修复，都应该成为流域和溪流管理的重要考虑因素（Warren and Liss，1983；Jenkins et al.，1984）。

在对河流研究中，阶梯-深潭系统是山区溪流的结构单元，是典型溪流的栖息地类型，具有代表性的河床地形、水面坡度、深度和流速模式（Frissell et al.，1986）。有学者通过大量的野外调查研究发现，"急流-深潭-河滩"系统是天然河流特别是山区河流的基本结构单元（程成等，2014）。这一系统所包含的三种生境，在流域多样化的环境中具有代表性和可比性，并且这一结构单元在不同流域河流系统中重复出现。当河道的坡度显著增大时，急流-深潭-河滩系统会简化成阶梯-深潭系统。急流-深潭-河滩系统中的河滩是水域体系的天然屏障，是连接陆地生态系统和水生生态系统的过渡带（程成等，2014）。急流-深潭-河滩系统中三个组成环境差异性大，有陆生、有水生，水生环境也存在水流和深度的显著不同，基于异质性-多样性原理，急流-深潭-河滩系统对生物多样性会具有显著影响，同时三者作为河流的基本结构单位，其又具有整体性特征，并影响到河流结构和功能的完整性。

国内外针对河流整体和一般的结构差异和变化对微生物多样性研究较少。其原因是河流具有多样的生境特征，没有整体和一般地对河流结构进行划分，找出有规律的结构单元开展研究。因此研究工作需要预先考虑下列问题：①如何在如此多样化的河流环境中选择具有代表性或可比的生境采样点开展研究；②如何在更广泛的背景下解释或合理地推断在特定的栖息地收集到的生物信息；③如何在整体上评估河流过去和未来可能的状态，这些是河流研究中的难点。因此，本研究在前期研究发现河流具有重复出现的急流-深潭-河滩系统这一典型结构单元的整体性和普遍性，具有了开展河流微生物多样性进一步研究的条件，假设在河流的某一点，河流不断向上下游延伸，急流-深潭-河滩系统有规律地出现，河流生境有规律变化，河流环境因子指标会发生相应变化，导致沉积菌群的分布具有差异性规律。在具体方法上，利用已经较为成熟的河流生境分类，结合高通量测序技术，紧紧围绕这一流域基本结构单元——"急流-深潭-河滩系统"，对西安周边的河流中不同的急流-深潭-河滩系统水质、沉积物环境指标、沉积菌群空间分布等进行研究，认识沉积菌群在不同河流生境中的群落多样性，进一步了解河流沉积菌群与生境相互关系。在此基础上，以都柳江为对象，用传统方法研究上中下游急流-深潭-河滩系统底质微生物丰富度和酶活性变化，以便进行对比和延伸研究。本研究的开展，有利于进一步明确河流生境分类，以此丰富河流景观和河流结构；有利于开发急流-深潭-河滩系统修复技术，实现已经裁弯取直、硬质边坡的退化河流修复；有利于丰富半干旱半湿润地区河流沉积菌群研究，进一步解析菌群可能对环境和生物健康产生的影响。

环境异质性-多样性理论表明，栖息地环境多样性直接导致生物多样性，决定了生态系统的多样性和一套完整的物种系统的存在。地理隔离理论则表明，由于物种的被动隔离，长期进化会形成地理间差异的物种组成。但在河流中，环境异质性-多样性关系、不同河流作为地理隔离与微生物分布差异性的载体，研究工作很少。本研究中，我们假设河流生境多样性会造成环境因子以及生物多样性具有差异性；不同河流作为地理隔离的条件，会导致微生物种类组成的不同；河流中环境条件和微生物差异，会影响底质污染物催化降解的酶活性也会发生差异。生境多样性包括每条河流中急流–深潭–河滩系统生境变化对水质、沉积物的环境和微生物多样性的影响。地理隔离通过地理空间差异的四条河流作为研究对象，检验不同河流地理空间差异是否比生境差异对微生物群落影响更强，细菌和微真核生物是否会有同样的影响，并以都柳江的研究结果进行比较。具体要回答的问题如下。

（1）不同河流和河流中急流–深潭–河滩系统小生境间环境因子具有差异吗？

（2）不同河流和河流中急流–深潭–河滩系统小生境细菌及微真核生物（真菌）alpha 多样性具有差异性吗？生物多样性和环境因子是否具有相关性，可以筛选出和各环境因子具有高度相关性的物种类群吗？

（3）不同河流和河流中急流–深潭–河滩系统小生境的微生物功能基因分布具有差异吗？不同河流地理空间的大小和急流–深潭–河滩系统生境异质性同时在影响生物 beta 多样性，是否地理空间差异的作用更大？这种结果在细菌及真菌中的表现具有差异吗？

（4）河流中急流–深潭–河滩系统环境条件和微生物类群不同会影响酶活性吗？

具体的研究内容，主要包括以下几方面。

（1）急流–深潭–河滩系统环境因子特征研究。

以西安四条河流共计 36 个急流–深潭–河滩系统中三种生境为研究对象，通过对急流和深潭的水样采集及检测，对急流、深潭和河滩的沉积物采集，结合室内实验测定分析，探索不同生境中的环境因子变化规律，同时按照河流及急流–深潭–河滩系统分组对这些环境因子指标进行差异分析和聚类分析。

（2）急流–深潭–河滩系统沉积物细菌群落组成及结构差异研究。

对 108 份样本中的细菌群落进行 16S 扩增子测序分析，整体上分析细菌群落组成、多样性、空间分布。同时按照河流分组、系统不同生境分组，比较各分组的类群差异，探讨群落结构在空间梯度上变化，分析环境因子指标对细菌群落组成和分布的影响，讨论影响机制。最后利用基因功能预测探讨细菌群落的功能组成。

（3）急流–深潭–河滩系统沉积微真核生物（重点是真菌）组成差异研究。

对 108 份样本中的真核群落进行 ITS 扩增子测序分析，重点分析真菌群落在河流间、急流–深潭–河滩系统各生境间的差异，分析各环境因子与真菌群落之间关系和影响机制，最后分析真菌功能基因的组成和分布差异。

（4）急流–深潭–河滩系统底质微生物丰度和酶活性研究。

用传统的微生物测定方法，对都柳江底质中不同种类微生物丰度和酶活性进行测定，分析它们之间的关系，模拟不同的环境条件，揭示环境条件对酶活性的影响规律。

6.2　沉积生境微生物研究概述

由于上覆水的覆盖，沉积物生境比较特殊，如深海沉积物具有高压（每下降 10m，增加一个大气压）、黑暗、有机质含量低、盐度高等特征（Mulder et al., 2011）。由于历史原因、物质汇入方式和来源不同，河流底质的物理和化学条件容易受到周围环境的影响

（Lerman，1975；Aller，1980；屈建航等，2007；许炼烽等，2014），从而形成了复杂的生境（Hakanson，1980；Bermejo et al.，2003；Caille et al.，2003）。同时，沉积物通过与上覆水的相互作用，也易于造成二次污染，降低水体功能，对城市河道的有效治理产生重大影响（Vallee and Ulmer，1972；Jacqueline and Kevin，2004）。

沉积物中由于营养丰富，微生物多样性较高。关于沉积微生物多样性的研究多集中在湖泊、海洋及河口环境中，以湖泊环境为例，Swan 等（2010）利用末端限制性片段多态性（T-RFLP）技术和定量 PCR 技术考察了美国加州一高盐度湖泊索尔顿湖缺氧层底泥沉积物中微生物群落结构多样性，发现细菌与古菌对环境变化有着不同的反应。Yi 等（2017）利用高通量测序技术对贝加尔湖微真核生物进行测序分析，结果表明微真核生物多样性随着水柱深度和沉积物深度的变化存在空间差异。Gobet 等（2012）研究了沿海沙地珍稀细菌种群的多样性及动态性变化，探明了细菌群落的常驻和稀有成员的时间变化机制。Stoeck 等（2018）通过比较了挪威五个大西洋鲑鱼养殖场的底栖细菌群落结构与传统大型动物群落的结构，发现细菌群落的多样性指标与大型动物多样性指标和五个养殖场生态状态指标显著相关。同时底栖细菌群落还反映了大型动物生物指标对鲑鱼养殖造成的环境干扰的反应。

6.2.1 微生物菌群多样性

微生物作为生物圈中重要的生产者和分解者，最大特性是种类繁多且广泛分布于自然界中。因此针对微生物的研究多集中在特殊生境中，包括南北极、动植物内环境以及人体肠道中等（车裕斌和韩冰华，1997；唐永红等，2006）。如昆虫肠道作为一种特殊生境，生存着多种多样的共生微生物（梅承和范硕，2018）。针对干旱区微生物群落的研究发现，土壤微生物群落的结构和功能变化反映了干旱地区生态系统的退化（李磊，2017）。郭昱东（2018）对北极融水成湖区域土壤进行高通量分析发现，冰雪融水会改变土壤微生物多样性，还会进一步影响陆地生态系统。

此外，对外界环境变化较为敏感的微生物群落也被常常用作指示生物，用于监测和反映环境状况。研究表明，微生物能降解苏州河水体和底泥中的有机物，微生物可作为水体污染程度及受污后治理恢复状况的指示指标，微生物在整个生态系统中的地位和作用是不可替代的（陈金霞和徐亚同，2002）。针对油田采油区土壤微生物研究发现，老油田土壤中微生物群落多样性指数随污染水平的增加而减小，而在新油田则呈相反的趋势（东野脉兴等，2013）。另外，微生物作为地球物质循环的主要推动力，在水-沉积物物质循环作用（如磷的循环中）起着重要作用（东野脉兴等，2013）。Lee 等（2016）发现来自鱼粪和未消化饲料的碳和氮化合物在循环水养殖系统中可以被不同的微生物群落代谢。它们利用异养菌降解碳化合物，以氨的形式释放氮，降解含氮有机化合物。最近通过对世界上的最大河流之一即长江的水及沉积物进行微生物测序分析，研究工作填补了细菌群落在大型河流研究的空白，同时揭示了遭受不同自然和人为干扰的河流中，浮游沉积菌群对维持其细菌生物地理模式的完整性非常重要（Liu et al.，2018）。

6.2.2　微生物测序手段

微生物，无论是在环境中还是作为其他生物体的共生体，都存在着复杂的群落。最早检验微生物多样性的方法是直接用显微镜观察，例如 Antonie 在人类口腔中直接用观察到的被认为是"很多小动物"的微生物，这种基于显微镜的直观观察开启了人类认识微生物世界的初步探索（Leeuwenhoek，1710）。随后，微生物学家发展了基于培养的技术，并结合许多生理生化分离技术，成为研究微生物群落组成的标准方法（Staley and Konopka，1985）。但是，这种方法的局限性被称为培养基计数异常，即只有一小部分数量的微生物可以在实验室里培养，大致 0.001% ~ 15%，这取决于微生物群落（Amann et al.，1995）。传统的微生物分离培养方法无法全面反映微生物群落的丰度和多样性，因此现代分子生物学研究方法应运而生。微生物群落分析的分子生物学方法包括变性梯度凝胶电泳、温度梯度凝胶电泳和限制性片段长度多态性分析（Staley and Konopka，1985；Ranjard et al.，2000；Theron and Cloete，2000；Vaughan et al.，2000）。这些方法提供了快速的比较分析并产生种群"指纹"，但它们不能识别种群内的个体有机体。

高通量测序技术可以对数百万个 DNA 分子进行同时测序，这使得对一个物种的转录组和基因组进行细致全貌的分析成为可能，因此也称其为深度测序或下一代测序技术（Sultan et al.，2008；Schuster，2008）。高通量测序技术主要是指 454 Life Sciences 公司、ABI 公司和 Illumina 公司推出的第二代测序技术（楼骏等，2014）。其中，Illumina 公司推出的第二代测序技术主要包含有 HiSeq 和 MiSeq 测序平台，因为成本低、通量高和信息丰富等特点，在微生物研究中具有非常显著的优越性（楼骏等，2014）。

随着微生物测序方法不断改进、数据库日益完善，高通量测序技术中的扩增子测序作为微生物测序分析的主要工具被高度认可。其中微生物与人类健康存在着紧密的关系，因此扩增子技术的发展成为人类研究医学微生物重要方向之一。Song 等（2015）结合多种免疫学分析手段和 16S 微生物多样性测序分析方法，阐明了菌群驱动的生长因子 FGF2 与白介素 IL-17 是如何协作促进修复受损的肠上皮屏障的。Tang 等（2017）通过 16S 微生物多样测序探究原发性胆汁性胆管炎患者肠道菌群组成及 UDCA 对原发性胆汁胆管炎的治疗效果。扩增子测序应用到欧亚大草原增温和增雨试验对土壤微生物影响表明，土壤微生物对于气候变暖产生正向反馈，增温和增雨处理会提升土壤微生物群落多样性和复杂度，加速微生物进行有机质降解，同时提高其摄取 N 和 S 等无机营养物质的能力（Zhang et al.，2016）。吉芳英教授团队通过对高原和低海拔地区污水处理厂的活性污泥样本进行 16S 微生物多样性测序分析，发现高原地区污水处理厂具有独特的微生物群落结构，并且温度和海拔与污水处理厂微生物群落的结构和功能具有一定的相关性（Fang et al.，2017）。

6.2.3　河流底质微生物酶活性

河流接纳污染物后，由于沉积作用和底质–水体间的吸附交换，使得污染物汇集到河流底质中，与自然沉积的泥沙和动植物代谢产物一起形成污染层。表层底质沉积了大量污染物，疏松，易于悬浮，底质与其间隙水的物质交换和再悬浮将对河流产生二次污染。底质对河流的影响主要有两个方面：①底质对污染物的释放和吸附作用，将导致水质变化；②微生物通过新陈代谢对污染物进行降解，使水体自净（徐祖信，2003）。

底质中营养成分的释放，一般包括生物释放、化学释放和物理释放三个过程。从生物释放的角度看，研究底泥中酶的活性及其对养分释放的影响，对于控制水体富营养化有着积极意义。近年来，底质的原位微生物修复成为研究热点，主要通过刺激土著微生物的生长或引入外来菌种降解底质污染物的方法进行修复。有效的生物修复关键在于控制微生物的新陈代谢作用，从而促进污染物的迁移转化，而酶在微生物的新陈代谢过程中具有至关重要的作用（吴芳和王晟，2010）。许多文献报道，微生物酶活性的改变对底泥污染物的迁移转化具有重要影响（陈宜宜等，1997；杨磊等，2005；吴克等，2009）。马英等（2009）认为底泥微生物群落不仅是底质的重要组成部分，而且在促进底泥有机质分解、营养盐释放和保持良好水质等方面也具有重要意义。

底质中的酶来自于微生物，其活性既可表征底质中微生物的生理活性，又可指示水体的污染情况，以及有机污染物的生物可降解性。过氧化氢酶是一类能够催化氧化还原反应的酶，在污水处理过程中起到非常重要的作用，可以分解对细菌有毒性的过氧化氢。脲酶为肽和氨基的水解酶，能水解含氮有机物，矿化氮素，最终产物是 NH_3 和 CO_2，在硝化和反硝化细菌的作用下，NH_3-N 被转化为 N_2 从水体中去除。磷酸酶促进各种有机磷化合物的水解，将有机磷矿化为可溶性无机磷，被植物和微生物直接利用，也可转化为难溶性磷酸盐重新沉积到底泥中。脱氢酶属于氧化还原酶类，无论在好氧处理还是在污泥厌氧消化中，基质脱氢（包括脱电子）都是生化反应的关键步骤，所以脱氢酶活性水平直接关系到微生物的新陈代谢能力，此外脱氢酶活性还可以表征微生物的数量。

6.3 研究区域概况和方法

西安市地处黄河流域中部的关中平原上，地理范围为 107.4°E ~ 109.49°E，33.42°N ~ 34.45°N。巍峨峻峭的秦岭山地在西安之南，坦荡舒展的渭河平原在西安之北。秦岭山脉主脊海拔 2000 ~ 2800m，渭河平原海拔 400 ~ 700m，西安城区就建立在渭河平原的二级阶地上。西安境内共有河流 115 条，河道总长近 2500km，素有"八水绕长安"之美誉（王永康和杨玉田，2018）。围绕市区环绕着沣河、滈河、潏河、浐河、灞河及渭河，除此以外还有石川河以及西安市水源地黑河等。

渭河古称渭水，是黄河最大的支流，同时也是世界上少有的多泥沙河流之一。发源于甘肃省定西市渭源县鸟鼠山，主要流经甘肃天水、陕西省关中平原的宝鸡、咸阳、西安、渭南等地，至渭南市潼关县汇入黄河。西安地区最大的一条过境河流就是渭河，同时西安地区河流的变迁与渭河的发育演变也息息相关。渭河干流在陕境内，流长 502.4km，流域面积 67108km²，占陕境黄河流域总面积的50%。渭河多年平均径流量 75.7 亿 m³，陕西境内为 53.8 亿 m³。渭河南岸支流均发源于秦岭山区，由于秦岭的抬升作用和骊山隆起的影响，整个渭河流域南高北低，东南高西北低（杨思植和杜甫亭，1985）。

研究工作选择了渭河南岸支流沣河、浐河、灞河以及贵州都柳江作为研究对象。沣河位于西安西南,是西安一条久负盛名的河流。沣河源头区在秦岭山地,主要干流流经黄土台塬,北经西安市西郊,在咸阳东注入渭河。灞河,古名滋水,是西安东部最大的一条河流,形成历史悠久,流域内农业发达,灌溉历史悠久。灞河的最大一级支流浐河,其发源于秦岭北麓的蓝田县西南秦岭北坡汤峪镇,由汤峪河、岱峪河、库峪河三源组成,流经长安区、雁塔区、灞桥区和未央区。

四条河流均处于半干旱半湿润地区,流域内属于温带大陆性季风气候,四季分明,冬季寒冷风小;春季温暖干燥;夏季炎热多雨;秋季凉爽。年平均气温 13.0~13.7℃。年降水量 522.4~719.5mm,7月和9月为两个明显降水高峰月。夏季降水较多,河流水位高水量大,冬季流量很小。本书选择的河流采样点周围大多是农业发达、植被丰富的地方,同时拥有完整的河岸线,人工干扰较小。都柳江流经亚热带地区,夏季炎热,冬季温度较高,平均气温 16~18℃,年降水量在 1200~1600mm,经过的雷山、三都、榕江之间属多雨区,多年平均降水量达 1600mm(表6.1)。

表 6.1　采样河流基础参数汇总

指标	渭河	沣河	浐河	灞河	都柳江
平均径流量/亿 m³	75.7	4.8	6.07	1.75	102.5
流域面积/km²	134766	1386	2581	760	11326
河长/km	818	78	109	64	310
平均比降	5.28%	8.2‰	1.965%	9.9%	3.8
起源	甘肃省鸟鼠山	秦岭北侧	秦岭北坡	秦岭北坡	云贵高原

6.3.1　样品采集

西安四条河于 2019 年春季(4~5月)对选定河流进行调查研究。分别在渭河西安段及其支流沣河、灞河和浐河上、中、下游各选取三个急流-深潭-河滩系统,每条河流共计 9 个系统,27 个采样点,四条河流共计 36 个系统,108 个采样点。每条河流的样品采集均在 4 天内完成,采样期间没有极端天气。各采样点坐标使用多参数水质检测仪进行定位。采样点见示意图[图6.1(a)](图中每个采样点代表3个系统,9个采样点),系统示意图见图6.1(b)。都柳江样品采集分为两次:第一次为 2013 年 12 月,在每个河段,分别按顺序确定 3 个急流-深潭-河滩系统单元,在每个系统单元,选择河滩和急流采样处,由小铲子直接采集其表层;采集深潭底泥时在铲子上绑一根长两米的木棍,站到水里采集深潭中间的表层底泥。底泥(质)迅速带回实验室在 4℃ 冰箱里保存。每个河段设置 9 个采样点,上、中、下游共 27 个采样点,上、中、下游采样方法一致。第二次为 2014 年 7 月,分别采集上、中、下游深潭里的底泥,每个深潭采一个混合样品,采集方法同第一次,共 9 个样,同时,在采集底泥样品之前在采集底泥样点上方先采集上覆水样,迅速带回实验室,然后把底泥分装在大烧杯里,加上底泥样品对应的上覆水,设置不同温度、pH、溶解氧、光照、TN 浓度条件进行实验室静态模拟。

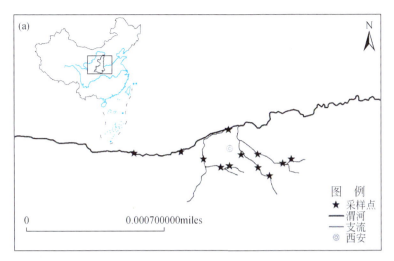

图 6.1　采样点分布图

mile 表示英里，1mile = 1.609km

（1）水样的采集：使用不锈钢采水器采集，在急流、深潭相应的沉积物采集处上方采集相对应的水样，样品保存在 500mL 聚乙烯采样瓶中。所有样品置于 0~4℃保温箱中迅速带回实验室，在 4℃冰箱中保存，在 48 小时内完成水质参数检测。

（2）沉积物的采集：分别在河滩采用柱状采样器，急流、深潭采用抓斗式采泥器进行沉积物采集。急流与深潭选择该区域内的中心点进行采集，河滩选择距离水面 1~2m 的无明显植被的区域进行采集。去除表层沉积物，采集 1~10cm 的新鲜底质，用于沉积物理化性质分析的样品采集后保存于无菌自封袋中，用于微生物测序的样品保存于 100mL 灭菌离心管，置于 0~4℃保温箱中迅速带回实验室。用于测定沉积物理化性质的底泥在 -40℃冰箱中保存，用于测定微生物生物量碳的底泥于 4℃保存并且于一周内完成分析，用于微生物测序的样品在 -40℃冰箱保存，并于一周内送往测序公司进行 DNA 提取以及后期分析。

6.3.2 环境因子的测定

（1）现场监测水体的温度、pH、氧化还原电位（ORP）、溶解氧（DO）、电导率、总溶解固体量（TDS）等［多参数水质检测仪（Horiba，日本）］；采用流速仪（Global Water，美国）现场监测流速及深度。

（2）水质测定指标方法如表6.2所示。

表6.2 水质参数分析方法

参数	分析方法
总悬浮物	重量法
总氮	Elementar-TOC，德国
总磷	Ascorbic acid method（Apha，1998）
正磷酸盐	Ascorbic acid method（Apha，1998）
氨氮	Cadmium reduction method（Apha，1998）
硝酸盐氮	Cadmium reduction method（Apha，1998）
亚硝酸盐氮	Colorimetric determination of NO_2（Apha，1998）
总有机碳（TOC）	Elementar-TOC，德国

（3）沉积物的理化性质分析如表6.3所示。

表6.3 沉积物参数分析方法

参数	分析方法
pH	pH 计法（McLean，1982）
全氮	凯氏法 HJ 717-2014
总磷	碱熔－钼锑抗分光光度法 HJ 632-2011
总有机碳	The chromic acid titration method（Walkley and Black，1934）

6.3.3 DNA 提取及 PCR 扩增

根据制造商协议，使用 DNA 抽提试剂盒直接抽提湿沉积物中的 DNA，一式两份。同时将重复抽提得到的 DNA 提取液混合在一起进行 PCR 扩增。具体的 PCR 程序如下。

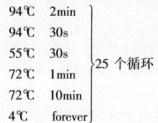

94℃　2min
94℃　30s
55℃　30s　}25 个循环
72℃　1min
72℃　10min
4℃　forever

PCR 反应进行了一式三份 20μL 混合物 4μL 5×FastPfu 缓冲区，2μL 2.5μm 核苷酸，0.8μL 每个引物（5μmol/L），0.4μL FastPfu 聚合酶和 10ng 模板 DNA。扩增子从 2% 琼脂糖凝胶中提取，使用 AxyPrep DNA 凝胶提取试剂盒（Axygen Biosciences, Union City, CA, USA）按照制造商说明进行纯化，并使用 QuantiFluor™ST（Promega, USA）进行定量。纯化的扩增子以等摩尔量汇集，在 Illumina MiSeq 平台上使用 PE250 策略（配对端测序 250×2）进行测序。此外，为了监测分子工作流程中的任何污染，对 6 个阴性对照样品进行了阴性过滤、DNA 提取和 PCR 对照。在这一步之后，阴性对照中没有检测到可量化的 DNA，因此没有进一步分析。

6.3.4 高通量测序

实验中主要用到的是高通量测序中的扩增子测序，主要是基于群体的目标区域扩增，从而进行群落物种多样性、差异、关联分析等方面的研究。根据对测序区域和物种的选择，主要分为 16S rDNA 测序、ITS 测序及目标区域扩增子测序等。扩增子测序就是通过对基因组目的区域进行 PCR 扩增，将目标区域 DNA 扩增富集后进行高通量测序，然后将得到的序列与特定数据库比对，确认物种，然后进行生物信息分析的研究策略。主要包括基因组 DNA 质量检测；样本目的区域检测扩增；扩增引物根据选定的检测区域相应确定，具体引物见表 6.4：各样本添加特异性标签序列；文库进行定量及混合；文库质量检测；Miseq 上机测序；生物信息学分析。

表 6.4 PCR 扩增所选引物

类型	区域	引物名称	引物序列（5'→3'）
细菌	V4-V5	515F	GTGCCAGCMGCCGCGG
		907R	CCGTCAATTCMTTTRAGTTT
真菌	ITS2	ITS3	GCATCGATGAAGAACGCAGC
		ITS4	TCCTCCGCTTATTGATATGC

6.3.5 生物信息学分析

为了提高后续生物信息分析准确性，得到高质量的测序数据，一般需要对原始下机数据进行质控和过滤，主要步骤分为：①使用 TrimGalore 软件去除序列末端质量低于 20 的碱基并去除可能包含的 adapter 序列，之后去除长度小于 100bp 的短序列；②使用 FLASH2 软件将双末端测序得到的成对序列进行拼接，得到 merge 序列，进一步去除 merge 后低质量序列（超过 90% 的碱基质量低于 20）；③使用 mothur 软件查找并去除序列中的引物；④使用 usearch 去除总碱基错误率大于 2 的序列以及长度小于 100bp 的序列，得到质量和可信度较高的优化序列（Clean reads），该数据将用于后续生物信息分析。

对下机得到的序列进行 OUT 聚类，OTU 聚类分析步骤如下：①统计序列长度和碱基组成完全一致的序列即重复序列，提取非重复序列，以降低分析中间过程冗余计算量。②对于去重复后的序列根据重复序列次数从大到小排序。③使用 UPARSE 去除 singleton 序列，即在所有样本中只出现一次的序列。④以 97% 相似性对序列进行聚类，相似度大于 97% 的序列将聚为同一个 OTU，同时使用 denovo 模式去除嵌合体序列，最终产生的 OTU 代表序列将用于后续物种注释。

使用 mothur 软件的 classify. seqs 命令，找出与 OTU 序列相似度最高且可信度达 80% 以上的物种信息，用于 OTU 的注释。本书细菌注释基于 RDP 数据库（Cole et al., 2009），微真核生物基于 UNITE 数据库（Koljalg et al., 2010）。

最后进一步基于 PICRUSt 软件结合 COG 数据库，对细菌物种功能进行预测和分析，利用 FUNGuild 真菌功能注释数据库，对样本真菌物种功能进行预测和分析。

6.3.6 微生物和酶活性测定

1. 微生物数量测定

（1）细菌、真菌、放线菌数量的测定：采用平板计数法（GB 5750—85），分别采用牛肉膏蛋白胨培养基、马丁氏培养基和高氏 I 号培养基，先配好培养基，灭菌后分装到灭过菌的培养皿中，称取 10g 湿样品于盛有 100mL 无菌水的三角瓶中，在无菌操作台做稀释梯度（细菌取 10^{-6}、10^{-7}、10^{-8}，真菌和放线菌取 10^{-4}、10^{-5}、10^{-6}），分别把不同梯度的样品用移液枪加到培养皿中，然后用涂布棒涂均匀，每个样品做三个梯度，每个梯度做三个平行，涂好后置于 28℃ 恒温箱中培养。

（2）氨化细菌、反硝化细菌数量的测定：采用 MPN 计数法，氨化细菌用蛋白胨琼脂培养基，反硝化细菌用反硝化细菌培养基，把配好的培养基分装入试管中，每管装 5mL，塞上硅胶塞灭菌（反硝化培养基的试管中应放入一倒置杜氏发酵管，以检测气体的生成），称取 10g 湿样品于盛有 100mL 无菌水的三角瓶中，振荡 30min 制成悬浊液，做稀释梯度（本书取 10^{-4}、10^{-5}、10^{-6}、10^{-7}），每个梯度做 3 个平行，用无菌吸管接种于试管中，在 25～30℃ 恒温箱中培养，氨化细菌在培养后第 3 天和 5 天检查培养基的浑浊度，培养第 7 天，用纳氏试剂检查是否出现棕褐色，确定是否产生氨。反硝化细菌在培养 14 天后检查杜氏发酵罐中是否有气泡出现，培养液变浑浊，用纳氏试剂检查是否有氨产生。根据生长情况对照 MPN 数值表最大或然数表的近似值，即可算出每毫升原菌液含活菌数。

2. 酶活性测定

（1）过氧化氢酶：高锰酸钾滴定法，称取 5g 湿底泥（质）样品置于三角瓶中，注入蒸馏水和 H_2O_2 溶液，同时设置对照组，振荡 30min 后用 H_2SO_4 终止反应，过滤后用 $KMnO_4$ 滴定至微红色，用单位土重消耗 $KMnO_4$ 的体积表示过氧化氢酶活性。

（2）碱性磷酸酶：磷酸酶二钠比色法，称取 5g 湿底泥（质）样品，加入甲苯、磷酸苯二钠及碱性缓冲液硼酸缓冲液后在 37℃ 恒温箱中培养 24h，取出过滤加入显色剂铁氰化钾和 4-氨基安替吡啉，定容后在波长 570nm 处测定消光值，磷酸酶活性以单位土重的酚毫克数表示。

（3）脲酶：苯酚钠—次氯酸钠比色法，称取 5g 湿底泥（质）样品于容量瓶中，加入甲苯、尿素和柠檬酸缓冲液后放入 37℃ 恒温箱中培养 24h，取出过滤加入苯酚钠、次氯酸钠，定容显色后在波长 578nm 处测定消光值，用单位土重释放出的酚的毫克数表示脲酶活性。

（4）脱氢酶：氯化三苯基四氮唑比色法，称取 5g 湿底泥（质）样品于三角瓶中，加入 TTC、葡萄糖、Tris-HCl 缓冲液和 Na$_2$S 后摇床振荡 2h，取出后加无氧水和亚硫酸钠，在波长 485nm 处测定吸光度值，脱氢酶活性以单位土单位时间产生的 TF 量表示。

3. 不同环境因子对酶活性的影响实验方法

（1）温度对酶活性的影响：将采集的都柳江上游、中游和下游底泥分别置于烧杯中，加入蒸馏水作为上覆水体，分别放入 5℃、15℃、25℃ 恒温培养箱中培养，作 3 组平行样。分别在第 1、8、13、17、25 天测定底泥中过氧化氢酶、脲酶、脱氢酶和磷酸酶活性。

（2）pH 对酶活性的影响：将上游、中游和下游底泥分别置于烧杯中，并加入 200ml 用稀盐酸和稀氢氧化钠调节 pH 分别为 3、5、7 和 9 的蒸馏水作为上覆水体，做 3 个平行样。恒温培养 24h 后测定底泥中过氧化氢酶、脲酶、脱氢酶和磷酸酶活性。

（3）溶解氧对酶活性的影响：将上游、中游和下游底泥分别置于烧杯中，加入原河水为上覆水以水土比为 4：1 的比例，做 3 组平行样进行培养。低溶氧一组向烧杯内冲入氮气并用保鲜膜覆盖封口减少氧气进入培养装置，使溶解氧含量保持在低于 0.50mg/L，高溶氧一组利用氧气泵向实验装置里通入氧气，并调节氧气阀使溶解氧始终高于 9.0mg/L。分别测定培养第 8、13、25 天时底泥酶活性及背景值。

（4）光照对酶活性的影响：将上游、中游和下游底泥分别置于烧杯中，加入原河水为上覆水以水土比为 4：1 的比例，做 3 组平行样进行培养。避光一组将黑色塑料袋包裹于整个实验装置完全避光，光照一组则不包裹，并将实验装置置于 25℃ 培养箱光照培养。分别在第 1、8、13、17、25 天测定底泥中过氧化氢酶、脲酶、脱氢酶和磷酸酶活性。

（5）上覆水中总氮浓度对酶活性的影响：将上游、中游和下游底泥分别置于烧杯中，并加入总氮浓度分别为 0.5mg/L、10mg/L、20mg/L 的上覆水，做 3 个平行样。分别在第 1、8、17、25 天测定底泥中过氧化氢酶、脲酶、脱氢酶和磷酸酶活性。

6.3.7 数据分析

首先对各环境因子进行统计学、差异和聚类分析，探明样本在河流间，系统内的差异性和相似性。利用 Excel 做前期数据整理及作图，SPSS 20.0 进行差异性和聚类分析。差异分析之前先检查各环境因子的方差齐性，对符合正态分布和方差齐性的数据采用 ANOVA 分析，否则采用非参数统计中的 Kruskal-Wallis 分析。

生物分析首先对细菌及微真核测序的原始下机序列及优化序列、物种分布情况、alpha 多样性进行前期统计分析，利用 SPSS 20.0 做差异性分析。为了进一步了解细菌及微真核物种分布情况，利用 R 制图将数据可视化，具体包括：

（1）绘制样本稀释性曲线图或物种累积曲线以检测样本的测序量是否合理。图中每个曲线代表一个样本，用不同的颜色标记通过对比不同样本的稀释曲线可以直观显示样本间物种丰富度的差异，也可以用来评估样本的测序量是否合理。同时物种累积曲线也可以用来判断抽样量是否充分，如果曲线趋于平缓，则表示此环境中的物种并不会随样本量的增加而显著增多，则表明抽样充分。

（2）绘制 Venn 图，筛选每组样本中特有的 OTU（Operational Taxonomic Unit）以及组间共有的 OTU，并进行可视化展示。基于 OTU 丰度表，以分组为单位，Venn 图可以显示组间共有的 OTU 以及各自样本间特有的 OTU。

（3）绘制多样本及不同分组的多物种组成柱状图，直观地观测到每个样本的物种组成、同组样本物种组成的一致性，以及样本/分组间物种组成差异，默认选择相对丰度大于 1% 的物种绘制柱状图（个数低于 30 个全画）。

（4）为了进一步筛选出不同分组间存在显著差异的物种，并且在更高分类学层次上显示差异物种，本研究利用线性判别分析（LDA）中效应量方法（LEFSe）做高维分类比较，筛选最有可能解释组间差异的物种。

（5）绘制样本群落 Alpha 多样性箱型图，基于各样本的多样性指数，可以检验组间样本的 Alpha 多样性是否存在显著差异。基于 Kruskal-Wallis 秩和检验对组间多样性指数进行差异分析，以 $P<0.05$ 作为差异显著性筛选阈值。

（6）做 PLS-DA（Partial least squares discriminant analysis），即偏最小二乘法判别分析，得到组内组间分布。PLS-DA，是多变量数据分析技术中的判别分析法，经常用来处理分类和判别问题。

（7）绘制样本聚类树，从整体上描述和比较样本分组间的相似性和差异性。基于 OTU 丰度表，首先计算样本间的非相似性矩阵，然后对样本进行平均连锁层次聚类，平均连锁又称为 UPGMA（unweighted pair group method with arithmetic mean），越相似的样本会优先聚类。

6.3.8　微生物对环境因子的响应

为进一步了解环境因子和物种分布之间的关系，研究中先利用 Mantel test 计算物种组成和环境因子之间的相关性，并基于置换检验计算统计学显著性 P 值，关注环境因子整体对于物种组成的影响。其次利用 Bioenv 分析识别与物种组成相关性最高的环境因子组合，同时基于 Pearson 相关性分析各物种与环境因子间的相关性，以 $|r|>0.3$，$P<0.05$ 作为筛选阈值，筛选与各环境因子显著相关的物种。除此以外，利用约束性排序 CCA/RDA 使用物种组成和环境因子数据进行排序分析，从而解释环境因子对于样本中物种组成的影响。

6.4 河流环境因子指标分析

6.4.1 野外检测分析

36 个急流−深潭系统野外 9 个参数的检测结果见图 6.2。如图所示，可知 36 个系统急流流速均大于深潭，而急流深度均小于深潭，且渭河急流深潭流速均值都大于其余三条支流。其中流速最大值为 1.4m/s（F1R），而渭河和沣河都出现流速为 0m/s 的采样点。深度最大值出现在 W6R（1.5m），最小值为 0.125m（C2R）。各采样温度显示，渭河采样点水体温度范围为 25.6 ~ 30.29℃，沣河为 18.40 ~ 27.10℃，浐河为 21.20 ~ 28.08℃，灞河为 16.21 ~ 23.96℃。其中均值结果显示渭河（27.88℃）>浐河（24.82℃）>沣河（22.51℃）>灞河（19.76℃），系统内深潭温度均值（23.99℃）大于急流（23.49℃）。同时结果显示各采样点水质的 pH 均呈偏碱性。

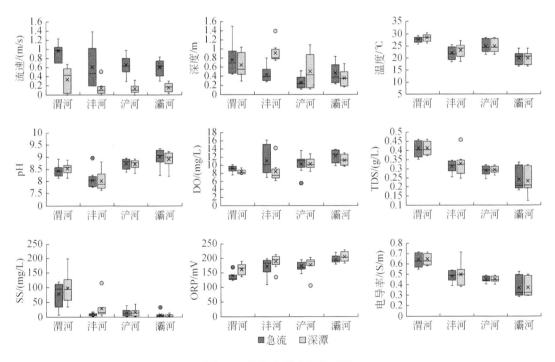

图 6.2 野外检测参数箱型图

四条河流所有采样点的溶解氧如图所示，渭河集中分布在 7.76 ~ 10.66mg/L，灞河集中分布在 9.55 ~ 13.95mg/L，沣河为 6.15 ~ 16.11mg/L，浐河为 8.43 ~ 13.62mg/L，且四条河流溶解氧均值均显示急流>深潭。

四条河流的悬浮固体（SS）浓度及总溶解性固体浓度（TDS）如图所示。渭河的 SS 及 TDS 显著高于其他三条河流，且分布不均匀。四条河流的 SS 均值排序为渭河>沣河>浐河>灞河，这点与 TDS 分布相同，具有一致性，同时渭河的 SS 及 TDS 显著大于其余三条支流，符合渭河多泥沙河流的特点。在急流–深潭–河滩系统内，除去灞河，其余三条河流深潭 SS、TDS 均大于急流，表明深潭相对于急流内部，具有较小的流速，流体流动更稳定，含有更多的悬浮固体物质。

四条河流的氧化还原电位和电导率如图所示。渭河氧化还原电位范围为 125～191mV，灞河为 180～230mV，沣河为 111～214mV，浐河为 107～230mV。四条河流的氧化还原电位均值排序为灞河>沣河>浐河>渭河，系统排序均为深潭>急流，表明深潭更容易发生污染物氧化分解过程。水体电导率反映水中以离子形态存在的溶解盐类总量，渭河范围为 0.55～0.72S/m，灞河为 0.29～0.53S/m，沣河为 0.38～0.72S/m，浐河为 0.41～0.49S/m。四条河流的电导率均值排序为渭河>沣河>灞河>浐河，系统排序均为深潭>急流，表明在深潭中可能存在更多的以离子形态存在的溶解盐类。

6.4.2 实验室检测分析

1. 水质指标

对河流水体总氮、氨氮、硝酸盐氮、亚硝酸盐氮进行分析，结果显示各种氮形态含量变化范围比较大，规律性不明显。总氮分布范围为 1.92～11.62mg/L，氨氮为 0.039～2.44mg/L，硝酸盐氮为 0.005～6.876mg/L，亚硝酸盐氮为 0.005～6.876mg/L（图 6.3）。总氮均值呈现渭河（9.83mg/L）>沣河（7.77mg/L）>灞河（7.50mg/L）>浐河（5.84mg/L），浐河变异系数最大（45.33%），灞河变异系数最小（6.55%）。氨氮及亚硝酸盐氮含量结果显示沣河最大，显著大于其余三条河流，硝酸盐氮含量结果则显示浐河最小，显著小于其余三条河流。其中，总氮和硝酸盐氮的最大值都集中在渭河上游，氨氮和亚硝酸盐的最大值集中在沣河中游，且总氮、氨氮、亚硝酸盐氮的最小值都集中在浐河，结合采样情况，渭河上游、沣河中游这两个采样点周围有排污口，导致该点的氮营养元素含量较高，而浐河因为流量、流速等，采集到的水样样本含量都明显小于其他三条河流。并且氮营养元素中，氨氮的变异系数最高，表明氨氮分布较不均匀，而导致氨氮分布不均匀主要来自沣河的急流–深潭–河滩系统，分析认为，这与沣河中游生活污水排污口有很大的关系。

在急流–深潭–河滩系统内，总氮和氨氮整体上都呈现出急流大于深潭，总氮急流（8.14mg/L）>深潭（7.33mg/L），氨氮（0.14mg/L）>（0.12mg/L）。硝酸盐氮显示急流（2.91mg/L）小于深潭（3.01mg/L），亚硝酸盐氮则无明显差异。进一步分析显示，总氮急流大于深潭主要在渭河和浐河，渭河流量流速都较大，急流处流速快，容易导致底质营养物质进入水体，总氮浓度上升，深潭处流速较低，悬浮物质容易沉积，浓度相对较低。氨氮在渭河、灞河、沣河急流–深潭系统内结果为急流>深潭，而浐河则相反。分析认为，氨氮含量和溶解氧有很大的关系，当溶解氧达到一定高度时，氨氮发生强氧化反应，转化为硝酸盐氮。但是在急流溶解氧高的地方，氨氮含量也高，是因为随着河流流动，急流内部具有更强的强紊流，水流流速过快，并不利于污染物的降解和转化。硝酸盐氮含量在渭河和沣河急流-深潭系统中，和氨氮相反，为深潭>急流，深潭溶解氧相对低，但水流较缓，有利于硝酸盐的形成。

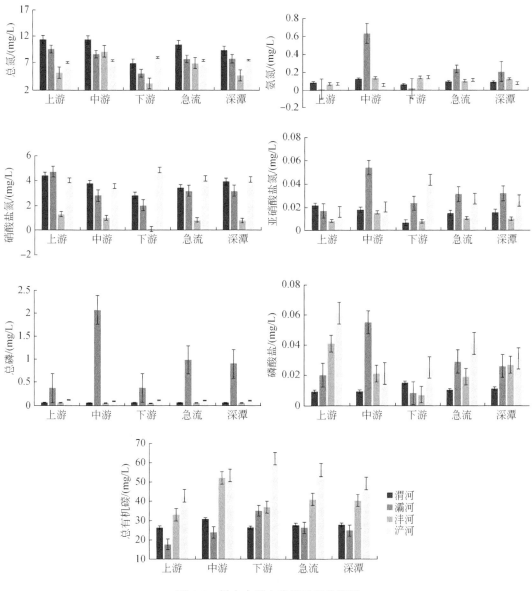

图 6.3　样本水质中营养元素柱状图

通常流域中的磷主要来源于矿物质的风化、动植物残体的分解和生活污水（李婉等，2011）。四条河流采样点总磷含量最大值为 2.44mg/L（F6R），最小值为 0.04mg/L（C9R），正磷酸盐含量的范围为 0.004～0.077mg/L。总磷含量均值排序为沣河>灞河>渭河>浐河，正磷酸盐含量为沣河>灞河>浐河>渭河。其中沣河总磷和正磷酸盐含量变异系数分别为 88.94% 和 78.57%。这点与氮营养元素含量具有相似性。在急流-深潭-河滩系统内，总磷含量均值排序为急流>深潭，正磷酸盐含量则没有明显差异。分析认为急流因为流速较快，不易于污染物的沉积降解，因此显示出急流大于深潭的特性。

四条河流总有机碳含量如图 6.3 所示，最大值为 67.52mg/L（C8P），最小值为 9.81mg/L（F1R），其中均值排序为浐河>沣河>渭河>灞河。变异系数排序为沣河（33.23%）>灞河（30.65%）>浐河（17.57%）>渭河（14.22%）。在急流–深潭系统内，总体趋势急流（37.96mg/l）>深潭（35.65mg/l），变异系数没有明显差异。

2. 沉积物指标分析

四条河流急流–深潭–河滩系统的沉积物 pH 如图 6.4 所示，除去 B4R（6.82），其余皆呈偏碱性，总体范围为 6.82 ~ 9.14。其中，河流之间沣河的 pH 变异系数最大（5.25%），其余三条河流的 pH 比较接近（渭河 3.75%，灞河 4.52%，浐河 4.04%），河流间 pH 均值排序为渭河>浐河>沣河>灞河。在急流–深潭–河滩系统内不同部分间，变异系数也比较小，仅为 4.80%，均值排序为深潭>急流>河滩。

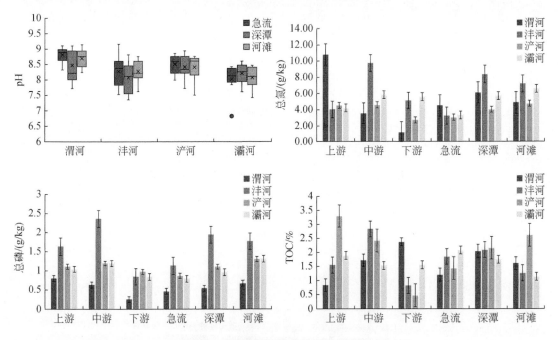

图 6.4　样本沉积物理化指标柱状图

四条河流急流–深潭–河滩系统沉积物总氮含量，108 个采样点中，最小值 0.76g/kg，出现在 W9R，最大值出现在 F6P，为 24.24g/kg。河流之间的均值排序为沣河（6.26g/kg）>灞河（5.21g/kg）>渭河（5.15g/kg）>浐河（3.92g/kg）。变异系数排序为渭河（98.84%）>沣河（80.06%）>浐河（62.28%）>灞河（40.81%）。渭河上游及沣河中游因为排污口的原因，总氮含量变异比较大。

在河流上中下游，渭河营养物质含量上游>中游>下游，三条支流都为中游最大，结合采样点周围环境情况，河流下游采样点都为城市附近，因为严格治理，水质及沉积物总氮含量都有所降低，但是中上游河段多为农业发达区域，面源污染强度较大，农村生活污水排放也比较多。在急流–深潭–河滩系统不同部分间，深潭（6.03g/kg）>河滩（5.85g/kg）>急流（3.52g/kg），其中河滩变异系数最大为 76.58%，表明比起急流深潭，河滩沉积物因为河床颗粒物粒径组成、植被、人类活动方式、形成条件差异比较大，更易产生总氮含量的显著差异。并且渭河的急流–深潭–河滩系统总氮含量变异系数比其他三条河流都大。

四条河流急流–深潭–河滩系统沉积物总磷含量如图 6.4 所示，108 个采样点中，总磷的含量范围为 0.12g/kg（W8R）~3.89g/kg（F6P）。河流之间的均值排序为沣河（1.62g/kg）>浐河（1.10g/kg）>灞河（1.03g/kg）>渭河（0.56g/kg）。其中，沣河和渭河沉积物总磷含量差异较小，这点与总氮含量相似。河流上中下游，总磷含量与总氮含量有相同趋势，四条河流都为下游含量最低，中上游较高。在急流–深潭–河滩系统不同部分间，河滩（1.27g/kg）>深潭（1.14g/kg）>急流（0.82g/kg）。其中渭河的急流–深潭–河滩系统总磷含量变异系数比其他 3 条河流都大。

四条河流急流–深潭–河滩系统总有机碳含量如图 6.4 所示，108 个采样点的总有机碳含量范围为 0%~8.28%（C3B），河流之间均值排序为浐河（2.07%）>沣河（1.74%）>灞河（1.66%）>渭河（1.62%），变异系数最大的为浐河 88.74%，其余三条河流之间则没有明显差异。在河流上中下游，渭河的含量变化趋势为下游>中游>上游，三条支流含量没有明显规律性，但是比起下游，中上游含量较大，这点与总氮、总磷相似。在急流–深潭–河滩系统不同部分间，深潭（2.01%）>河滩（1.66%）>急流（1.64%）。

3. 理化因子方差分析

为进一步了解各环境因子的分布差异，对河流各环境因子指标进行方差分析（表6.5）。结果表明，野外检测的 9 个指标，除去流速，其余指标在河流间都具有极显著差异性，在上下中游则没有明显差异。同时流速、溶解氧、氧化还原电位在急流深潭系统内具有显著差异。深潭采样点的流速、溶解氧明显低于急流处，氧化还原电位则明显高于急流。

表 6.5 理化因子方差分析

分组 环境指标	河流（18*4）				上中下游（24*3）				系统（36*2）（36*3）			
	ANOVA		非参数		ANOVA		非参数		ANOVA		非参数	
	F	P	F	P	F	P	F	P	F	P	F	P
V	1.498	0.223			0.721	0.490			88.740	0.000		
深度	6.584	0.001			2.217	0.117			2.677	0.106		
温度			46.041	0.000	2.180	0.121			0.303	0.584		
W-pH	32.863	0.000			3.099	0.051			0.025	0.874		
DO			22.849	0.000			0.863	0.649	4.933	0.030		
TDS			46.092	0.000			4.101	0.129	0.043	0.836		
SS			40.760	0.000			0.968	0.616	0.802	0.374		
ORP	16.923	0.000			1.439	0.244			4.839	0.031		

分组 环境指标	河流 (18 * 4)				上中下游 (24 * 3)				系统 (36 * 2) (36 * 3)			
	ANOVA		非参数		ANOVA		非参数		ANOVA		非参数	
	F	P	F	P	F	P	F	P	F	P	F	P
COND			45.304	0.000			3.758	0.153	0.033	0.857		
W-TN			22.382	0.000	14.593	0.000			1.776	0.187		
W-NH$_3$			4.691	0.196			14.975	0.001	0.080	0.779		
W-NO$_3$			41.868	0.000	3.376	0.040			0.062	0.805		
W-NO$_2$			30.853	0.000			6.603	0.037	0.019	0.890		
W-TP			62.951	0.000			0.401	0.818	0.023	0.880		
W-PO$_4$			18.758	0.000			11.975	0.003	0.059	0.808		
W-TOC			42.955	0.000	4.205	0.019			0.447	0.506		
S-pH	10.813	0.000					27.237	0.000	0.572	0.566		
S-TN			5.403	0.145	3.432	0.036					5.728	0.017
S-TP			36.368	0.000			36.368	0.000	4.424	0.014		
S-TOC	0.523	0.668			3.136	0.048			0.708	0.495		

7 个水质指标中，氨氮在河流间没有显著差异性，其余在河流间都具有显著差异性。除去总磷，其余参数在河流上中下游间则具有显著差异性。除此以外，在急流深潭不同生境中，各营养元素都没有显著差异性。

沉积物的 4 个指标中，pH 在河流间、上中下游都具有极显著差异性；总氮则在上中下游、急流–深潭–河滩系统不同部分间具有显著差异性；总磷在河流间、上中下游、急流–深潭–河滩系统不同部分间都具有显著差异性；总有机碳在河流间、河流上中下游间和急流–深潭–河滩系统不同部分间都没有明显差异性。

4. 理化因子聚类分析

为进一步分析不同样本间的相似度和差异性，对样本的所有环境因子进行聚类分析。首先将所有采样点的环境因子按照急流–深潭–河滩系统进行聚类分析，急流和深潭都可以分为两个组，分别是 F4、F5、F6 以及其他采样点，结合采样点情况，沣河中游有较明显的污染，因此得到很明显的分组（图 6.5）。其次除去沣河中游，在急流可以分为渭河及其他分组，在深潭则分为渭河加 F3P 及其他分组。距离为 5.5，急流其他样本可以分为灞河、浐河及部分其他沣河样本。深潭处则可以分为浐河、灞河加部分样本。最后河滩处并没有得到较好的分组情况。考虑因为河滩没有上覆水覆盖，生境不同于急流和深潭，植被情况、土地利用方式不同因此具有较大的差异性。最后整体 108 个样本按照河流分组，结果表明，只有渭河具有较好的分组，表明渭河和其他三条河比，环境因子差异较大。

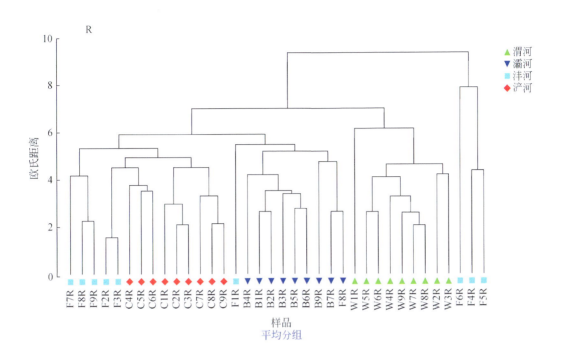

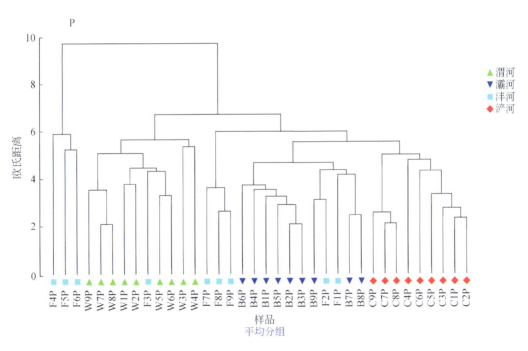

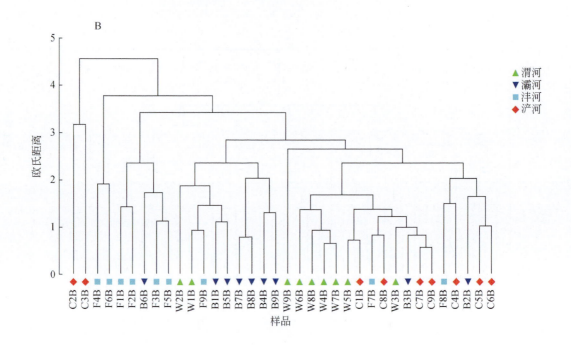

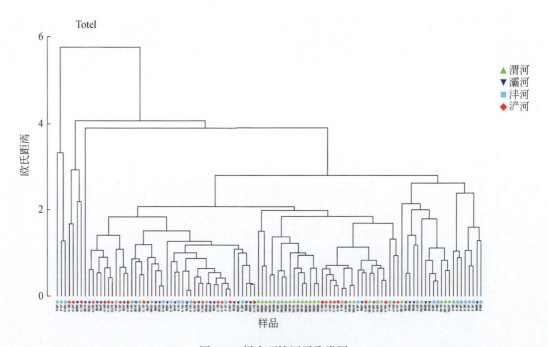

图 6.5 样本环境因子聚类图

R 表示将急流样本按照河流分组；P 表示将深潭样本按照河流分组；B 表示将河滩样本按照河流分组；

Totel 表示整体样本

6.5 细菌 16S rDNA 扩增子测序结果与分析

实验共计对 108 个样本进行细菌 16S V3- V4 区域 DNA 抽提 PCR 扩增, 其中 103 个样本得到了良好的 DNA 扩增条带可以进行后续实验, 包括渭河 27 个、沣河 27 个、浐河 24 个、灞河 25 个; 其中急流 33 个、深潭 36 个、河滩 34 个。

6.5.1 下机数据分析

下机数据如表 6.6 所示, 四条河流 103 个样本共计获得 29514732 条下机序列, 26903587 条有效序列, 平均 91.50% 的原始序列被用于后续分析。其中每个样本平均获得 286550 条下机序列, 261200 条有效序列。W9B 获得最少的原始序列 70411 条, C8B 获得最多的原始序列 442932 条; B8R 有效序列百分比最小, 百分比为 73.34%, W4B 有效序列百分比最大, 百分比为 95.02%。按照河流分组, 灞河得到最多原始序列, 但有效序列百分比最小 (86.80%)。按照急流–深潭–河滩系统分组, 有效序列百分比均值排序为河滩>深潭>急流, 同时急流组的样品变异系数显著大于深潭与河滩。原始序列、有效序列、有效序列百分比在河流之间具有极显著差异, 但是在急流–深潭–河滩系统不同生境之间没有显著差异。

表 6.6 样本不同分组细菌测序结果统计（均值±标准差）

分组	生境	原始序列	有效序列	有效序列百分比%	原始序列均值	有效序列均值	百分比均值
河流	渭河	70411–429982	65649–407441	90.47–95.02	234445±84335 **	220217±79258 **	93.94±0.88 **
	沣河	100349–376599	93165–349817	88.00–94.34	271714±75351	251477±69619	92.57±1.37
	浐河	229048–442932	214178–405969	90.97–93.51	307138±55788	283869±51011	92.46±0.77
	灞河	195085–438927	164450–377600	73.34–90.56	339084±67459	294197±59067	86.80±3.67
系统	急流	903014–438927	87506–377600	73.34–94.97	284936±103337	257989±91087	91.07±4.72
	深潭	184674–398867	173261–351418	83.33–94.58	291185±55890	265832±46032	91.64±2.92
	河滩	70411–442932	65649–405969	87.14–95.02	283412+84559	259594±76481	91.77±2.27

注：** 代表在 0.05 水平显著。

结合采样情况分析, 渭河样本多为细砂, 且径流量大, 不易于细菌附着, 因此导致获得的原始序列最小, 但是渭河在采样过程中样品保存情况最好, 损耗较小, 因此有效序列占比最大。在四条河流的采样过程中, 灞河采样温度最适宜, 因此容易获得最多的原始序列, 但是在样本保存运输过程中损耗较大, 样本 DNA 有轻微的降解, 导致有效序列百分比最小。

其次, 我们建立样本的稀释曲线图来评估样本的测序量是否足够 (图 6.6)。本次试验的 103 个样本曲线均趋于平缓, 表明测序数据可以反映样品中真实的细菌群落情况。

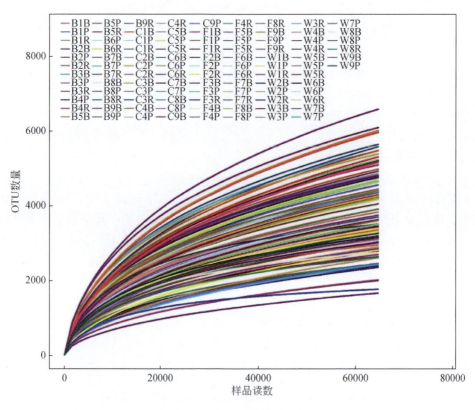

图 6.6　样本细菌稀释曲线图

6.5.2　细菌多样性与群落结构分析

1. 物种分布情况

按照河流分组（图 6.7），灞河拥有最多的 OTU（操作分类单元），为 44440 个，渭河拥有最少的 OTU，为 36150 个，OTU 丰富度排序为灞河>沣河>浐河>渭河。按照系统分组，河滩拥有最多的 OTU，为 57907 个，急流拥有最少 OUT，为 48520 个。将四条河流按照系统分组，发现 12 个分组中共有 2498 个 OTU，其中渭河深潭拥有最多的特有 OTU，浐河急流的特有 OTU 最少。

其次，将每条 OTU 代表序列与数据库进行比对从而完成 OTU 的分类学注释，本研究细菌注释基于 RDP 数据库。根据 OTUs 注释结果［图 6.8（a）］，细菌为 98.40%、古菌为 0.35%，以及 No-Rank 为 1.25%。就细菌序列比例而言，共注释得到 43 个门，相对丰度大于 1% 的共有九个，依次是变形菌门（47.33%）、拟杆菌门（14.48%）、厚壁菌门（7.13%）等，其中变形菌门占据绝对优势。共注释得到 79 个纲，相对丰度最高的是变形菌门的 γ-变形菌（15.47%）、α-变形菌（14.11%）、β-变形菌（12.58%）；拟杆菌门的鞘脂杆菌纲（5.98%）、Flavobacteriia（5.57%）。除此以外，共计得到 112 个目，270 个

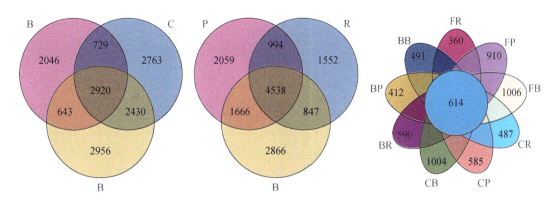

图6.7 基于细菌 OTU 的样本分组韦恩图

W：渭河；F：沣河；C：浐河；B：灞河

科，916个属，1798个种。

在门水平上，按河流归类 ［图 6.8 （b）］，变形菌门浐河（50.11%）>沣河（48.97%）>灞河（45.55%）>渭河（45.03%）；拟杆菌门显示灞河（16.64%）>渭河（16.50%）>沣河（12.48%）>浐河（12.38%）；同时渭河的酸杆菌门、绿弯菌门相对含量明显大于其余三条河流；浮霉菌门、蓝细菌门在灞河的相对含量显著大于其他三条河流，但是厚壁菌门结果相反；放线菌门则主要分布在沣河及浐河。除此之外，门水平上共计有23 种在河流之间的相对含量都具有显著差异性，相对含量大于1%的有厚壁菌门（$F=$ 8.65，$P=0.000$），浮霉菌门（$F=11.37$，$P=0.000$），酸杆菌门（$F=17.48$，$P=0.000$），绿弯菌门（$F=3.90$，$P=0.01$），放线菌门（$F=4.19$，$P=0.007$），蓝细菌门（$F=29.65$，$P=0.000$）。

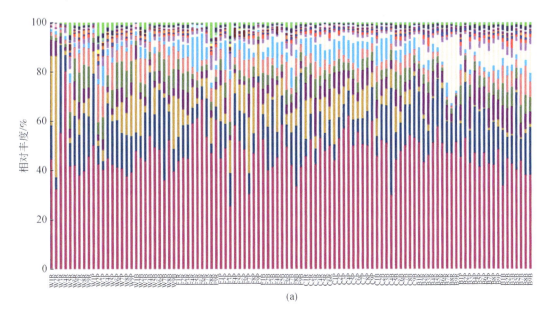

(a)

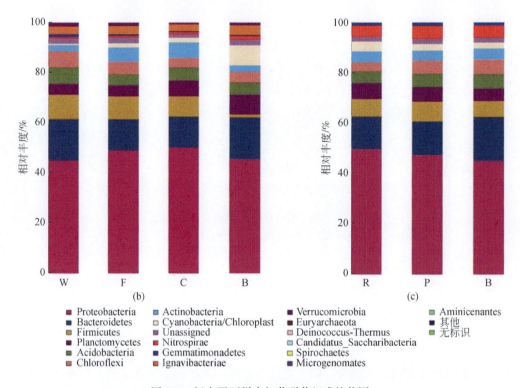

图 6.8　门水平下样本细菌群落组成柱状图

（a）代表所有样本，（b）代表不同河流分组，（c）代表系统分组

按系统归类［图 6.8（c）］，变形菌门急流（49.74%）>深潭（47.40%）>河滩（45.05%）；急流处绿弯菌门的相对含量明显小于深潭及河滩，而蓝细菌门则明显大于深潭及河滩；除此以外共计有 5 种门类在系统之间具有显著差异性，相对丰度大于 1% 的有拟杆菌门（$F=3.87$，$P=0.02$），绿弯菌门（$F=4.79$，$P=0.01$）。

2. 组间差异物种分析

利用线性判别分析中效应量方法（LEFSe）做高维分类比较，筛选最有可能解释组间差异的物种（图 6.9）。结果显示在河流分组中［图 6.9（a）］，不同河流间具有的差异类群明显多于系统分组中的差异类群。同时发现渭河中主要差异类群为懒杆菌门、厌氧绳菌纲、纤维粘网菌、酸杆菌门等；沣河为甲烷菌、甲基杆菌科等；浐河为红蜥菌目、暖绳菌目、爬管菌目、丹毒丝菌目、红细菌目等；灞河为蓝细菌、phycisphaerae、硝化螺旋菌等。在系统分组中［图 6.9（b）］，急流拥有最少的差异类群，集中在 α-变形菌、红杆菌目；深潭的差异类群集中在广古菌门、互养菌门、microgenomates、肠细菌、互营养菌等；而河滩拥有最多的差异类群，大多为微杆菌科、厌氧绳菌纲等。

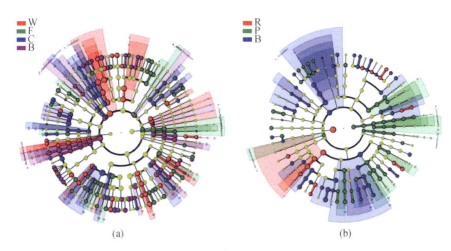

图6.9　样本细菌 LEFSe 进化分支图

（a）代表河流分组，（b）代表系统分组，图中不同的颜色表示不同的分组，黄色节点则表示的是在组间并无显著丰度差异的物种；节点直径大小与相对丰度大小成正比；每层节点由内向外分别表示门/纲/目/科/属/种，每层物种标记的注释从外向内表示门/纲/目/科/属/种，门水平上的注释显示在最外环上，而其他水平的注释信息则显示在表6.7中

表6.7　图6.9中门以下水平的差异物种

河流分组			
渭河	沣河	浐河	灞河
f：c__Acidobacteria_Gp2	a：f__Methanobacteriaceae	k：f__Coriobacteriaceae	g：c__Acidobacteria_Gp3
h：c__Acidobacteria_Gp4	b：o__Methanobacteriales	l：o__Coriobacteriales	a2：c__Cyanobacteria
i：c__Acidobacteria_Gp7	c：c__Methanobacteria	m：f__Conexibacteraceae	a3：f__Trueperaceae
j：f__Nocardioidaceae	d：o__Methanosarcinales	n：o__Solirubrobacterales	a8：f__Gracilibacteraceae
p：o__Cytophagales	e：c__Methanomicrobia	v：f__Caldilineaceae	b7：f__Nitrospiraceae
q：c__Cytophagia	o：f__Bacteroidaceae	w：o__Caldilineales	b8：o__Nitrospirales
r：f__Saprospiraceae	a5：f__Alicyclobacillaceae	x：c__Caldilineae	b9：c__Nitrospira
s：f__Anaerolineaceae	b3：f__Veillonellaceae	y：f__Herpetosiphonaceae	c0：f__Phycisphaeraceae
t：o__Anaerolineales	c8：f__Methylobacteriaceae	z：o__Herpetosiphonales	c1：o__Phycisphaerales
u：c__Anaerolineae	c9：f__Methylocystaceae	a0：f__Sphaerobacteraceae	c2：c__Phycisphaerae
b4：f__Ignavibacteriaceae	d0：f__Rhizobiaceae	a1：o__Sphaerobacterales	d6：f__Comamonadaceae
b5：o__Ignavibacteriales	d5：o__Rhodospirillales	a4：c__Deinococci	
b6：c__Ignavibacteria		a6：f__Clostridiales_Incertae_Sedis_XII	
c3：f__Caulobacteraceae		a7：f__Clostridiales_Incertae_Sedis_XIII	
c4：o__Caulobacterales		a9：f__Peptostreptococcaceae	
d1：f__Xanthobacteraceae		b0：f__Erysipelotrichaceae	
d7：f__Hydrogenophilaceae		b1：o__Erysipelotrichales	

河流分组			
■ 渭河	■ 沣河	■ 浐河	■ 灞河
d8：o__Hydrogenophilales		b2：c__Erysipelotrichia	
d9：f__Desulfobacteraceae		b3：f__Veillonellaceae	
		c5：f__Parvularculaceae	
		c6：o__Parvularculales	
f：c__Acidobacteria_Gp2	a：f__Methanobacteriaceae	k：f__Coriobacteriaceae	g：c__Acidobacteria_Gp3
h：c__Acidobacteria_Gp4	b：o__Methanobacteriales	l：o__Coriobacteriales	a2：c__Cyanobacteria
i：c__Acidobacteria_Gp7	c：c__Methanobacteria	m：f__Conexibacteraceae	a3：f__Trueperaceae
j：f__Nocardioidaceae	d：o__Methanosarcinales	n：o__Solirubrobacterales	a8：f__Gracilibacteraceae
p：o__Cytophagales	e：c__Methanomicrobia	v：f__Caldilineaceae	b7：f__Nitrospiraceae
q：c__Cytophagia	o：f__Bacteroidaceae	w：o__Caldilineales	b8：o__Nitrospirales
r：f__Saprospiraceae	a5：f__Alicyclobacillaceae	x：c__Caldilineae	b9：c__Nitrospira
s：f__Anaerolineaceae	b3：f__Veillonellaceae	y：f__Herpetosiphonaceae	c0：f__Phycisphaeraceae
t：o__Anaerolineales	c8：f__Methylobacteriaceae	z：o__Herpetosiphonales	c1：o__Phycisphaerales
u：c__Anaerolineae	c9：f__Methylocystaceae	a0：f__Sphaerobacteraceae	c2：c__Phycisphaerae
b4：f__Ignavibacteriaceae	d0：f__Rhizobiaceae	a1：o__Sphaerobacterales	d6：f__Comamonadaceae
b5：o__Ignavibacteriales	d5：o__Rhodospirillales	a4：c__Deinococci	
b6：c__Ignavibacteria		a6：f__Clostridiales_Incertae_Sedis_XII	
c3：f__Caulobacteraceae		a7：f__Clostridiales_Incertae_Sedis_XIII	
c4：o__Caulobacterales		a9：f__Peptostreptococcaceae	
d1：f__Xanthobacteraceae		b0：f__Erysipelotrichaceae	
d7：f__Hydrogenophilaceae		b1：o__Erysipelotrichales	
d8：o__Hydrogenophilales		b2：c__Erysipelotrichia	
d9：f__Desulfobacteraceae		b3：f__Veillonellaceae	
		c5：f__Parvularculaceae	
		c6：o__Parvularculales	
		c8：f__Methylobacteriaceae	
		c9：f__Methylocystaceae	
		d0：f__Rhizobiaceae	
		d2：o__Rhizobiales	
		d3：f__Rhodobacteraceae	
		d4：o__Rhodobacterales	
		e0：f__Desulfobulbaceae	
		e1：o__Desulfobacterales	

系统分组			
■ 急流	■ 深潭	■ 河滩	
w: f__Rhodobacteraceae	a: f__Methanobacteriaceae	g: f__Microbacteriaceae	
x: o__Rhodobacterales	b: o__Methanobacteriales	h: f__Coriobacteriaceae	
z: c__Alphaproteobacteria	c: c__Methanobacteria	i: o__Coriobacteriales	
	d: f__Methanosarcinaceae	n: f__Cyclobacteriaceae	
	e: o__Methanosarcinales	o: f__Anaerolineaceae	
	f: c__Methanomicrobia	p: o__Anaerolineales	
	j: f__Bacteroidaceae	q: c__Anaerolineae	
	k: f__Prolixibacteraceae	r: f__Kallotenuaceae	
	l: o__Bacteroidales	s: o__Kallotenuales	
	m: c__Bacteroidia	t: f__Alicyclobacillaceae	
	a1: f__Hydrogenophilaceae	u: f__Clostridiales_Incertae_Sedis_XI	
	a2: o__Hydrogenophilales	v: f__Rhizobiaceae	
	a3: f__Desulfobacteraceae	y: f__Erythrobacteraceae	
	a6: f__Desulfuromonadaceae	a0: f__Oxalobacteraceae	
	a7: f__Geobacteraceae	a4: f__Desulfobulbaceae	
	a8: o__Desulfuromonadales	a5: o__Desulfobacterales	
	a9: f__Cystobacteraceae	b0: c__Deltaproteobacteria	
	b1: f__Enterobacteriaceae		
	b2: o__Enterobacteriales		
	b3: f__Synergistaceae		
	b4: o__Synergistales		
	b5: c__Synergistia		

3. Alpha 多样性分析

基于 OTU 数目对样品进行多样性分析，Observed species 指数表示该样品中含有的物种数目，数值越高表明样品物种丰富度越高，Chao1 和 ACE 用来表明物种丰富度，Shannon 和 Simpson 用来表明群落多样性。首先各样本的覆盖度平均大于 97.64%，表明样本文库的覆盖率高，样本中序列被测出的概率高。按照河流分组 [图 6.10（a）]，Chao1 指数、ACE 指数灞河>浐河>沣河>渭河，灞河物种丰富度较高，同时箱型图表明渭河的样本分布范围较大，变异系数较高，而浐河的样本则较集中。样本 Shannon 指数和 Simpson 指数均值为 5.91、0.020，W5R 最高为 7.21，W2R 最低为 3.50，最大值与最小值都集中在渭河；河流之间显示灞河>沣河>浐河>渭河。

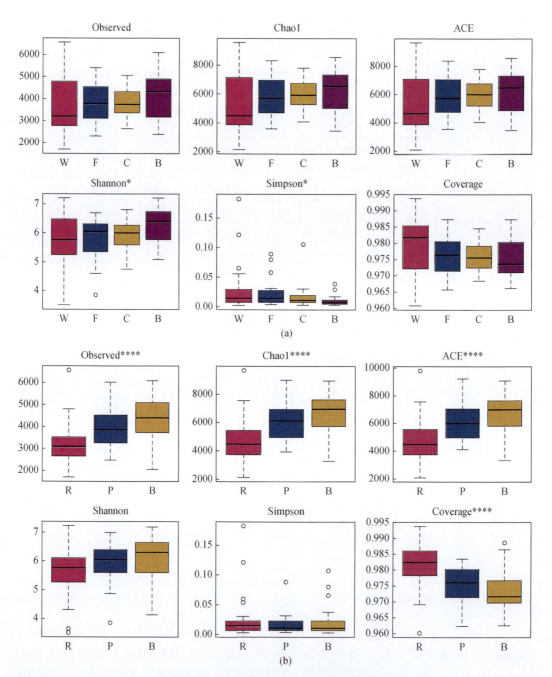

图 6.10 样本细菌群落 alpha 多样性箱型图

（a）代表河流分组；（b）代表系统分组 *代表差异分析显著性值，不同的 *代表不同量级的显著性；*代表 0.01<*P*<
0.05，**代表 0.001<*P*<0.01 以此类推；W、F、C、B 分别代表渭河、沣河、浐河、灞河；R、P、B 分别代表急流、
深潭、河滩，余同

    按照系统分组［图 6.10（b）］，直接观察到的物种数、Chao1 指数、ACE 指数、
Shannon 指数的结果表明 河滩>深潭>急流。同时，基于各样本的多样性指数，利用

Kruskal-wallis 检验对组间多样性指数进行差异分析，以 $P<0.05$ 作为差异显著筛选阈值。结果表明河流之间的 Shannon 指数和 Simpson 指数具有显著差异性，Observed species、Chao1 指数、ACE 指数在系统之间存在显著差异性，表明不同的生境对细菌群落丰富度多样性有显著影响。

4. Beta 多样性分析

如图 6.11 所示，为了更好地区分河流之间、系统内的差异，我们对所有样本进行 PLS-DA 判别分析。本书中将所有的样本按照不同河流和系统进行分组，四条河流三种生境共计分得 12 组（图 6.11），浐河及沣河之间的差异较小，较为集中混为一组；同时灞河的系统内具有较明显的分布差异，而其他河流之间并没有得出这样的结果。同时结果还表明渭河深潭处有明显区别于整体的样本，W2P（114.46，−104.71），除此以外渭河整体样本也较为分散。

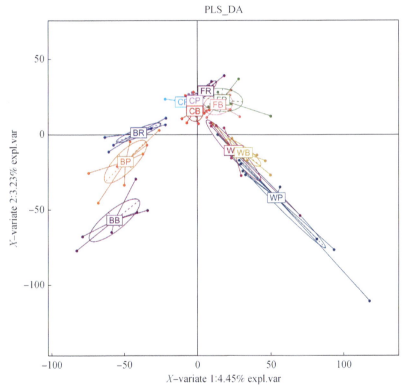

图 6.11 样本细菌群落 PLS_DA 分析图

图中双字母，前字母表示河流名称拼音第一个字母，后字母表示急流（Rapid）、深潭（Pool）、河滩（Beachland）英文拼写的第一个字母

5. 样本聚类分析

样本聚类树可以从整体上描述和比较样本分组间的相似性和差异性（图 6.12）。从图中可以看出河流之间有良好的分组，渭河、灞河、浐河较为紧凑，沣河则较为分散，考虑

为沣河各采样点之间周边环境差异较大，其次系统之间的分组和河流相比，较不明显，较为分散，表明影响细菌群落分布的主要为河流之间的地理位置、历史因素等异质性，其次是生境之间的环境异质性。

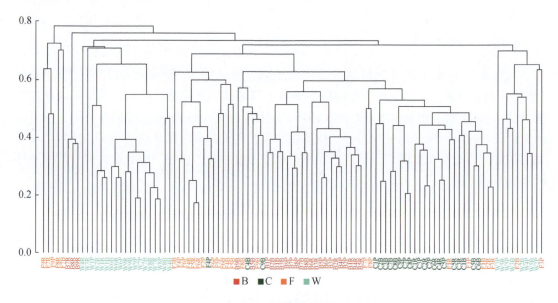

图 6.12　样本细菌聚类图

6.5.3　环境因子对细菌群落的影响

首先，为明确环境因子整体对于物种组成影响，本书采用 mantel test 来计算物种组成和环境因子整体的相关性，同时利用 bioenv 分析识别与物种组成相关性最高的环境因子单因素及组合。mantel test 分析结果表明环境因子整体和细菌群落物种组成具有相关性（$r=0.45$，$P=0.0001$）；单因子中电导率和物种组成相关性最高（$r=0.39$，$P=0.01$）。

其次在门水平上，以相关性系数（$P<0.05$）为条件筛选和各环境因子有相关性的物种，同时对物种及各环境因子进行聚类分析（图 6.13）。分析结果表明化学因子；溶解氧、水质 pH、电导率；硝酸盐氮、沉积物总氮、流速；大多数野外监测因子共计分为四类。门水平上的各物种分为四类，包括 9、15、8、10 个门类，且这四大门类和环境因子的相关性具有清晰的界限。

浮霉菌门、芽单胞菌门、疣微菌门、SR1、蓝细菌门、纤维杆菌门、candidate_division _WPS-1、Hydrogenedentes 多在溶解氧、氧化还原电位、水质 pH 高的地方存在，而其中的蓝细菌门又和温度、SS、总溶解固体、电导率具有负相关性；糖化细菌门 Candidatus_Saccharibacteria 明显与沉积物及水质中的磷元素具有较高的正相关性；泉古菌门与电导率、总溶解固体具有较高的正相关性。

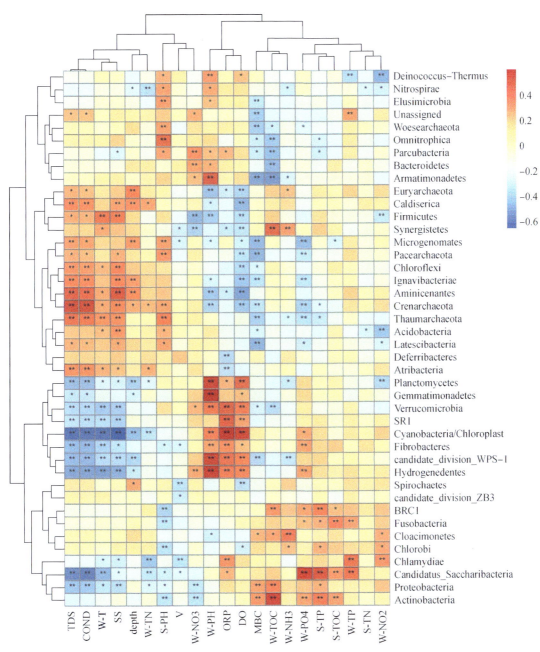

图 6.13　细菌在门水平上物种与环境因子相关性热图

(以相关系数 | r | >0.3 且 P<0.05 作为显著性筛选阈值) 方格上的 * 表示

显著性 P<0.05，** 表示显著性 P<0.01

6.5.4　细菌群落结构功能预测分析

为了进一步解析细菌群落的功能组成，本书利用 PICRUSt 软件结合 COG 数据库对得到的 16S rDNA 基因数据进行功能预测。基于 COG 数据库预测的结果表明，共计 25 个基因功能家族均具有数值。其中基本功能预测、未知功能基因、氨基酸运输和代谢、转录、信号转导机制是排名前五的功能基因，基本功能预测占比最高为 12.07%。

其次，将 25 个功能基因按照河流及系统分组进行差异分析，在河流分组中［图 6.14（a）］，除去未知功能基因、核结构、无机离子运输与代谢、细胞骨架、RNA 处理和修饰 5 个基因功能，其余 20 个在河流之间都具有显著差异性，按照占比分别是基本功能预测（$F=4.951$，$P=0.003$）、氨基酸运输和代谢（$F=21.39$，$P=0.00$）、转录（$F=11.03$，$P=0.00$）、细胞壁/细胞膜/膜结构的生物合成（$F=10.294$，$P=0.00$）等。

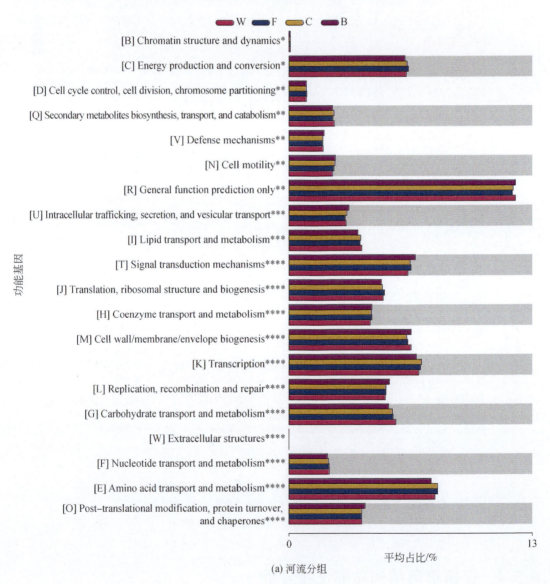

(a) 河流分组

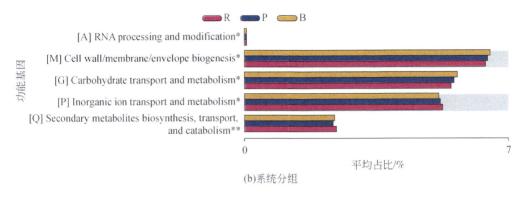

图6.14　细菌群落功能基因群在系统分组中相对丰度差异比较图

按照系统分组［图6.14（b）］，只有5个功能基因家族具有差异性，分别为 RNA 处理和修饰（$F=3.26$，$P=0.04$）、细胞壁/细胞膜/膜结构的生物合成（$F=3.26$，$P=0.04$）、碳水化合物运输和代谢（$F=3.36$，$P=0.04$）、无机离子运输与代谢（$F=3.43$，$P=0.03$）、次生代谢物的生物合成（$F=3.56$，$P=0.03$）、运输和分解代谢（$F=6.54$，$P=0.002$）。

6.6　真核 ITS 扩增子测序结果与分析

本次实验共计对 108 个样本进行真核 ITS2 区域 DNA 抽提 PCR 扩增实验，只有 71 个样本得到了良好的 DNA 扩增条带可以进行后续分析，鉴于渭河只有极少数的成功样本，因此只针对其余三条河流共计 68 个样本进行了真核区域的后续实验。这 68 个样本包括沣河 21 个，浐河 24 个，灞河 23 个。

6.6.1　真核扩增子测序分析

样本的下机数据如表 6.8 所示，三条河流 68 个样本共获得 18645211 条下机序列，共包含 6781620077 个碱基，每条下机序列平均长度为 364bp。其中，平均每个样本获得 311130 条下机序列，244194 条有效序列，平均 87.53% 的原始序列被用于后续分析。其中 B1R 样本获得最多的下机序列，有效序列达到 854258 条，而 F9B 只得到了 47393 条有效序列。同时有效序列均值灞河>沣河>浐河，急流>深潭>河滩，有效百分比浐河>灞河>沣河，急流>深潭>河滩。用物种累积曲线（species accumulation curves）来描述样本的测序数据量是否合理（图 6.15），结果表明，样本均随着抽取序列数的增加而趋于平缓，说明样本的测序数据量合理，且样本物种较丰富。

表6.8 不同分组真核扩增子下机数据统计表 (均值±标准差)

分组	生境	原始序列	有效序列	有效序列 百分比%	原始序列均值	有效序列均值	百分比均值
河流	沣河	58380−670709	47393−606034	81.05−92.26	253246±184832**	223036±168472**	86.65±3.77
	浐河	69052−644424	57193−584661	75.67−92.11	224409±157811	201132±143522	88.78±3.72
	灞河	96536−943912	84304−854258	77.27−91.49	454470±202613	397142±181705	87.03±3.90
系统	急流	94473−943912	86222−854258	77.27−92.12	395225±234220	347204±205313	88.59±4.32*
	深潭	89393−681403	72454−620100	81.05−92.26	306869±196579	272751±177751	88.22±3.19
	河滩	58380−670709	47393−599550	75.67−90.04	246475±178132	215512±160870	85.87±3.75

注: *代表在0.05水平显著, **代表在0.01水平显著。

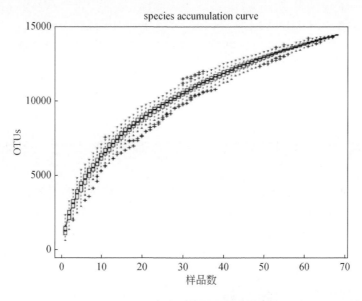

图6.15 样本真核物种累积曲线图

6.6.2 真核物种多样性与群落结构分析

1. 物种分布情况

按照河流分组 (图6.16), 发现沣河、浐河和灞河共有2920个OTUs, 沣河特有的OTUs最多为2956个, 浐河2763个, 灞河特有的OTUs最少, 为2046个。按照系统分组, 急流、深潭和河滩共有4538个OTUs, 河滩特有2866个OTUs, 深潭特有2059个OTUs, 急流特有的OTUs最少, 为1552个。同时将河流按照系统不同生境进行分组, 发现9个分组中共有614个OTUs, 沣河河滩特有的OTUs最多, 为1008个, 沣河急流特有的OTUs最少, 为360个。

利用UNITE数据库, 将每条OTU代表序列与数据库进行比对, 从而完成OTU的分类

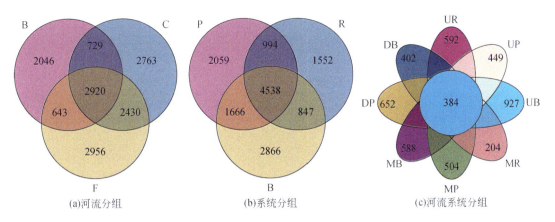

图 6.16 基于 OTU 的真核韦恩图

学注释。根据 OTU 注释统计结果（图 6.17），共得到真菌界（fungi），植物界（plantea），藻界（Chromista），有孔虫界（Rhizaria）以及少量的后生动物（metazoa）相关物种信息。其中真菌相对丰度最高（77.26%），其次是植物（17.00%），另外包括 5.71% 的藻界和 0.03% 的有孔虫界。在所有样本中只有沣河灞河得到了少量的后生动物相关信息，分别是刺胞动物门和轮形动物门。

在门水平上，总共聚类得到 20 个门，其中所有样品相对丰度最高的门是 Unassigned、绿藻、担子菌门、子囊菌门等。其中真菌含量相对丰度最高为子囊菌门（15.21%），其次是担子菌门（13.81%），除此以外 49.22% 的序列未在数据库中获得门水平上的分类信息，并且发现 GS19、新丽鞭毛菌门、刺胞动物门只在沣河出现。

在纲水平上，聚类到 44 个纲，相对丰度最高的纲是共球藻纲（12.08%），其次是座囊菌纲（9.66%）和 pucciniomycetes（8.51%）。所有序列被归类到 712 个属，相对丰度最高的是共球藻属（12.08%）、unclassified_Pucciniomycetes（8.50%）和链格孢属（4.70%）。在种水平上，所有序列被归类到 1191 个种，相对丰度最高的是 Pucciniomycetes_sp（8.50%）、水葫芦链格孢（4.70%）和 Trebouxia_decolorans（3.47%）。

2. 组间物种差异分析

首先在界水平上（表 6.9），按照河流分组分析，真菌分布显示沣河（83.35%）>沪河（75.82%）>灞河（73.20%），在系统内显示河滩（78.40%）>深潭（78.18%）>急流（74.61%）。植物分布显示灞河（20.36%）>沪河（17.71%）>沣河（12.51%），急流（20.60%）>深潭（17.61%）>河滩（13.34%）。藻界显示沪河（6.46%）>灞河（6.37%）>沣河（4.13%），河滩（8.21%）>急流（4.74%）>深潭（4.20%）。

同时，真菌及植物界的分布在河流间具有极显著差异性（$F=8.052$，$P=0.001$）（$F=4.724$，$P=0.012$）。藻界的分布则在系统内具有明显差异性（$F=3.3229$，$P=0.042$）。进一步分析，发现植物与藻界的分布，急流与河滩（$F=0.680$，$P=0.032$）（$F=0.696$，$P=0.043$），深潭与河滩（$F=2.549$，$P=0.034$）（$F=2.168$，$P=0.035$）都有明显差异性。

表6.9　在分类学界及门水平上优势物种相对丰度统计表（均值±变异系数）

（单位:%）

分类	河流			系统		
	沣河	浐河	灞河	急流	深潭	河滩
Fungi	83.35±9.31	75.82±11.73	73.20±11.77	74.61±11.83	78.18±12.67	78.40±11.47
Unassigned	50.01±30.19	44.15±26.01	51.00±15.84	47.40±18.14	52.45±25.74	44.29±26.30
Basidiomycota	13.27±65.04	13.95±43.68	11.55±55.12	12.90±50.90	13.16±62.08	12.69±49.32
Ascomycota	12.82±112.69	10.64±98.01	4.36±84.81	8.19±71.54	7.79±166.46	11.60±97.47
Chytridiomycota	1.44±124.82	0.88±64.20	4.06±128.78	3.35±178.25	1.42±76.01	1.92±101.92
Rozellomycota	4.49±181.96	5.46±56.39	2.08±47.89	2.56±69.66	2.95±69.74	6.43±123.47
Plantae（Chlorophyta）	12.51±54.62	17.71±46.40	20.36±47.89	20.60±40.03	17.61±54.74	13.34±54.42
Chromista	4.13±90.85	6.46±103.38	6.37±8.77	4.74±127.63	4.20±97.25	8.21±80.33

在门水平上对河流及系统进行汇总分析（图6.17），发现 Unassigned、绿藻、担子菌门、子囊菌门、unclassified_chromista、罗兹菌门在样本中的相对丰度在不同的分组中都占据绝对优势，但是不同分组中比例各有差异。在河流之间，灞河的绿藻及 unclassified_chromista 分布明显大于浐河及沣河，但是浐河及沣河的担子菌门、子囊菌门、罗兹菌门显著大于灞河。在系统之间，急流和深潭的绿藻明显大于河滩，但是河滩的子囊菌门、罗兹菌门及 unclassified_chromista 则明显大于急流和深潭。对门分类学水平上的真核物种进行差异分析，发现 mucoromycota、壶菌门、绿藻、子囊菌门在河流间具有明显差异，罗兹菌门、绿藻、mortierellomycota、unclassified_chromista 则在系统内具有明显差异。同时还发现 mucoromycota 只在浐河及沣河出现。

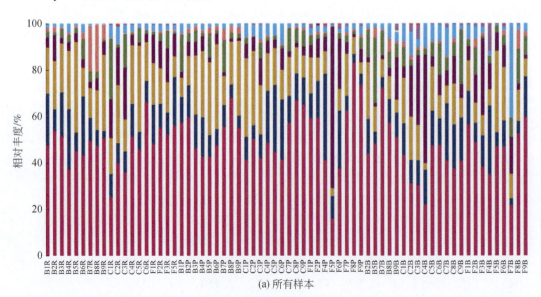

(a) 所有样本

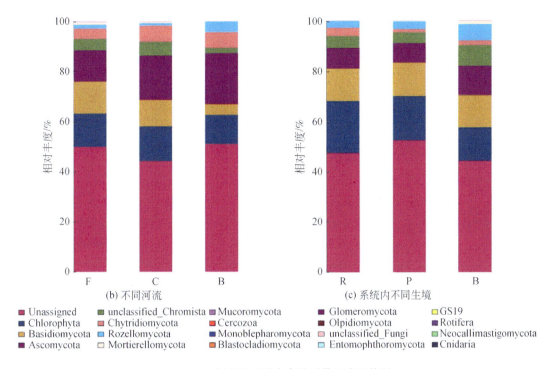

图6.17　门水平下样本真核群落组成柱状图

3. Alpha 多样性分析

对样本进行 Alpha 多样性分析（图 6.18），首先各样本的覆盖度均平均大于 99%，表明样本文库的覆盖率高，样本中序列被测出的概率高，没有被测出的概率低。其次用 Chao1 指数、ACE 指数、Shannon 指数和 Simpson 指数来表明样本群落物种多样性。其中，沣河的 Chao1 指数、ACE 指数、Shannon 指数和 Simpson 指数范围分别是 679.75 ~ 3109.21、682.93 ~ 3157.20、3.80 ~ 5.88 和 0.009 ~ 0.46。浐河范围是 1062.10 ~ 2860.43、1048.05 ~ 2862.95、4.19 ~ 5.56 和 0.01 ~ 0.06。灞河范围是 760.11 ~ 2021.80、768.29 ~ 2027.27、3.24 ~ 5.26 和 0.01 ~ 0.23。在河流之间，Chao1 指数、ACE 指数、Shannon 指数和 Simpson 指数都具有显著差异性，并且显示群落物种多样性沣河>浐河>灞河。在系统之间，多样性指数不具有显著差异性，但是各多样性指数均表明深潭最小，表明急流及河滩的微真核生物丰富度及多样性指数高于深潭。

4. Beta 多样性分析

如图 6.19 所示，发现三条河流分别位居三个象限，同时系统内也有明显差异。其中沣河深潭的各样本分布较为分散，其余分组都较为集中。并且灞河和浐河的河滩都与河流的急流和深潭差异明显。进一步分析，这个结果也表明河流之间的地理距离等差异比起系统内的生境异质性更能影响微真核生物的分布。

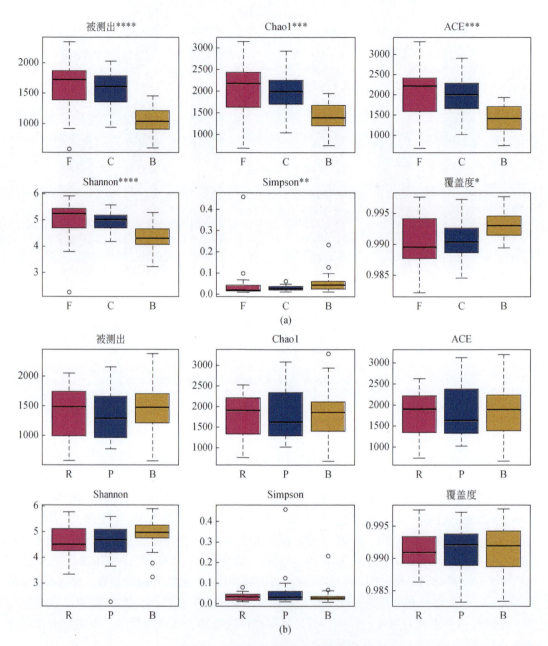

图 6.18 微真核群落多样性指数统计表

（a）代表不同河流分组；（b）代表系统内不同生境分组

5. 样本聚类分析

本研究中（图 6.20），我们将三条河流按照急流–深潭–河滩系统分组，除去 F7B、B7B、B9B、C4B 样本，其余灞河、浐河都有较好的分组，沣河的上游与浐河可以分为一组，沣河的其余样本分成一组，并且沣河的上游中各系统得到了良好的分组，急流、深

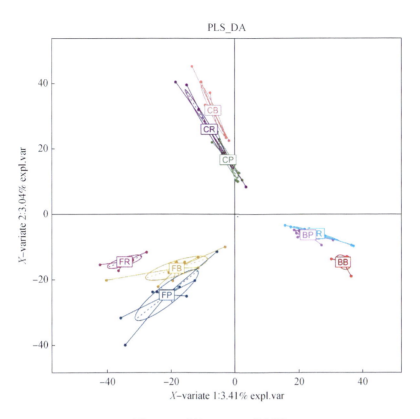

图 6.19　真核 PLS_DA 分析图

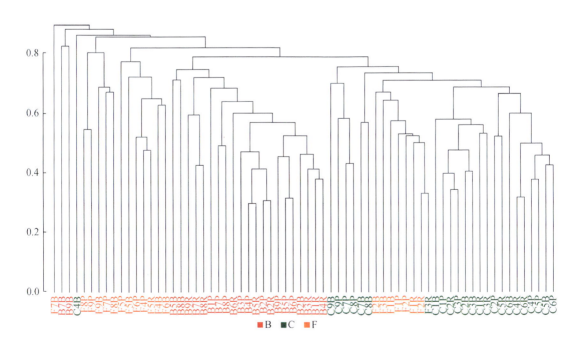

图 6.20　样本微真核生物聚类树状图

潭、河滩各分为一组，除此以外系统并未得到良好的分组。

6.6.3　环境因子对真核群落影响分析

　　因为河滩样本没有水质检测数据，分析中将环境因子分为物理性指标、营养物质指标和沉积物环境指标进行分类分析。结果表明，整体环境因子与物种组成结构相关性不大，但营养物质指标整体相关性较高，并大于物理性指标和沉积物环境指标。单因子中水质pH 相关性最高，其次是水质总磷。其次，我们对所有样本的真核群落数据在门水平上的分布及环境因子进行了冗余分析 RDA（图 6.21）。从图中看出，物理性指标、营养物质指

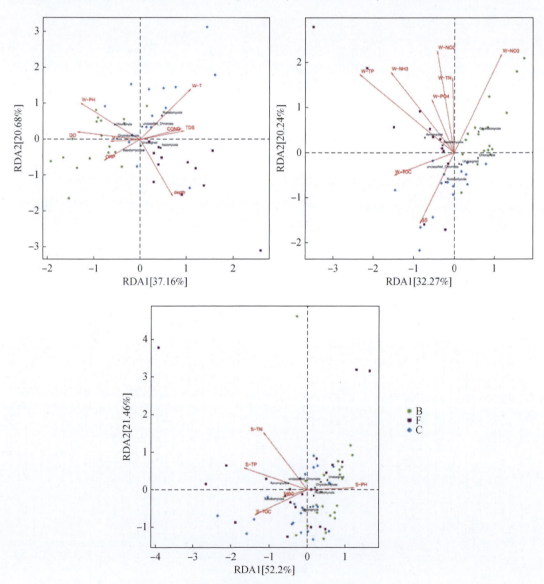

图 6.21　河流分组环境因子与微真核生物群落的 RDA 分析

标和沉积物环境指标 RDA 分析中对数据的解释度分别为 57.84%、52.51% 和 73.66%，沉积物指标的解释度最大。

RDA 结果分析表明，物理性指标检测数据中 DO、V、ORP 之间的夹角较小，酸碱度与这几个指标夹角也小，表明这几个参数之间相关性较高，且对沣河的样本有较大的影响，而深度则对沣河的样本有较大的影响。营养物质指标中，硝酸盐对灞河的样本具有正向影响，SS 对浐河样本有正向影响，总磷、氨氮、总氮、亚硝酸盐、正磷酸盐则对沣河有较大的影响。同时对真核群落进行分析，发现 pH、DO、V、ORP、水质硝酸盐氮及沉积物 pH 对绿藻及壶菌门有较大的影响，温度及 SS 则对罗兹菌门有较大的影响，水深、总磷、总氮、氨氮、正磷酸盐、亚硝酸盐则对子囊菌门、担子菌门有较大的影响。进一步分析，发现壶菌门和水体中的电导率、总有机碳有较高的正相关性，和水体 SS 具有负相关性；隐真菌门和温度、SS 具有较高的正相关性；被孢霉门和温度呈正相关性，和溶解氧呈负相关。

6.6.4　功能预测分析

FUNGuild=Fungi+Functional+Guild 是一个真菌的功能注释数据库，超过 13000 种真菌分类群现已包含在数据库中，基于真菌的功能注释数据库，本研究对样本物种功能进行预测和分析。

基于 FUNGuild 软件解析结果显示，真菌可分为 21 个生态功能群，分别为动物病原体群（Animal Pathogen）、内生真菌群（Endophyte）、植物真菌群（Plant Saprotroph）、地衣寄生群（Lichen Parasite）、未定义腐生菌群（Undefined Saprotroph）等。利用每个样本 Guild（功能亚类）丰度组成制作多样本 Guild 柱状图，更直观地同时观测到每个样本的功能组成、同组样本物种组成的一致性，以及样本/分组间功能组成差异，本分析默认选择相对丰度大于 1% 的物种绘制柱状图（图 6.22）。

其中，样本中的未定义腐生菌群相对丰度最高（56.97%），均值排序为灞河>浐河>沣河、河滩>深潭>急流。其次相对丰度最高的是植物病原菌（21.31%），粪腐殖菌/内生菌/未定义腐殖菌（3.25%），真菌寄生群/植物病原体/植物真菌群（3.25%）。在河流之间（图 6.23），未定义腐生菌群（$F=4.256$，$P=0.018$）、植物病原菌（$F=5.278$，$P=0.008$）、真菌寄生群（$F=4.999$，$P=0.010$）具有显著差异性。但是在系统内不同生境之间没有显著差异性。

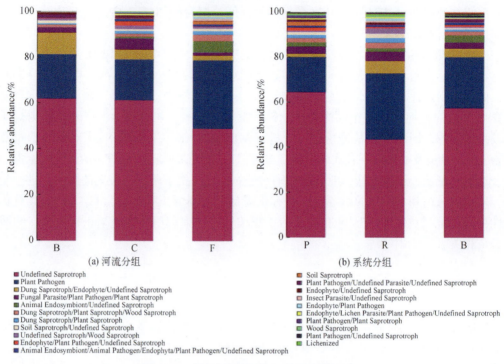

图 6.22　多样本真核群落生态功能群柱状图

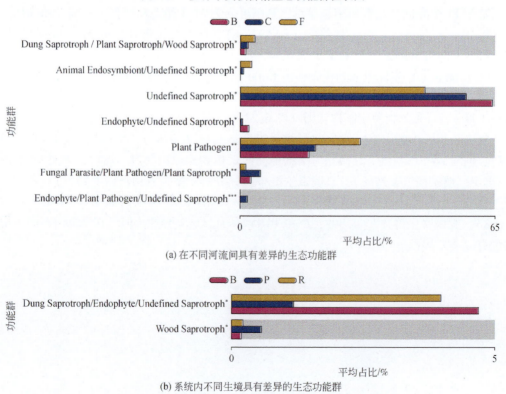

图 6.23　生态功能群在不同分组中相对丰度差异比较图

6.7 都柳江底质微生物多样性和酶活性

6.7.1 底质微生物丰富度

都柳江上中下游急流–深潭–河滩系统底质微生物数量如表 6.10 所示。

表 6.10 上中下游急流–深潭–河滩系统底质中微生物数量

河段	系统	细菌 /(10^6 个/g)	放线菌 /(10^4 个/g)	真菌 /(10^4 个/g)	氨化细菌 /(10^5 个/g)	反硝化细菌 /(10^2 个/g)	总数 /(10^6 个/g)
上	深潭	5.5	18.2	11	21.44	14.47	7.84
	急流	2.22	0.71	1.68	3.21	5.32	2.55
	河滩	2.77	15.6	1.76	5.17	9.29	3.45
中	深潭	2.14	10.01	4.6	5.21	4.31	2.68
	急流	0.32	0.61	1.08	0.33	1.22	0.66
	河滩	0.96	8.55	1.12	1.46	1.79	1.2
下	深潭	3.79	12.3	6.1	18.34	8.89	5.75
	急流	0.14	9.12	0.18	2.45	1.35	1.5
	河滩	1.26	10.4	0.21	3.23	3.79	1.57

在上中下游急流–深潭–河滩系统，底质中微生物数量，细菌>氨化细菌>放线菌>真菌>反硝化细菌（$P<0.05$）。其中，细菌数量为微生物总数的 60%～99.07%，占绝对优势，其在底质有机物质转化过程中起着重要作用；氨化细菌数量为微生物总数的 5%～31.89%，氨化细菌能将有机氮转化成为 NH_4^+-N，再通过亚硝化细菌、硝化细菌作用生成 NO_3^--N，最后由反硝化细菌还原成 N_2，从而达到除去有机氮的目的；放线菌对环境敏感度较小，仅占微生物总数的 0.28%～23.21%，适宜在碱性环境中生长，能够将难分解物质转化为腐殖质；真菌数量占微生物总数的百分更小，为 0.012%～0.172%，但它能够积极参与有机质分解和碳循环过程，在很大程度上影响着土壤环境质量和植物的生长发育；反硝化细菌数量占微生物总数的百分比最小，为 0.009%～0.027%，但去除氮作用不可缺少的。

对不同河段急流–深潭–河滩系统底质中细菌、真菌、放线菌、氨化细菌、反硝化细菌数量进行对比，得出结果如图 6.24 所示。在不同河段，微生物数量变化的总体趋势为上游>下游>中游（$P<0.01$），由于上游农田和人口比较多，营养物质从上游进入河流，微生物数量较多，而随着水流从上游到下游流动中的自净作用，中游的营养物质逐渐减小，微生物数量也呈下降趋势，到下游后微生物数量又有一定的回升。在急流–深潭–河滩系统中的变化情况为深潭>河滩>急流（$P<0.05$），深潭微生物数量最多是因为各种营养物质沉积在深潭里，而急流中水流快，底质多为细沙粒，营养物质不丰富，微生物数量少，河滩上

底质有卵石、沙粒和淤泥，营养物质比急流底质丰富，微生物数量比深潭少，比急流多。

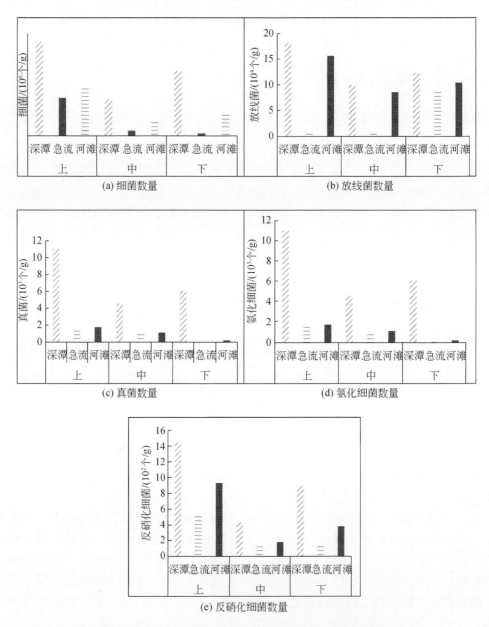

图6.24　上中下游急流-深潭-河滩系统底质中微生物数量

6.7.2　急流-深潭-河滩系统底质质酶活性变化

由图6.25可知，都柳江底质中过氧化氢酶活性平均值为3.638mL/g，变化范围为1.74~5.465mL/g。过氧化氢酶活性在上中游的总体变化趋势为河滩>急流>深潭（$P<0.01$），而在下游河滩中过氧化氢酶活性小于急流，这是由于河滩裸露在地表，土壤通气

性好，氧气充足，有利于增强酶活性；同理，急流水浅，水流速度快，曝气作用强烈，有利于底泥质通气增加溶解氧，使酶活性提高。在深潭，过氧化氢酶活性，表现为下游>中游>上游（$P<0.01$），急流为中游最小，河滩为中游最大。

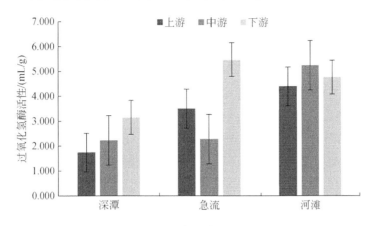

图 6.25　过氧化氢酶变化

由图 6.26 可知，都柳江底质中磷酸酶活性平均值为 3.066mg/g，变化范围为 0.357~8.889mg/g。磷酸酶活性在上、中、下游的变化正好与过氧化氢酶相反，表现为深潭>急流>河滩（$P<0.01$），同时在急流-深潭-河滩系统中的变化为上游>中游>下游（$P<0.01$）。

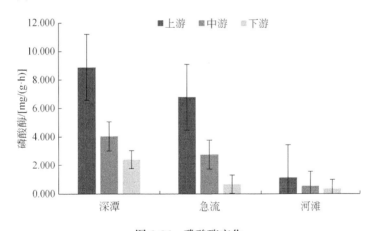

图 6.26　磷酸酶变化

由图 6.27 可知，都柳江底质中脲酶活性平均值为 1.245mg/（g·h），变化范围为 0.243~2.511mg/（g·h）。脲酶活性在上、下游的总体变化趋势为深潭>急流>河滩（$P<0.01$），而在中游河滩的脲酶活性大于急流，其原因可能是释放脲酶的微生物较多，因为中游采样点附近有三都县城，有一定量的排污，一些特定微生物可能在河滩生长。比较起来，在下游深潭和急流底质中，脲酶活性都最大。

由图 6.28 可知，都柳江底质中脱氢酶活性平均值为 1.071μg/（g·h），变化范围为 0.61~1.65μg/（g·h）。脱氢酶活性在中游的变化为河滩>急流>深潭（$P<0.01$），而在上下游的变化规律不明显，并且脱氢酶活性的总体变化范围较小。

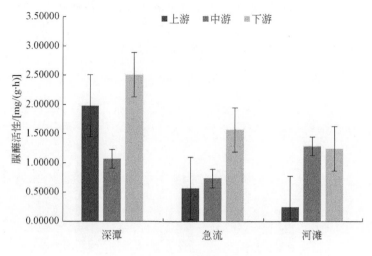

图 6.27　脲酶变化

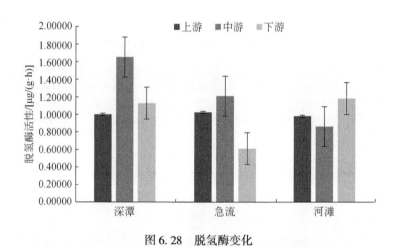

图 6.28　脱氢酶变化

6.7.3　底质酶活性与微生物丰度、河道形态结构因子和水质指标的关系

1. 酶活性与微生物丰度的关系

有效生物修复关键在于控制微生物的新陈代谢作用，从而促进污染物的降解或转化，而酶控制着微生物的新陈代谢过程。酶绝大多数来自微生物，动植物也是其来源之一，但对酶的贡献十分有限，因此微生物数量与酶活性应有较好的相关关系。通过对上、中、下游急流–深潭–河滩系统底质酶活性和微生物数量进行相关性分析表明（表 6.11），底质中微生物与磷酸酶、脲酶活性显著相关，放线菌与过氧化氢酶、细菌与脱氢酶显著相关，其余微生物与过氧化氢酶和脱氢酶均无显著相关。过氧化氢酶催化过氧化氢分解成氧和水，

但是由于催化过氧化氢分解的活性有 30% 或 40% 来源于非生物活性,常由锰、铁引起,故与微生物数量的关系不明显。脱氢酶能使氧化有机物的氢原子活化,并传递给特定的受氢体实现有机物的氧化和转化,但本研究测得的脱氢酶活性较低,与微生物数量的相关性不显著。

表 6.11　底质酶活性与微生物丰度的关系

微生物	过氧化氢酶	磷酸酶	脲酶	脱氢酶
细菌	0.424	0.836**	0.651*	0.619*
真菌	0.308	0.758*	0.498*	0.092
放线菌	0.612*	0.712*	0.677*	0.128
氨化细菌	0.232	0.653*	0.812**	0.372
反硝化细菌	0.077	0.689*	0.791*	0.108

**为 0.01 水平上显著相关;*为 0.05 水平上显著相关,$N=27$。下同

2. 酶活性与河道形态结构因子的关系

用底质酶活性与都柳江急流–深潭–河滩系统形态结构因子进行相关分析,结果如表 6.12～表 6.14 所示。从表 6.12 可知,在急流的底质中,只有弯曲系数与过氧化氢酶有显著的正相关,而其他均没有显著相关性。从表 6.13 中可以看出,在深潭的底质中,只有纵比降与磷酸酶活性、弯曲系数与脲酶活性、深潭面积与过氧化氢酶活性有极显著相关性,且都呈正相关。由表 6.14 可知,河滩中,形态结构因子与底质酶活性之间没有显著相关性。总体看,尽管酶活性与河道形态结构因子相关显著性不高,但大多数相关系数的值还是比较大。形态结构因子反映了河流空间结构变异,并定性地体现在河流是急流、深潭还是河滩生境。深潭的形态结构因子与酶活性相关性较高,深潭水较深,水的流速较低,底质上边的上覆水对水流或其他环境因子如光照、温度、扰动等对酶活性不利的因子具有防护作用,而河滩系统暴露在阳光下,表面没有上覆水,温度、光照、风、蒸发、人类干扰等对脆弱的酶有导致失活的作用,因此河滩生境的相关系数都不显著。

表 6.12　急流中底质酶活性与河道形态结构因子的关系

形态结构因子	过氧化氢酶	磷酸酶	脲酶	脱氢酶
纵比降	−0.184	0.508	−0.536	0.332
弯曲系数	0.842**	−0.079	0.559	−0.638
急流面积	0.111	−0.38	0.375	−0.351

表 6.13　深潭中底质酶活性与河道形态结构因子的关系

形态结构因子	过氧化氢酶	磷酸酶	脲酶	脱氢酶
纵比降	−0.241	0.838**	0.015	−0.537
弯曲系数	0.254	0.107	0.852**	−0.631

形态结构因子	过氧化氢酶	磷酸酶	脲酶	脱氢酶
深潭面积	0.875**	−0.318	0.256	−0.152

表6.14 河滩中底质酶活性与河道形态结构因子的关系

形态结构因子	过氧化氢酶	磷酸酶	脲酶	脱氢酶
纵比降	−0.256	0.51	−0.655	−0.093
弯曲系数	−0.48	0.029	−0.288	0.561
河滩面积	0.252	−0.434	0.232	−0.136

3. 酶活性与水质指标的关系

用都柳江急流底质酶活性与对应的水质指标进行了相关分析,结果见表6.15和表6.16。从表中可以看出,都柳江急流中的过氧化氢酶与硝酸盐氮有显著负相关性,与电导率有极显著负相关性,与DO、COD都呈极显著正相关性。磷酸酶活性与NO_3^--N、电导率呈显著正相关性。脲酶活性与TN有显著负相关,与硝酸盐氮、电导率呈极显著负相关,而与COD极显著正相关,而脱氢酶与水质指标则没有明显的相关性。

表6.15 急流中底质酶活性与水质指标的关系

水质指标	过氧化氢酶	磷酸酶	脲酶	脱氢酶
TN	−0.602	0.533	−0.713*	0.515
NH_4^+-N	−0.253	0.216	−0.217	−0.414
NO_3^--N	−0.698*	0.703*	−0.853**	0.406
TP	0.43	−0.303	0.578	−0.477
PO_4^{3+}-P	0.078	−0.354	0.202	−0.311
pH	−0.573	0.292	−0.642	0.586
电导率	−0.882**	0.705*	−0.935**	0.633
DO	0.877**	0.192	−0.632	0.45
BOD_5	−0.651	0.228	−0.528	0.051
COD	0.841**	−0.665	0.803**	−0.584

都柳江深潭底质中的过氧化氢酶与硝酸盐氮有极显著负相关性,与电导率有显著负相关,与COD呈极显著正相关性。磷酸酶活性与TN显著正相关,与氨氮显著负相关,与电导率、COD呈显著正相关性。脲酶和脱氢酶活性与pH分别呈显著负相关和正相关性。综上所述,水中的TN、氨氮、硝酸盐氮、电导率、DO、COD都与底质中的酶活性有相关关系,而由于都柳江水体中磷素水平较低,因此TP和正磷酸盐与底质中酶活性没有表现出明显的相关性。

表6.16 深潭底质酶活性与水质指标的关系

水质指标	过氧化氢酶	磷酸酶	脲酶	脱氢酶
TN	0.395	0.747 *	−0.317	0.225
NH_4^+-N	0.448	−0.687 *	−0.546	0.658
NO_3^--N	−0.803 **	0.628	−0.394	0.279
TP	0.326	−0.641	−0.621	0.381
PO_4^{3+}-P	−0.046	−0.411	−0.326	0.417
PH	−0.384	−0.073	−0.779 *	0.688 *
电导率	−0.722 *	0.691 *	−0.564	0.079
DO	−0.325	−0.112	−0.688	0.591
BOD_5	−0.317	0.187	−0.567	0.015
COD	0.919 **	0.748 *	−0.335	−0.069

6.7.4 环境因子对底质酶活性的影响

通过都柳江上、中、下游急流-深潭-河滩系统底质酶活性研究发现,底质中酶活性与水体氮素、pH、溶解氧等环境因子有显著相关性,因深潭底质较稳定,故采集深潭底泥进行静态控制实验,深入研究不同因子对酶活性的影响。

底泥酶活性既可间接表征微生物生理活性,又可指示水体污染情况以及有机污染物生物可降解性。具体地,过氧化氢酶是一类能够催化氧化还原反应的酶,在污水处理中起到非常重要的作用,可以分解对细菌有毒性的过氧化氢。脲酶不仅可以催化尿素迅速水解为二氧化碳和氨,利于氮的转化,在 pH 较低条件下,氨可转化成铵盐,在硝化和反硝化细菌作用下,氨和铵盐可被转化为 N_2 从水体中去除。磷酸酶催化各种有机磷化合物水解,将有机磷矿化为可溶性无机磷,被植物和微生物直接利用,也可转化为难溶性磷酸盐沉积到底泥中。脱氢酶属于氧化还原酶类,在硝化反硝化等重要过程中发挥作用,脱氢酶活性反映着微生物的新陈代谢的强弱。这些酶活性与底质污染物代谢密切相关,并影响到水体健康。

1. 温度对底质酶活性的影响

由图6.29可以看出,都柳江上中下游深潭底质过氧化氢酶活性变化范围:5℃时,0.651~1.42mL/g、2.524~5.45mL/g、0.947~1.48mL/g;15℃时,0.433~1.738mL/g、2.995~5.52mL/g、0.625~1.54mL/g;25℃时,0.649~1.52mL/g、2.885~5.79mL/g、0.438~1.61mL/g。中游底质过氧化氢酶活性明显高于上游和下游,上游和下游之间差异不显著($P>0.05$)。随着培养时间,酶活性不断下降。温度对过氧化氢酶活性有极显著的影响($P<0.01$),实验开始时,温度的影响较小,但是后期,15℃温度条件酶活性较高。

由图6.30可以看出,都柳江上游、中游和下游脲酶活性变化范围:5℃时为3.231~

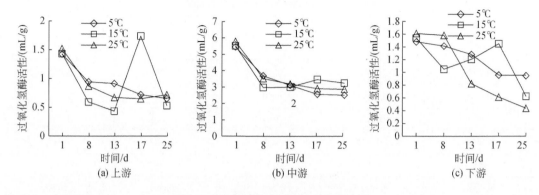

图 6.29　温度对过氧化氢酶活性的影响

34.301mg/(g·h)、5.592~57.727mg/(g·h)、1.143~33.213mg/(g·h)；15℃时分别为 3.342~35.553mg/(g·h)、5.598~65.263mg/(g·h)、1.173~34.878mg/(g·h)；25℃时分别为 3.52~42.584mg/(g·h)、5.612~98.43mg/(g·h)、1.237~39.791mg/(g·h)。上游、中游、下游深潭底质脲酶活性总体趋势随着温度升高而升高，温度对脲酶活性有极显著的影响（$P<0.01$），中游底质脲酶活性明显高于上游和下游，而上游和下游之间差异不显著（$P>0.05$）。总体看，随着培养时间的延长，酶活性不断增加。

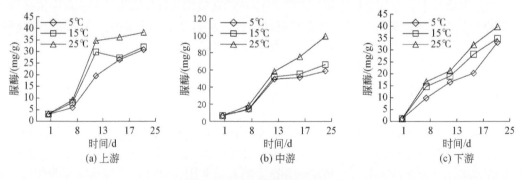

图 6.30　温度对脲酶活性的影响

　　由图 6.31 可以看出，都柳江上游、中游和下游深潭底质脱氢酶活性变化范围：5℃时分别为 0.1594~2.4947μg/(g·h)、1.3262~5.8596μg/(g·h)、0.4633~1.405μg/(g·h)；15℃时分别为 0.1614~3.6933μg/(g·h)、0.5265~7.7072μg/(g·h)、0.5142~3.277μg/(g·h)；25℃时分别为 0.2021~6.3204μg/(g·h)、0.5265~7.7072μg/(g·h)、0.5792~10.4341μg/(g·h)。温度对脱氢酶活性有极显著的影响（$P<0.01$），随着温度升高，上游、中游、下游深潭底质脱氢酶活性不断上升。中游深潭底质脱氢酶活性明显高于上游和下游，而上游和下游之间差异不显著（$P>0.05$）。在实验前期，上、中、下游 5℃、15℃和 25℃实验组酶活性变化差异不明显，到第 8 天，25℃组酶活性骤然上升，25℃组的脱氢酶活性始终高于其他两组。

　　由图 6.32 可以看出，都柳江上游、中游和下游深潭底质磷酸酶活性变化范围：5℃时分别为 0.5468~2.2019mg/(g·h)、1.0969~4.8995mg/(g·h)、0.0395~2.2929mg/

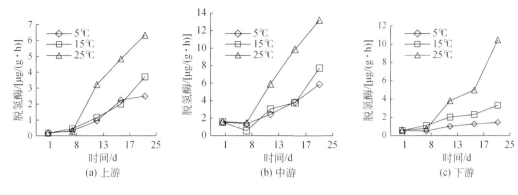

图6.31　温度对脱氢酶活性的影响

（g·h）；15℃时分别为0.5581~2.6038mg/（g·h）、1.1032~4.3077mg/（g·h）、0.0451~1.9308mg/（g·h）；25℃时分别为0.6102~3.9472mg/（g·h）、1.1931~7.1397mg/（g·h）、0.0493~3.1223mg/（g·h）。温度对深潭底质磷酸酶活性有极显著的影响（$P<0.01$），随着温度升高，上中下游深潭底质磷酸酶活性先上升后下降，中游底质磷酸酶活性明显高于上游和下游，而上游和下游之间差异不显著（$P>0.05$）。从第1天到第8天，5℃、15℃和25℃实验组磷酸酶活性明显上升，之后逐渐下降，25℃组磷酸酶活性总是最高。

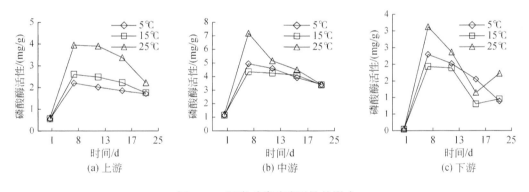

图6.32　温度对磷酸酶活性的影响

2. pH对底泥酶活性的影响

酶促反应都在一定pH条件下进行，pH直接或间接影响酶催化活性，通过改变酶基团的解离状态，从而影响底物与酶的结合。为了研究不同酶对pH的反应，实验测定了不同pH的上覆水对底质过氧化氢酶、脲酶、脱氢酶和磷酸酶活性的影响。

由图6.33看出，上、中、下游深潭底质过氧化氢酶活性在不同pH条件下的数值：0.574~0.924mL/g、1.801~3.384mL/g、0.696~2.428mL/g。总体看，随着pH的增加，上、中、下游过氧化氢酶活性先呈上升趋势，在pH为5时达到峰值，随后开始下降。上游和中游底质酶活性变化幅度比较大，而下游变化幅度小，中游酶活性始终显著高于上游和下游（$P<0.05$）。

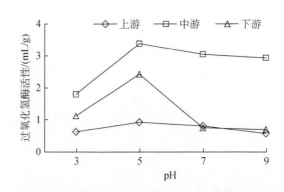

图6.33　pH对过氧化氢酶活性的影响

由图 6.34 看出，在上、中、下游底质脲酶活性在不同 pH 条件下的变化情况分别为：
$9.341 \sim 20.944 mg/(g \cdot h)$、$19.823 \sim 33.866 mg/(g \cdot h)$、$8.104 \sim 22.506 mg/(g \cdot h)$。上、
中、下游底质脲酶活性在 pH 为 3~7 时呈上升趋势，在 pH 为 7 时达到峰值，随后下降。
中游脲酶活性显著高于上游和下游（$P<0.05$），而上游和下游脲酶活性差异不显著（$P>0.05$）。上、中、下游三个实验组脲酶活性的高峰都出现在 pH=7 时，说明脲酶的最适 pH
在 7 左右。

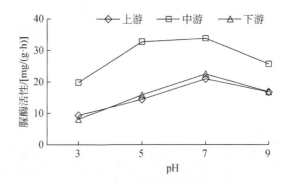

图6.34　pH对脲酶活性的影响

由图 6.35 可以看出，在上、中、下游脱氢酶活性在不同 pH 条件下的变化情况分别为
$1.292 \sim 1.474 \mu g/(g \cdot h)$、$5.378 \sim 6.414 \mu g/(g \cdot h)$、$1.201 \sim 1.863 \mu g/(g \cdot h)$。上、中、
下游深潭底质脱氢酶活性在 pH3~5 时先呈上升趋势，在 pH5~7 趋于平稳，pH 低于 7 后
开始下降。中游底质脱氢酶活性显著高于上游和下游（$P<0.05$），而上游和下游底质脱氢
酶活性在不同 pH 条件下的变化不大。

由图 6.36 看出，在上、中、下游深潭底质磷酸酶活性在不同 pH 条件下变化情况分别
为：$0.914 \sim 2.406 mg/(g \cdot h)$、$2.013 \sim 4.732 mg/(g \cdot h)$、$0.792 \sim 2.327 mg/(g \cdot h)$。当
pH 从 3 升到 7，上、中、下游深潭底质磷酸酶活性急剧上升，pH 为 7 时达到峰值，之后
开始下降。中游深潭底质磷酸酶活性显著高于上游和下游（$P<0.05$），而上游深潭酶活性
除了在 pH 为 5 时高于下游外，其他 pH 条件下与下游差异不显著（$P>0.05$），在不同 pH

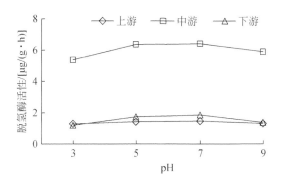

图6.35　pH对脱氢酶活性的影响

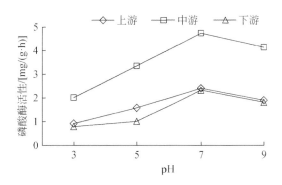

图6.36　pH对磷酸酶活性的影响

条件下的变化趋势也接近，磷酸酶的最适pH在7左右。

3. 溶解氧水平对底泥酶活性的影响

随着实验时间的延长，都柳江上、中、下游深潭底质酶活性在2种溶解氧水平（G：Do>9.0mg/L；D：Do<0.5mg/L）下的变化，过氧化氢酶活性出现持续下降的趋势，脲酶和磷酸酶活性呈逐渐上升的趋势，脱氢酶活性先下降后上升。上、中、下游深潭底质酶活性变化趋势差异不显著（$P>0.05$），而中游深潭底质酶活性始终高于上游和下游。在高溶解氧条件下，实验结束时，上、中、下游底质过氧化氢酶活性分别达到1.355mg/g、3.717mg/g、1.468mg/g，显著高于缺氧条件（0.451mg/g、2.148mg/g、0.754mg/g）（$P<0.01$）；脱氢酶活性分别升高至7.122μg/(g·h)、24.496μg/(g·h)、2.550μg/(g·h)，显著高于对照［0.159μg/(g·h)、1.530μg/(g·h)、0.499μg/(g·h)］及低溶解氧条件（分别为4.707mg/(g·h)、15.161mg/(g·h)、1.815mg/(g·h)）（$P<0.05$）。在低溶解氧条件下，实验结束时，上、中、下游深潭底质脲酶活性分别升高至60.669mg/g、97.445mg/g、66.057mg/g，显著高于高溶解氧条件（42.928mg/(g·h)、82.811mg/(g·h)、51.113mg/(g·h)）及对照（3.231mg/(g·h)、5.592mg/(g·h)、1.413mg/(g·h)）（$P<0.05$），因此兼性厌氧条件下（DO<0.5mg/L）更有利于氨氮的释放。上中下游深潭底质碱性磷酸酶的活性则表现为低溶解氧条件（1.857mg/g、4.628mg/g、2.275mg/

g）显著高于高氧条件（1.479mg/（g·h）、3.825mg/（g·h）、1.243mg/（g·h））（P<0.05）（表6.17）。

表6.17 不同溶解氧水平下深潭底泥酶活性变化情况

实验组	过氧化氢酶/（mL/g）			脲酶/[mg/（g·h）]			脱氢酶/[μg/（g·h）]			磷酸酶/[mg/（g·h）]		
	上游	中游	下游	上游	中游	下游	上游	中游	下游	上游	中游	下游
CK*	1.42	5.753	1.482	3.231	5.592	1.413	0.159	1.53	0.499	0.546	1.096	0.039
G8	0.68	1.781	0.752	17.815	38.192	31.893	0.332	0.497	0.183	1.731	3.643	0.437
G13	0.39	3.461	0.787	23.146	77.054	46.387	6.574	26.47	0.765	1.214	4.182	0.857
G25	1.36	3.717	1.468	42.928	82.811	51.113	7.122	24.496	2.55	1.479	3.825	1.243
D8	0.71	2.283	0.806	28.484	44.895	20.285	0.454	4.065	0.238	1.335	4.182	1.654
D13	0.65	2.612	1.116	18.771	87.831	24.504	1.121	9.774	2.592	1.639	4.439	2.011
D25	0.45	2.148	0.754	60.669	97.445	66.057	4.707	15.161	1.815	1.857	4.628	2.275

注：G8、G13、G25表示在高溶解氧条件下8、13、25天测定结果；D8、D13、D25表示在低溶解氧条件下8、13、25天测定结果。

综上所述，溶解氧水平对底质酶活性有较大影响。高溶解氧水平下，底质过氧化氢酶活性显著高于低溶解氧水平，说明高溶解氧条件更有利于底质有机物的分解和循环。脲酶活性低溶解氧条件>高溶解氧条件，低溶解氧水平有利于底质氨氮的形成，并为硝化和反硝化作用提供前体物质氨。脱氢酶可催化有机物氧化脱氢，是微生物降解有机物获得能量的必需酶，可直接表征微生物对基质中有机物的降解能力和微生物生活力的强弱，脱氢酶活性为高溶解氧条件<低溶解氧条件。磷酸酶活性低溶解氧条件>高溶解氧条件，说明低溶解氧条件下更有助于微生物碱性磷酸酶释放，促进有机磷的降解；这可能是有些细菌在兼性厌氧条件下进行代谢的效率更高，能释放出更多碱性磷酸酶。

4. 光照与避光对底质酶活性的影响

从图6.37表明，在光照条件下，上、中、下游底质过氧化氢酶活性都随培养时间逐渐下降，中游酶活性显著高于上游和下游（P>0.05）。酶活性的变化范围分别为：0.558~1.418mL/g、2.169~5.753mL/g、0.635~1.484mL/g。在避光条件，上、中、下底质过氧化氢酶活性都随培养时间呈上升趋势，在第17天出现峰值，随后稍有下降，酶活性的变化范围分别为：1.418~7.093mL/g、5.753~9.732mL/g、1.484~5.812mL/g。避光条件有利于过氧化氢酶活性的提高。

从图6.38~图6.40可以看出，无论光照还是避光条件下，深潭底质脲酶活性、脱氢酶活性、磷酸酶活性都随着培养时间呈上升趋势，光照和无光照对酶活性几乎没有影响。图3.38显示，在上游，第1、8、13天，深潭底质脲酶活性上升缓慢且变化值相差不大，第17天时开始快速上升；在中游和下游，第17天开始快速上升，培养结束达到最大值。图6.39显示，在第1天到第8天，在上中下游底质脱氢酶活性变化不大，之后快速上升。中游底质脱氢酶活性明显大于上游和下游。图6.40显示，避光条件下磷酸酶活性稍微大于见光条件，中游底质磷酸酶活性明显大于上游和下游。

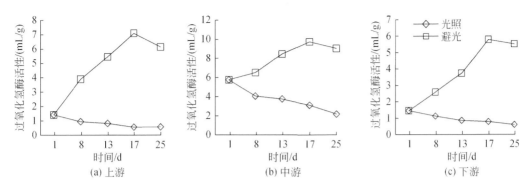

图 6.37　光照对过氧化氢酶活性的影响

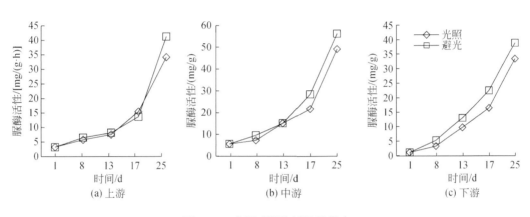

图 6.38　光照对脲酶活性的影响

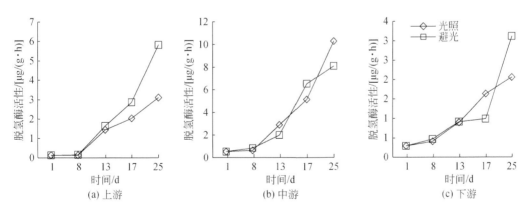

图 6.39　光照对脱氢酶活性的影响

5. 总氮浓度对底泥酶活性的影响

由图 6.41 表明，在三个不同总氮浓度的上覆水条件下，都柳江上、中、下游深潭底质过氧化氢酶活性都随着培养时间而逐渐下降。上游三个实验组深潭底质过氧化氢酶活性

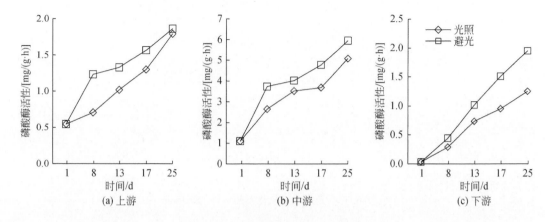

图 6.40　光照对磷酸酶活性的影响

从 1.421mL/g 分别减小到 0.397mL/g、0.391mL/g、0.402mL/g，中游深潭底质过氧化氢酶从 5.752mL/g 减小到 2.929mL/g、2.37mL/g、2.491mL/g，下游深潭底质过氧化氢酶从 1.485mL/g 分别降低到 0.598mL/g、0.701mL/g、0.608mL/g，三个实验组的测定结果差异不显著（$P>0.05$），中游深潭底质过氧化氢酶活性比上游和中游要高。

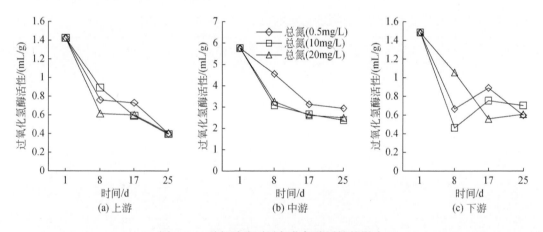

图 6.41　总氮浓度对过氧化氢酶活性的影响

由图 6.42 表明，上中下游深潭底泥脲酶活性都随着实验时间呈上升趋势。在上游，上覆水 TN 含量为 20mg/L 条件下，底质脲酶活性随培养时间直线上升，由 3.231mg/(g·h) 上升到 85.434mg/(g·h)，增加了 26 倍；总氮浓度在 0.5mg/L 和 10mg/L 条件下，第 1 天到第 8 天先直线上升，第 8 天到第 17 天时变化不明显，17 天后又急剧上升。TN 含量为 20mg/L 条件下，底质脲酶活性显著高于 TN 含量为 0.5mg/L 和 TN10mg/L 条件（$P<0.01$）。中游和下游，在第 1 天到第 8 天时，深潭底质脲酶活性均表现为上覆水 TN 含量 20mg/L>TN0.5mg/L>TN10mg/L（$P<0.01$），而到第 17 天时，中游深潭底质脲酶活性变为 TN 含量 20mg/L > TN10mg/L > TN0.5mg/L（$P<0.05$），下游深潭底质脲酶活性变为 TN0.5mg/L>TN10mg/L>TN20mg/L（$P<0.05$）。上、中、下游深潭底质脲酶活性增大的最

大倍数分别为：26 倍、24 倍、76 倍，TN 浓度为 TN20mg/L 时，深潭底泥脲酶活性显著高于其他两组（$P<0.05$）。

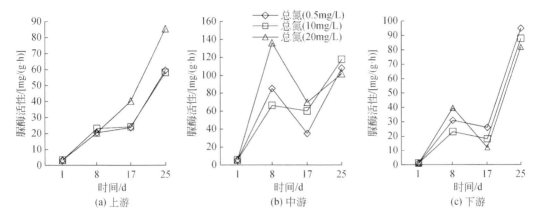

图 6.42 总氮浓度对脲酶活性的影响

由图 6.43 表明，上覆水 TN 含量为 20mg/L、TN0.5mg/L、TN10mg/L 条件下，都柳江上、中、下游深潭底泥脱氢酶活性随着培养时间变化规律不一致。三个实验组脱氢酶活性变化范围分别为：上游，从 0.159μg/(g·h) 分别增加到 5.456μg/(g·h)、4.995μg/(g·h)、4.6942μg/(g·h)；中游，由 1.530μg/(g·h) 上升到 7.042μg/(g·h)、7.902μg/(g·h)、7.244μg/(g·h)；下游，从 0.499μg/(g·h) 变化到 1.994μg/(g·h)、2.078μg/(g·h)、1.839μg/(g·h)。在上游，脱氢酶活性先上升后下降，而三个浓度实验组之间无显著差异（$P>0.05$）；中游，脱氢酶活性也表现为上升后下降；下游，第1 天到第 17 天时，TN 含量 0.5mg/L 和 TN10mg/L 条件下，深潭底质酶活性上升后下降，TN 含量 20mg/L 组先下降后上升，第 17 天后，三个浓度实验组保持相同幅度上升。

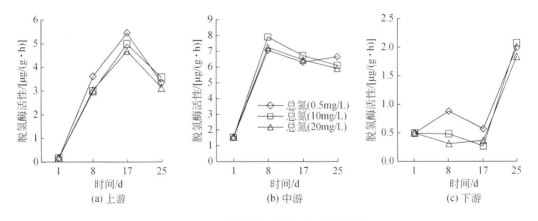

图 6.43 总氮浓度对脱氢酶活性的影响

图 6.44 表明，在上覆水 TN 含量 20mg/L、TN0.5mg/L、TN10mg/L 条件下，都柳江上、中、下游深潭底质磷酸酶活性随着培养时间变化，表现为先上升然后维持在较高水平

上（$P > 0.05$）。三个浓度实验组深潭底质磷酸酶活性变化范围分别为：上游，从 0.5468mg/（g·h）分别增加到1.615mg/（g·h）、1.689mg/（g·h）、1.618mg/（g·h）；中游，由1.0969mg/（g·h）上升到4.475mg/（g·h）、4.308mg/（g·h）、4.353mg/（g·h）；下游，从0.039mg/（g·h）变化到2.107mg/（g·h）、2.019mg/（g·h）、2.040mg/（g·h）。中游深潭底质磷酸酶活性在不同测定时间明显要高于上游和下游深潭底质磷酸酶活性。

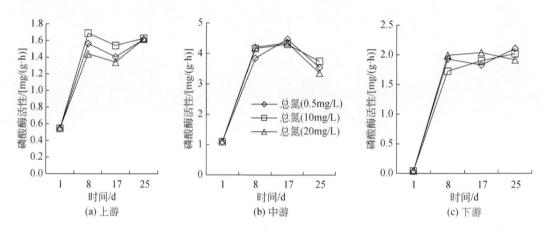

图6.44 总氮浓度对磷酸酶活性的影响

综上所述，不同总氮浓度的上覆水对过氧化氢酶、脱氢酶、磷酸酶的活性影响不大，而对脲酶活性影响较大。

6.8 讨 论

6.8.1 西安四条河流急流−深潭−河滩系统环境特征

通过对四条河流急流−深潭−河滩三种生境多个环境特征指标测定分析，发现各指标在河流间和系统内不同生境间具有差异。

具体地，为全面反映不同生境的环境特征，研究工作选择了20个指标进行分析。流速、水温、水深、溶解氧含量、总悬浮物含量、溶解性固体物质含量、氧化还原电位、电导率等物理性指标在河流间和急流−深潭−河滩系统内不同生境间变化范围比较大。郭云（2008）对乌江中上游15个采样点丰水期及枯水期的水温、流速等参数进行现场测定，丰水期水温在20.55℃，流速在0~4.17m/s，电导率295~420μs/cm，溶解氧5.5~10.5mg/L，结果差异比较大。万甜等（2019）通过对渭河陕西段7个采样点的水质进行分析，水温在20.0~23.0℃，溶解氧6.58~9.07mg/L，结果差异相对比较小。

水体总氮、总磷、总有机碳、pH在河流和急流−深潭−河滩系统不同生境之间也差异比较大，水质指标明显高于《地表水环境质量标准》（GB 3838—2002）中V类水质标准，主要是氮超标严重。四条河流中，沉积物 pH 6.82～9.1 差异比较小，但总氮、总磷、总有机碳含量在河流间和急流-深潭-河滩系统不同生境之间差异比较大。根据 US EPA 制定的底质分类标准，沉积物中的总氮已超过 2000mg/kg，达到重度污染。这些结果与刘睿和周孝德（2017）对渭河及其部分支流沉积物及上覆水的检测分析结果相似，该研究中，水体总氮 4.85～8.86mg/L，总磷 0.48～9.6mg/L，沉积物总氮 0.39～5.02mg/g，总磷 0.81～5.53mg/g，属于严重氮污染。

西安渭河、沣河、灞河、浐河水质及沉积物中的总氮含量都已经严重超标，沣河中游及渭河上游超标更严重，这和天然性较高的嘉陵江、丹江、泾河形成了鲜明对比，其原因主要是西安四条河尽管水源主要是生态环境较好的秦岭，但是河流流经城市和平原地区，较严重的面源污染和点源污染导致河流水质急流下降。在河流的急流-深潭-河滩系统中，河滩生境作为较为特殊的生境，更容易受外界环境影响而集聚污染物，包括放牧、人类游憩活动、洪水过程中污染物容易沉积等。

统计分析表明，河流环境因子在河流上中下游、急流-深潭-河滩系统不同生境间的差异性具有不同的特点。渭河与其他三条河流相比较，在水体 pH、沉积物 pH、氧化还原电位、电导率、总悬浮物、溶解性固体、水中总氮、沉积物总磷都具有显著差异，其中总悬浮物及溶解性固体明显大于其他三条河流。究其原因，渭河贯穿陕西中部人口密集地区，不仅为关中地区提供水资源，同时也是陕西重要的接纳南北地区面源和点源的河流（李晓科，2017）。渭河支流较多，污染来源复杂，北部地区的支流，流经黄土高原，造成了含沙量较高。南部地区的支流，水源丰富，但穿过施肥量高的农业区和人口密集区。此外，四条河流虽然在同一季节采样，但水温差异大，特别是渭河水温较高，其原因与河流流经的海拔差异大有关，这会影响到溶解氧水平和污染物的降解（任海庆等，2015）。

急流-深潭-河滩系统中不同生境与水体理化性质密切相关，大多数理化性质指标随生境、生物组成等因子变化而变化。急流中的流速及溶解氧明显高于深潭，深潭和河滩沉积物的营养元素明显高于急流。分析认为，急流由于流速较快，水流经过急流卷进大量空气气泡，使水中溶解氧含量增加，同时急流的稳定性明显低于深潭和河滩，不易于水体中的污染物降解，造成了水体中的营养元素高于深潭，但是沉积物中各指标则低于深潭。而通过聚类分析，急流与深潭的样本具有良好的分组，河滩则没有。因为河滩不同于急流与深潭有上覆水，生境差异较大，而且河滩本身受干扰较大，稳定性低，这都是造成河滩不同于急流深潭的原因。同时，不同生境的面积大小也是造成差异性的主要原因。面积较大的生境能够为更多的水生生物提供更多生态空间，其稳定性较高，水生生物多样性丰富，物质循环和能量流动速率较高，环境指标也就随之发生变化。

除此以外，不同河流在环境因子上的差异明显多于急流-深潭-河滩系统中生境间的差异。有研究表明，在平水期和枯水期，季节性河流连通性降低，从而促进了环境因子与微生物群落的异质性变化（Yang et al.，2012）。事实上，农业活动（耕作和动物饲养）是流域氮和磷过量的最大来源，如果没有面源污染控制和城市化过程中的污水收集处理，河流水质会显著降低（Keatley et al.，2011）。因此，流域水质可能受到周边农业和城市因素相互作用的影响。这样就可以解释河流分组中差异环境因子多于急流-深潭-河滩系统生境。不同河流因为距离、历史因素、周边土地利用方式、城市化进展等不同，更易造成环境因子的差异。而针对小尺度的生境，急流深潭河滩之间距离较近，周边的当地环境差异较小，影响因素较单一，环境因子的稳定性高于河流分组。

6.8.2 西安四条河流急流–深潭–河滩系统细菌多样性

物种分布情况及组间差异：本研究中，利用细菌 16S 扩增子对淡水水体沉积物进行测序分析，以往的研究大多针对海洋或者河流的水体进行研究，Mary 等（2017）调查了整个亚马孙河–海洋连续体水体中的细菌多样性，研究了其空间和时间分布模式；Staley 等（2014）发现密西西比河水体细菌群落的结构分布受生物地理学影响，同时整个河流的土地覆盖的距离和变化也影响菌群功能特征的分布。我们则选择不同河流的沉积物进行细菌扩增子测序研究，发现不同河流沉积物样本得到的有效序列都存在极显著差异性，并且发现渭河获得的有效序列明显小于其支流，考虑渭河作为季节性多泥沙河流不易于微生物在沉积物中的附着。其次我们在灞河得到了最多的有效序列，结合采样情况，猜测认为采样温度适宜、河流环境稳定是主要影响因素。其次我们在河流沉积物中发现细菌中的变形菌门占据绝对优势，这一点与刘睿和周孝德（2017）通过 T-RFLP 技术对渭河沉积物测序、对黄河中游的沉积物（Xia et al.，2014）、对长江河口沉积物中的研究结果都相同（Feng et al.，2009）。

进一步筛选不同分组中的差异物种，结果表明河流之间具有显著差异的物种明显多于系统内的差异。Fernández 等（2017）通过研究两个非互斥模型（即距离隔离和环境隔离）在形成阿根廷巴塔哥尼亚微藻（一种淡水半球菌科）湖沼种群遗传结构中的作用，得到不排除其他过程（如生物的、历史的）可能发挥的作用，但湖泊系统促进微生物种群的高水平遗传结构主要是通过距离隔离，较少程度上是通过环境隔离的结论。而有人研究了浙江沿海地区原核生物分布的地区差异性，结果表明地理距离和环境因素的相对重要性在塑造底栖生物的分类组成（Wang et al.，2016）。结合本研究，我们认为地理距离和环境因素在同时塑造细菌群落的分布和组成，但是河流所造的距离隔离对细菌的组成分布影响大于栖息地所造成的环境隔离，同时也应该包括河流间的历史形成因素等。

多样性指数差异分析：本书对样本进行细菌 Alpha 多样性分析，发现样本的 Shannon 指数分布范围在 5.91~7.21，明显高于以往的研究。黄河水样中细菌 Shannon 指数分布在 3.39~4.40、沉积物 2.17~4.28（Xia et al.，2014）；黄河第一大支流渭河沉积物中细菌 Shannon 指数在平水期范围在 2.37~2.82（刘睿和周孝德，2017）；第二大支流汾河夏季大致分布在 4.58~5.35、冬季介于 4.11~5.10（袁瑞强等，2019）。分析认为样本中的河滩系统贡献了较高的多样性指数，因为其不同于急流、深潭的寡营养环境，河流冲刷较少，环境更为稳定有益于细菌群落的生存。这一点也符合我们的结果，Shannon 指数在系统中的分布呈现河滩>深潭>急流。同时灞河的香农指数明显高于其余三条支流，结合采样情况，认为灞河的采样温度是最适宜的微生物生长温度，因此得到较高的多样性指数。除此以外，各多样性指数表明河流之间的菌群多样性具有差异，而系统内的菌群丰富度也具有差异性。分析认为河流之间因为众多因素易造成细菌物种的分布差异，而近距离的生境并不会造成整体上物种多样性的不同，但是不同生境的环境差异会影响物种丰富度的高低。例如河滩因为环境稳定会更易于多个物种的分布，急流因为流速冲刷更不易于细菌群落的附着。

通过对样本进行 beta 多样性分析，认为在淡水水体沉积物中，河流所决定的地理距离战胜了系统内的当地环境异质性，塑造了细菌种群结构的组成，但是这一结果在细菌群落中并不明显。本研究理解河流之间在历史因素、地理距离、城市化发展等方面都具有明显差异，而急流–深潭–河滩系统则代表的是不同生境、栖息地、当地环境的不同，也就是说河流之间本身的差异更易造成细菌群落分布的差异性，而系统内栖息地的不同虽然也能造成细菌群落的分布，但是没有河流的影响大。

前人已经围绕生物群落的空间变异过程做了大量研究，并且意识到通过自然选择的方式进行适应性进化，进而产生的栖息地在决定群落组成方面具有关键作用（Darwin，1859；Graham and Fine，2008；Cavender-Bares et al.，2009）。例如分析表明，细菌群落在栖息地类型上存在显著差异（Lozupone and Knight，2008；Delmont et al.，2014），例如盐度是构建微生物群落的关键因素（Lozupone and Knight，2007）。这些结果都表明了栖息地专化在微生物群落分布中的主导作用。但是针对不是特殊环境的淡水水体，栖息地可能在细菌群落分布中不占据主导作用。例如通过对沿海地区底栖生物研究，得到了有关地理距离和环境条件在驱动沿海地区底栖生物原核生物多样性的相对重要性的见解，并为未来的研究预测了特定的生物地球化学相关基因（Wang et al.，2016）。通过对南美洲淡水微藻的遗传种群结构进行研究，结果强调了距离隔离和环境隔离是驱动所研究的微藻遗传种群结构的重要机制，但所选用的模型（单独或共同）并不能解释所观察到的整个遗传分化（Fernández et al.，2017）。

环境因子对细菌群落影响分析：城市发展活动包括工业、农业，往往是生态环境变化的重要驱动因素。而在河流生态系统中，细菌群落分布与环境因子变化密切相关（Hullar et al.，2006；Aktan，2011；Liu et al.，2013；Read et al.，2015），Mantel test 分析结果也表明环境因子整体和细菌群落物种组成具有较高的正相关性。同时结果还表明环境因子对细菌群落影响程度不一样，像蓝藻门多出现在溶解氧、氧化还原电位高、温度低的地方，浮霉菌门等多个类群和水质 pH 具有高度正相关性。以往的研究中已经证明温度对河流中浮游生物群落的动态和组成有显著影响（Chen et al.，2013），同时中国陆缘海表层沉积物的细菌群落结构研究中发现溶解氧与细菌群落显著相关（Liu et al.，2015），这与本研究结果一致，而本研究还发现了水质 pH 也是影响细菌群落重要的环境因子。

细菌功能预测分析：本研究利用 PICRUSt 软件结合 COG 数据库对得到的 16S rDNA 基因数据进行预测。基于 COG 数据库预测的结果表明，共计 25 个基因功能家族具有数值，其中基本功能预测占比最高，并且在分组中各个基因功能家族的差异是不同的。阴星望等（2018）对丹江口库区沉积物细菌群落和功能研究，发现能量产生和转换功能群是水库沉积物中的主要功能群；Verma 等（2017）发现代谢功能群是深海沉积物的主要功能群；佟飞（2018）通过对深圳近岸人工鱼礁海域浮游菌群 COG 功能分类进行研究，结果表明氨基酸转录和代谢是主要功能群；宋腾蛟等（2018）对不同产区元胡根际细菌的功能基因类别分析，发现能源产生和转换是主要功能类群；范海清等（2019）探索了美人蕉与滴水观音这两类湿地植物根系间的功能基因差异，分析了各自样本间 COG 代谢功能，发现美人蕉的根系在代谢中具有更大的优势，可为美人蕉根系分泌物的利用提供启示。以上结论表明不同生境中的细菌基因功能群各有差异，生境不同是造成主要功能群不同的主要原因。而当我们分析不同河流之间、各栖息地之间发现河流之间的差异家族明显多于系统内。这一点也验证了河流之间本身的差异更易造成细菌群落分布的差异性，从而导致基因功能群的分布差异，而系统内栖息地的不同虽然也能造成细菌群落的分布，但是没有河流的影响大。

6.8.3 西安四条河急流–深潭–河滩系统真菌多样性

西安四条河物种分布情况及组间差异：在研究中，我们选择了河流沉积物进行了真核 ITS 区域的扩增子测序，以往针对微真核生物的研究大多集中在海洋水体（陶诗，2014；石恬，2018），或极端环境下的沉积物中（郭昱东，2018），并且大多利用 18s rDNA 序列引物，而在本研究中则选择了主要针对真菌的引物 ITS 序列。同时发现不仅得到了真菌界的物种信息，还得到了部分植物界（绿藻）、藻界、有孔虫界以及后生动物信息，表明利用真核 ITS2 区域扩增可以得到部分有关原生动物的物种信息，也有研究表明通过利用 18s rRNA 引物扩增得到了丰富的后生动物信息（石恬，2018；Li et al.，2018）。

同时不可否认的是，真菌是利用 ITS 序列测序得到的绝对优势物种，这一结果与 Bellemain 等（2013）的研究一致。在 2013 年，Bellemain 等（2013）针对西伯利亚地区永久冻土沉积物首次通过大规模扩增 ITS 区域，并结合高通量测序技术研究发现了真菌在微真核生物中占很高的比例，同时还发现了子囊菌门属于真菌中的绝对优势物种，而我们则发现真菌界的担子菌门是相对丰度最高的物种。除此以外，还发现了绿藻门（植物界）是门水平上相对丰度最高的物种，大于真菌界的担子菌门。这一点与刘朋超等（2019）在山东半岛两侧海域发现的真核浮游植物分布结果一致。表明绿藻门的分布在水体及沉积物中的分布可能具有一致性。

研究结果还验证了真核群落在河流沉积物中空间分布上的差异性，发现河流之间，系统内不同生境之间物种都有明显差异性，前人的研究中（Wang et al.，2016）表明空间效应是影响真核群落分布模式的一个重要因素，同时认为水体生态系统的特性决定了微生物群落的分布。以门分类学水平上绿藻门的分布为例，它不仅在河流之间，同时在系统内都具有分布差异性。

多样性指数差异分析：本研究中对河流沉积物真核群落多样性指数进行分析，样本的 Shannon 指数范围是 3.24 ~ 5.88。对比石恬（2018）对黄河口沉积物的分析中，真核群落 Shannon 指数范围为 3.09 ~ 4.33；北极融水成湖区土壤真核群落的 Shannon 指数为 3.69 ~ 6.07（郭昱东，2018）；东海陆架表层沉积物真核微生物香农指数范围为 3.79 ~ 4.66（陶诗，2014）。表明真核群落在不同的环境中多样性指数各有不同，但总体范围差异不大。同时，河流之间的多样性指数具有差异，但是不同生境内多样性指数则没有显著差异性。有研究表明了在较大的空间尺度上，群落的分布是不均匀的，具有一定的随机性和地理距离（Wang et al.，2016）。同时还表明了地理距离比生境异质性更能决定原核群落组成的多样性。我们的结果通过不同河流的比较，也表明了地理距离在形成真核群落尤其是真菌方面比急流–深潭–河滩系统内环境异质性更重要。而且，深潭的丰富度及多样性指数明显小于其余两个生境，已有研究表明在旱季，低流速和高营养浓度有利于藻类（浮游植物）的生长（Yang et al.，2012）。本书则发现藻类在深潭中的相对比例小于急流和深潭。

环境因子对真核生物群落影响分析：通过对真核群落和环境因子进行 RDA 分析，结果表明，真核群落在河流的分布具有空间差异性。前人研究表明，不同的非生物因子对生物群落的结构会产生不同程度的影响（Charles et al.，2011；Wang et al.，2015；Wang et al.，2016）。水体 pH 是一个重要的非生物环境因子，它可以直接影响营养物质的吸附、吸收、降解和螯合等过程，调节水体营养元素循环过程，进而显著影响真核生物群落结构。Reece and Richardson（2000）发现加拿大不列颠哥伦比亚省的河流底栖无脊椎动物结构组成与 pH 和海拔等具有较高的相关性，同时水体深度是影响中国沿海表层沉积物真核微生物群落组成的重要影响因子（Gong et al.，2015）。海拔主要决定着环境温度，高海拔的低温条件会限制一些生物的分布。溶解氧是好氧生物必需的非生物环境条件，氧气含量低，有些生物就无法生活，因此溶解氧是影响水生生物的分布格局和群落结构的重要环境因子之一（Connolly et al.，2004）。Bourassa and Morin（1995）发现无脊椎动物的丰度和总磷含量具有不可分割的关系，磷是生命元素，磷含量低，有些生物核酸合成会受到影响，因此认为磷含量影响着无脊椎动物群落结构变化。

真菌功能预测分析：本研究中通过 ITS 扩增子测序结合 FUNGuild 数据库（Nguyen et al.，2016）对河流沉积物中的真菌功能进行解析，得到了 21 个生态功能群，其中未定义腐生菌群相对丰度最高。聂三安等（2018）在对黄泥田土壤的真菌研究中发现了 12 个生态功能群，其中未定义腐生菌群的相对丰度也最高，这点与我们在河流沉积物中得到的结果一致。

我们尝试分析在不同河流、不同生境中生态功能群的分布是否存在差异性，结果表明河流之间有七个生态功能群存在差异性，而急流–深潭–河滩系统不同生境内也有两个生态功能群存在差异，其中植物病原菌群是除去未定义功能群相对丰度最高的生态功能群，它在河流之间存在显著差异性且沣河相对丰度最高。之前这种生态功能群的研究多出现在植物内（郑欢等，2018；杨娟等，2019），结合沣河沿岸地貌，有相对完整的生态河岸带，植被茂盛，因此猜测是造成这种菌群在沉积物中相对含量较高的原因之一。同时在距离较近的不同生境内发现 dung saprotroph/endophyte/undefined saprotroph 以及木腐生菌群具有显著差异性，dung saprotroph/endophyte/undefined saprotroph 在深潭的相对丰度明显低于急流和河滩，而木腐生菌群则显示深潭明显大于急流及河滩。作者认为，深潭水较深，底质厚，各种有机物含量高是腐生菌群在深潭优势的主要原因。因此，急流–深潭–河滩系统内不同生境的异质性导致了真菌功能群的分布差异。

6.8.4 都柳江急流–深潭–河滩系统微生物多样性和酶活性

底质微生物丰度及酶活性：过去大多河道生态学研究主要聚焦在城市河道或被污染的河道，对天然河道生态格局的研究较少。对底质微生物及酶活性研究，并没有按上、中、下游急流–深潭–河滩系统来取样和研究，本研究以急流–深潭–河滩系统模式开展研究。

结果显示，细菌、真菌、放线菌、氨化细菌、反硝化细菌的数量分别占微生物总数的60% ~99.07%、60% ~99.07%、0.28% ~23.21%、5% ~31.89%、0.009% ~0.027%，分布情况为细菌>氨化细菌>放线菌>真菌>反硝化细菌。杜刚等（2013）对人工湿地中微生物进行研究，结果表明在上、下层底质中微生物数量均为细菌>放线菌>真菌。辜运富等（2008）也发现石灰性紫色土中，三大类微生物中以细菌的数量最大，放线菌次之，真菌的数量最少，结果有点类似于我们在底质中的研究结果。都柳江不同河段底质微生物丰富度，上游>下游>中游，上游和下游底质营养物质和有机物含量相对高一些，有利于微生物生长，数量较多。存在急流–深潭–河滩系统不同生境底质中微生物丰度，深潭>河滩>急流，深潭水流较慢，不同物质沉积多，营养物质丰富，有利于微生物生长，微生物则多。这一结果和西安四条河急流–深潭–河滩系统底质中微生物多样性基本一致，表明用传统方法和分子生物学手段测定出的结果总体一致，但分子生物学手段测定出的结果，其多样性的数量级比传统方法测定出的结果要多几个数量级。

底质酶活性既可表征底质微生物生理活性，又可指示水体的污染情况，以及有机污染物的生物可降解性。都柳江底质过氧化氢酶活性平均值为 3.638mL/(g·h)，变化范围为 1.74~5.465mL/(g·h)，磷酸酶活性平均值为 3.066mg/(g·h)，变化范围为 0.357~8.889mg/(g·h)，脲酶活性平均值为 1.245mg/(g·h)，变化范围为 0.243~2.511mg/(g·h)，脱氢酶活性平均值为 1.071μg/(g·h)，变化范围为 0.61~1.65μg/(g·h)，除了过氧化氢酶和脲酶外，其他两种酶活性均比刘晓伟等（2013）的研究结果活性低，这与都柳江是一条天然性河流，污染较轻有关。本书的研究表明，过氧化氢酶和脱氢酶活性，河滩>急流>深潭，这主要是河滩大部分时间没有上覆水，暴露在空气中，所以底质通气良好，而且河滩上常常有放牧活动和游憩活动，导致有机污染物积累，当丰水季时，河流水位较高，淹没河滩生境，上游来水来沙挟带的营养物在缓慢流速条件下也会积累在河滩部分，因此，有较多可催化的底质产生。

底质酶活性与微生物、河道形态结构因子及河流水质指标的关系：在很多环境中，有效的生物修复关键在于控制微生物的新陈代谢，从而促进污染物的转化分解，而酶在微生物的新陈代谢过程中具有至关重要的作用（吴芳和王晟，2010）。因此，了解修复环境中的酶活性的调控因子和影响机制对生态修复实践具有指导意义。都柳江上、中、下游急流–深潭–河滩系统底质酶活性与微生物数量关系分析表明，微生物数量与磷酸酶、脲酶活性显著相关、放线菌与过氧化氢酶、细菌与脱氢酶显著相关外。徐恒（2008）的研究表明，细菌数量和脲酶、过氧化氢酶活性呈极显著相关；土壤放线菌数量和过氧化氢酶活性呈极显著相关，与蔗糖酶、碱性磷酸酶活性呈显著相关性；真菌数量和过氧化氢酶活性呈显著相关。脲酶对含氮有机物的水解起主要作用，过氧化氢酶对分解的某些中间产物进行氧化还原，对土壤中合成腐殖质和分解有害物质起着重要作用，但在有机物分解过程中，常伴随着碳水化合物和含氮有机物的转化（高祥斌和刘增文，2005）。而过氧化氢酶催化过氧化氢分解成氧和水，但是由于催化过氧化氢分解的活性有30%或40%来源于非生物活性，常由锰、铁引起，故导致在本书中与微生物数量的关系不明显。脱氢酶能使有机物的氢原子活化，并传递给特定的受氢体，实现有机物的氧化和转化，但因为本研究测得的脱氢酶活性较低，与微生物数量的相关性不显著。

过去的研究表明，都柳江河道形态结构与河流水质有明显的相关关系（陈晨，2014）。本研究用底质酶活性与河道形态结构因子和水质指标进行相关性分析，结果表明，深潭酶活性与河道形态结构因子和水质有显著相关性，在今后的研究中可以考虑更深入研究它们之间具体关系、调控机制，在河道修生态复过程中通过改变河道形态结构来达到调控微生物生态过程和修复的目的。河道形态结构因子如河道宽窄、深度、坡度等会对底质酶活性产生影响。较宽且平缓的河道可能提供更稳定的环境，有利于微生物生长和酶活性的维持；而狭窄、陡峭的河道常常导致水流湍急，对底质和微生物产生冲击，影响酶活性。河流水质指标与底质酶活性也相互关联。水质良好时，微生物群落相对稳定，底质酶活性也较为正常。当水质受到污染，如含有大量有机物或污染物时，会刺激微生物产生特定的酶来应对，导致底质酶活性发生变化。例如，水体中氮、磷含量过高时，可能促使相关酶活性增强以促进其转化和降解。例如，在一条受污染的河流中，随着有机物含量增加，微生物会分泌更多分解酶来应对，底质酶活性随之升高。而如果河道形态发生改变，例如由于工程建设导致河道变窄，水流加快，可能会抑制微生物活动，进而影响底质酶活性。总之，底质酶活性与微生物、河道形态结构因子及河流水质指标相互作用、相互影响，共同维持着河流生态系统的平衡与稳定。

不同环境条件底泥酶活性变化规律：酶活性都有最适温度，温度过高或过低都会导致其失活。崔璟宜（2013）的研究结果表明温度 25℃ 时，过氧化氢酶的活性达到最高值，说明过氧化氢酶的最适温度为 25℃。本书研究结果显示，过氧化氢酶在 15℃ 时活性较高，引起差异的原因可能是本研究底质样品采集于水下，水下的温度即使在夏季也比较低，特别是云贵高原地区，微生物和酶在这种较低温度下长期存在，可能已经适应了这种温度环境因而有较高的活性水平。脲酶、脱氢酶和磷酸酶活性则在 25℃ 最高，与杨磊等（2007）研究结果一致。pH 是影响酶活性的一个重要因素，pH 不同，酶活性的大小也不一样，有时甚至相差很大，过酸或过碱的环境还会使酶变性失活。本研究设置 3、5、7、9 四个 pH 水平，分析酶活性的变化情况，结果表明过氧化氢酶的最适 pH 在 5 左右，与崔璟宜（2013）的结果一致，脲酶和磷酸酶的最适 pH 在 7 左右，脱氢酶的最适 pH 在 5~7。了解酶活性的最适温度及 pH，可以改善酶工作效率，在河道生物修复中有着积极意义。

目前有关溶解氧对底质污染修复影响的研究大多集中于底质污染释放的抑制方面，而对于酶活性影响虽有研究，但将其综合分析的研究较少（Romy et al.，2012）。刘晓伟等（2013）采用室内静态实验考察了溶解氧变化对底质酶活性影响，结果表明，高溶解氧条件下，底质过氧化氢酶活性显著高于缺氧条件，脱氢酶活性高于对照；缺氧条件下脱氢酶、脲酶及碱性磷酸酶活性显著高于高溶解氧条件和对照。本研究表明，高溶解氧条件下，底质过氧化氢酶和脱氢酶活性显著高于低溶解氧条件，脲酶、磷酸酶活性是低溶解氧条件大于高溶解氧条件，这些结果与刘晓伟的结果一致，表明酶活性与溶解氧条件关系规律具有普适性。这些结果说明高溶解氧条件更有利于底质有机物的分解和循环，低溶解氧水平有利于底质氮和磷的分解和循环。

随着培养时间的延长，在有光照和避光条件下，过氧化氢酶活性是不同的，在光照下过氧化氢酶活性显著高于避光条件下的酶活性，避光下酶活性是不断下降的。然而，光照和避光条件下，脲酶、脱氢酶和磷酸酶活性都随培养时间延长而增强，这三个酶对光照条件并不敏感。

在大多数情况下，底质氮的循环在一定程度上决定着富营养化的进程，对上覆水中可溶性氮含量有深刻的影响。底质酶与上覆水中的氮素水平也有着密切的关系，如蔡丹丹等（2009）对养殖池塘底质进行研究，结果表明底质脲酶活性与上覆水中铵态氮含量呈显著正相关关系。本实验在天然性高的河流进行采样，在实验室控制其他条件，分析不同氮浓度对酶活性的影响。结果表明，不同总氮浓度的上覆水对过氧化氢酶、脱氢酶、磷酸酶的活性影响不大，而对脲酶活性影响较大，说明脲酶活性受到上覆水中氮素的诱导作用。

6.9　本章小结

6.9.1　西安四条河流急流–深潭–河滩系统环境特征

（1）通过对四条河流 36 个急流–深潭–河滩系统，108 个采样点的水质及沉积物基础环境因子指标测定，发现水体物理性指标、营养物质指标和沉积物环境指标在河流之间以及急流–深潭–河滩系统中不同生境之间的变异性比较大，河流间大于急流–深潭–河滩系统生境之间。但 pH 的变化比较小，变异系数仅为 5.15%，而总磷的变化最大，变异系数为 194.16%。

（2）进一步对各环境因子指标按照河流间、上中下游、急流–深潭–河滩系统内不同生境分组分析，结果表明渭河在流速、深度、SS、TDS、采样温度、水质总氮都明显大于其余三条支流，沣河水体氨氮和总磷、沉积物中的总氮、总磷显著大于其他三条河流，浐河水体中的总有机碳及沉积物中的总有机碳明显大于其余三条河流。除此以外，渭河上游及沣河中游采样点的营养元素含量都显著高于其余采样点。急流–深潭–河滩系统内，急流的流速及溶解氧显著大于深潭，深潭的氧化还原电位及深度显著大于急流。

（3）对 20 个环境因子指标方差分析表明了不同分组中的差异性。在不同河流间所造成差异的因子较多，而因为急流–深潭–河滩系统中生境差异造成的环境因子差异相对较少；当环境因子在河流分组、系统分组都有差异性时，河流所造成的差异更为显著。对环境因子进行聚类分析，急流–深潭–河滩系统与河流比，不同河流间具有更好的分组。

6.9.2　西安四条河流急流–深潭–河滩系统细菌多样性

（1）本研究共计对 103 份沉积物样本进行细菌 16S 扩增子测序，大约得到 2649 万份有效序列，其中灞河得到最多有效序列，渭河最少。利用 RDP 数据库进行 OTU 分类学注释，除了细菌还得到少量的古菌以及 No-Rank 细菌；在细菌中变形菌门（47.33%）占绝对优势，其次是拟杆菌门、厚壁菌门等，共计检测到 112 个目，270 个科，916 个属，1798 个种。

（2）各物种组间相对丰度差异不大，但渭河的酸杆菌门、绿弯菌门相对含量明显大于其余三条河流；灞河的浮霉菌门、蓝细菌门的相对含量显著大于其他三条河流；放线菌门则主要分布在沣河及浐河。急流中绿弯菌门的相对含量明显小于深潭和河滩，而蓝细菌门则明显大于深潭和河滩，河流间具有显著差异的物种明显多于系急流-深潭-河滩系统不同生境之间，河滩拥有最多的差异物种，急流拥有的最少。

（3）细菌 α 多样性河滩>深潭>急流，有部分指数没有显著差异，河流之间 α 多样性大部分指数具有显著差异性。Beta 多样性在灞河和渭河之间有显著的差异，灞河的急流-深潭-河滩系统内不同生境有较为明显的差异。环境因子整体和细菌群落物种组成具有相关性，单因子中电导率和物种组成相关性最高。四大门类物种和环境因子的相关性具有清晰的界限，其中一些特别的物种和环境因子具有高度相关性。河流之间的功能群差异明显大于急流-深潭-河滩系统内不同生境之间。

6.9.3　西安四条河急流-深潭-河滩系统真菌多样性

（1）通过对三条河流 68 个沉积物样本真核 ITS2 区域扩增子测序，共得到约 1660 万有效序列，完成了 OUTs 的分类学注释。除了真菌，还得到了植物界（plantea），藻界（Chromista），有孔虫界（Rhizaria），以及少量的后生动物（metazoa）相关物种信息。真菌在微真核生物中占据绝对优势（77.26%）。除此以外，共注释到 20 个门，44 个纲，712 个属，1192 个种，Unassigned 之外，植物界绿藻（chlorophyta）和真菌界担子菌门（basidiomycota）是绝对优势物种。

（2）物种在组间具有显著差异，真菌界中相对丰度最高的担子菌门的物种在河流间具有显著差异性，但在急流-深潭-河滩系统中生境间没有发现显著差异。植物界中的绿藻在河流间及系统内不同生境间具有显著差异。

（3）样本的 Chao1 指数、ACE 指数、shannon 指数、simpson 指数范围分别是679.75～3109.21、682.93～3157.2、3.24～5.88、0.009～0.46。在河流之间 alpha 多样性指数具有显著差异性，在系统内不同生境之间没有显著差异。beta 多样性通过 PLS-DA 判别分析、样本聚类分析，表明在河流间和系统内不同生境间都具有较明显的差异性。

（4）整体环境因子与物种组成结构相关性不大，但利用 bioenv 识别与物种组成相关性最高的环境因子及组合，发现单因子中 pH 相关性最高。利用 FUNGuild 真菌功能注释数据库，识别了 21 个生态功能群，相对丰度最高的是未定义腐生菌群（Undefined Saprotroph）。

6.9.4　都柳江急流-深潭-河滩系统微生物多样性和酶活性

（1）都柳江上、中、下游急流-深潭-河滩系统底质微生物数量，细菌>氨化细菌>放线菌>真菌>反硝化细菌，不同河段微生物数量，上游>下游>中游，急流-深潭-河滩系统中不同生境微生物数量，深潭>河滩>急流。河滩底质过氧化氢酶活性最高，深潭磷酸酶活和脲酶活性最高，而脱氢酶活性在 3 个种生境中的变化没有明显规律性。

（2）都柳江上、中、下游急流-深潭-河系统底质不同种类微生物数量与酶活性显著相关。在急流和深潭，河流弯曲系数、纵比降、面积与底质有不同的相关性。都柳江急流和深潭过氧化氢酶与硝酸盐氮含量有显著负相关，与电导率有极显著负相关性，与 DO、

COD 有极显著正相关。磷酸酶活性与 NO_3^--N、电导率有显著正相关。脲酶活性与 TN 有显著负相关，与硝酸盐氮、电导率有极显著负相关，而与 COD 极显著正相关，脲酶和脱氢酶活性与 pH 分别呈显著负相关和正相关性。

（3）都柳江急流–深潭–河滩系统底质酶活性温度在 $15 \sim 25\ ℃$、pH 在 7 左右活性较高，过氧化氢酶和脱氢酶活性为高溶解氧条件大于低溶解氧条件，而脲酶和磷酸酶活性为低氧条件大于高溶解氧条件，避光条件有利于过氧化氢酶活性提高，而光照和避光条件对脲酶、脱氢酶和磷酸酶活性影响不大，水体总氮浓度对过氧化氢酶、脱氢酶、磷酸酶的活性影响不大，而对脲酶活性影响很大。

本书以河流间和急流–深潭–河滩系统内为分组条件，研究细菌及微真核（主要为真菌）生物在不同河流和河流中不同生境中的分布，以及地理隔离和环境隔离在塑造生物分布中的重要性以及决定性，探讨群落的构建机制。主要的结论如下。

①河流之间具有差异性的环境因子明显多于生境之间；同时各生境中的环境因子是具有显著差异性的，主要包括流速、溶解氧、氧化还原电位及沉积物中的一些营养元素；②流域中不同栖息地（急流–深潭–河滩系统）中的 alpha 多样性（细菌及微真核生物）具有差异性；③生物多样性和环境因子具有相关性；可以筛选出和各环境因子具有高度相关性的物种；④流域中不同栖息地（急流–深潭–河滩系统）中的分布功能基因具有差异；⑤地理距离和生境异质性同时在塑造生物 beta 多样性，但是地理距离作用更大。这种结果在微真核生物（尤其是真菌）中的结果更明显；⑥底质酶活性与微生物丰富度、河流形态结构因子和水环境条件密切相关，它们之间存在互馈效应。

国内外针对河流的整体性研究较少，近几年多围绕生物地理学进行研究，这是因为针对复杂的流域生态系统，它拥有不同的生境也就是栖息地特征，如何在如此多样化的环境中选择具有代表性或可比的采样点，如何在更广泛的背景下解释或合理地推断在特定的栖息地收集生物信息，如何通过多条河流研究，在整体上把握河流的环境状态与微生物群落多样性关系是很重要的课题。通过本研究我们首先明确了河流中不同的栖息地分类，并且利用已经较为成熟的栖息地分类——急流–深潭–河滩系统这一河流基本结构单元，在整体上探索了不同栖息地背景中的生物多样性，结果表明近距离的不同生境对微生物的分布具有影响，这一结果可以为退化河流生态修复提供新的知识。

以往针对河流的生态修复中，大多围绕修建大量湿地公园、河岸人行道、打造亲水平台的视觉效果。这种措施导致裁弯取直以及硬质边坡的河道随处可见，而天然河流的连续化、蜿蜒性则非常少见。据统计，2017 ~ 2018 年我国水环境综合治理中约有四分之一的投资花费在生态景观的美化上，修建了随处可见的亲水平台，但同时这种随处可见的亲水平台在破坏河流生态系统中丰富的栖息地、在破坏河岸与河流生态中的互动和统一、减弱河流生态系统的缓冲带属性和自净功能。而通过我们对大量河流的调查研究中，发现应该首要恢复河流的弯曲、蛇形、"S" 形等，尽量保留河岸地貌的复杂多样性，兼顾景观与生态内涵的统一，将保护河岸植被和水生物栖息贯穿河流综合治理的始终。同时本研究中的河滩生境作为水陆交错带应该在河流生态修复中给予足够的关注，我们的研究表明健康的水陆交错带作为高地植被和河流之间的桥梁，具有保持物种多样性，提供丰富的栖息地，在整体上稳定河流生态系统的作用。

参 考 文 献

蔡丹丹, 田秀平, 韩晓日, 等. 2009. 养殖池塘底泥脲酶活性与水体 NH_4^+-N 关系的研究. 40 (3): 301-304.

车裕斌, 韩冰华. 1997. 特殊生境研究综述. 咸宁师专学报 (自然科学版), 17 (3): 72-73.

陈晨. 2014. 典型河道形态结构与水体自净能力的关系——以都柳江面源污染物研究为例. 贵阳: 贵州大学.

陈金霞, 徐亚同. 2002. 微生物在苏州河生态系统中的地位及作用. 环境工程学报, 3 (7): 70-74.

陈宜宜, 朱荫湄, 胡木林, 等. 1997. 西湖底泥中酶活性与养分释放的关系. 浙江农业大学学报, 23 (2): 171-174.

程成, 王震洪, 吴庆. 2014. 都柳江不同河段急流–深潭–沙 (砾) 滩系统底质酶活性研究. 山地农业生物学报 (5): 56-62.

崔璟宜. 2013. 活性污泥中过氧化氢酶的测定及影响因素分析. 长春: 吉林建筑大学.

东野脉兴, 樊竹青, 张灼, 等. 2003. 云南滇池微生物对磷循环与沉积作用的实验研究. 化工矿产地质, 25 (2): 65-75.

杜刚, 黄磊, 高旭, 等. 2013. 人工湿地中微生物数量与污染物去除的关系. 湿地科学, 11 (1): 13-17.

范海青, 王凌文, 王丹, 等. 2019. 基于高通量测序的人工湿地微生物群落分析. 科技通报 (2).

高祥斌, 刘增文. 2005. 岷江上游典型森林生态系统土壤酶活性初步研究. 西北林学院学报, 20 (3): 1-5.

辜运富, 云翔, 张小平, 等. 2008. 不同施肥处理对石灰性紫色土微生物数量及氨氧化细菌群落结构的影响. 中国农业科学, 41 (12): 4119-4126.

郭昱东. 2018. 北极融水成湖区域土壤微生物多样性及宏基因组学分析. 青岛: 青岛科技大学.

郭云. 2008. 乌江中上游底栖硅藻与水环境因子关系定量研究. 中国环境科学学会. 贵州师范大学.

李磊. 2017. 干旱区微生物群落结构和功能研究进展. // 贵阳: 2017 中国环境科学学会科学与技术年会论文集 (第二卷). 太原: 山西财经大学环境经济学院: 358-361.

李婉, 张娜, 吴芳芳. 2011. 北京转河河岸带生态修复对河流水质的影响. 环境科学 (1): 82-89.

李晓科. 2017. 渭河 (西安段) 特征污染综合治理措施研究. 西安: 长安大学.

刘朋超, 王卫军, 骆启豪, 等. 2019. 山东半岛南北两侧海域真核浮游生物群落特征及与环境因子的相关性分析. 海洋与湖沼, (4).

刘睿, 周孝德. 2017. 水沙环境变化对季节性多沙河流沉积物菌群特征的影响. 中国环境科学 (11): 344-354.

刘晓伟, 谢丹平, 李开明, 等. 2013. 溶解氧变化对底泥酶活性及微生物多样性的影响. 环境科学与技术, 36 (6): 6-10.

楼骏, 柳勇, 李延. 2014. 高通量测序技术在土壤微生物多样性研究中的研究进展. 中国农学通报, 30 (15): 256-260.

马英, 钱鲁闽, 王永胜. 2009. 对虾养殖池沉积物细菌的遗传多样性. 海南大学学报自然科学版, 27 (4): 369-374.

梅承, 范硕. 2018. 昆虫肠道微生物分离培养策略及研究进展. 微生物学报, 58 (6): 985-994.

聂三安, 王祎, 雷秀美, 等. 2018. 黄泥田土壤真菌群落结构和功能类群组成对施肥的响应. 应用生态学报, 29 (8): 270-278.

屈建航, 李宝珍, 袁红莉. 2007. 沉积物中微生物资源的研究方法及其进展. 生态学报, 27 (6): 2636-2641.

任海庆, 袁兴中, 刘红, 等. 2015. 环境因子对河流底栖无脊椎动物群落结构的影响. 生态学报, 35 (10): 3148-3156.

石恬. 2018. 黄河口沉积物和水体中真核微生物群落分布特征研究. 泰安: 山东农业大学.

宋腾蛟, 杨蒋舜, 周静, 等. 2018. 基于 Miseq 测序技术分析不同元胡产区土壤细菌功能基因组成与差异. 浙江中医药大学学报, 42 (3): 178-186.

唐永红, 曹庸, 卢成瑛, 等. 2006. 特殊生境微生物及其活性代谢产物研究进展. 微生物学通报, 33 (4): 163-166.

陶诗. 2014. 东海陆架表层沉积物微生物多样性及群落结构研究. 舟山: 浙江海洋大学.

佟飞. 2018. 深圳杨梅坑近岸人工鱼礁海域浮游菌群结构特征研究//中国水产学会海洋牧场专业委员会, 中国水产学会渔业资源与环境专业委员会. 第二届现代化海洋牧场国际学术研讨会、中国水产学会渔业资源与环境专业委员会 2018 年学术年会论文集. 中国水产科学研究院南海水产研究所资源养护与海洋牧场研究室: 77.

万甜, 何梦夏, 任杰辉, 等. 2019. 渭河流域水体细菌群落的环境响应及生态功能预测. 环境科学 (8): 3588-3595.

王永康, 杨玉田. 2018. 水岸同治河湖共治让 "八水绕长安" 美景早日重现. 中国水利 (4): 7-7.

吴芳, 王晟. 2010. 富营养化湖泊原位生物治理技术研究进展. 环境科学导刊, 29 (1): 49-52.

吴克, 潘仁瑞, 蔡敬民, 等. 2009. 微生物代谢环境难降解性有机物的酶学研究进展. 生物工程学报, 25 (12): 1871-1881.

吴磊. 1997. 发展小流域经济之管见. 山东水利 (2): 56-58.

徐恒. 2008. 榆林沙区人工固沙林土壤养分、微生物数量和酶活性研究. 咸阳: 西北农林科技大学.

徐祖信. 2003. 河流污染治理技术与实践. 北京: 中国水利水电出版社.

许炼烽, 邓绍龙, 陈继鑫, 等. 2014. 河流底泥污染及其控制与修复. 生态环境学报 (10): 1708-1715.

杨达源. 2003. 自然地理学. 南京: 南京出版社.

杨景春. 2003. 地貌学教程. 北京: 高等教育出版社.

杨娟, 董醇波, 陈万浩, 等. 2019. 不同地区杜仲树皮内生真菌群落组成及生态功能结构的差异分析. 中国中药杂志 (6): 1126-1134.

杨磊, 林逢凯, 胥峥, 等. 2005. 城市富营养化河道复合酶–原位生物修复技术研究. 环境污染与防治, 27 (8): 606-610.

杨磊, 林逢凯, 胥峥. 2007. 底泥修复中温度对微生物活性和污染物释放的影响. 29 (1): 22-25.

杨思植, 杜甫亭. 1985. 西安地区河流及水系的历史变迁. 陕西师大学报 (哲学社会科学版) (3): 91-97.

阴星望, 田伟, 丁一, 等. 2018. 丹江口库区表层沉积物细菌多样性及功能预测分析. 湖泊科学, 30 (4): 1052-1063.

袁瑞强, 吕嘉丽, 王仕琴. 2019. 受引黄影响的河流沉积物细菌群落季节变化. 环境科学学报, 39 (7): 2190-2199.

赵斌. 2014. 流域是生态学研究的最佳自然分割单元. 科技导报, 32 (1): 12.

郑丙辉, 张远, 李英博. 2007. 辽河流域河流栖息地评价指标与评价方法研究. 环境科学学报, 27 (6): 928-936.

郑欢, 张芝元, 韩燕峰, 等. 2018. 刺槐内生真菌群落组成及其生态功能结构分析. 菌物学报, 37 (2): 116-123.

Aktan Y. 2011. Large-scale patterns in summer surface water pHytoplankton (except picopHytoplankton) in the Eastern Mediterranean. Estuarine Coastal and Shelf Science, 91 (4): 551-558.

Aller R C. 1980. Diagenetic Processes Near the Sediment-Water Interface of Long Island Sound. I. Decomposition and Nutrient Element Geochemistry (S, N, P). Advances in GeoPHysics, 22 (22): 351-415.

Amann R I, Ludwig W, Schleifer K H. 1995. PHylogenetic identification and in situ detection of individual microbial cells without cultivation. Microbiol Rev, 59: 143-169.

Apha. 1998. Standart Methods for the Examination of Water and Wastewater, 20th Edition, Washington, DC: American Public Health Association, American Water Works Association and Water Environment Federation.

Bellemain E, Davey M L, Kauserud H, et al. 2013. Fungal palaeodiversity revealed using high-throughput metabarcoding of ancient DNA from arctic permafrost. Environmental Microbiology, 15 (4): 1176-1189.

Bermejo J C S, Beltran R, Ariza J L. 2003. Spatial variations of heavy metals contamination in determination in sediments from Odiel river (Southwest Spain). Environment International, 29: 69-77.

Bisson P A, Nielsen J L, Palmason R A, et al. 1982. A system of naming habitat types in small streams, with examples of habitat utilization by salmonids during low stream flow. // Armantrout N B. Ac-quisition and utilization of aquatic habitat inventory in-formation, proceedings of a symposium, Portland Oregon: American Fisheries Society: 62-73.

Bourassa N, Morin A. 1995. Relationships between size structure of invertebrate assemblages and tropHy and substrate composition in streams. Journal of the North American Benthological Society, 14 (3): 393-403.

Caille, N, Tiffreau, C, Leyval C, et al. 2003. Solubility of metals in an anoxic sediment during prolonged aeration. Science of the Total Environment, 301 (1-3): 239-250.

Cavender-Bares J, Kozak KH, Fine PVA, et al. 2009. The merging of community ecology and phylogenetic biology. Ecol Lett, 12: 693-715.

Charles B, Purificación L G, Alexander V, et al. 2011. Diversity and Vertical Distribution of Microbial Eukaryotes in the Snow, Sea Ice and Seawater Near the North Pole at the End of the Polar Night. Frontiers in Microbiology, 2: 106.

Chen Z, Zhou Z, Xia Peng, et al. 2013. Effects of wet and dry seasons on the aquatic bacterial community structure of the Three Gorges Reservoir. World Journal of Microbiology & Biotechnology, 29 (5): 841-853.

Cole J R, Wang Q, Cardenas E, et al. 2009. The Ribosomal Database Project: improved alignments and new tools for rRNA analysis. Nucleic Acids Research (suppl_1): suppl_1: D141-D145.

Connolly N M, Crossland M R, Pearson R G. 2004. Effects of low dissolved oxygen on survival, emergence, and drift of tropical stream macroinvertebrates. The Journal of North American Benthological Society, 23 (2): 251-270.

Darwin C. 1859. On the Origin of Species. London, UK: John Murray.

Delmont T O, Hammar K M, Ducklow H W. 2014. Phaeocystis antarctica blooms strongly influence bacterial community structures in the Amundsen Sea polynya. Frontier in Microbiol, 5 (5): 646.

Fang D, Zhao G, Xu X, et al. 2018. Microbial community structures and functions of wastewater treatment systems in plateau and cold regions. Bioresource Technology.

Feng B W, Li X R, Wang J H, et al. 2009. Bacterial diversity of water and sediment in the Changjiang estuary and coastal area of the East China Sea. FEMS Microbiology Ecology, 70 (2): 236-248.

Fernández L D, Hernández C E, Romina M R, et al. 2017. Geographical distance and local environmental conditions drive the genetic population structure of a freshwater microalga (Bathycoccaceae; Chlorophyta) in Patagonian lakes. FEMS Microbiology Ecology, 93 (10).

Frissell C A, Liss W J, Warren C E, et al. 1986. A hierarchical framework for stream habitat classification: Viewing streams in a watershed context. Environmental Management, 10: 199-214.

Gobet A, Böer S I, Huse S M, et al. 2012. Diversity and dynamics of rare andof resident bacterial populations in coastal sands. The ISME Journal, 6 (3): 542-553.

Gong J, Shi F, Ma B, et al. 2015. Depth shapes α- and β- diversities of microbial eukaryotes in surficial sediments of coastal ecosystems. Environmental Microbiology, 17 (10): 3722-3737.

Gorman O T, Karr J R. 1978. Habitat structure and stream fish communities. Ecology 59: 507-515.

Graham C H, Fine P V A. 2008. PHylogenetic beta diversity: Linking ecological and evolutionary processes across space in time. Ecol Lett. 11: 1265-1277.

Hakanson L. 1980. An ecological risk index for aquatic pollution control: A sedimentological approach. Water Research, 14 (8): 975-1001.

Hawkins C P. 1985. Substrate associations and longitu- dinal distributions in species of Ephemerellidae (Ephe- meroptera: Insecta) from western Oregon. Freshwater In- vertebrate Biology 4: 181- 188.

Hullar M A J, Kaplan L A, Stahl D A. 2006. Recurring seasonal dynamics of microbial communities in stream habitats. Applied and Environmental Microbiology, 72 (1): 713-722.

Hynes H B N. 1970. The ecology of running waters. Toronto: University of Toronto Press, 555.

Jacqueline E, Kevin V, 2004. A review of factors affecting the release and bioavailability of contaminants during sediment disturbance events. Environment International, 30 (7): 973-980.

Jenkins R A, Wade K R, Pugh E, 1984. Macroinvertebrate-habitat relationships in the River Teifi catchment and the significance to conservation. Freshwater Biology, 14: 23-42.

Keatley B E, Bennett E M, Macdonald G K, et al. 2011. Land-Use Legacies Are Important Determinants of Lake Eutrophication in the Anthropocene. PLoS One, 6 (1): e15913.

Koljalg U, Larsson K H, Abarenkov K, et al. 2010. The UNITE database for molecular identification of fungi - recent updates and future perspectives. New Phytologist, 186 (2): 281-285.

Lee D E, Lee J, Kim Y M, et al. 2016. Uncultured bacterial diversity in a seawater recirculating aquaculture system revealed by 16S rRNA gene amplicon sequencing. Journal of Microbiology, 54 (4): 296-304.

Leeuwenhoek A V. 1710. Some Microscopical Observations upon Muscles, and the Manner of Their Production. In a Letter from Mr. Anthony van Leeuwenhoek, FRS. Philosophical Transactions of the Royal Society of London, 27: 529-534.

Lenat D R, Penrose D L, Eagleson K W. 1981. Variable effects of sediment addition on stream benthos. Hydro- biologia, 79: 187-194.

Lerman, A. 1975. Maintenance of steady state in oceanic sediments. American Journal of Science, 275: 609-635.

Li F, Ying P, Fang W , et al. 2018. Application of Environmental DNA Metabarcoding for Predicting Anthropogenic Pollution in Rivers. Environmental Science & Technology, 52 (20): 11708-11719.

Liu J, Liu X, Wang M, et al. 2015. Bacterial and Archaeal Communities in Sediments of the North Chinese Marginal Seas. Microbial Ecology, 70 (1): 105-117.

Liu L, Yang J, Yu X, et al. 2013. Patterns in the composition of Microbial Communities from a Subtropical River: Effects of Environmental, Spatial and Temporal Factors. PLoS One, 8 (11): e81232.

Liu T, Zhang A N, Wang J, et al. 2018. Integrated biogeograpHy of planktonic and sedimentary bacterial communities in the Yangtze River. Microbiome, 6 (1): 16.

Lozupone C A, Knight R. 2007. Global patterns in bacterial diversity. Proc Natl Acad Sci USA, 104 (27): 11436-11440.

Lozupone C A, Knight R. 2008. Species divergence and the measurement of microbial diversity. Fems

Microbiology Reviews, 32（4）：557-578.

Mary D, Yager P L, Ann M M, et al. 2017. Bacterial BiogeograpHy across the Amazon River-Ocean Continuum. Frontiers in Microbiology, 8：882.

McLean E O. 1982. Soil pH and lime requirement. Methods of soil analysis. Part 2. Chemical and Microbiological Properties, 199-224.

Mulder T, Hüneke H, Loon A J V. 2011. Progress in Deep-Sea Sedimentology. Development in Sedimentology, 63：1-24.

Nguyen N H, Song Z, Bates S T. 2016. FUNGuild：An open annotation tool for parsing fungal community datasets by ecological guild. Fungal Ecology, S1754504815000847.

Ranjard L, Poly F, Nazaret S. 2000. Monitoring complex bacterial communities by culture-independent molecular techniques：applicationto soil environment. Res Microbiol, 151：167-177.

Read D S, Gweon H S, Bowes M J, et al. 2015. Catchment-scale biogeograpHy of riverine bacterioplankton. The ISME Journal, 9（2）：516-526.

Reece P F, Richardson J S. 2000. Benthic macroinvertebrate assemblages of coastal and continental streams and large rivers of southwestern British Columbia, Canada. Hydrobiologia, 439（1-3）：77-89.

Romy C, Cindy H W, Terry C H. 2012. Systems biology approach to. Current Opinion in Biotechnology, 23（3）：483-490.

Schuster S C. 2008. Next-generation sequencing transforms today's biology. Nat Methods, 5（1）：16.

Sheik C S, Mitchell T W, Rizvi F Z, et al. 2012. Exposure of soil microbial communities to chromium and arsenic alters their diversity and structure. PLoS One, 7（6）：e40059.

Sheldon A L. 1984. Colonization dynamics of aquatic in-sects. //Resh V H, Rosbenberg D, Ecology of Aquatic Insects：A Life History and Habitat Approach. New York：Praeger, 401-429.

Song X, Dai D, He X, et al. 2015. Growth Factor FGF2 Cooperates with Interleukin-17 to Repair Intestinal Epithelial Damage. Immunity, 43（3）：488-501.

Staley J T, Konopka A. 1985. Measurement of in situ activities of nonpHotosynthetic microorganisms in aquatic and terrestrial habitats. Annu Rev Microbiol, 39：321-346.

Staley C, Gould T J, Wang P, et al. 2014. Core functional traits of bacterial communities in the Upper Mississippi River show limited variation in response to land cover. Frontiers in Microbiology, 5：414.

Stoeck T, Larissa Frühe, Forster D, et al. 2018. Environmental DNA metabarcoding of benthic bacterial communities indicates the benthic footprint of salmon aquaculture. Marine Pollution Bulletin, 127：139-149.

Sultan M, Schulz M H, Richard H, et al. 2008. A global view of geneactivity and alternative splicing by deep sequencing of the human transcriptome. Science, 321（5891）：956.

Swan B K, Ehrhardt C J, Reifel K M, et al. 2010. Archaeal and bacterial communities respond differently to environmental gradients in anoxic sediments of a California hypersaline lake, the Salton Sea. Applied and Environmental Microbiology, 76（3）：757-768.

Tang R, Wei Y, Chen W, et al. 2017. Gut microbial profile is altered in primary biliary cholangitis and partially restored after UDCA therapy. Gut. 67（3）：534-541.

Theron J, Cloete T E. 2000. Molecular techniques for determining microbial diversity and community structure in natural environments. Crit Rev Microbiol, 26：37-57.

Vallee B L, Ulmer D D. 1972. Biochemical effects of mercury, cadmium and lead. Annual Review of Biochemistry, 41：92-108.

Vaughan E E, Schut F, Heilig H G H J, et al. 2000. Amolecular view of the intestinal ecosystem. Curr Issues

Intest Microbiol, 1: 1-12.

Verma P, Raghavan R V, Jeon C O, et al. 2017. Complex bacterial communities in the deepsea sediments of the Bay of Bengal and volcanic Barren Island in the Andaman Sea. Marine Genomics, 31: 33-41.

Walkley A, Black I A. 1934. An examinationof Degtjareff method for determining soil organic matter and a proposed modification of the chromic acid titration method. Soil Science, 37 (1): 29-38.

Wang Y, Liu L, Chen H. et al. 2015. Spatiotemporal dynamics and determinants of planktonic bacterial and microeukaryotic communities in a Chinese subtropical river. Appl Microbiol Biotechnol 99, 9255-9266.

Wang K, Ye X, Zhang H, et al. 2016. Regional variations in the diversity and predicted metabolic potential of benthic prokaryotes in coastal northern Zhejiang, East China Sea. Scientific Reports, 6 (1): 38709.

Wang Z H, Li H, Patil A. 2019. China's 'silicon valley' must not trash its environment. Nature, 574: 486-486.

Warren C E, Liss W J. 1983. Systems classification and modeling of watersheds and streams. Unpublished report, Department of Fisheries and Wildlife, Oregon State University, Corvallis, Oregon.

Wevers M J, Warren C E. 1986. A perspective onstream community organization, structure, and development. Archives of Hydrobiology, 108 (2): 213-233.

Xia N, Xia X, Liu T. et al. 2014. Characteristics of bacterial community in the water and surface sediment of the Yellow River, China, the largest turbid river in the world. J Soils Sediments, 14: 1894-1904.

Yang J, Yu X, Liu L, et al. 2012. Algae communityand trophic state of subtropical reservoirs in southeast Fujian, China. Environmental Science and Pollution Research, 19 (5): 1432-1442.

Yi Z Z, Berney C, Hartikainen H. 2017. High throughput sequencing of microbial eukaryotes in Lake Baikal reveals ecologically differentiated communities and novel evolutionary radiations. Fems Microbiology Ecology, 93 (8): 1-19.

Zhang X, Johnston E R, Li L, et al. 2016. Experimental warming reveals positive feedbacks to climate change in the Eurasian Steppe. The ISME journal, 11: 885-895.

第 7 章 天然河流急流–深潭–河滩系统河岸带类型和氮流失

河岸带是河流水体和陆地之间的过渡带，具有拦截陆地污染物、稳定河岸、多种动物栖息地、改善景观等功能。但是河岸带分类和不同类型河岸带氮流失控制功能很好研究。本章基于涟江河岸带土地利用方式、地形地貌特征和岸带基质类型，提出一个河岸带分类方法，即"×××土地利用+×××地貌+×××基质河岸带"。该分类方法直观地识别了河岸带基本特征，包括人类活动形成的土地利用类型、天然的地形地貌和岸带物质组成，并分析了涟江河岸带与河道中急流–深潭–河滩系统的关系。在此基础上发明了既能测定地表径流，又能测定土壤入渗量的地表径流槽，测定了涟江 53 个河岸带样点的地表径流、土壤水分入渗和地表径流中总氮、氨态氮和硝态氮流失量。发现地表径流随着模拟次数增加不断增加，而土壤水分入渗量是不断减少的；地表径流中的总氮、氨态氮和硝态氮的流失浓度也随着冲刷次数增加不断下降，最后趋于稳定。地表径流氮流失浓度决定于多个因子，其中模拟用水各种氮形态浓度高低很大程度上决定着径流槽模拟出水的氮形态浓度。

7.1 引　　言

随着人类活动加剧，全球流域水环境污染问题日益突出，导致水生态系统的破坏和水生生物多样性下降，影响到饮用水质量，直接威胁人类健康，对渔业和旅游业发展也造成负面影响（朱维斌等，1997）。就我国而言，全国有检测的河流中有 70% 以上受到不同程度的污染，尽管实施了"水十条"，全国河流污染问题得到有效遏制，七大水系中，不适合做饮用水水源的河段仍然达 40%，工业较发达的城镇河段污染仍然严重，城市河段中 78% 的不适合做饮用水源。全国主要的大型淡水湖泊污染问题还没有完全解决，巢湖、滇池、南四湖、太湖水质问题仍然不容乐观（吴舜泽等，2000；巢波等，2023）。

水体中氮素大量积累是引发水污染的主要原因之一。氮素是植物生长所必需的营养元素，同时也是引发水体富营养化的重要元素之一。土壤氮素通过地表径流或土壤侵蚀向水圈失散的过程，会引发一系列生态环境问题。例如过量氮素进入地表水会引发水体富营养化，导致水生生态系统崩溃；过量氮素进入地下水和生活饮水中，还会严重威胁人类健康（李天杰，2004）。在自然状态下，氮素主要通过土壤侵蚀、大气沉降、河岸带植物凋落死亡等形式进入水体，通过这三种形式进入水体的氮素是有限的，一般不会对水体造成污染，而人类活动包括农业、养殖活动、工业和生活废水的排放才会使水体中氮素含量剧增，超过水体生态系统缓冲范围，造成水体氮素污染（Clark et al., 1985; Guldin, 1989）。工业和生活废水是比较集中的排污方式，通常在固定的点排放，属于点源污染。目前我国对点源污染，已具有多种成熟技术，实施了有效的治理，而农业农村面源污染往往较为分散，面积较大，治理难度大。我国是农业大国，农业农村面广，排污量大，面源污染是我国水体氮素污染的主要原因（黄靖雯等，2022）。

河岸带生态系统具有增加生物物种多样性、提高生态系统生产力、进行污染拦截、稳定河岸、调节微气候、美化环境以及促进旅游业等自然保护、生态保护、社会经济价值等功能（白慧强和李全平，2007；夏继红等，2013；Majumdar et al.，2023）。河岸带作为水陆生态系统之间的缓冲带，对水陆生态系统之间的物质和能量交换起到调节作用。河岸带能够通过一系列物理、生物、生化过程实现对氮素的截留转化（Allan et al.，2020）。地表径流中的氮素，主要通过物理过程沉积和吸附实现截留，渗透到土壤中的氮素，可以通过植物吸收、微生物固定、反硝化作用、土壤胶体吸附等过程实现截留转化（Peterjohn and Correll，1984；Cooper，1990；Lowrance，1992；Haycock and Pinay，1993；Osborne and Kovacic，1993；Lowrance et al.，1997；Hill，1996；Gharabaghi et al.，2001）。

由于人类对河流及其周边土地资源开发强度和范围的不断扩大，大量河岸带的生态环境发生了不同程度的退化（da Silva et al.，2017；Castro-López et al.，2019）。天然河流河岸带相对干扰较轻，常常保留了较完整的地形和植被，对营养物质的拦截能力较强，研究天然或半天然河流河岸带类型、特征、河岸带土壤氮释放规律，所获知识可以指导干扰的河岸带生态修复，改善流域环境（Baczyk et al.，2018）。过去的研究工作也曾关注河岸带，但大多数研究主要考虑河岸带结构、稳定、河岸要素及相互作用、河岸植被、有效宽度、河岸带建设和管理、河岸土地利用等，这些研究有助于河岸管理（岳隽和王仰麟，2005）。然而，河岸分类、河岸带类型特征、河岸带土壤氮释放规律、河岸带与天然河流急流–深潭–河滩系统的关系很少被研究，开展这些方面的研究，可为河岸带面源污染过程分类管理提供参考（Buckley et al.，2012；Atkinson and Lake，2020）。在河流面源污染的防治中，污染物由于分散性和大面积性使其治理难度增加，但河岸带是污染物释放和拦截的最后屏障，河岸带分类特征和营养物质释放的知识，可以用于河岸带修复模式的设置，以便高效拦截分散性的污染物进入河流，保护河流健康（万军，2003；黄秋昊等，2007；赵中秋等，2008）。不同河岸带类型与急流–深潭–河滩系统的关系理解，可以为规划河流修复的空间布局和生态功能恢复提供理论依据。涟江属于珠江水系，是喀斯特地区一条半天然的河流，尽管部分河段建设有水电站大坝截断水流，导致急流–深潭–河滩系统消失，但是上游中下游很多河段仍然比较天然，河流中急流–深潭–河滩系统多而完整，与急流–深潭–河滩系统连接的河岸带植被繁茂，河岸带土地利用和地形复杂，是开展河岸带分类研究的好样本。

虽然国内外学者对河岸带的研究很多，但对河岸带类型的划分没有系统的分类标准（Boon et al.，1998；Buffin-Bélanger et al.，2015；Busato et al.，2019）。河岸带特征多样，根据每种特征都可进行分类，有的研究者在对河岸带性质的研究中，从不同类型河岸带上做对比，如王庆成等在帽儿山地区河岸带土壤的反硝化效率研究中，就是以森林背景下的森林、皆伐、草地类型和农田背景下森林、皆伐、草地类型作为河岸带类型进行研究（王庆成等，2007），但对河岸带类型只是一种直观描述，并未提及分类标准（万军，2003；黄秋昊等，2007；赵中秋等，2008）。因此，本研究以半天然的涟江为研究对象，以河岸带土地利用方式为 1 级分类标准，以地形地貌为 2 级分类标准，河岸带基质（砂壤土、壤土、沙土、石质）为 3 级分类标准，对涟江河岸带进行分类，旨在解决喀斯特地区河岸带分类问题，并通过实验，归纳总结河岸带类型和土壤氮释放特征。

目前，关于河岸带研究，氮素作为植物生长的必需元素，同时也是引发水体富营养化的主要原因之一，氮素流失首当其冲作为河岸带的一个重要过程来研究。在具体研究中，包括氮素赋存形态、土壤对氮素的转化利用、氮素流失特征等；针对河岸带缓冲带的研究中，主要是河岸带植被−土壤对养分输入的截留转化，很少对河岸带土壤氮释放特征进行研究（Chellaiah and Yule，2018；Cole et al.，2020）。本章将不同类型河岸带作为研究单元，对不同类型河岸带土壤氮释放特征进行比较研究，旨在揭示不同类型河岸带土壤氮释放规律，为面源污染防治和河岸带结构优化提供依据。科学研究的目的是先揭示自然规律，然后向自然学习，利用自然规律。本研究获得不同类型河岸带土壤释放特征及规律，量化河岸带氮释放影响因子之后，根据规律和影响因子，对河岸带结构优化提出建议。

7.2　河岸带研究现状

河岸带是能量、物质以及生物通过陆地边缘景观到达水体景观的重要过渡带，并且也是陆地与水体之间的生境和廊道，在这个狭长的地带，发生着强烈的物质循环、能量流动和信息传递（Forman，1997）。在河流横向上，河岸带是水陆生态系统之间的缓冲带，能够对水陆生态系统之间的物质和能量交换起到缓冲作用，在河流纵向上，河岸带能够增强沿河景观生态斑块之间的联系，并且在生物多样性保护中也具有重要意义（邵波等，2007；Capon et al.，2013；Cardinali et al.，2014）。河岸带生态系统具有明显的边缘效应，是地球生物圈中最复杂的生态系统之一（王庆成等，2007）。

目前，国内外对河岸带的研究多数是集中在河岸带的结构、宽度、功能、动态，以及受到破坏的河岸带生态重建及其维护管理几个方面（邵波等，2007）。20 世纪 90 年代有学者将河岸带定义为：水陆交界处两边，到河水影响消失的区域，以及该区域外，不直接受水文条件影响，但能为河漫滩或河道提供枝叶等有机物或庇荫条件的植被区域（Naiman et al.，1993；陈吉泉，1996）。夏继红等认为，河岸带是一个完整的生态系统，除了河水的影响区域和河岸植物外，还应包括动物和微生物，并且河岸带生态系统具有动态性（夏继红和严忠民，2004）。邓红兵等在河岸植被缓冲带与河岸带管理中提出河岸带是水陆交错带的一种景观表现形式，即岸边陆地上同河水发生作用的植被区域，是介于河溪和高地植被之间的生态过渡带（邓红兵等，2001）。关于河岸带宽度，夏继红等指出，河岸带只有满足一定的宽度要求，才能有效发挥其功能，理论上，河岸带越宽越有利于防洪安全、削减污染、减少侵蚀。但由于河岸宽度往往会受岸外可利用土地资源空间的限制，所以在建设和管理中，应考虑当地实际生产需要，选择最优宽度，使其既满足防洪安全、环境保护、生态保护要求，又满足降低占地的经济成本（夏继红等，2013；陈吉泉，1996；张建春，2001；王家生等，2011）。河岸带生态重建主要包括河岸带生物重建、河岸缓冲带生境重建和河岸带生态系统结构与功能恢复三个部分。张建春和彭补拙（2002）在探讨河岸带生态重建理论和技术方法的基础上，对河岸带滩地开展了生态重建试验研究，通过适宜生态树种的引入和育植，提高了河岸带滩地生态系统的生态效能、经济效能和社会效能。这些实验数据为制定不同地区河岸带植被的生态重建方案提供了一定的参考价值。

国外对河岸带的研究开展得比较早也比较深入。1977 年 7 月，在美国的亚利桑那州召开了"河岸栖息地的保护、经营和重要性"学术研讨会，同年在格鲁吉亚又召开了"全国冲积平原湿地及其他河流生态系统保护经营策略"讨论会（Hall，1972；尹澄清，1995）。此后，还成立了几个研究中心，出版了系列学术论文集。这一时期的工作奠定了河溪（含河岸带）生态系统研究的基本理论、范畴及经营管理措施（白慧强和李全平，2007）。国外对于河岸带的研究主要集中在河岸缓冲区的描述和制图分析方面，在此基础上，结合实例探讨了河岸带内相关因素的相互作用机制，强调了这一地域集成研究的重要性。在 20 世纪 90 年代和 21 世纪初，对河岸带的研究比较多，近年来，由于水污染问题的加重，对河岸带的研究更集中于河岸带的生态功能以及重建（Alemu et al.，2017；de Sosa et al.，2018）。Johnson 等（1995）结合怀俄明州 1937～1990 年 platte 河岸带植被以及河流水体的调查分析，采用情景分析的方法，研究了径流变化对河岸带植被的影响。Miller 等通过计算丰富度、多样性、优势度、平均斑块面积等景观格局指数，研究了洪水事件对河岸带植被的干扰作用（Miller et al.，1995）。Paine 和 Ribic（2002）研究了在不同土地利用方式下美国威斯康星州河岸带岸边植被群落的组成和发展情况，指出精细管理的轮流放牧方式将成为当地河岸带土地利用最合适的选择。由于河岸植被带常常是乡村城市绿网体系的重要组成部分，很多学者在河岸植被的恢复种植以及规划管理方面进行了研究，例如 Quershi 和 Harrison（2001）利用多目标分析法确定了澳大利亚昆士兰州河岸带植被的生态恢复方案，并且对植被恢复区的土地利用进行了成本效益分析。一些学者通过对河流廊道及其周边地区的安全性、自然性、亲水性、景观性等特征的调查分析，从生态环境以及社会经济等目标出发提出了河岸植被带规划管理的实施框架（Baschak and Brown，1995；Asakawa et al.，2004）。

7.3 河岸带土壤和营养物质释放

7.3.1 河岸带土壤

河岸带土壤不同于河流底质总是被水淹没。由于经常受到洪水侵入，也不同于只存在降雨补给水分过程的陆地土壤。河岸带土壤具有一定的特殊性，在维持河岸稳定性和生物多样性、迟滞沉积物、富集和过滤营养元素、维持和保护流域陆地生态系统与水生生态系统方面有重要作用（李新茂和张东旭，2007）。有研究表明，河岸林地土壤中各种氮素的含量、含水量均高于毗邻高地林地土壤的含量（韩伟宏，2008），而土壤含水量和土壤 pH 影响着河岸带植物群落的分布格局（张元明等，2004）。与灌丛河岸带和草地河岸带相比，林地河岸带不论是表层土壤还是下层土壤，都有较低的土壤容重、较高的持水量、较良好的渗透性。在同样的地表径流条件下，林地河岸带能吸附和控制更多的泥沙、养分和污染物（田树新，2007）。林地河岸带土壤在透气性、持水性、入渗性等方面明显好于灌丛和草地，对于消除溶解在地表径流中的污染物具有更高的效率（崔东海等，2007）。

河岸带土壤脱氮的主要动力是硝化作用与反硝化作用，氮素营养在渗滤过程中先发生硝化作用，后发生反硝化作用（吴耀国等，2003）。在帽儿山地区，农田背景下的林地河岸带土壤反硝化强度最大，裸地河岸带土壤反硝化强度最小；林地背景下土壤反硝化强度的大小顺序为皆伐河岸带>林地河岸带>草地河岸带。此外，河岸带表层土壤的反硝化强度大于底层，其反硝化强度受可利用碳、硝态氮的限制，各类型河岸带以农田背景下林地河岸带土壤反硝化潜力最大（崔东海，2006；王庆成等，2007）。对于恢复后的河岸带土壤微生物数量、土壤动物的种类和数量、土壤有机质、氮、磷、钾，显著高于未恢复河岸带（张宇博等，2008）。

7.3.2　河岸带氮释放

氮是植物从土壤中吸收最多的关键矿质元素。为了提高作物产量，人类在农业生产中施用大量氮肥。在环境问题中，氮素是引起水体富营养化的主要元素之一。国内对氮素的研究很多。包括氮的迁移转化、释放等都有研究。氮在土壤中的迁移与气候（降雨、温度等）、耕作方式、地表覆盖、土壤理化性质及生物性质等因素密切相关。地表径流、土壤侵蚀、下渗水淋失、以氨气形式逸失是造成土壤中氮素流失、引起环境问题的主要途径（谢云等，2013）。河岸带土壤氮释放和农田土壤氮释放过程相同，只是河岸带土壤一般氮浓度比较低。近年来，土地利用方式的急剧变化以及农田过量施用化肥等农业活动导致了流域大量氮素流失。调查表明，施于土壤的总氮中，30% ~70%被作物截取，其余则从地表径流、氨挥发、反硝化等各种途径损失。渗漏淋失是土壤中氮素损失的重要方面之一，据研究，渗漏淋失量可达5% ~41.9%。土壤中本身的氮素以及人为施入肥料中的氮素，伴随着降雨和灌溉，一部分直接以尿素等化合物形式，另外大部分以可溶性的 NO_3^-、NO_2^- 和 NH_4^+ 形式最终淋溶到土壤下层。该迁移过程伴随着不同形态氮素相应的化学转化，包括矿化（有机质→NH_4^+），氨挥发（$NH_4^+ + OH^- \rightarrow NH_3$），硝化（$NH_4^+ \rightarrow NO_3^-$），反硝化（$NO_3^- \rightarrow NO_2^- \rightarrow N_2O \rightarrow N_2$），水解 [尿素（$NH_2$）$_2CO + H_2O \rightarrow CO_2 + NH_3 \rightarrow NH_4^+$]，土壤固定（$NH_4^+$→有机质）以及作物吸收。因此土壤氮素迁移主要化合物形态为 NO_3^-、NO_2^- 和 NH_4^+。NO_2^- 不稳定，容易被氧化为 NO_3^-，带正电荷的 NH_4^+ 一般情况下易被带负电荷的土壤胶体所吸附，较少沿土壤剖面垂直向下移动或从土壤中渗漏淋失，基本滞留在土壤剖面上、中层，而带负电荷的 NO_3^- 不易被土壤胶体所吸附，可以随水分自由移动，极易淋洗到下层并污染浅层地下水。因此，硝态氮（NO_3^--N）是土壤氮素转化、迁移过程中最常见和最活跃的氮素形态，土壤渗漏淋失的 NO_3^--N 是浅层地下水中硝酸盐氮污染的主要来源（王家玉等，1996；陈子明，1996；张国梁和章申，1998；王吉苹等，2014）。李其林等（2010）在对三峡库区坡地氮素径流流失研究中证实，土壤类型、坡度、植被覆盖与径流水参数（pH、总氮、总磷）之间存在相关性。马骞等（2011）研究表明，沂蒙山区不同覆被棕壤在降雨强度为70mm/h，地形和植被覆盖度等条件较一致的情况下，表土有机质、有效态氮养分含量和容重、初始含水量是影响径流氮浓度的主要因子；而棕壤化学性质对径流氮浓度的影响程度要远大于棕壤物理性质，其中有机质含量对径流氮浓度的贡献率最大。李国栋等采用田间原位方法对太湖地区蔬菜地进行氮素径流损失研究，发现颗粒物运载是氮径流损失的主要形态，施肥量和降雨强度是影响氮磷流失量的主要因素（李国栋等，2006）。多数研究者认为，径流迁移的机理是土壤氮先通过对流、扩散作用迁移到地表或近地表层土壤溶液，然后通过水膜或混合层以及回流引起的氮释放等迁移、溶解在地表径流中，进而影响受纳水体（李国栋等，2006；李其林等，2010）。

国外对氮素的研究较早，20 世纪 50 年代，Hagenzieker（1958）对乌兰博、坦噶尼喀地区、东非土壤氮进行了研究，提出土壤氮素流失包括地表径流、土壤侵蚀、下渗水淋失、以氨气形式逸失等途径。土壤氮素淋溶流失源于地表径流向下渗漏和土壤水的向下移动。研究表明，欧洲农业土壤氮素的淋失率约为 $16kg/hm^2$（Velthof et al.，2009），北美地区为 $29\sim48kg/hm^2$（Jaynes，2001）。对于氮素转化，研究表明，土壤氮的转化与 pH、温度、水分、土壤含氮量、有机质和施肥有关，Rimek 等（2000）认为，通过提高土壤 pH、施用氮肥刺激硝化作用及改善土壤磷素供应状况等途径促进土壤的硝化作用。Burton 等认为，在干燥气候条件下林地土壤氮的硝化过程占主导，在该研究中还发现，土壤有机质含量越高，反硝化潜力越大（Burton et al.，2007）。Allen 等在对比河滩土壤和树林土壤产 N_2O 的时空变异时认为，低土壤氧化还原电位导致硝化作用占主导（Allen et al.，2007）。Huygens 等（2007）通过 ^{15}N 示踪技术研究智利 Nothofagus betuloides 林地土壤氮转化，发现约 99% 的硝态氮通过异化还原成铵（DNRA）途径转化，而非反硝化作用。该研究指出，在含氮量低、降雨量大的南方暖湿林地中，DNRA 过程占主导，通过将硝态氮转化为铵态氮保留在土壤中，从而促进氮素累积。

7.4　河岸带分类和氮流失特征研究方法

7.4.1　涟江概况

涟江，属珠江流域红河水系。涟江有两个源头，北源出自贵州省贵阳市西部花溪区党武乡，西南流；东源出自龙里县水场与大土两地之间，向西流约 30km，两源在惠水县青岩镇附近汇合，然后折向西南流，经惠水县城、长顺县南、罗甸县北，在罗甸与长顺县之间的交砚与蒙江另一河源格凸河汇合，之后称蒙江。涟江自北源到罗甸县交砚镇汇合格凸河口，长约 150km（胡昌元，1990；刘凌云等，2011；图 7.1）。涟江流域内，有富饶的惠水县涟江盆地，北起赤土乡罗新村，南到好花红乡，长约 30km。涟江两岸农田与村寨星罗棋布，岩溶风光雄伟壮观，风景秀丽，又有燕子洞等旅游资源，从源头自甲戎乡段，流域人类干扰较为严重，从甲戎乡往下游，两岸地势险要，人类干扰较少。涟江是典型的喀斯特地区河流，河岸带受喀斯特环境影响，异质性高。

根据模拟冲刷实验用水测定结果（表 7.1），$NH_3\text{-}N$ 含量在地表水 Ⅱ 类水质及以上，涟江氮污染不严重。对比上中下游河段，上游河段氮素含量明显大于中、下游河段，主要原因是上游河段农业用地居多，农田向河道中输入的氮素量较大，因此氮素含量相对较

图7.1　涟江流域示意图

高，下游河段周围均为山地，林地居多，受人类活动干扰较弱，水污染轻，因此水体氮素含量较低。

表7.1　涟江流域水体氮素含量　　　　　　　　　　　（单位：mg/L）

序号	采样点位置		TN	NH₃-N	NO₃⁻-N
1	上游	水场乡	5.54	0.32	4.09
2		河西村	3.35	0.21	1.86
3		桐木岭	2.62	0.41	1.22
4		青岩	2.46	0.27	1.27
5		高寨	2.32	0.08	0.84
6		花冲	2.09	0.03	0.53
7		孙家寨	2.94	0.24	1.21
8		兴隆村	2.96	0.27	1.70

序号	采样点位置		TN	NH₃-N	NO₃⁻-N
9		新寨	2.52	0.09	1.41
10		濛涟村	2.53	0.03	1.26
11	中游	惠水县城（和平镇）	2.35	0.16	1.09
12		三都（马路河大桥）	1.84	0.08	1.59
13		好花红乡	2.47	0.14	1.48
14		甲戎乡（犀牛坡）	1.50	0.10	0.47
15		董朗大桥	2.20	0.19	1.25
16	下游	店子边村	2.47	0.07	1.10
17		昌明村	2.78	0.42	1.23

7.4.2 河岸带类型划分

河岸带分类采用"土地利用+地形地貌+岸带基质"组合的定性分类方法。土地利用反映了人类活动和植被作用对河岸带的影响，即使在相同的地形地貌和岸带基质条件下，河岸带特征差异也很大，因此土地利用作为分类叠加的一级标准。具体地，1级标准为土地利用，根据土地利用特点，分为农业用地、草地、林地、建设用地类型河岸带4种。2级标准为地形地貌，如丘陵沟谷、山地河谷、盆地河谷等。第3级标准为河岸带基质，如石质、砂壤土、沙土、黏土等。在命名上，以农业用地类型为例，其名称为×××农业用地（水稻田、旱地、梯田等）+×××地貌类型（丘陵、山地等）+×××河岸带基质（土质、石质等）类型组合，这样，每一类型都能充分反映河岸带基本特征，根据河岸带类型的名字，就能直观看出该河岸带的一些性质，如稳定性、人类活动扰动性、土地利用方式等，为河岸带生态研究提供依据，同时在河岸带类型划分后，本研究选择不同类型河岸带进行野外模拟径流冲刷实验，分析氮流失特征。

1. 涟江流域河岸带地貌调查

地貌是地球表层系统的一个基本元素，早在1959年，沈玉昌在《中国地貌区划》一书中，就将我国的地貌类型分为山地、高原、丘陵、盆地、平原五大类型（沈玉昌，1959），在接下来的众多研究中，研究者在这五大类型的基础上，进行了更细致的划分，将山地分为极高山（起伏高度>2500m）、高山（起伏高度1000~2500m）、中山（起伏高度500~1000m）、低山（起伏高度200~500m）类型（李炳元等，2008）。基于上述研究，本章通过沿涟江上游至下游的实地踏勘，对涟江流域主要地貌类型进行记录，如丘陵、山地、盆地等，以便用于涟江流域河岸带主要地貌类型的确定。

2. 涟江流域河岸带基质调查

在河岸带的相关研究中，未发现对河岸带基质进行研究的文章。不同岩石、土壤是河岸带的基本物质，要进行河岸带分类，有必要对涟江河岸带基质进行调查。本研究中，采用路线考察法，对涟江河岸带基质进行记录，将河岸带基质分为两大类：土质和石质，其中土质按土壤质地分为壤土、沙土、黏土。测定土壤质地的方法很多，但是本研究是基于野外调查，不便于实验仪器携带和操作，为在野外调查过程中较快地区别河岸带土壤，采用野外速测法（手捏目测法）对河岸带土壤质地进行快速识别，识别方法如见辽宁《新农业》（1975 年第 10 期）：

将土壤用水充分浸湿后，沙土：不能搓成球，无法成团；砂壤土：可搓成表面不平的小球，但将其搓成长条状时，易散成大小不同的碎块；轻壤土：可搓成小圆条状，但拿起来就裂成碎段；中壤土：可搓成细圆条，弯曲就裂缝碎断；重壤土：可搓成细条，能弯成圆环，但将圆环压扁时，泥条外部发生裂缝；黏土及重黏土：容易搓成细条，有良好的黏着力，弯曲时没有裂痕，可做成任何形状且无裂纹。本研究中，将轻壤土、中壤土、重壤土统一为壤土类型。

3. 涟江流域河岸带主要土地利用方式调查

根据涟江流域河岸带调查，记录涟江流域河岸带土地利用类型，如草地、农业用地（园地、稻田）、林地、建设用地，测量各类型河岸带坡度、生物量及覆盖度，同时观察河岸带周围土地利用格局。

生物量及植被覆盖度测定方法：直接计数和样方法。乔木层样方大小为 20m×20m，灌木层为 4m×4m，草本层为 1m×1m，记录面积中所有的植物种类。在测定过程中，记录样方内物种名称及个体数、胸径（对于树木，测定其树干盖度，即实测树干距地面 1.3m 处的直径）、地径、高度、冠幅，统计分析计算得出河岸带植被覆盖度。

植被覆盖度（%）= 样方内所有树木的垂直投影面积之和/样方面积×100%

4. 涟江流域河岸带人类活动强度调查研究

人类活动强度是指一定的区域受人类活动的影响而产生的扰动程度，通常是根据区域内人口、文化、经济三个指标建立模型计算（徐志刚等，2009；陈红翔等，2011；汪桂生等，2013）。本书中，主要考虑人类活动对河岸带表层的影响，采用陆地表层人类活动强度（HAILS）表示。计算公式如下（徐勇等，2015）：

$$HAILS = (S_{CLE}/S) \times 100\% \tag{7.1}$$

$$S_{CLE} = \sum_{i=1}^{n} (SL_i \times CI_i) \tag{7.2}$$

式中，HAILS 为陆地表层人类活动强度；S_{CLE} 为建设用地当量面积；S 为区域总面积；SL_i 为第 i 种土地利用/覆被类型的面积；CI_i 为第 i 种土地利用/覆被类型的建设用地当量折算系数；n 为区域内土地利用/覆被类型数。

7.4.3　模拟径流条件下不同河岸带类型土壤氮释放

1. 河岸带冲刷设备径流槽概述

本研究中野外模拟径流冲刷采用小型便携式地表径流测定装置（径流槽），由钛合金长方形测流槽、给水装置和径流收集装置组成。长方形测流槽内部空间长50cm、宽15cm、高10cm，下框锋利以便通过木槌捶打上框可以把径流槽敲入土壤中，径流槽的上框相对比较钝，以便容易受力（图7.2）。在径流槽一端（B）离下框口5cm的中间位置有一个圆形的径流输出管，该管是一个长5cm，直径2cm，并和钛合金径流槽一端紧密结合的铝合金水管，该水管和径流收集装置连接，径流槽中产生地表径流时，输出地表径流到径流收集装置（王震洪，2017）。

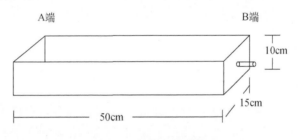

图7.2　钛合金径流槽

在钛合金径流槽的另一端，可以安装给水装置。给水装置包括固定支架、水流调节球、漏斗、加水器构成。固定支架（图7.3）用铝合金材料制造，可以直接套在钛合金径流槽的一端（A），和钛合金径流槽形成一体。固定支架套在钛合金测流槽A端部分是一个狭缝，在狭缝中刚好能容纳钛合金径流槽A端的壁。当钛合金径流槽敲入地下5cm后，把固定支架套在钛合金径流槽的A端，使固定支架能稳定地固定在钛合金径流槽上。固定支架上部是能够放入水流调节球的一个长方形箱体，该箱体长15cm，宽10cm，高6cm，它的长刚好和镁合金径流槽A端长度相等。在该箱体里放入直径1~3cm大小不等的塑料球，这些塑料球主要起到调节水流的作用，使加水器中水流进入径流槽前通过调节球的分散作用，水流变得均匀，流速减慢，减小加水器直接加水冲力过大导致径流槽中土壤侵蚀过大的误差。

加水器由玻璃量筒、铁架台、铁夹、软管组成（图7.4）。玻璃量筒有刻度，被固定在铁架台上，玻璃量筒的下端收窄形成玻璃管，在玻璃管上有一个活栓开关控制量筒中的水通过玻璃管流出。玻璃管被套上一根塑料软管，塑料软管可将水流导入固定支架上部的长方形带水流调节球的箱体中，然后缓慢流入测流槽。玻璃量筒直径10cm，高50cm，容量约为4L。

径流收集装置（图7.5）由一根塑料软管和采样瓶组成。在测定时，软管一端套在测流槽B端的径流输出管上，另一端放入采样瓶内。

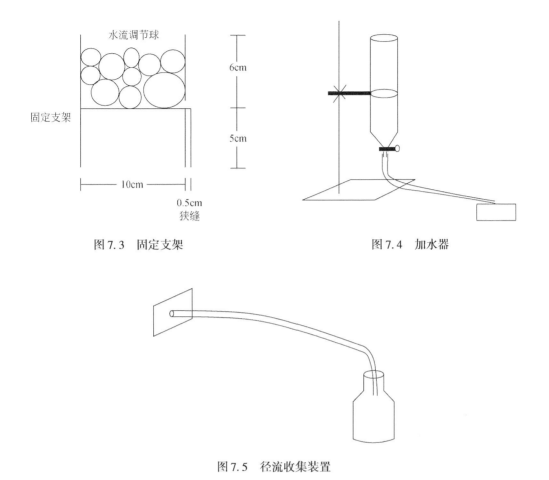

图 7.3　固定支架　　　　　　　　　　图 7.4　加水器

图 7.5　径流收集装置

　　当开始模拟测定地表径流时，便携式地表径流测定装置安装的步骤是：①选择要测定的代表性坡面，把钛合金测流槽用木槌均匀地打入坡面土壤中 5cm，当遇到土壤中石子较多时，把石子去除或者重新换一个代表性地点；②把固定支架狭缝套在测流槽 A 端，接着把单独包装携带的径流调节球放入固定支架上部长方形箱体中；③把单独放置的玻璃量筒、铁架台、铁夹、软管按图 7.4 安装好，并放在固定支架的旁边，一般情况下，放置铁架台的坡面不平，需要用铲子或锄头整平以便使加水器不歪斜；④把径流收集软管连接到测流槽的径流输出管上，并连接好采样瓶如图 7.5 所示；⑤把加水器放水软管尾部放在固定支架上部已放入水流调节球的长方形箱体中；⑥打开加水器的活栓开关，将水慢慢放入有调节球的长方形箱体中，然后水流进一步流入钛合金测流槽中，对坡面进行冲刷实验，根据量筒的刻度记录进入测定系统的水量。

2. 河岸带冲刷实验

　　利用 50cm×15cm×10cm 的便携式径流槽模拟冲刷河岸带，每次冲刷用水 800ml，冲刷时间 1 分钟。用水流调节球调节水流，使水流变得均匀，流速减缓，减小加水器中直接加水冲力过大导致径流槽中土壤侵蚀过大造成的误差。用径流收集瓶在径流输出管处接收流出径流，直至径流输出管处无径流流出为止，把装有收集瓶的径流在4℃下保存。接着在该径流槽重复上述实验，直到最后几次冲刷实验从径流槽中流出径流量基本相同时，结束冲刷该组实验。把收集的径流带回实验室测定相关指标。每个河岸带类型的冲刷实验分别设置3个不同点位的重复。在每个径流槽旁，用铝盒和采样袋采集土样，带回实验室测定理化指标。

冲刷用水为实验点河段河水，并用塑料瓶采集，保存在4℃下，带回实验室测定相关指标。其冲刷用水氮含量见表7.2。

表7.2 河岸带调查结果表

序号	样点位置	土地利用类型 （1级分类）	地形地貌 （2级分类）	河岸带基质 （3级分类）	人类活动强度/%
1	水场乡	农业用地 建设用地	丘陵 V形沟谷	砂壤土	64.35
2	河西1	农业用地 林地、草地	丘陵 V形河谷	壤土 砂壤土	14.11
3	河西2	农业用地	丘陵 V形河谷	壤土 砂壤土	20.00
4	河西3	农业用地 建设用地	丘陵 V形河谷	壤土 砂壤土	44.10
5	盖打坡	林地用地	丘陵 V形河谷	壤土	0
6	老榜河度假村	建设用地 林地	丘陵 V形河谷	壤土 石质	19.26
7	山王庙生态园	建设用地 林地、草地	丘陵 V形河谷	壤土 石质	65.30
8	下摆早	农业用地 建设用地	丘陵 V形河谷	砂壤土	30.21
9	上板桥	农业用地 建设用地	丘陵 V形河谷	砂壤土	35.47
10	桐木岭	草地	丘陵 V形河谷	壤土	6.70
11	石头寨	农业用地 建设用地	丘陵 V形河谷	壤土	70.77
12	北部环线下	林地 建设用地	丘陵 V形河谷	壤土 石质	34.47
13	西冲小寨	林地 建设用地	丘陵 V形河谷	壤土 石质	80.81
14	青岩	经济林地	丘陵 V形河谷	壤土	13.30

续表

序号	样点位置	土地利用类型 （1级分类）	地形地貌 （2级分类）	河岸带基质 （3级分类）	人类活动强度/%
15	姚家关	农业用地	宽谷盆地 U形河谷	砂质土	20.00
16	广友汽车美容 （青岩店）	建设用地	宽谷盆地 U形河谷	石质	100.00
17	歪脚村1	农业用地、 草地、 林地（灌林混丛）	丘陵 V形河谷	砂壤土 壤土	50.44
18	歪脚村2	农业用地 （水稻田撂荒地）	丘陵 V形河谷	砂壤土 壤土	20.00
19	歪脚村3	农业用地 （坡耕地）	丘陵 V形河谷	壤土	20.00
20	青岩东早路	农业用地、草地 建设用地、林地	丘陵 V形河谷	砂壤土	71.51
21	摆早村	农业用地 建设用地	丘陵 U形河谷	砂壤土	36.80
22	蒙贡	农业用地	丘陵 V形河谷	砂壤土	20.00
23	高寨	草地	丘陵 U形河谷	沙土	13.30
24	花冲	草地	丘陵 U形河谷	沙土	6.50
25	孙家寨	农业用地撂荒地	丘陵 U形河谷	沙土	6.70
26	兴隆村	草地（荒地）	丘陵 V形河谷	壤土	6.70
27	新寨	林地	丘陵 V形河谷	壤土	0
28	濛涟村	草地	宽谷盆地 U形河谷	沙土	13.35
29	惠水欢乐岛酒店	建设用地	宽谷盆地 U形河谷	沙土	100
30	惠水（和平镇）	建设用地 （景观林地）	宽谷盆地 U形河谷	沙土	60.00
31	惠水县城1	草地	宽谷盆地 U形河谷	沙土	13.33
32	惠水县城2	草地 农业用地	宽谷盆地 U形河谷	沙土	15.66

序号	样点位置	土地利用类型 （1级分类）	地形地貌 （2级分类）	河岸带基质 （3级分类）	人类活动强 度/%
33	惠水县城3	农业用地 建设用地	宽谷盆地 U形河谷	沙土	85.03
34	三都	农业用地 草地、林地	宽谷盆地 U形河谷	壤土 沙土	28.85
35	马田村	农业用地 草地	宽谷盆地 U形河谷	砂壤土 沙土	15.18
36	桐木村	农业用地	宽谷盆地 U形河谷	砂壤土	20.00
37	正台坡	农业用地	宽谷盆地、 U形河谷	砂壤土	20.00
38	好花红	农业用地、 草地、 建设用地	宽谷盆地 U形河谷	沙土	78.09
39	犀牛坡 （甲戎乡）	草地	山地峡谷 V形河谷	壤土	20.00
40	麦子垮	农业用地 林地	山地峡谷 V形河谷	石质 壤土	4.97
41	河坝	农业用地 草地	山地峡谷 V形河谷	沙土	14.62
42	翁塘	农业用地 林地	山地峡谷 V形河谷	石质 砂壤土	2.04
43	同宗	林地	山地峡谷 V形河谷	石质	0
44	蛮扁	农业用地	山地峡谷 V形河谷	砂壤土	20.00
45	董朗大桥1	草地	山地峡谷 V形河谷	壤土	13.33
46	董朗大桥2	林地 农业用地	山地峡谷 V形河谷	壤土	18.76
47	店子边村	林地 农业用地	山地峡谷 V形河谷	壤土	14.53
48	昌明村	建设用地、 林地 草地、 农业用地	山地峡谷 V形河谷	石质、沙土、 壤土	26.95
49	翁闸	农业用地 林地	山地峡谷 V形河谷	沙土	18.51

序号	样点位置	土地利用类型 （1级分类）	地形地貌 （2级分类）	河岸带基质 （3级分类）	人类活动强度/%
50	董王大桥	建设用地 林地	山地峡谷 V形河谷	壤土 石质	60.00
51	灰洞水电站	建设用地 林地	山地峡谷 V形河谷	壤土 石质	60.00
52	过高村	林地	山地峡谷 V形河谷	壤土 石质	0
53	双河口	建设用地 林地	山地峡谷 V形河谷	石质	60.00

土壤入渗量计算公式：

$$土壤入渗量（mm）=（冲刷用水量（mm^3）-流出径流量（mm^3））/$$
$$（径流槽面积（mm^2）\times 坡度系数）$$

3. 地表径流及冲刷水体中氮含量测定

TN：碱性过硫酸钾消解紫外分光光度法（GB11894—89）；

NO_3^--N：紫外分光光度法（HJ/T346—2009）；

NH_3-N：纳氏试剂分光光度法（HJ535—2009）；

4. 土壤理化性质测定

土壤pH：pH试纸；

土壤有机质（OM）测定：LY-T 1237—1999林地土壤有机质的测定；

土壤TN测定：凯氏定氮法测定；

土壤NH_3-N测定：KCl溶液提取法测定；

土壤NO_3^--N测定：双波长紫外分光光度法测定；

土壤自然含水量（g/kg）=（土壤湿重-土壤干重）×1000/土壤干重。

5. 数据处理

（1）采用Excel和SPSS数据分析软件处理数据。数据分析中需标准化处理数据用Z-score标准化方法。数据标准化后能消除量纲、变量自身变异大小以及数值大小的影响。

（2）相关性分析：对两个或两个以上具有相关性的变量因素进行分析，衡量变量因素间的相关程度。

（3）方差分析：检验来自不同河岸带类型径流和径流中氮流失量样本间均数差别的显著性。

（4）主成分分析：将影响氮素流失的多个变量通过线性变换，选出少数影响氮流失量的综合变量，分析氮素溶解流失影响规律。

7.5 河岸带类型和特征

根据野外勘察，沿涟江上游至下游，共调查河岸带样点 53 个，如表 7.2 所示。总体来说，东源水场乡至蒙贡河段，两岸农业用地居多，均为丘陵 V 形沟谷，中度人类活动干扰；北源党武乡至歪脚村河段：流经花溪大学城及青岩古镇，两岸人口较多，交通便利，河岸带土地利用类型为建设用地居多，农业用地次之，为丘陵 V 形沟谷，重度人类活动干扰；歪脚村至蒙贡河段人口相对减少，农业用地居多；蒙贡至思潜村河段：主要为农业用地类型，丘陵 V 形河谷，中度人类活动干扰；思潜村至濛涟村河段：土地利用以建设用地和农业用地为主，主要地貌为丘陵 V 形河谷，重度人类活动干扰；濛涟村至甲戎乡河段：中间流经惠水及好花红乡等地，汇流面积较大，土地利用方式主要为建设用地，农业用地次之，地貌为宽谷盆地，U 形河谷，重度人类活动干扰；甲戎乡至双河口，多为山地峡谷地貌，林地类型较多，轻度人类活动干扰。

根据河谷演变历程，河谷形成早期为沟谷，沟谷由降水汇聚形成沟谷流水，再通过流水的下蚀和溯源侵蚀等作用使沟谷不断加深和延长，最后形成河谷。早期河谷横剖面为 V 形，中期河谷由于落差变小，下蚀作用减弱，侧蚀作用增强，河谷沉积物在凹岸堆积，凸岸侵蚀，横剖面为 U 形，发育成熟后河谷横剖面为槽型。本研究与河谷演变相符，在北源和东源河源处，河道较窄，为 V 形沟谷，河道中游惠水一带河谷已发育成熟，为 U 形河谷，下游由于地貌影响，两岸为山地，河岸为石质河岸，因此侧蚀作用减弱，下蚀作用增强，河谷为 V 形河谷。

以土地利用类型为 1 级分类标准，分别以地貌类型、河岸带基质为 2、3 级分类标准，对样点河岸带进行统计分类。如图 7.6 所示，涟江河岸带土地利用类型为农业用地居多，占总调查样点类型的 33%，草地、林地、建设用地类型相差不大，分别占 21%、24%、22%。

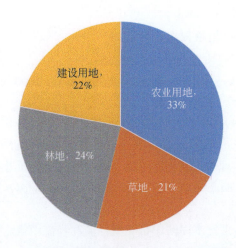

图 7.6 涟江流域不同土地利用方式河岸带类型所占比例

图7.7、图7.8分别表示农业用地类型河岸带中不同地貌类型、不同河岸带基质所占比例。从地貌类型上看,农业用地类型河岸带中丘陵地貌最多,占总类型比例为46%,山地和宽谷盆地地貌相似,占总类型比例均为27%,主要因为涟江河岸宽谷盆地地貌主要出现在惠水一带,这一带由于经济较为发达,河岸带周围开发利用较多,保留的农业用地面积相对减少,而在涟江流域下游的山地,由于多为峡谷,两岸石质化严重,不利于农业生产,因此这两种地貌类型河岸带占据农业用地类型河岸带比例少于丘陵地貌类型。从河岸带基质上看,涟江农业用地类型河岸带基质为土质,包括砂壤土、壤土、沙土类型,其中砂壤土类型河岸带占据比例最大,为41%,壤土类型河岸带次之,占据比例为31%,沙土类型河岸带最少,占据比例为28%。农业用地类型河岸带受人类活动影响程度大小不一,最大影响程度达到85.03%,最小影响程度为2.04%。

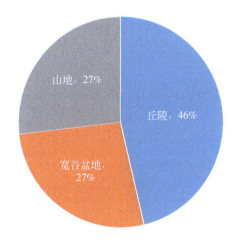

图7.7 农业用地类型河岸带中不同
地貌类型河岸带所占比例

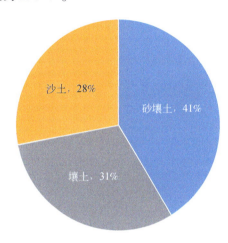

图7.8 农业用地类型河岸带中不同
河岸带基质所占比例

图7.9、图7.10分别表示涟江草地类型河岸带不同地貌类型、河岸带基质类型所占比例。从地貌类型上看(图7.9),草地类型河岸带主要为丘陵地貌,占草地类型河岸带的45%,宽谷盆地类型地貌次之,占33%,山地峡谷地貌最少,占22%;从河岸带基质上看(图7.10),草地类型河岸带基质包括土质和石质,其中,土质有壤土类型、沙土类型、砂壤土类型,草地+沙土河岸带基质类型河岸带最多,占草地类型河岸带的40%,草地+壤土河岸带基质类型河岸带次之,占草地类型河岸带的36%,然后为草地+砂壤土河岸带基质类型,占草地类型河岸带的16%,草地+石质河岸带基质类型最少,占草地类型河岸带的8%。人类活动对草地类型河岸带的干扰很大,最大程度干扰可达到78.09%,最小为6.5%,造成干扰的主要原因是人类踩踏和放牧。

图7.11、图7.12分别表示涟江流域林地类型河岸带中不同地貌类型、河岸带基质类型所占比例。从地貌类型上看(图7.11),林地类型河岸带主要地貌类型为山地峡谷,占总类型比例的50%,丘陵次之,占总类型比例的45%,宽谷盆地类型最少,占总类型比例的5%,因为涟江流域山地峡谷地貌河段河岸带石质化严重,不适宜开发利用,且这一带地势险要,周围居民较少,因此林地类型较多,而宽谷盆地段主要分布在惠水一带,经

济相对较为发达，且地势较平，河岸带多数被开发利用，林地类型较少；从河岸带基质上看（图7.12），林地类型河岸带有石质、壤土、砂壤土、沙土四种类型，林地+壤土河岸带基质类型较多，占48%，林地+石质河岸带基质类型次之，占33%，林地+砂壤土与林地+壤土类型较少，分别占据11%与8%。林地类型河岸带总体受人类干扰程度较低，但仍然存在有较强干扰类型，如西冲小寨，人类干扰强度为80.81%，部分林地河岸带由于林木茂盛，基本不受干扰。

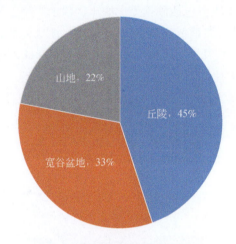

图7.9　草地类型河岸带中不同地貌类型河岸带所占比例

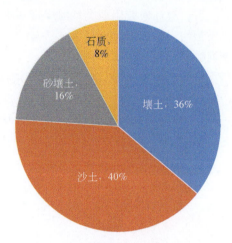

图7.10　草地类型河岸带中不同河岸带基质所占比例

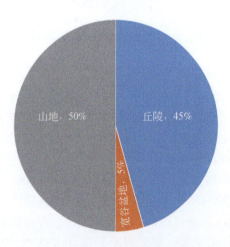

图7.11　林地类型河岸带中不同地貌类型河岸带所占比例

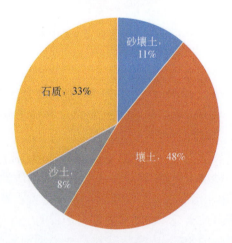

图7.12　林地类型河岸带中不同河岸带基质所占比例

图7.13、图7.14分别表示涟江流域建设用地类型河岸带中不同地形地貌、土壤质地类型河岸带所占比例。建设用地类型河岸带丘陵地貌分布较多，占总建设用地类型河岸带的比例为55%，宽谷盆地次之，占25%，山地峡谷最少，占总建设用地类型比例为20%

（图7.13），因为涟江流域丘陵地貌出现在河源至惠水一段居多，这一段包含党武乡、青岩等地，这些地方居民较多，且青岩为贵州重要旅游区，人流量大，建设用地占据比例大；从河岸带基质上看（图7.14），建设用地+壤土河岸带基质类型与建设用地+石质河岸带基质类型较多，占总建设用地类型河岸带比例都为31%，建设用地+沙壤土河岸带基质类型占21%，建设用地+沙土河岸带基质类型占17%。建设用地方式对河岸带带来很大影响，有建设用地开发的地方人类活动干扰都较为严重。

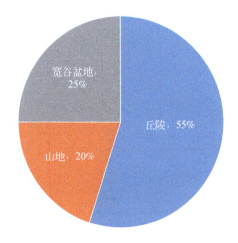

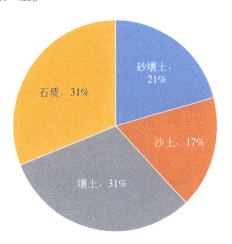

图7.13　建设用地类型河岸带中
不同地貌类型河岸带所占比例

图7.14　建设用地类型河岸带中
不同河岸带基质所占比例

总的来说，涟江流域河岸带类型丰富，各种土地利用方式均存在；地形地貌主要包含丘陵、宽谷盆地和山地峡谷；河岸带基质石质和土质均存在，土质包括砂壤土、壤土、沙土三个类型；人类活动强度影响程度有大有小，最大达到100%，为河岸带全是建设用地区域；也存在一些林地，周围无居民，河岸带覆被良好，几乎不存在人类干扰。

按照河岸带分类规则，把表7.2中各调查点的分类标准1、2和3用加号连接，并加上"河岸带"，即得到不同调查点河岸带类型（表7.3）。在表7.3各河岸带类型的河道中，都可能存在急流–深潭–河滩系统。急流–深潭–河滩系统是河流中不断重复出现的微地貌单元，它的两侧一般连接着各种河岸带类型，并形成完整的河流生态系统或者河流地貌。但是由于人类干扰，在涟江经过的惠水县城和其他镇，建设用地河岸带河段，常常根据人们的意愿修建梯形或矩形河道，急流–深潭–河滩系统就被破坏，河岸带也常常用浆砌石砌筑，或者用混凝土修筑，在远离水流的地方，种植树木和草本植物，以改善景观为目的。这种河岸带和河床是代替天然河流的人工制品。而在林地、草地、农业用地河岸带河段，天然的河岸带和急流–深潭–河滩系统连接形成一体，组成天然和半天然的河流生态系统。在河道中，急流–深潭–河滩系统重复出现，在该系统的两侧是林地、草地、农业用地结合不同地貌和土壤基质的河岸带，每种河岸带和急流–深潭–河滩系统之间存在良好的物质循环、能量流动和信息传递过程，具有良好的生物多样性和水体的自净能力。

表7.3　地表径流模拟冲刷实验样点河岸带

土地利用	类型编号	河岸带类型	样点位置	人类活动强度/%	坡度/(°)	植被覆盖度/%
农业用地	1	摞荒水稻田+丘陵V形沟谷+砂壤土基质	水场乡	20.00	0	60
	2	裸露坡耕地+丘陵U形沟谷+壤土基质	歪脚村	50.00	20	0
	3	摞荒水稻田+丘陵U形沟谷+壤土基质	歪脚村	31.65	0	60
	4	摞荒旱地+丘陵U形河谷+沙土基质	孙家寨	16.76	0	47
	5	摞荒坡耕地+山地V形河谷+沙土基质	昌明村	13.35	16	20
草地	1	草地+丘陵V形河谷+壤土基质	桐木岭	6.70	23	100
	2	草地+丘陵U形河谷+沙土基质	高寨	26.67	8	53
	3	草地+丘陵U形河谷+沙土基质	花冲	18.82	3	90
	4	草地+丘陵V形河谷+壤土基质	兴隆村	19.21	32	7
	5	草地+宽谷盆地U形河谷+沙土基质	濛涟村	22.23	9	100
	6	草地+宽谷盆地U形河谷+壤土基质	三都	28.90	0	70
	7	草地+宽谷盆地U形河谷+沙土基质	好花红乡	31.10	0	100
	8	草地+山地V形河谷+壤土基质	甲戎乡	16.88	20	40
	9	草地+山地V形河谷+壤土基质	董朗大桥	44.17	9	60
林地	1	灌丛+丘陵V形河谷+壤土基质	河西村	3.35	5	90
	2	经济林地+丘陵V形河谷+壤土基质	青岩	13.33	18	73
	3	乔木+丘陵V形河谷+壤土基质	新寨	0	6	80
	4	乔木+山地、V形河谷+壤土基质	店子边村	16.00	13	50
建设用地	1	景观驳岸+宽谷盆地、U形河谷+沙土基质	惠水县城	60.00	9	60
	2	裸地+山地V形河谷+壤土基质	昌明村	80.81	20	0

7.6　河岸带地表径流和入渗研究特征

　　根据河岸带分类结果，考虑不同土地利用河岸带数量，以每种土地利用类型中不同地貌和基质河岸带为选择因素，确定每种土地利用类型中较有代表性地段作为野外地表径流模拟冲刷实验河岸带样点。具体地，农业用地类型5个，草地类型9个，林地类型4个，建设用地类型2个，共计20个（表7.3）。每种类型土壤理化性质特征如表7.4。

表7.4　实验样点河岸带土壤理化性质

土地利用	类型编号	土壤pH	自然含水量/(g/kg)	TN/(g/kg)	NH_3-N/(mg/kg)	NO_3^--N/(mg/kg)	有机质/(g/kg)
农业用地	1	7	179.2	1.93	20.98	4.09	45.97
	2	7	81.9	1.71	59.97	24.96	30.45

续表

土地利用	类型编号	土壤 pH	自然含水量 /(g/kg)	TN /(g/kg)	NH₃-N /(mg/kg)	NO₃⁻-N /(mg/kg)	有机质 /(g/kg)
农业用地	3	7.5	160.9	2.11	16.87	4.78	44.42
	4	7	123.4	1.30	20.99	0.98	22.93
	5	6.9	123.2	1.21	33.57	2.94	35.19
草地	1	7	228.1	3.84	35.59	7.68	64.70
	2	7	118.4	0.44	9.74	9.35	9.42
	3	7	136.3	1.29	24.62	2.65	28.45
	4	5	167.7	0.63	30.45	7.54	8.88
	5	7	193.6	0.40	5.20	11.35	8.40
	6	7.5	280.3	2.21	31.72	21.55	42.07
	7	7	155.8	1.48	6.97	14.26	30.27
	8	7.5	215.1	2.37	17.15	17.35	48.09
	9	7	150.5	1.42	18.05	3.63	34.79
林地	1	7	259.2	2.93	27.66	6.77	65.64
	2	7	218.5	3.71	28.22	6.33	63.90
	3	4.5	184.7	0.97	19.04	12.88	19.90
	4	7.5	213.7	1.74	35.05	20.24	37.31
建设用地	1	7.5	158.2	1.15	7.27	14.07	21.75
	2	4	130.7	0.72	44.13	1.87	10.74

7.6.1 农业用地河岸带地表径流和入渗特征

如图 7.15 和图 7.16 所示，农业用地河岸带中，经模拟冲刷，类型 2 和类型 3 均无径流产生，类型 4 地表径流产生量最大，类型 1 与类型 5 相差不大。首次冲刷，只有类型 4 产生地表径流。除类型 2、类型 3 以外，其余类型模拟冲刷后地表径流随冲刷次数增加，产生量逐渐增大，增加量随冲刷次数增加逐渐减小，最后地表径流产生量趋于稳定。地表径流产生量与土壤水分入渗恰好相反，土壤水分入渗分为入渗初期和稳渗期两个时期，入渗初期，水分入渗量大，因此地表径流产生量小，随着冲刷的不断进行，土壤水分达到饱和，每次冲刷水分入渗量稳定，这时则为稳渗期。5 个不同农业用地河岸带中，类型 2 为正在耕作的坡耕地，受人类活动影响比较大，土壤疏松，利于水分入渗，因此 5 次冲刷均未产生地表径流，类型 3 与类型 2 类似，虽为撂荒地，但撂荒时间不长，干扰仍然存在。在本研究中，类型 5 水分入渗量大于类型 1 和类型 4，类型 1 为水稻田+丘陵 V 形河谷+砂壤土基质类型河岸带，类型 4 为落荒旱地+丘陵 U 形河谷+砂壤土基质类型河岸带、类型 5 为落荒坡耕地+丘陵 V 形河谷+砂壤土基质类型河岸带，砂土比砂壤土质地粗，因此水分入渗量大。解文艳和樊贵盛（2004）在土壤质地对土壤入渗能力的影响研究中提出，土壤质地越粗，透水性能越强，入渗速率从始至终均较大。另外，植被覆盖度也是影响土壤水分入渗的一个重要原因。

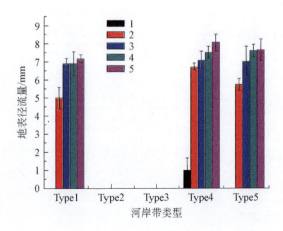

图 7.15　农业用地类型河岸带土壤模拟冲刷地表径流产生量

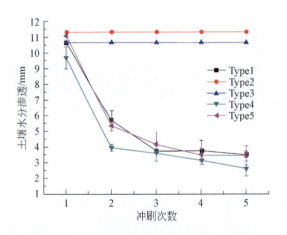

图 7.16　农业用地类型河岸带土壤水分入渗量

表 7.5 为河岸带类型土壤水分入渗特征，由于类型 2、类型 3 五次冲刷均未产生地表径流，因此无法得出其稳定入渗量和达到稳渗前累积入渗量。不考虑类型 2、类型 3，这些类型累积入渗量为类型 5>类型 1>类型 4；稳定入渗量为类型 5>类型 1>类型 4。

表 7.5　农业用地类型河岸带土壤水分入渗特征

类型编号	累积入渗量/mm	到达稳渗前累积入渗量/mm	稳定入渗量/mm
1	27.41	21.35	3.68
2	56.74		
3	53.33		
4	23.03	13.65	3.12
5	27.61	16.48	3.70

7.6.2　草地类型河岸带地表径流和入渗特征

在河岸带草地上模拟地表径流产生量和土壤水分入渗特征如图 7.17 和图 7.18 所示。地表径流产生量最大为类型 9，最低为类型 6，类型 1 稍高于类型 6，其余类型地表径流产生量相差不大，水分渗入则与地表径流产生量相反。对比分析发现，河岸带草地上土壤水分入渗受人类活动强度影响最为严重，类型 9 土壤为壤土，由于受人类踩踏，土壤板结，不利于水分入渗，因此冲刷产生地表径流最大。总体上看，河岸带沙土基质，地表径流相对比较小，因此土壤质地也是影响水分入渗的一个重要原因（武世亮，2014）。

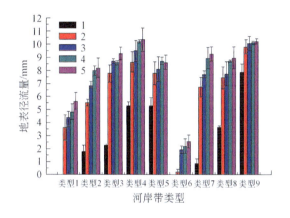

图 7.17　草地类型河岸带土壤模拟冲刷地表径流产生量

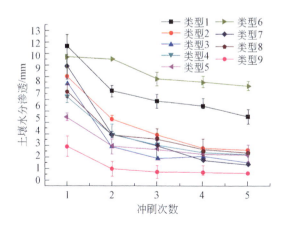

图 7.18　草地类型河岸带土壤水分入渗量

表 7.6 为河岸带草地土壤水分入渗特征，根据表 7.6 得出，模拟地表径流冲刷后，累计入渗量大小，类型 6>类型 1>类型 2>类型 8>类型 7>类型 4>类型 3>类型 5>类型 9；到达稳渗前累计入渗量，类型 6>类型 1>类型 2>类型 7>类型 8>类型 4>类型 3>类型 5>类型 9；稳定入渗量，类型 6>类型 1>类型 2>类型 8>类型 4>类型 5>类型 3>类型 7>类型 9。

表7.6 草地类型河岸带土壤水分入渗特征

类型编号	累积入渗量/mm	到达稳渗前累计入渗量/mm	稳定入渗量/mm
1	38.04	26.15	5.94
2	23.66	18.27	2.69
3	16.67	13.22	1.74
4	18.82	14.31	2.28
5	15.62	11.25	2.20
6	46.53	29.91	8.31
7	19.96	16.80	1.57
8	20.28	15.22	2.52
9	5.87	4.63	0.63

7.6.3 林地类型河岸带地表径流和入渗特征

如图7.19所示，林地类型河岸带地表径流产生量为类型1>类型2>类型4>类型3。土壤水分入渗则相反，如图7.20所示，为类型3>类型4>类型2>类型1。四个林地类型河岸带中，类型1为灌丛，类型2、类型3、类型4都为乔木林地，表明乔木林地土壤水分入渗能力更强，乔木有比灌木更发达的根系，根系对土壤的强穿插，对土壤大孔隙结构的形成和性质产生重要影响，从而影响土壤水分入渗（崔东海等，2007）。

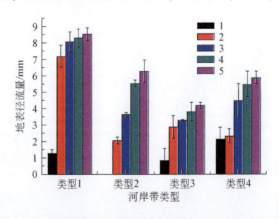

图7.19 林地类型河岸带土壤模拟冲刷地表径流产生量

如表7.7所示，林地类型河岸带土壤水分累积入渗量，类型3>类型2>类型4>类型1，到达稳渗前累积入渗量，类型2>类型4>类型3>类型1，稳渗入渗量，类型3>类型2>类型4>类型1。

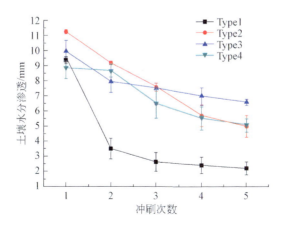

图 7.20   林地类型河岸带土壤水分入渗量

表 7.7   林地类型河岸带土壤水分入渗特征

类型编号	累积入渗量/mm	到达稳渗前累计入渗量/mm	稳定入渗量/mm
1	20.15	12.93	2.41
2	38.60	27.94	6.06
3	38.77	17.72	6.73
4	34.55	23.86	5.27

7.6.4   建设用地类型河岸带地表径流和入渗特征

由于建设用地河岸带基质石质较多，一般不适宜做实验，因此本研究中建设用地类型河岸带较少，只有两个类型。如图 7.21 所示，类型 1 地表径流产生量小于类型 2，水分入渗类型也相同（图 7.22）。类型 1 为惠水县城河岸建设用地景观林地，类型 2 为裸地，但

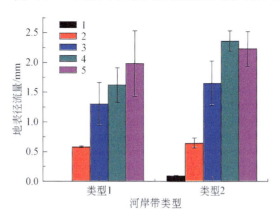

图 7.21   建设用地类型河岸带地表径流量

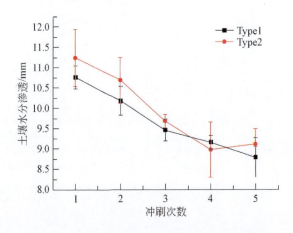

图 7.22　建设用地类型河岸带土壤水分入渗量

类型 2 坡度大于类型 1，表明人类活动影响都较大时，植被覆盖是影响土壤水分入渗的重要因素，同时坡度也是一个重要影响因素。

如表 7.8 所示，建设用地类型河岸带土壤水分累积入渗量、到达稳渗前累积入渗量、稳定入渗量均为类型 2>类型 1。

表 7.8　建设用地类型河岸带土壤水分入渗特征

类型编号	累积入渗量/mm	到达稳渗前累计入渗量/mm	稳定入渗量/mm
1	48.39	30.51	9.00
2	49.74	31.65	9.05

7.6.5　河岸带水分入渗相关因子分析

将累积入渗量与河岸带水分入渗相关因子（土壤自然含水量、土壤 pH、坡度、植被覆盖度、人类活动强度、土壤有机质含量）进行 Pearson 相关性分析（表 7.9），发现河岸带土壤冲刷后累积入渗量与土壤自然含水率、土壤 pH、坡度呈负相关，与植被覆盖度、人类活动强度和土壤有机质含量呈正相关关系，但都不存在显著性，可能在野外实验过程中，影响因子较多，影响力分散。

表 7.9　累计入渗量与河岸带水分入渗相关因子相关性分析

相关分析参数	土壤自然含水量	土壤 pH	坡度	植被覆盖度	人类活动强度	土壤有机质含量
累积入渗量	-0.018	-0.057	-0.009	0.264	0.211	0.113
样本数	20	20	20	20	20	20

将累积入渗量与河岸带类型进行方差分析，统计量如表 7.10 所示，方差分析结果如表 7.11 所示。由表可以得出，不同河岸带类型土壤水分入渗存在显著差异，河岸带类型差异表明土地利用、地形地貌和土壤质地差异综合影响着土壤水分入渗。对比不同土地利用类型（农业用地、草地、林地、建设用地）河岸带土壤水分入渗，发现建设用地河岸带水分平均累积入渗量>林地类型河岸带>农业用地类型河岸带>草地类型河岸带（表 7.12），主要是建设用地受人类建设干扰，土壤一直处于松散状态。

表 7.10 统计量描述

河岸带土地利用	N	均值	标准差	标准误	均值的 95% 置信区间		极小值	极大值
					下限	上限		
农业用地类型	5	38.61	15.40	6.89	19.49	57.73	23.03	56.74
草地类型	9	22.84	12.25	4.08	13.43	32.25	5.89	46.53
林地类型	4	32.92	8.73	4.37	19.03	46.82	20.16	38.58
建设用地类型	2	49.12	0.88	0.62	41.24	57.00	48.50	49.74
总数	20	31.43	14.39	3.22	24.69	38.16	5.89	56.74

表 7.11 河岸带类型组内和组间累积入渗量分析结果

	平方和	Df	均方	F	显著性（P）
组间	1556.93	3	518.98	3.49	0.04
组内	2377.67	16	148.61		
总数	3934.60	19			

注：$P<0.05$，存在显著差异；$P>0.05$，差异不显著。

表 7.12 河岸带不同土地利用平均累计入渗量

	农业用地	草地	林地	建设用地
平均累积入渗量/mm	27.67±15.40	22.84±12.25	32.92±8.73	49.12±0.88

7.7 河岸带土壤氮流失特征及影响因素

7.7.1 河岸带土壤氮流失特征

1. 农业用地河岸带氮流失特征

农业用地中，由于类型 2、类型 3 经 5 次冲刷均未产生径流，无法得出其径流中氮含量。如图 7.23 ~ 图 7.25 所示，农业用地河岸带氮流失量均随冲刷次数逐渐减小，随冲刷次数增多总氮流失量减少量比较均匀，相比较而言，铵态氮流失量变化幅度最大，尤其是类型5，第一次冲刷流失量与第二次冲刷流失量相差0.63mg/L，硝态氮流失量类型4和类型5都比较均匀，类型1变化幅度较大，第一次冲刷流失量和最后一次冲刷流失量相差0.75mg/L。总氮流失量，类型4>类型1>类型5，流失量集中在1.92~4.62mg/L，单次冲刷流失量最大是类型4，流失量为4.62mg/L，最小为类型5，流失量为1.92mg/L（图7.23）。铵态氮流失量为类型4>类型5>类型1，流失量集中在0.13~0.99mg/L，单次冲刷流失量最大为类型5，流失量为0.99mg/L，最小为类型1，流失量为0.13mg/L（图7.24）。硝态氮流失量为类型5>类型1>类型4，流失量集中在0.79~1.78mg/L，单次冲刷流失量最大为类型1，流失量为1.78mg/L，最小为类型4，流失量为0.79mg/L（图7.25）。

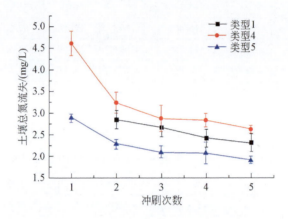

图7.23　农业用地河岸带土壤总氮流失量

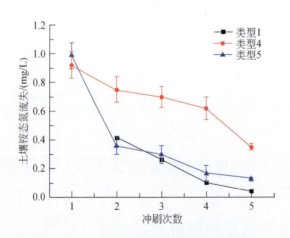

图7.24　农业用地河岸带土壤铵态氮流失量

2. 草地河岸带氮流失特征

草地河岸带氮素流失量均随冲刷次数增多而减少，但流失规律不同。总氮、硝态氮流失量随冲刷次数减小量很小，但铵态氮流失量随冲刷次数变化幅度较大。如图7.26所示，

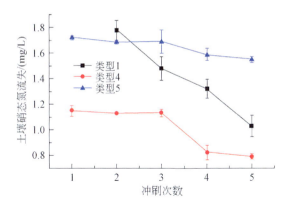

图 7.25　农业用地河岸带土壤硝态氮流失量

草地河岸带土壤总氮流失量除类型 3、类型 6、类型 9 以外，其余类型流失量集中在 3 ~ 5mg/L，每种类型均随冲刷次数增加，流失量逐渐降低，但减少量相对比较均匀，类型 3、类型 6 流失量较大，类型 9 流失量最小，类型 6 首次冲刷流失量与第二次冲刷之间波动最大，单次冲刷流失量最大为类型 6，流失量 7.37mg/L，最小为类型 9，流失量仅 0.95mg/L。铵态氮流失量均较低，除类型 6 第一次冲刷铵态氮流失量大于 1mg/L 以外，其余流失量均在 0 ~ 1mg/L，相比较而言，类型 9 铵态氮流失量最低，类型 3 最高，类型 6 首次冲刷流失量与第二次冲刷之间波动最大，单次冲刷流失量最大为类型 6，流失量 1.39mg/L，最小为类型 9，流失量 0.01mg/L（图 7.27）。随冲刷次数增多，硝态氮流失量减少量比较均匀，波动不大，流失量为类型 3>类型 6>类型 2>类型 1>类型 8>类型 4>类型 7>类型 5>类型 9，类型 6 五次冲刷流失量在 1.9 ~ 2.37mg/L，类型 5、类型 9 流失量明显低于其他类型，类型 5 五次冲刷流失量在 1.21 ~ 1.25mg/L，类型 9 五次冲刷流失量在 0.29 ~ 0.47mg/L，单次冲刷流失量最大为类型 3，流失量 2.44mg/L，最小为类型 9，流失量 0.29mg/L（图 7.28）。

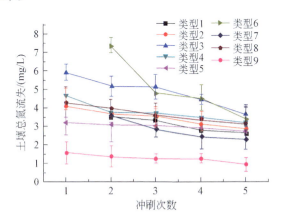

图 7.26　草地河岸带土壤总氮流失量

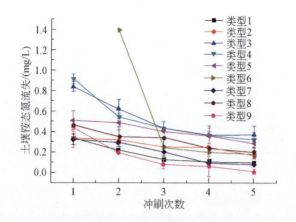

图 7.27　草地河岸带土壤铵态氮流失量

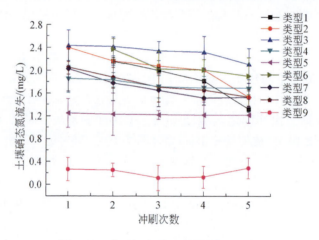

图 7.28　草地河岸带土壤硝态氮流失量

3. 林地河岸带氮流失特征

林地河岸带氮素流失特征与前两种河岸带相似。随冲刷次数增多，河岸带土壤总氮、铵态氮、硝态氮流失量均逐渐减小。如图 7.29 所示，林地河岸带总氮流失量为类型 2>类型 3>类型 1>类型 4，五次冲刷流失量在 1.24 ~ 4.88mg/L，单次冲刷流失量最大为类型 1，流失量为 4.88mg/L，最小为类型 4，流失量为 1.24mg/L。铵态氮流失量为类型 2>类型 4>类型 1>类型 3，五次冲刷流失量在 0.09 ~ 1.13mg/L，单次冲刷流失量最大和最小都在类型 4，最大流失量为 0.09mg/L，最小流失量为 1.13mg/L（图 7.30）。硝态氮流失量为类型 2>类型 3>类型 4>类型 1，五次冲刷流失量在 0.5 ~ 2.46mg/L，单次冲刷流失量最大为类型 2，流失量为 2.46mg/L，最小为类型 1，流失量为 0.5mg/L（图 7.31）。

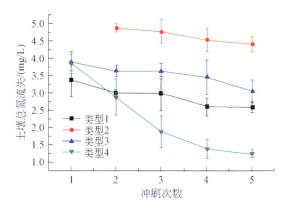

图 7.29　林地类型河岸带土壤总氮流失量

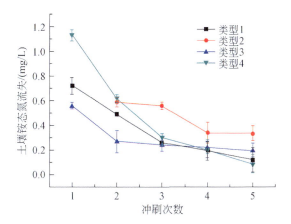

图 7.30　林地类型河岸带土壤铵态氮流失量

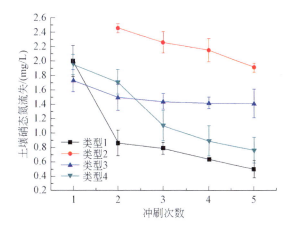

图 7.31　林地河岸带土壤硝态氮流失量

4. 建设用地河岸带氮流失特征

建设用地河岸带土壤氮素流失与本研究中其他三个类型相似，总氮、铵态氮、硝态氮流失量均随冲刷次数增加而减少。如图7.32所示，建设用地土壤总氮流失量，类型2>类型1，流失量集中在2.36~4.6mg/L，单次冲刷流失量最大为类型2，流失量4.6mg/L，最小为类型1，流失量2.36mg/L。铵态氮流失量为类型2>类型1，流失量集中在0.31~1.74mg/L，单次冲刷流失量最大为类型2，流失量1.74mg/L，最小为类型1，流失量0.31mg/L（图7.33）。硝态氮流失量为类型2>类型1，流失量集中在1.28~2.11mg/L，单次冲刷流失量最大为类型2，流失量2.11mg/L，最小为类型1，流失量1.28mg/L（图7.34）。

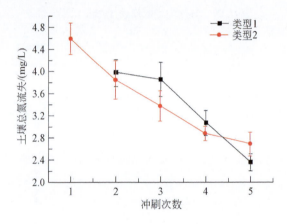

图7.32　建设用地河岸带土壤总氮流失量

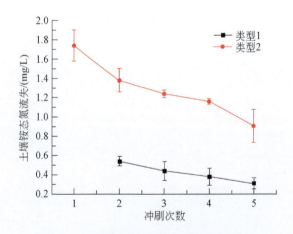

图7.33　建设用地河岸带土壤铵态氮流失量

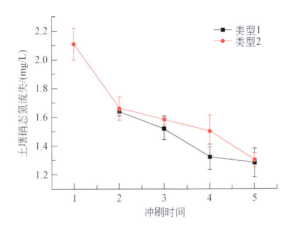

图 7.34　建设用地河岸带土壤硝态氮流失量

7.7.2　河岸带土壤氮流失影响因素

影响土壤氮素流失因子很多，本节以冲刷水体氮素含量、土壤理化背景值以及各类型河岸带植被覆盖度和坡度作为影响因子，利用 Spearman 相关性分析，分析各影响因子与土壤氮流域量相关性。分析结果如表 7.13 所示，土壤总氮流失量与冲刷水体总氮、铵态氮、硝态氮含量和土壤总氮含量、土壤有机质含量、植被覆盖度存在负相关关系，与坡度和土壤 pH 存在正相关关系。土壤铵态氮流失量与冲刷用水总氮、铵态氮、硝态氮含量和土壤铵态氮含量、坡度呈正相关关系，其中与河岸带土壤铵态氮含量存在极显著相关性，相关系数为 0.61**，与土壤 pH、土壤有机质、植被覆盖度存在负相关关系，其中，与植被覆盖度显著负相关，相关系数为–0.51*。土壤硝态氮流失量与冲刷水体总氮、铵态氮、硝态氮含量存在负相关关系，与土壤总氮、铵态氮、硝态氮含量和土壤有机质含量、植被覆盖度和坡度存在正相关关系。总体来说，地表径流中铵态氮浓度与土壤铵态氮含量、植被覆盖度存在显著相关以外，其余均不存在显著相关性，可能由于不同类型河岸带影响氮流失的因子较多，影响力分散。

表 7.13　河岸带土壤氮流失影响因子相关性分析

土壤氮释放量	冲刷用水氮素含量			河岸带土壤理化背景值				河岸带特征参数		
	TN	NH₃-N	NO₃⁻-N	TN	NH₃-N	NO₃⁻-N	pH	有机质	植被覆盖度	坡度
土壤 TN 释放量	−0.36	−0.20	−0.23	−0.03	0.23	0.05	0.10	−0.15	−0.20	0.03
土壤 NH₃-N 释放量	0.12	0.06	0.03	−0.11	0.61**	−0.20	−0.13	−0.12	−0.51*	0.06
土壤 NO₃⁻-N 释放量	−0.35	−0.09	−0.14	0.35	0.33	0.14	0.10	0.31	0.10	0.11

注：* 表示在 0.05 水平上显著相关；** 表示在 0.01 水平上显著相关。分析前将各影响因子值和土壤氮释放量值进行 Z-score 标准化处理。

方差分析表明，不同类型河岸带土壤氮素流失量差异性不显著（表 7.14）。将氮素流失影响因子进行主成分分析，结果如表 7.15。主成分分析共提取主成分 3 个，在第一主成分上，植被覆盖度、土壤 pH、土壤铵态氮含量、土壤硝态氮含量和冲刷水体铵态氮含量有较高值，说明第一主成分基本反映了这些指标；第二主成分主要反映了土壤总氮含量、土壤有机质含量、人类活动强度指标；第三主成分反映了坡度、冲刷水体总氮和硝态氮含量。

表 7.14　土壤氮素流失量与河岸带类型方差分析

项目		平方和	df	均方	F	显著性
土壤总氮释放量	组间	26.45	3	8.82	0.42	0.74
	组内	293.39	14	20.96		
	总数	319.83	17			
土壤铵态氮释放量	组间	9.95	3	3.32	2.38	0.11
	组内	19.51	14	1.40		
	总数	29.46	17			
土壤硝态氮释放量	组间	7.80	3	2.66	0.48	0.70
	组内	77.19	14	5.51		
	总数	84.99	17			

注：$P<0.05$，存在显著差异；$P>0.05$，差异不显著。

表 7.15　河岸带氮素流失影响因子主成分分析结果

项目	主成分		
	1	2	3
坡度	0.536	−0.008	0.650
植被覆盖度	−0.770	0.289	−0.179
土壤 pH	−0.710	0.287	0.023
土壤总氮含量	−0.229	0.850	0.401
土壤铵态氮含量	0.594	0.391	0.458
土壤硝态氮含量	−0.595	−0.189	0.261
土壤有机质含量	−0.260	0.891	0.291
冲刷水体总氮含量	0.392	0.508	−0.727
冲刷水体铵态氮含量	0.779	0.482	0.077
冲刷水体硝态氮含量	0.244	0.521	−0.715
人类活动强度	0.382	−0.496	−0.052

7.8　讨　　论

7.8.1　河岸带分类研究

河岸带作为水陆生态系统间的缓冲带，具有多样的生态系统功能，尤其对养分的输入有截留转化作用，保护或促进河流生态系统的健康生态过程（Casotti et al., 2015）。近年来，随着水环境污染问题的日益突出，有必要对河岸带进行更系统的研究。河岸带与其他研究一样，在系统研究过程中，首先应将河岸进行分类，以便于对比不同河岸带分类特征，为河岸带结构优化提供指导。同时，分类后的河岸带，类型明确，一目了然，便于开展进一步的研究。在河岸带分类上，目前没有系统的分类标准，而河岸带特征多样，每一个特征都可以作为分类依据。因此，本研究中，将普遍存在且较易识别的土地利用方式作为河岸带分类的 1 级标准；地貌类型和河岸带基质也是比较有代表性的河岸带特征，因此研究中以这两个特征作为 2 级和 3 级分类标准，分类后河岸带类型为不同土地利用方式（农业用地、草地、林地、建设用地）+地形地貌（丘陵、盆地、山地）+河岸带基质（石质、土质）的叠加组合，这样，一方面可以识别复杂的河岸带类型，另一方面，通过分类名称，可以看出河岸带的基本特征，初步判断河岸带的环境功能。

7.8.2 涟江流域河岸带类型和特征

本研究共调查河岸带样点 53 个，通过野外路线调查与室内统计分析，发现涟江流域河岸带类型丰富，各种土地利用方式均存在。河岸带的地形地貌主要包含丘陵、宽谷盆地和山地峡谷；河岸带基质石质和土质均存在，土质包括砂壤土、壤土、沙土三个类型；人类活动强度影响程度有大有小，最大达到 100%，为河岸带全是建设用地的地段。河岸带也存在一些林地，周围无居民，河岸带覆被良好，不存在人类干扰。研究发现，某一调查地段为单一类型河岸带较少，基本都存在多种河岸带类型，如调查点 48，四种土地利用方式（农业用地、草地、林地、建设用地）均存在，河岸带基质也不是单一的一种，土质和石质类型均有。调查河岸带样点中，农业用地河岸带居多，占总调查样点类型的 33%，林地次之，占 24%，然后是建设用地，占 22%，草地最少，占 21%。建设用地河岸带主要在青岩、惠水至甲戍乡一带经济较为发达地区，人口相对集中，河岸带被开发利用范围大，但仍然存在农业用地类型河岸带。而在其他河段，经济发展远跟不上青岩、惠水等区域，河岸带土地利用方式为农业用地居多，尤其是在河源至惠水一带，农业用地是河岸带的主要土地利用类型，而在甲戍乡至双河口河段，两岸为山地地貌，河道流经山地峡谷，两岸多为崇山峻岭，不适宜农业活动，且交通不便，人烟稀少，加上相对偏远，经济发展滞后等因素，河岸带受破坏小，林地类型居多。调查样点中，河岸带土地利用方式，农业用地>林地>建设用地>草地。

从不同河岸带类型分析，农业用地河岸带丘陵地貌类型最多，占总类型比例为 46%，山地、宽谷盆地一样，分别占总类型比例的 27%，主要因为丘陵地貌主要为涟江河源至惠水一带，这一带农业用地占据比例最大，宽谷盆地地貌主要为惠水一带，这一带由于经济发展较好，包含惠水县城和好花红乡等地，河岸带多被开发利用，因此农业用地类型河岸带占据比例小，而甲戍乡以下多为山地地貌，河岸带石质化，土壤贫瘠，不适宜农业活动。农业用地河岸带基质，砂壤土最多，占比例为 41%，其次为壤土，占 31%，沙土最少，占比 28%。田皓等（2012）在不同土壤质地对作物凋萎湿度及苗期生长的影响研究表明，壤土更适合作物苗期生长，作物长势和出苗量优于沙土和黏土；韩宗梁等（2015）

通过对比不同土壤质地对小麦生长发育及生理特性的影响得出，在小麦苗期和越冬期，壤土类型上群体数多于沙土和黏土。这些研究表明，砂壤土河岸带的存在，会吸引当地群众将其用于农业生产，因此农业用地河岸带+砂壤土匹配度较高。本研究中，农业用地河岸带受人类活动影响程度大小不一，最大影响程度达到85.03%，最小影响程度为2.04%，主要因为调查农业用地河岸带中，大部分属于优质土地，种植活动干扰强度大；部分土地已撂荒，有的撂荒时间不长，干扰仍然存在，但强度较低，为中度干扰类型，极少数撂荒时间较长，已恢复植被，人类活动干扰轻微。

在草地河岸带中，丘陵地貌类型居多，占总草地类型河岸带的45%，宽谷盆地地貌次之，占33%，山地峡谷地貌最少，占22%。丘陵地貌主要分布在河源至惠水一带，这一带河岸周围人口分布较少，河岸带开发利用范围小，河岸带还有大片草地保存，而宽谷盆地地貌主要分布在惠水县城一带，这一带经济发达，河岸带被开发利用，但由于受河流冲积影响，形成大面积河漫滩，汛期河流对河漫滩的冲刷影响使这部分河岸带不适宜乔木、灌木生长，也不适合开发利用，因此植被恢复后以草本植物为主，形成草地河岸带，而山地峡谷地区，森林发育较好，草地河岸带较少；草地河岸带基质主要为沙土，占总草地河岸带的40%，其次为壤土，占36%，然后是砂壤土，占16%，石质基质占8%。对比其他土地利用方式河岸带，草地河岸带沙土类型占据比例最大，因为草地河岸带相当一部分为河漫滩，河漫滩的形成主要是河流的冲积作用，土壤泥沙含量较大，因此草地河岸带沙土类型较多；由于草地河岸带多分布在丘陵和宽谷盆地地貌区域，受人类活动强度影响相对较大，最大人类活动强度为78.09%，最小为6.5%，造成干扰的主要原因是人类踩踏和放牧。

林地河岸带中，山地峡谷地貌类型居多，占总类型比例的50%，丘陵次之，占总类型比例的45%，宽谷盆地类型最少，占总类型比例的5%。因为涟江山地峡谷地貌河段河岸带石质化严重，不适宜开发利用，且这一带地势险要，周围居民较少，受人类活动干扰小，因此林地类型较多，而宽谷盆地段主要分布在惠水一带，经济相对较为发达，人口密集，地势平坦，河岸带多数被开发利用，受人类活动强度影响较大，林地类型较少；林地河岸带基质壤土类型较多，占48%，其次是石质类型，占33%，砂壤土和沙土分别占11%和8%，因为林地分布位置远高于河床，土壤受河水冲刷少，且植被生长有利于保土保水保肥性能，因此林地河岸带壤土基质居多。另外，在涟江下游，河岸带石质化，林地之下就是石质化的河岸带，因此，石质基质也占据相当大的比例。在调查河段，林地河岸带人类活动强度有大有小，与周围经济发展有关，若为经济相对较好区域，人类活动频繁，河岸带受干扰程度大，最大人类干扰强度为80.81%，最小为无干扰。

建设用地方式对河岸带带来很大影响，改变了河岸带原有形态和结构，导致在有建设用地开发的地方，河岸带受人类活动干扰都较为严重，最大值达到100%，为全建设用地河岸带。另外，有些建设用地由于建设时间长，被破坏区域植被恢复较好。建设用地河岸带丘陵地貌分布较多，占总建设用地河岸带的比例为55%，宽谷盆地和山地峡谷分别占据总建设用地比例为25%和20%。因为涟江丘陵地貌含党武乡、青岩等地，这些地方居民较多，且青岩为贵州重要旅游区，人流量大，建设用地占据比例大，而在山地峡谷地貌段，由于交通不便，调查位点包括了两个水力发电站（灰洞水力发电站、蒙江水力发电总站），这两个位点河岸带都为建设用地，因此建设用地+山地类型河岸带也占一定比例；在建设用地河岸带中，石质基质类型和壤土基质类型较多，都占31%，砂壤土和沙土较少，分别为21%和17%。

从河谷演变上分析，涟江东源龙里县水场乡涟江为V形沟谷，至青岩一带河流面积增大，河道变宽，但河谷形态仍为V形；至惠水一带，汇流面积大，水流量大，两岸地势平坦，侧蚀作用强，河流发育成熟，形成U形河谷，从甲戎乡往下游，地貌为山地地貌，两岸石质化，不利于水流的侧蚀作用，下蚀作用增强，河谷为V形河谷。相关文献对河流地貌发育，将河流地貌演变过程归纳为三个时期：河流发育早期，河流地貌为V形沟谷；发展一定时期后，呈V形河谷形态；河流发育成熟后，演变为U形（槽型）河谷。涟江河流的演变也遵循这一规律，但在涟江发育过程中，下游河道纵比降大，岩溶发育，在甲戎乡往下河段为V形河谷。

7.8.3 河岸带地表径流及入渗特征

在对河岸土壤地表径流和土壤水分入渗的研究中，地表径流的测定方法一般采用标准径流小区法、径流小区法、米级径流小区法、小集水区径流场技术、无定形径流小区技术等。而土壤水分入渗一般是采用环刀法、双环法、渗透筒法、入渗仪法测定。上述方法中，标准径流小区法、径流小区法、小集水区径流场测定地表径流，一旦测定的坡面选定并建造径流小区，地表径流测定设施就成为永久性的。由于设施建造投资大，测定的坡面面积大，研究工作只能建造很少的测定小区，因此研究工作的重复样本少。因此，科学家进一步发展了米级径流小区和无定形地表径流测定方法。米级径流小区由于设施设备较小，是非固定式，可以移动到其他坡面进行研究观测，获得有限的多样本重复数据。但地表径流形成的坡面，植被、覆盖物、人类活动、坡度等下垫面因素仍然不断变化，无法研究某个因子对地表径流的单独作用而控制其他因子。只有在更小的尺度上观测地表径流，才能研究单因子的径流效应。在本研究中，设计制作和利用小型便携式径流槽，该设备可以通过选择观测点，进行单因子地表径流效应操作，而且既能测定地表径流，还能测定水分入渗。

总体来看，通过模拟研究，涟江每种类型河岸带地表径流量随冲刷次数增加而增加，增加到一定值后，地表径流量趋于稳定。农业用地和建设用地河岸带受人类活动干扰比较严重，人类活动会使土壤紧实或疏松，二者都会影响土壤水分入渗，如农业用地类型2和类型3河岸带。土壤水分入渗中，当土壤受人类活动强度影响较大时，其他影响因素影响力降低，如草地河岸带类型9，植被覆盖度高，但是生境受人类踩踏严重，土壤紧实，土壤水分渗量很小。刘贤赵和康绍忠（1999）研究发现，疏松的土壤被压实后，其入渗速率可以减小到压实前的2%，同等干扰类型河岸带中，林地类型河岸带土壤水分渗透能力远大于草地类型。崔东海等（2007）在帽儿山林场对不同河岸带植被土壤水分–物理性质的研究表明，森林在土壤透气性、持水性以及入渗性能方面明显优于草地。森林是影响土壤渗透性能的一个重要因素，主要表现为植物根系生长会对土体产生轴向压力，在根尖周围呈圆柱体扩大，当根系腐烂后，这些孔隙留在土体内，显著增加了土壤的水分入渗（王力等，2005）。

　　土壤水分渗透性能是评价土壤水源涵养能力的重要指标，同时也能反映土壤抗侵蚀能力，是土壤水分研究的重要内容（马晓刚，2008）。不同类型河岸带在野外用径流槽冲刷实验表明，土壤初始入渗量均比较大，然后逐渐减小并趋于稳定。有研究表明，在入渗初期，土壤入渗量大，随着土壤水分饱和，入渗量达到稳渗状态（赵西宁等，2004；党宏忠，2004；李军等，2016）。本节中用径流槽测定的水分入渗规律与用环刀法测定的水分入渗规律相同，但用径流槽可同时测定地表径流量，进行地表径流和水分入渗比较分析。分析水分入渗的影响因子，土壤自然含水率是影响水分入渗的重要因素。有研究表明，土壤初期水分入渗量与土壤自然含水量密切相关，自然含水量越大，初期入渗量越小，随着时间的延长，土壤自然含水率对入渗的影响变小，最后可以忽略（Bodman and Colman，1994；李裕元和邵明安，2004）；土壤达到稳渗的时间与土壤自然含水率存在负相关关系，土壤初期自然含水率大，达到稳渗历时越短，反之则长（吴发启等，2003）。土壤水分入渗还受制于其他因素，包括土壤机械组成、容重、孔隙度、团聚体、有机质含量、植被覆盖度、植被类型、枯落叶层厚度、地形地貌等因素。本研究从土壤自然含水率、植被类型、土壤质地、人类活动强度等因素说明不同类型河岸带水分入渗情况。研究发现，不同类型河岸带土壤水分入渗能力受人类活动强度影响很大，人类活动破坏了土壤结构，致使土壤板结或疏松，对土壤水分入渗产生极大影响。当人类活动强度影响较大时，其他影响因素对土壤水分入渗影响力减弱，人类活动成为主要影响因素。同等干扰条件下，土壤自然含水量、植被类型、土壤质地等因素对土壤水分入渗均具有显著的影响。

　　将河岸带以不同土地利用方式分类后，以不同土地利用方式对河岸带土壤地表径流和水分入渗特征进行研究，发现地表径流和土壤水分入渗变化是受到土地利用和其他影响因素叠加作用的。农业用地河岸带中，5 种类型河岸带模拟研究表明，强烈的人类活动导致土壤结构板结，产生的地表径流量就大，落荒的坡耕地有较大的坡度，与水平的落荒水稻田比，容易产生地表径流，但是落荒时间比较长，水分入渗量就比较大。在黄土丘陵区退耕坡地植被自然恢复过程及其对土壤入渗的影响研究中也发现，退耕还草的土地水分入渗能力随退耕年限增加而增强，在土壤水分入渗的影响因素中，耕作方式是重要的影响因素（董三孝，2004；徐敬华等，2008；寇小华等，2013）。草地河岸带研究表明，受人类干扰严重，土壤板结，不利于水分入渗；坡度比较大，地表径流量也比较大，但植被覆盖度高，虽然坡度较大，累积入渗量也很大。李卓等（2011）在土壤水分入渗影响机制研究综述中有提到，土地利用方式、地形、地貌部位等因素虽然对土壤入渗能力有显著影响，但影响的本质是土壤本身性状或地表结皮情况。结皮现象是由于雨滴打击，是土壤表面团聚体受到破坏，土壤表面被压实而形成，与人类或动物踩踏一样，长期的人类踩踏会使土壤表面团聚体受到破坏，致使土壤被压实而不利于水分入渗（蓝安军等，2001；张侃侃等，2011）。林地河岸带地表径流产生量和入渗量在不同类型间差异比较大，乔木和经济林的入渗量比灌木林要大。生物量大的乔木林地，植物种类多样，根系发达，对土壤的疏松作用强烈，模拟地表径流大量入渗到地下；经济林地经常有人管理，土壤比较疏松，入渗量也大，而灌木林地，人类干扰仍然比较多，植被根系对土壤的疏松作用没有乔木根系强，因此，入渗量不高。陈楚楚等（2016）在滇西北高原湿地不同植被类型下的土壤入渗特性及其影响因素研究中也得到了相同的结果，即不同植被土壤入渗性能存在显著差异，林地类型中乔木林地入渗速率大于灌丛。建设用地河岸带由于建筑物的修建或水泥浆浇灌导致河岸带被严重干扰，在选择实验样点时，受限制因素较多，因此，本节选择的样点为类型1——建设用地类型景观林地，类型2——建设用地裸地。对比类型1、类型2，冲刷后地表径流产生量为类型2>类型1。很明显，人类活动改变地表的结构造成了水分渗透量的差异。

以累积入渗量作为土壤水分入渗参数，与影响土壤水分入渗的因子进行 Pearson 相关性分析，发现土壤水分累积入渗量与土壤自然含水率、土壤 pH、坡度呈负相关，与植被覆盖度、人类活动强度和土壤有机质含量呈正相关关系，但都不存统计显著性。这可能是由于在野外实验过程中，影响因子较多，不同点影响因子贡献不同，影响力分散，总体分析无法识别出在每个点具有一致作用的因子。对土壤入渗能力直接影响的是土壤物理性质，包括土壤机械组成、水稳性团粒含量以及土壤容重，其他影响因子如人类活动强度、植被覆盖、土壤有机质含量等均是通过影响土壤性质而对水分入渗产生影响（赵西宁等，2004）。尤其是人类活动影响，有正有负，人类活动使土壤疏松，利于水分入渗，表现为正影响，如农业用地河岸带类型2；若人类活动致使土壤板结，不利于水分入渗，则表现为负影响，如草地河岸带类型9。对于坡度，有学者认为在入渗率较大的坡面上入渗速率与坡度成反比，在入渗率较小的条件下，入渗速率与坡度无关（夏江宝等，2004）。土壤有机质通过改变土壤团聚体数量来影响土壤水分入渗，研究表明，土壤有机质含量多的土壤，土壤团聚体多，稳性好，土壤孔隙大，通气性好，因此水分入渗能力强。李雪转和樊贵盛（2006）在土壤有机质含量对土壤入渗能力及参数影响的试验研究中，发现土壤累积入渗量随有机质含量的增加而增大；同样，蒋定生等（1984）通过黄土高原土壤入渗能力的研究，发现土壤稳渗速率随着大于 0.25mm 水稳性团聚体含量的增加而增大。对比不同土地利用类型（农业用地、草地、林地、建设用地）河岸带土壤水分入渗，发现水分平均累积入渗量，建设用地类型河岸带>林地类型河岸带>农业用地类型河岸带>草地类型河岸带。因为建设用地类型受绿地建设的影响，土壤非常疏松，利于土壤水分入渗，因此平均累积入渗量最大。

7.8.4 河岸带氮流失特征分析

不同河岸带类型总氮、铵态氮、硝态氮流失量均随冲刷次数增多逐渐减少，首次冲刷收集地表径流中氮素（总氮、铵态氮、硝态氮）浓度最大，然后慢慢降低，主要原因是冲刷初期，土壤中氮素含量最高，冲刷产生的地表径流通过水流浸提、冲刷作用使土壤中氮素溶出，因此此时径流中氮素浓度最高，随着冲刷的不断进行，地表径流对土壤的浸提、冲刷作用逐渐减弱，稀释作用占优，因此地表径流中氮素浓度降低，其结果与陈志良等（2008）在暴雨径流对流域不同土地利用土壤氮磷流失的影响研究中得出的结果相似。徐泰平等（2006）在不同降雨侵蚀力条件下紫色土坡耕地养分流失研究中，也得出相同结论。

各类型河岸带中，农业用地河岸带总氮流失量为类型4>类型1>类型5，流失量集中在 1.92~4.62mg/L，单次冲刷流失量最大类型 4，流失量为 4.62mg/L，最小为类型 5，流失量 1.92mg/L；铵态氮流失量为类型 4>类型 5>类型 1，流失量集中在 0.13~0.99mg/L，单次冲刷流失量最大为类型 5，流失量为 0.99mg/L，最小为类型 1，流失量为 0.13mg/L，硝态氮流失量为类型 5>类型 1>类型 4，流失量集中在 0.79~1.78mg/L，单次冲刷流失量最大为类型 1，流失量为 1.78mg/L，最小为类型 4，流失量为 0.79mg/L。类型 1、类型 4、类型 5 均为沙土类型，其中类型 1 为撂荒水稻田，类型 4 撂荒旱地、类型 5 撂荒坡耕地，但类型 5 撂荒时间较长，人类活动对其干扰较轻，河岸带呈自然状态，为人类轻度干扰，且植被覆盖度高，说明土地利用方式、人类活动等明显影响到土壤氮流失。农业活动在一定程度上改变了土壤性质，但合理的耕作方式对土壤氮素流失存在明显影响。张兴昌在耕作及轮作对土壤氮素径流流失的影响研究中，通过对比 5 年轮作和 1 年水平沟耕作试验，发现水平沟耕作能够有效减少地表径流量，减少土壤矿质氮流失，同时能拦截泥沙，减少土壤全氮流失量（张兴昌，2002）。其他学者在耕作方式与土壤侵蚀关系上做过研究，研究结果与我们的研究结果相似（lal，1976；林和平，1993）。

草地河岸带土壤总氮流失量除类型 3、类型 6、类型 9 以外，其余类型流失量集中在 3~5mg/L，类型 3、类型 6 流失量较大，类型 9 流失量最小，类型 6 首次冲刷流失量与第二次冲刷之间波动最大，单次冲刷流失量最大为类型 6，流失量 7.37mg/L，最小为类型 9，流失量 0.95mg/L；类型 9 铵态氮流失量最低，类型 3 最高，类型 6 首次冲刷流失量与第二次冲刷之间波动最大，单次冲刷流失量最大为类型 6，流失量 1.39mg/L，最小为类型 9，流失量 0.01mg/L；硝态氮流失量为类型 3>类型 6>类型 2>类型 1>类型 8>类型 4>类型 7>类型 5>类型 9，单次冲刷流失量最大为类型 3，流失量 2.44mg/L，最小为类型 9，流失量 0.29mg/L。类型 9 为强度人类活动干扰类型，土壤受踩踏严重，表层土壤板结，冲刷过程中，水体下渗较少，因此土壤氮素溶出较少。地表径流冲刷对土壤养分流失的影响主要是地表径流对土壤侵蚀造成土壤养分流失和表层土壤溶解释放进入径流，类型 9 由于人类踩踏，表层土壤紧实，地表径流量大，但是径流对土壤侵蚀作用弱，因此氮流失量少（邵明安和张兴昌，2001）。

林地河岸带总氮流失量为类型 2>类型 3>类型 1>类型 4，五次冲刷流失量在 1.24~4.88mg/L，单次冲刷流失量最大为类型 1，流失量为 4.88mg/L，最小为类型 4，流失量为 1.24mg/L；铵态氮流失量为类型 2>类型 4>类型 1>类型 3，五次冲刷流失量在 0.09~1.13mg/L，单次冲刷流失量最大和最小都在类型 4，最大流失量为 0.09mg/L，最小流失量为 1.13mg/L；硝态氮流失量为类型 2>类型 3>类型 4>类型 1，五次冲刷流失量在 0.5~2.46mg/L，单次冲刷流失量最大为类型 2，流失量为 2.46mg/L，最小为类型 1，流失量为 0.5mg/L。四种林地类型中，类型 1 植被覆盖度最大，类型 3 植被覆盖度排第二，从总氮、铵态氮、硝态氮流失上看，两个类型流失量要么最小要么居中，说明植被覆盖是影响土壤氮素流失的一个重要因素。研究表明，植被覆盖能有效减少土壤侵蚀，从而减少土壤养分流失（陈志良等，2008；吴电明等，2009；Ng Kee Kwong et al.，2002）。

建设用地类型土壤总氮、铵态氮、硝态氮流失量均为类型 2>类型 1，总氮单次冲刷流失量最大为类型 2，流失量 4.6mg/L，最小为类型 1，流失量 2.36mg/L；铵态氮单次冲刷流失量最大为类型 2，流失量 1.74mg/L，最小为类型 1，流失量 0.31mg/L；硝态氮单次冲刷流失量最大为类型 2，流失量 2.11mg/L，最小为类型 1，流失量 1.28mg/L。类型 2 为裸露的建设用地，类型 1 为建设的景观林地，对比发现，植被覆盖能有效减少土壤氮素流失，与杨红薇等（2008）在紫色土坡地不同种植模式下水土和养分流失动态特征研究结果一致。

根据影响土壤氮素流失因子 Spearman 相关性分析结果，发现土壤总氮流失量与冲刷水体总氮、铵态氮、硝态氮含量、土壤总氮含量、土壤有机质含量、植被覆盖度存在负相关关系，与坡度和土壤 pH 存在正相关关系；土壤铵态氮流失量与冲刷用水总氮、铵态氮、硝态氮含量和土壤铵态氮含量、坡度呈正相关关系，其中与河岸带土壤铵态氮含量存在极显著相关，与土壤 pH、土壤有机质、植被覆盖度存在负相关关系；土壤硝态氮流失量与冲刷水体总氮、铵态氮、硝态氮含量存在负相关关系，与土壤总氮、铵态氮、硝态氮含量和土壤有机质含量、植被覆盖度和坡度存在正相关关系。国内外对土壤养分流失的研究较多，土壤质地（王洪杰等，2003）、土壤渗透性（王辉等，2006）、坡度（孔刚等，2007）、植被覆盖（Ng Kee Kwong et al.，2002）、土地利用方式（Meng et al.，2001；Fierer Noah and Gabet Emmanuel，2002）等均对土壤养分流失具有一定影响，本研究结果与上述研究一致。对上述因子主成分分析表明，影响因子可归纳成 3 个主成分，在第一主成分上，植被覆盖度、土壤 pH、土壤铵态氮含量有较高值，说明第一主成分基本反映了这些指标；第二主成分主要反映了土壤总氮含量、土壤有机质含量、人类活动强度指标；第三主成分反映了坡度、冲刷水体总氮和硝态氮含量。表明影响土壤氮素流失的因子可以分为贡献大的 3 类因子。

对比四种类型河岸带土壤总氮、铵态氮、硝态氮释放量，发现土壤氮流失过程中硝态氮流失量大于铵态氮，主要是因为土壤胶体具有电负性，能吸附固定土壤中的铵态氮，而硝态氮不易被土壤胶体吸附，因此铵态氮不易流失，而硝态氮容易流失（米艳华等，2006；孙铁军等，2008；焦平金等，2010；俞巧钢等，2011；刘强等，2016）。众多研究表明：河岸带有降低地表径流和地下径流中的养分污染物进入河道等水体，提高水质的作用（Hill，1996；谭炳卿等，2002；于红丽，2005）。本研究中河岸带冲刷径流中 TN、NH_3-N、NO_3^--N 含量均高于原冲刷用水，对氮素的去除率为负值，主要与原冲刷用水中 TN、NH_3-N、NO_3^--N 含量较低有关。李怀恩、Abu-Zreig 研究表明，地表径流流经土壤时，土壤中的氮磷可通过溶出与解吸对出水浓度产生影响，在进水浓度较低的情况下，出现溶出现象，致使对水体污染物的去除率为负值（Abu-Zreig et al.，2003；李怀恩等，2010）。但是总体来说，在这些河岸带类型，在氮浓度比较低的模拟用水条件下，由径流槽流出的地表径流中总氮、硝态氮和氨态氮浓度并不高；如果是污水流过这些河岸带，污水中的氮将会大量地被河岸带截留和吸附，减少进入河流水体的氮量。

7.9 本章小结

7.9.1 河岸带分类特征

涟江河岸带类型丰富，包含四种土地利用方式（农业用地、草地、林地、建设用地），主要地貌类型为丘陵、宽谷盆地、山地；河岸带基质有石质和土质，其中土质有砂壤土、壤土、沙土类型。人类活动强度由于土地利用方式不同而不同，最大人类活动强度为建设用地，干扰强度达到100%，最小为林地。不同类型河岸带，农业用地最多，为总调查样点的33%，林地次之，占24%，建设用地和草地分别占22%和21%。农业用地河岸带中，丘陵地貌最多，占46%，山地和宽谷盆地分别都占27%；河岸带基质，砂壤土最多，占41%，壤土占31%，沙土占28%。草地河岸中，丘陵地貌占45%，宽谷盆地占33%，山地峡谷地貌占22%；河岸带基质，沙土40%，其次为壤土，占36%，然后是砂壤土，占16%，石质仅占8%。林地河岸带中，山地峡谷地貌居多，占50%，丘陵占45%，宽谷盆地占5%；河岸带基质，壤土占48%，石质占33%，砂壤土和沙土分别占11%和8%。建设用地河岸带，丘陵地貌较多，占55%，宽谷盆地与山地峡谷分别占25%与20%；在建设用地河岸带中，石质基质和壤土基质较多，都占31%，砂壤土和沙土较少，分别占21%和17%。涟江从上游到下游，分别为Ｖ形沟谷、Ｖ形河谷、Ｕ形河谷，在Ｕ形河谷下游又出现了Ｖ形河谷。根据建立的河岸带分类规则，可把涟江河岸带按照"×××土地利用+×××地貌+×××土壤"再加"河岸带"进行分类，通过分类名称，即可识别河岸带的基本特征。

涟江从上游到下游，河道中都形成有完整的急流−深潭−河滩系统。每种类型的河岸带都可能和急流−深潭−河滩系统中每部分相连接，形成天然或半天然的河道，但是每种河岸带和特别完整的急流−深潭−河滩系统中的急流相连接的数量要比深潭和河滩要少，因为特别完整的急流−深潭−河滩系统，急流常常在河流的中间部分流淌，上游连接左边的深潭，下游则连接右边的深潭。在各种类型河岸带中，草地、林地、农业用地河岸带，在河道中都有急流−深潭−河滩系统，但是建设用地河岸带，人们常常对河道整体进行改造和利用，河道变成了矩形或梯形，天然的急流−深潭−河滩系统被破坏，整条河段包括河岸带是一段按人们意愿建造的人工制品。

7.9.2　河岸带地表径流和土壤水分入渗特征

农业用地河岸带中，裸地坡耕地+丘陵Ｕ形沟谷+壤土河岸带类型与撂荒水稻田+丘陵Ｕ形沟谷+壤土河岸带土壤水分入渗性能最好，五次冲刷均未产生径流，累积入渗量分别为56.74mm与53.33mm，撂荒耕地+丘陵Ｕ形沟谷+沙土河岸带水分入渗量最低，累积入渗量为23.07mm；草地河岸带中，草地+宽谷盆地Ｕ形河谷+壤土河岸带土壤水分入渗量最大，累积入渗量为46.53mm，草地+山地Ｖ形河谷+壤土河岸带土壤水分入渗量最低，累积入渗量为5.87mm；林地河岸带中，乔木+丘陵Ｖ形河谷+壤土河岸带土壤水分入渗量最大，累积入渗量为38.77mm，灌丛+丘陵Ｖ形河谷+壤土河岸带土壤水分入渗量最低，累积入渗量为20.15mm；建设用地河岸带中，裸地+山地Ｖ形河谷+壤土河岸带入渗量大于景观驳岸+宽谷盆地Ｕ形河谷+沙土河岸带，累积入渗量分别为49.74mm和48.39mm。土壤自然含水率、土壤pH、坡度和累积入渗量呈负相关关系，植被覆盖度、人类活动强度和土壤有机质含量和累积入渗量呈正相关关系。总体看，河岸带累积入渗量，建设用地>林地>农业用地>草地，河岸带地表径流产生量刚好和这个顺序相反。利用地表径流槽可以同时测定地表径流和土壤水分入渗量，分析地表径流和土壤水分入渗规律。

7.9.3　河岸带氮素流失

不同类型河岸带总氮、铵态氮、硝态氮流失量均随冲刷次数增多逐渐减少，首次冲刷收集地表径流中不同氮形态浓度最大，然后逐渐降低。农业用地河岸带中，单次冲刷总氮流失量最大为撂荒耕地+丘陵 U 形河谷+沙土河岸带，最小为撂荒坡耕地+山地 V 形河谷+沙土河岸带；铵态氮单次冲刷流失量最大为撂荒坡耕地+山地 V 形河谷+沙土河岸带，最小为撂荒水稻田+丘陵 V 形沟谷+砂壤河岸带；硝态氮单次冲刷流失量最大为撂荒水稻田+丘陵 V 形沟谷+砂壤河岸带，最小为撂荒耕地+丘陵 U 形河谷+沙土河岸带。草地类河岸带中，单次冲刷总氮流失量最大为草地+宽谷盆地 U 形河谷+壤土河岸带，最小为草地+山地 V 形河谷+壤土河岸带；铵态氮单次冲刷流失量最大与最小与总氮类型相同；硝态氮单次冲刷流失量最大为草地+丘陵 U 形河谷+沙土河岸带，最小为草地+山地 V 形河谷+壤土河岸带。林地河岸带中，总氮单次冲刷流失量最大为灌丛+丘陵 V 形河谷+壤土河岸带，最小为乔木+山地 V 形河谷+壤土河岸带；铵态氮单次冲刷流失量最大和最小都为乔木+山地 V 形河谷+壤土河岸带；硝态氮单次冲刷流失量最大为经济林+丘陵 V 形河谷+壤土河岸带，最小为灌丛+丘陵 V 形河谷+壤土河岸带。建设用地河岸带中，土壤总氮、铵态氮、硝态氮流失量均为裸地+山地 V 形河谷+壤土河岸带大于景观驳岸+宽谷盆地 U 形河谷+沙土河岸带。土壤总氮、硝态氮和氨态氮流失量与冲刷水体总氮、铵态氮、硝态氮含量、土壤总氮含量、土壤有机质含量、植被覆盖度、坡度和土壤 pH 存在相关关系，但对流失量的影响没有显著优势性，但主成分分析表明坡度、人类活动强度、土壤铵态氮含量和冲刷水体氮素含量负荷比较大。对比四种类型河岸带土壤总氮、铵态氮、硝态氮流失量，发现硝态氮流失量大于铵态氮，主要是因为土壤胶体具有电负性，能吸附固定土壤中的铵态氮，而硝态氮不易被土壤胶体吸附。各种类型河岸带地表径流中总氮、铵态氮、硝态氮浓度均高于原冲刷用水，对氮素的去除率为负值，主要因为冲刷用水取自河岸带附近河流，水体中总氮、铵态氮、硝态氮含量较低。

河岸带作为水陆生态系统间的缓冲带，其结构和功能对水污染治理具有重要作用，根据本研究结果，建议农业用地类型河岸带要改进耕作方式，利用秸秆覆盖和深耕等措施，增加土壤入渗，减少土壤养分随径流流失进入河道，同时可种植植物篱等措施，加强对河岸带地表径流中养分输入的截留转化作用；林地类型河岸带和草地类型河岸带应增加植被覆盖度，宜林则林，宜草则草。为充分发挥河岸带功能，应减少对河岸带的开发利用，或在开发利用过程中，应留足够河岸带宽度，实现河岸带对养分输入的截留转化作用。人类活动对河岸带的影响有好有坏，自然生态较好的河岸带，应减少人类活动，保持河岸带功能的较好发挥，对于生态受到破坏的河岸带，应进行人工修复，帮助河岸带进行有效快速的生态恢复。

参 考 文 献

白慧强, 李全平 . 2007. 河岸带研究现状与存在问题探讨 . 科技情报开发与经济, (22): 165-167.

巢波，蔡永久，徐宪根，等．2023．基于水质荧光指纹法的湖泊污染溯源研究——以太湖流域漏湖为例．湖泊科学．（4）：1330-1342.

陈楚楚，黄新会，刘芝芹，等．2016．滇西北高原湿地不同植被类型下的土壤入渗特性及其影响因素．水土保持通报，（2）：82-87.

陈红翔，杨保，王章勇．2011．武威市人类活动强度定量化研究．宁夏工程技术，（1）：94-96.

陈吉泉．1996．河岸植被特征及其在生态系统和景观中的作用．应用生态学报，7（2）：178-182.

陈志良，程炯，刘平，等．2008．暴雨径流对流域不同土地利用土壤氮磷流失的影响．水土保持学报，（5）：30-33.

陈子明．1996．氮素产量环境．北京：中国农业出版社．

崔东海，韩壮行，姚琴，等．2007．帽儿山林场不同河岸带植被类型土壤水分-物理性质．东北林业大学学报，（10）：42-44.

崔东海．2006．森林、农田背景下河岸带土壤反硝化作用研究．哈尔滨：东北林业大学．

党宏忠．2004．祁连山水源涵养林水文特征研究．哈尔滨：东北林业大学．

邓红兵，王青春，王庆礼，等．2001．河岸植被缓冲带与河岸带管理．应用生态学报，6：951-954.

董三孝．2004．黄土丘陵区退耕坡地植被自然恢复过程及其对土壤入渗的影响．水土保持通报，（4）：1-5.

韩伟宏．2008．文峪河流域上游林区河岸林与高地林群落生态特征比较研究．晋中：山西农业大学．

韩宗梁，张黛静，邵云，等．2015．不同土壤质地对小麦生长发育及其生理特性的影响．河南农业科学，（8）：23-26，41.

胡昌元．1990．涟江水质现状及其对农渔业生产的影响．环保科技，1：28-31.

黄靖雯，孟钊，冯青郁，等．2022．极端天气陆地河流面源污染对珠江河口叶绿素分布的影响——评价方法构建与应用．生态学报，42（5）：1911-1923.

黄秋昊，蔡运龙，王秀春．2007．我国西南部喀斯特地区石漠化研究进展．自然灾害学报，（2）：106-111.

蒋定生，黄国俊，谢永生．1984．黄土高原土壤入渗能力野外测试．水土保持通报，（4）：7-9.

焦平金，许迪，王少丽，等．2010．自然降雨条件下农田地表产流及氮磷流失规律研究．农业环境科学学报，3：534-540.

孔刚，王全九，樊军．2007．坡度对黄土坡面养分流失的影响实验研究．水土保持学报，21（3）：14-18.

寇小华，王文，郑国权．2013．土壤水分入渗的影响因素与试验研究方法综述．广东林业科技，25（4）：74-78.

蓝安军，熊康宁，安裕伦．2001．喀斯特石漠化的驱动因子分析———以贵州省为例．水土保持通报，21（6）：19-24.

李炳元，潘保田，韩嘉福．2008．中国陆地基本地貌类型及其划分指标探讨．第四纪研究，（4）：535-543.

李国栋，胡正义，杨林章，等．2006．太湖典型菜地土壤氮磷向水体径流输出与生态草带拦截控制．生态学杂志，（8）：905-910.

李怀恩，邓娜，杨寅群，等．2010．植被过滤带对地表径流中污染物的净化效果．农业工程学报，（7）：81-86.

李军，杨坤，张泽光，等．2016．冀北山地不同坡位油松林土壤水文效应．河北林果研究，1：8-12.

李其林，魏朝富，李震，等．2010．三峡库区坡耕地氮磷径流特征．土壤通报，（6）：1449-1455.

李全平．2007．河岸带研究现状与存在问题探讨．科技情报开发与经济，（22）：165-167.

李天杰．2004．土壤地理学．3版．北京：高等教育出版社．

李新茂，张东旭．2007．关于美国河岸带土壤的研究综述．水土保持应用技术，（6）：11-13.

李雪转，樊贵盛．2006．土壤有机质含量对土壤入渗能力及参数影响的试验研究．农业工程学报，（3）：

188-190.

李裕元, 邵明安. 2004. 降雨条件下坡地水分转化特征实验研究. 水利学报, 4: 48-53.

李卓, 刘永红, 杨勤. 2011. 土壤水分入渗影响机制研究综述. 灌溉排水学报, (5): 124-130.

林和平. 1993. 水平沟耕作在不同坡度上的水土保持效应. 水土保持学报, (7): 63-69.

刘凌云, 卢定彪, 谯文浪, 等. 2011. 涟江源区河流地貌特征及其与构造的响应. 贵州地质, 1: 42-46, 22.

刘强, 邓仕槐, 敬子卉, 等. 2016. 不同植物篱系统对坡耕地农田径流污染物的去除效果. 农业环境科学学报, 6: 1136-1143.

刘贤赵, 康绍忠. 1999. 降雨入渗和产流问题研究的若干进展及评述. 水土保持通报, 2: 60-65.

马骞, 于兴修, 刘前进, 等. 2011. 沂蒙山区不同覆被棕壤理化特征对径流溶解态氮磷输出的影响. 环境科学学报, (7): 1526-1536.

马晓刚. 2008. 缙云山不同植物群落类型土壤入渗性能研究. 重庆: 西南大学.

米艳华, 潘艳华, 沙凌杰, 等. 2006. 云南红壤坡耕地的水土流失及其综合治理. 水土保持学报, (2): 17-21.

人民教育出版社. 2016. 地理. 上海: 人民教育出版社: 77.

邵波, 方文, 王海洋. 2007. 国内外河岸带研究现状与城市河岸林带生态重建. 西南农业大学学报 (社会科学版), 6: 43-46.

邵明安, 张兴昌. 2001. 坡面土壤养分与降雨、径流的相互作用机理及模型. 世界科技研究与发展, (2): 7-12.

沈玉昌. 1959. 中国地貌区划 (初稿). 北京: 科学出版社: 24-29.

孙铁军, 刘素军, 武菊英, 等. 2008. 6 种禾草坡地水土保持效果的比较研究. 水土保持学报, (3): 158-162.

谭炳卿, 孔令金, 尚化庄. 2002. 河流保护与管理. 水资源保护, (3): 53-57.

田皓, 张红燕, 徐向明, 等. 2012. 不同土壤质地对作物凋萎湿度及苗期生长的影响. 湖北农业科学, (20): 4473-4475.

田树新. 2007. 不同河岸带土壤水分–物理性质分析. 中国林副特产, 87 (2): 28-30.

山西省林业科学研究所. 土法测定土壤质地. 1975. 山西林业科技, (3): 29.

万军. 2003. 贵州省喀斯特地区土地退化与生态重建研究进展. 地球科学进展, (3): 447-453.

汪桂生, 颉耀文, 王学强. 2013. 黑河中游历史时期人类活动强度定量评价——以明、清及民国时期为例. 中国沙漠, (4): 1225-1234.

王洪杰, 李宪文, 史学正. 2003. 不同土地利用方式下土壤养分的分布及其与土壤颗粒组成关系. 水土保持学报, 17 (2): 44-46, 50.

王辉, 王全九, 邵明安. 2006. 不同透水状况对坡地土壤侵蚀和养分流失的影响. 中国水土保持科学, 4 (3): 21-25.

王吉苹, 朱木兰, 李青松. 2014. 农田土壤氮素渗漏淋失研究进展. 四川环境, 6: 118-125.

王家生, 孔丽娜, 林木松, 等. 2011. 河岸带特征和功能研究综述. 长江科学院院报, 11: 28-35.

王家玉, 王胜佳, 陈义, 等. 1996. 稻田土壤中氮素淋失的研究. 土壤学报, (1): 28-36.

王力, 邵明安, 王全九. 2005. 林地土壤水分运动研究述评. 林业科学, 41 (2): 147-153.

王庆成, 崔东海, 王新宇, 等. 2007. 帽儿山地区不同类型河岸土壤的反硝化效率. 应用生态学报, 18 (12): 2719-2724.

王庆成, 于红丽, 姚琴, 等. 2007. 河岸带对陆地水体氮素输入的截流转化作用. 应用生态学报, 11: 2611-2617.

王震洪．2017．一种便携式地表径流模拟测定装置．专利号：ZL201710585806.5．[2019-11-12]．

吴电明，夏立忠，俞元春，等．2009．坡耕地氮磷流失及其控制技术研究进展．土壤，(6)：857-861.

吴发启，赵西宁，佘雕．2003．坡耕地土壤水分入渗影响因素分析．水土保持通报，1：16-18，78.

吴舜泽，夏青，刘鸿亮．2000．中国流域水污染分析．环境科学与技术，(2)：1-6.

吴耀国，王超，王惠民．2003．河岸渗滤作用脱氮机理及其特点的试验．城市环境与城市生态，16 (6)：298-300.

武世亮．2014．土壤入渗特性的空间变异性及与土壤物理特性的相关性研究．咸阳：西北农林科技大学．

夏继红，鞠蕾，林俊强，等．2013．河岸带适宜宽度要求与确定方法．河海大学学报（自然科学版），(3)：229-234.

夏继红，严忠民．2004．生态河岸带研究进展与发展趋势．河海大学学报，5 (3)：252 -254.

夏江宝，杨吉华，李红云．2004．不同外界条件下土壤入渗性能的研究．水土保持研究，(2)：115-117，191.

谢云，王延华，杨浩．2013．土壤氮素迁移转化研究进展．安徽农业科学，8：3442-3444.

解文艳，樊贵盛．2004．土壤质地对土壤入渗能力的影响．太原理工大学学报，5：537-540.

徐敬华，王国梁，陈云明，等．2008．黄土丘陵区退耕地土壤水分入渗特征及影响因素．中国水土保持科学，(2)：19-25

徐泰平，朱波，汪涛，等．2006．不同降雨侵蚀力条件下紫色土坡耕地的养分流失．水土保持研究，(6)：139-141.

徐勇，孙晓一，汤青．2015．陆地表层人类活动强度：概念、方法及应用．地理学报，(7)：1068-1079.

徐志刚，庄大方，杨琳．2009．区域人类活动强度定量模型的建立与应用．地球信息科学学报，(4)：452-460.

杨红薇，张建强，唐家良，等．2008．紫色土坡地不同种植模式下水土和养分流失动态特征．中国生态农业学报，(3)：615-619.

尹澄清．1995．内陆水–陆地交错带的生态功能及其保护与开发前景．生态学报，15 (3)：331-335.

于红丽．2005．不同类型河岸带对溪流氮素输入的截留转化效率研究．哈尔滨：东北林业大学．

俞巧钢，叶静，马军伟，等．2011．不同施氮水平下油菜地土壤氮素径流流失特征研究．水土保持学报，(3)：22-25.

岳隽，王仰麟．2005．国内外河岸带研究的进展与展望．地理科学进展，(5)：35-42.

张国梁，章申．1998．农田氮素淋失研究进展．土壤，(6)：291-297.

张建春，彭补拙．2002．河岸带及其生态重建研究．地理研究，3：373-383.

张建春．2001．河岸带功能及其管理．水土保持学报，S2：143-146.

张侃侃，卜崇峰，高国雄．2011．黄土高原生物结皮对土壤水分入渗的影响．干旱区研究，(5)：808-812.

张兴昌．2002．耕作及轮作对土壤氮素径流流失的影响．农业工程学报，(1)：70-73.

张宇博，杨海军，王德利，等．2008．受损河岸生态修复工程的土壤生物学评价．应用生态学报，(6)：1374-1380.

张元明，陈亚宁，张小雷．2004．塔里木河下游植物群落分布格局及其环境解释．地理学报，59 (6)：903-910.

赵西宁，王万忠，吴发启．2004．不同耕作管理措施对坡耕地降雨入渗的影响．西北农林科技大学学报（自然科学版），2：69-72.

赵西宁，吴发启，王万忠．2004．黄土高原沟壑区坡耕地土壤入渗规律研究．干旱区资源与环境，(4)：109-112.

赵中秋, 蔡运龙, 付梅臣, 等. 2008. 典型喀斯特地区土壤退化机理探讨: 不同土地利用类型土壤水分性能比较. 生态环境, (1): 393-396.

朱维斌, 王万杰, 朱淮宁. 1997. 江苏省水污染的危害及其原因分析. 农村生态环境, (1): 51-53.

Abu-Zreig M, Rudra R P, Whiteley H R, et al. 2003. Phosphorus removal in vegetated filter strips. Journal of Environmental Quality, 32 (2): 613-619.

Alemu T, Bahrndorff S, Hundera K, et al. 2017. Effect of riparian land use on environmental conditions and riparian vegetation in theeast African highland streams. Limnologica, 66: 1-11.

Allan J D, Castillo M M, Capps K A. 2021. Stream ecology: Structure and function of running waters. London: Springer Nature.

Allen D E, Dalal R C, Rennenberg H Z. 2007. Spatial and temporal variation of nitrous oxide and methane flux between subtropical mangrove sediments and the atmosphere. Soil Biology&Biochemistry, 39: 622-631.

Asakawa S, Yoshida K, Yabe K. 2004. Perceptions of urban stream corridors within the greenway system of Sapporo, Japan. Landscape and Urban Planning, 68: 167-182.

Atkinson S F, Lake M C. 2020. Prioritizing riparian corridors for ecosystem restoration in urbanizing watersheds. Peer J, 8: e8174.

Baschak L A, Brown R D. 1995. An ecological framework for the planning design and management of urban river greenways. Landscape and Urban Planning, 33: 211-225.

Bodman G B, Colman E A. 1994. Moisture and energy condition during downward entry of water into soil. Soil Science, 8 (2): 166-182.

Boon P J, Wilkinson J, Martin J. 1998. The application of SERCON (System for Evaluating Rivers for Conservation) to a selection of rivers in Britain. Aquatic Conservation: Marine and Freshwater Ecosystems, 8 (4): 597-616.

Buckley C, Hynes S, Mechan S. 2012. Supply of an ecosystem service—farmers' willingness to adopt riparian buffer zones in agricultural catchments. Environmental Science & Policy, 24: 101-109.

Buffin-Bélanger T, Biron P M, Larocque M, et al. 2015. Freedomspace for rivers: An economically viable river management concept in a changing climate. Geomorphology, 251: 137-148.

Burton J, Chen C G, Xu Z H. 2007. Gross nitrogen transformations in adjacent native and plantation forests of subtropical Australia. Soil Biology and Biochemistry, 39: 426-433.

Busato L, Boaga J, Perri M T, et al. 2019. Hydrogeophysical characterization and monitoring of the hyporheic and riparian zones: The Vermigliana Creek case study. Science of the Total Environment, 648: 1105-1120.

Baczyk A, Wagner M, Okruszko T, et al. 2018. Influence of technical maintenance measures on ecological status of agricultural lowland rivers - systematic review and implications for river management. Science of the Total Environment, 627: 189-199.

Capon S J, Chambers L E, Mac Nally R, et al. 2013. Riparian ecosystems in the 21st century: Hotspots for climate change adaptation? Ecosystems, 16 (3): 359-381.

Cardinali A, Carletti P, Nardi S, et al. 2014. Design of riparian buffer strips affects soil quality parameters. Applied Soil Ecology, 80: 67-76.

Casotti C G, Kiffer W P, Costa L C, et al. 2015. Assessing the importance of riparian zones conservation for leaf decomposition in streams. Natureza & Conservação, 13 (2): 178-182.

Castro-López D, Guerra-Cobián V, Prat N. 2019. The role of riparian vegetation in the evaluation of ecosystem health: The case of semiarid conditions in Northern Mexico. River Research and Applications, 35 (1): 48-59.

Chellaiah D, Yule C M. 2018. Effect of riparian management on stream morphometry and water quality in oil palm plantations in Borneo. Limnologica, 69: 72-80.

Clark E H, Haverkamp J A , Chapman W. 1985. Eroding soil: the off- farm impacts. The Conservation Foundation: 252.

Cole L J, Stockan J, Helliwell R. 2020. Managing riparian buffer strips to optimise ecosystem services: A review. Agriculture, Ecosystems & Environment, 296: 106891.

Cooper A B. 1990. Nitrate depletion in the riparian zone and stream channel of a small headwater catchment. Hydrobiologic, 202: 13-26.

da Silva R L, Leite M F A, Muniz F H, et al. 2017. Degradation impacts on riparian forests of the lower Mearim river, eastern periphery of Amazonia. Forest Ecology and Management, 402: 92-101.

de Sosa L L, Glanville H C, Marshall M R, et al. 2018a. Quantifying the contribution of riparian soils to the provision of ecosystem services. The Science of the Total Environment, 624: 807-819.

Fierer Noah G, Gabet Emmanuel J. 2002. Carbon and nitrogen losses by surface runoff following changes in vegetation. Journal of Environmental Quality, 31 (4): 1207-1213.

Forman R T T. 1997. Land Mosaies: the ecology of landscapes and regions. Cambridge: Cambridge University Press, 208: 213-246.

Gharabaghi B, Rudra R P, Whiteley H R. 2001. Development of a management tool for vegetative filter strips. // James W. 2001. Best modelling practices for urban water system: 289-302.

Guldin R W. 1989. An analysis of the water situation in the United States: 1980-2040. USA: Department of Agriculture Forest Service Publication: 177-178.

Hagenzieker F. 1958. Soil-nitrogen studies at Urambo, Tanganyika Territory, East Africa. Plant and Soil, 9: 97.

Hall CAS. 1972. Migration and metabolism in a temperate stream ecosystem. Ecology, 53: 585-604.

Haycock N E, Pinay G. 1993. Ground water dynamic in grass poplar vegetated riparian buffer strips during the winter. Journal of Environmental Quality, 22: 273-278.

Hill AE. 1996. Nitrate removal in stream riparian zones. Journal of Environmental Quality, 25: 743-755.

Huygens D, Rutting T, Boeckx P. 2007. Soil nitrogen conservation mechanisms in a pristine south Chilean Nothofagus forest ecosystem. Soil Biology and Biochemistry, 39: 2448-2458.

Jaynes D B, Colvin T S, Karlen D L, et al. 2001. Nitrate loss in subsurface drainage as affected by nitrogen fertilizer rate. Journal of Environmental Quality, 30 (4): 1305-1314.

Johnson W C, Dixon M D, Smons R. 1995. Mapping the response of riparian vegetation to possible flow reductions in the Snake River, Idaho. Geomorphology, 13: 159-173.

Lal R. 1976. Soil erosion problemson an alfisol in western nigeria and their control. IITA, Monograph1: 208.

Lowrance R R. 1992. Groundwater nitrate and denitrification in a coastal plain riparian forest. Journal of Environmental Quality, 21: 401-405.

Lowrance R, Altier L, Newbold J, et al. 1997. Water quality gunctions of riparian forest buffers in Chesapeake Bay Watersheds. Environmental Management, 21 (5): 67.

Majumdar A, Avishek K. 2023. Riparian zone assessment and management: an integrated review using geospatial technology. Water, Air and Soil Pollution, 234: 1-31.

Meng QH, Fu BJ, Yang LZ. 2001. Effects of land use on soil erosion and nutrient loss in the Three Gorges Reservoir Area, China. Soil Use Manage, 17: 288-291.

Miller J R, Schulz T T, Thompson Hobbs N. 1995. Changes in the landscape structure of a southeastern Wyoming riparian zone following shifts in stream dynamics. Biological Conservation, 72: 371-379.

Naiman R J, Decamps H, Pollock M. 1993. The role of riparian corridors in maintaining regional biodiver- sity. Ecology, 3 (2): 309 -212.

Ng Kee Kwong KF, Bholah A, Volcy L, et al. 2002. Nitrogen and phosphorus transport by surface runoff from a silty clay loam soil under sugarcane in the humid tropical environment of Mauritius. Agriculture, Ecosystems and Environment, 91: 147-157

Osborne L L, Kovacic D A. 1993. Riparian vegetated buffer strips in water quality restoration and stream management. Freshwater Biology, 29: 243-258.

Paine L K, Ribic C A. 2002. Comparison of riparian plant communities under four land management systems in southwestern Wisconsin. Agriculture, Ecosystems and Environment, 92: 93-105.

Peterjohn W T, Correll D L. 1984. Nutrient dynamics in an agricultural watershed: observations on the role of a riparian forest. Ecology, 65: 1466-1475.

Qureshi M E, Harrison S R. 2001. A decision support process to compare riparian revegetation options inschen creek catchment in north queensland. Journal of Environmental Management, 62: 101-112.

Rimek M, Cooper J E, Picek T. 2000. Denitrification in arable soils in relation to their physico- chemical properties and fertilization practice. Soil Biology and Biochemistry, 32 (1): 101-110.

Velthof G L, Oudendag D, Witzke H P, et al. 2009. Integrated Assessment of nitrogen losses from agriculture in EU-27 using MITERRA-EUROPE. Journal of Environmental Quality, 38 (2): 402-417.